"도배의 민족" 독자님께 진심으로 감사드립니다.

2023년 5월

대한민국명장 崔 破 率 法 會

입문에서 고수까지

도배의 민족

| 도배는 스토리다 |

대한민국명장 **신호현** 지음

BM (주)도서출판 **성안당**

■ 도서 A/S 안내

우리나라는 천년의 한지 역사를 가지고 있는, 본래 종이와 친숙한 민족입니다. 일찍부터 방에 종이를 바르는 방안 치장 풍속이 발달해 왔고, 어느 문헌에도 외래 전래설이 없는 고유의 토종 자생문화이며 명실공히 도배 종주국임에 이견이 없을 것입니다.

수많은 도배사들이 활동하고 있고 여러 곳에서 도배를 가르치고 있음에도 불구하고 도배를 쉽게 익혀 바르게 하는 마땅한 전문 실무 교재가 없고 교육과 실무가 달라서 서로 통하지 못해 마흔여덟 해의 도배 일을 글로 엮어 감히 이 책을 출간합니다.

도배지를 바르고, 가르치고, 배우는 사람과 만들고, 팔고, 사는 사람에게 모두 유익한 책이 되기를 소망합니다.

지은이 대한민국명장

이 책의 특징

1. 도배의 시공 실무와 관련 필수기능인 바닥재, 인테리어필름, 도장, 색채학, 내장 마감재, 산업심리·안전 등을 기술하여 다기능 전문 서적으로 편집하였다.

2. 수험생과 도배사뿐만 아니라 도배·인테리어업자, 도배학원, 건축관계자, 벽지 생산 및 유통관계자 등 관련 업종에서 폭넓게 활용할 수 있도록 하였다.

3. 기본 기술과 고급 기술, 응용과 창작 기술까지 다양한 시공 실무를 소개하고 있으므로 장래의 기술, 경력 향상에 대비하였다.

4. 사라져 가는 전통 도배를 소개하고, 전통 가옥에는 전통 도배를 시공할 수 있도록 하였다.

5. 50여 종의 도배 하자 보수방법을 기술하여 실전 도배 시공에 무결점을 목표로 하였다.

6. 한국산업인력공단의 출제기준에 따른 도배기능사 시험 대비는 물론, 자격증 취득 후 현장 실무에 관해서도 다양한 시공지침서가 될 수 있도록 하였다.

7. 기술서적의 지루함을 덜고 뚜렷한 직업의식을 고취시키기 위해 도배작업 중 떠오른 단상과 시, 기고했던 칼럼 일부를 각 단원의 간지로 엮었다.

일러두기

1. 일어(日語)의 용어를 제하였고, 현장에서 사용되는 영·한문의 용어는 그대로 적용하여 기록했다.

2. 초기부터 잘못 사용되어 굳어진 용어를 이치에 맞게 정정했다.
- 예 • 보수 초배(네바리) → 틈막이 초배
- • 후꾸로 → 공간 초배 또는 띄움 시공 등

3. 명칭과 용어는 지역과 현장(신축 아파트와 일반 지물포)에 따라 다소 차이가 있다.

4. 일선 현장에서 시공되지 않는 특수 시공법이나 구체적이지 않은 명칭은 저자가 적절한 명칭을 선택하였다.
- 예 • 풀 도포 후 접기방법의 '상단 길게 접기'
- • 단지의 '대각선(X형) 바르기'
- • 초배의 '2단 맞물림 시공', '부직포 4면 접착'
- • 롤러 사용의 '당겨주기', '고르기' 등

5. 통칭할 때는 '도배지'라 하였고, 시공 부위를 구분할 때는 각기 '천장지', '벽지'라고 하였으며 관습과 문맥에 따라 '벽지'라고도 하였다.

6. '전통 한지 도배'의 시공법은 전통 방식과 개량된 시공법을 조합하여 정리하였다.

7. '도배 시공의 응용'의 응용의 예(시공사례)는 도배지와 작업조건에 따라 변형이 가능하다.

8. '하자의 원인과 보수방법'에서는 도배사의 경험과 기능도 및 현장, 재료, 보수조건 등에 따라 차이가 있다.

PART
7 | **도배사 관련 자격증**

PART
1
·
도배의 이해

NATION of DOBAE

도배의 역사

▲ 위의 우산 이미지를 모티브로 디자인한 벽지 샘플

도배하는 날

거친 사내 콘크리트에게
지고지순(紙高紙順)한 종이가
시집을 간다.

중신애비 도배장이가
좋은 풀로 맺어줬으니
찰떡궁합이란다.

CHAPTER 01 | 도배의 역사

01 종이의 기원

영어의 페이퍼(paper)라 함은 라틴어 파피루스(papyrus)에서 유래되었다. 파피루스는 기원전 3000여 년 경 지중해 연안에서 자생하는 갈대과 식물로서 줄기를 얇게 저며 가로·세로의 엇결로 정교하게 엮은 후 끈기 있는 수액을 바르고 압착·건조시켜서 문자를 기록하는 재료로 사용하였다. 종이(paper)의 어원은 파피루스라고 하는데 엄밀히 오늘날 종이의 모태라고 볼 수는 없으며, 사실 양지(洋紙)에만 해당되는 기원이다.

이 외에도 오늘날 종이를 대신하여 문자를 기록하였던 것으로 기원전 3800년경 중국의 고대 은나라의 갑골(甲骨), 기원전 1000년경부터는 대나무를 이용한 죽간(竹簡), 나무의 목간(木簡) 등이 사용되었고, 기원전 3000년경 인더스강 유역에서 나무껍질과 잎을 사용하여 기록했던 패트라(pattra), 기원전 2000년경 메소포타미아 소아시아지역에서 두루 사용한 양의 가죽인 양피지(羊皮紙)가 발명되었다.

1 한지(韓紙)

오늘날의 종이는 서기 105년경 중국 후한(後漢)의 채륜(蔡倫)에 의해 시작되었다고 하는데, 이전에 이미 종이 비슷한 제품이 있어서 발명이 아닌 개량으로 보는 것이 타당하다는 것이 정설이다.

우리나라는 종이에 대한 최초의 사용연대를 정확히 알 수는 없지만 372년 고구려 소수림왕 때 불교와 함께 전래된 것으로 추측하고 있다. 《일본서기》 기록에 의하면 284년 백제 아직기(阿直岐)가 일본에 가져간 경서(經書)가 종이로 만든 서책이라고 보여지며, 405년 근초고왕 때 왕인박사 역시 일본으로 갈 때 서적을 가지고 갔으며, 610년 고구려 담징이 일본에 제지술, 먹, 맷돌의 제작기술을 전했다는 기록이 있다. 그러나 중국 후한의 채륜보다 500여 년 이전의 낙랑분묘에서 닥나무 계통의 식물섬유편이 출토됨으로써 중국보다 이전에 이미 한반도에 고유한 제지술이 존재하였다는 설도 있다.

한지는 우리 민족의 문화유산의 진수요, 선조의 지혜와 끈끈한 장인 정신이 깃들어 있는 그 자체로도 예술작품이다. 한지를 백지라고도 하는데 흰 백(白)이 아닌 일백 백(百)을 쓰는 것은 그만큼 손이 많이 가는 장인의 혼이 깃든 제품이기 때문이다. 이러한 정성으로 '견 오백 지 천년'(絹 五百 紙 千年)의 장수를 누리며, 종류 또한 200여 가지로 이루 헤아릴 수 없는 모든 쓰임새에 각기 맞춤식 제품이어서 동서고금 어느 민족, 어느 제품보다 우수한 발명품이라 할 수 있다. 명나라 때 문방(文房)에 대해 도륭(屠隆)이 편찬한 《고반여사(考槃餘事)》에는 고려지를 소개하기를, "견면으로 만들었으며 빛은 희고 비단 같으며 단단하고 질기다. 여기에 글씨를 쓰면 먹빛이 아름다운데, 이것은 중국에서 나지 않기 때문에 진귀한 물품이다."라고 극찬하였다.

(1) 한지의 발달

① 삼국시대

전래 초기에는 중국의 제지기법을 모방했겠지만, 삼국에서 개량·발전된 종이의 질은 중국보다 우수하였고 일본으로 제지기술을 전하게 된다. 중국기록 《송사(宋史)》에 의하면 신라의 백석무지(白石無紙), 견지(繭紙), 아청지(鵝靑紙) 등의 우수한 종이를 언급했고, 1966년 발견된 목판인쇄본인 '무구정광대다라니경(無垢淨光大陀羅尼經)'은 서기 751년 이전에 만들어진 세계 최고(最古)의 한지(韓紙)임이 고증되었다.

② 고려시대

고려시대는 우리 종이의 왕성한 발전기로 각 고을에 닥나무 식재를 권장하는 등 원료와 생산자, 생산지에 대한 정책을 수립·시행하였다. 중국에서도 고려지[韓紙]에 대한 찬사를 아끼지 않았으며 당시 유명한 문인과 화가들이 고려지로 글을 쓰고 그림을 그리는 것을 소원하며 호사로 생각했을 정도였다고 한다. 이러한 제지기술의 발달에 따라 불경 간행 등의 인쇄술도 발달하였다.

③ 조선시대

조선시대에는 국초부터 종이 생산에 노력을 기울여 국가가 관리하며 체계적인 원료의 조달과 종이의 규격화, 품질 개량을 도모했다. 이에 따라 기술과 원료가 다양해지고 종이의 용도가 대중화되는 발전을 하였다. 1415년에 태종의 명으로 조지소(造紙所)가 설치되었고, 1466년 세조 12년에 조지서(造紙署)로 개편되어 1882년 고종 19년까지 존속하면서 서원, 향교, 서당의 급증하는 서책류의 수요를 감당하며 인쇄술이 발달하게 된다. 1932년 중앙시험소가 전국의 제지 표본을 조사하여 100여 종의 종이를 채집하였지만, 지금은 수십 종을 제외하고는 이름만 전할 뿐 제법, 재질, 모양 등을 알 수가 없다.

④ 일제강점기와 해방 후

일제강점기에 들어와서는 수초지(手抄紙)의 제조과정에도 기계와 화공약품이 쓰이게 되고, 일본 왜지(倭紙)의 초지방식이 도입되면서 대량생산이 가능해졌으나 전통방식은 쇠퇴하고 한지의 품질은 저하되었다. 일본은 우리의 우수한 한지를 평가절하시키면서 자국의 왜지(倭紙)와 산업인 양지의 판매를 촉진시키는 정책을 도입하였기 때문이다. 해방 이후에도 6 · 25 전쟁 등 정치 · 경제 · 사회적 혼란과 5 · 16 이후 성장 위주의 경제정책이 진행되면서 한지 제조가 농한기의 부업 정도로 전락하게 되었다.

⑤ 현대

우리 것의 소중함과 전통 한지의 우수성에 눈을 돌리면서 전통 한지가 일부 장인들에 의해 복원되고 있는 추세이다. 일본의 왜지(倭紙), 중국의 화지(華紙)에 비해 원료, 제법, 재질, 종류, 수명 등 그 모든 점에서 탁월함을 세계가 인정하고 있다. 현대에 와서 재조명되는 문화유산으로 한지 축제, 공예 공모전, 국제 규모의 심포지엄 등이 활발하게 열리고 있으며 문덕(文德)과 서책(書冊)을 귀히 여기는 우리 민족의 대표 공예로 자리매김하고 있다.

⑥ 한국 역사 속 도배 관련 사진

▲ 서울 종로 지물상점

◀ 수원 지물포

◀ 여수 장흥지업사

◀ 경주 지물포

◀ 1960년대 서울 변두리의 영남지물

◀ 1970년대 안양 중앙시장의 형제지물포
50여 년째 영업 중이다.

◀ 1970년대의 도배하는 모습
당시엔 벽지가 귀해 천장은 신문으로 도배하
는 게 일반적이었다.

◀ 드라마 '전원일기'에 나오는 도배하는 장면

▲ 경작도

집 두 채에서 한 명은 천장을 도배하고, 또 한 명은 벽을 도배하는 그림

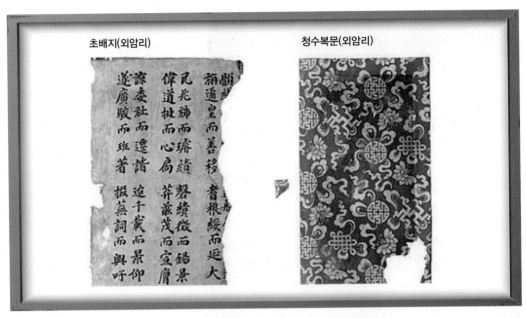

초배지(외암리)　　　　　청수복문(외암리)

▲ 과거시험에 쓰였던 시험지를 초배지로 재활용

왼쪽 초배지는 과거시험이 끝난 뒤 낙방한 시험지를 모아 두었다가 궁궐의 중건 및 보수공사 시 재활용했다.

▲ 어느 폐가에서 발견된 조선시대의 군적부로 도배된 벽지

금능화 청모란당초문(운현궁)

수복문(석복헌)

▲ 조선시대 벽지

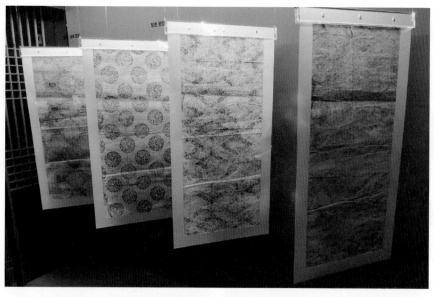

▲ 운현궁 노락당에 사용되었던 다양한 도배지

▲ 3대째 60여 년의 역사를 가진 예산의 동창상회

▲ 1970~1980년대 로열도배지

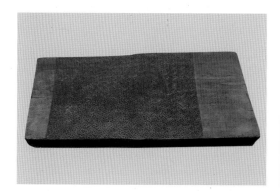

▲ 나무판에 문양을 조각하여 조각판 위에 여러 색상의 안료를 칠한 후 거기에 종이를 덮고 솔로 문질러 인쇄하는 목판인쇄로, 문양을 찍어내는 도배지의 목판

▲ 능화판
능화지(궁궐용 벽지)를 만드는 목판

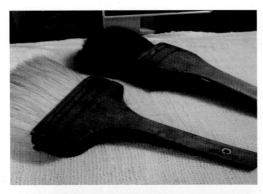

▲ 옛날 초창기에 사용된 도배 솔

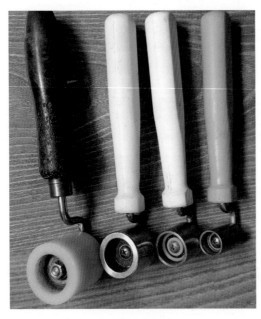

▲ 초창기의 롤러

▲ 베솔
삼베를 짤 때 풀물을 먹이는 솔로, 도배도구로도 사용함

[출처 : 네이버카페 "도배지편전"]

(2) 한지의 재료

우리 민족은 예로부터 주재료인 닥나무 외에도 산뽕나무, 안피, 마, 볏짚, 대나무 등 여러 가지 식물과 면(棉), 폐지 등의 다양한 원료를 이용하여 종이를 만들어 왔다. 한지의 주원료를 살펴보면 다음과 같다.

① 닥

흔히 말하는 닥종이의 닥은 참닥나무를 가리킨다. 닥나무는 농한기인 초겨울부터 이듬해 2월까지 수확이 가능한데, 수액이 건조할 때 수확을 해야 무르고 거칠지 않은 건강한 섬유를 얻을 수 있다.

② 닥풀

뿌리를 찧어 물에 넣으면 끈적거리는 액이 추출되는데, 이것으로 닥섬유가 물속에서 잘 분산되도록 도와주거나 종이의 두께 등을 조절할 수 있다. 그러나 여름에는 썩기 쉬워 요즘에는 닥풀 대신 화학약품이 첨가된 풀을 쓰는 경우가 많다.

(3) 한지의 제조과정

한지에는 닥나무 껍질을 비롯하여 대나무·볏짚·보릿짚·귀리를 원료로 한 종이, 마지, 안피지, 면지 등이 있다. 그중 대표적인 닥종이의 제조과정을 간단히 살펴보자.

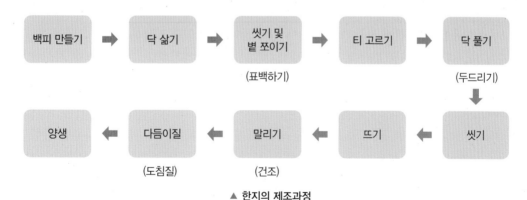

▲ 한지의 제조과정

① 백피(白皮) 만들기

베어낸 닥나무를 가마솥에 물을 붓고 10시간 정도 삶은 것을 피닥, 흑피, 조피라고 한다. 피닥 가운데 표면이 넓고 고른 것을 선정해 가운데 60cm만 잘라서 철분기가 없는 흐르는 냇물에 10여 시간 동안 담가 불린 다음 겉껍질(흑피)을 제거한 것을 백피라고 한다. 이 백피를 햇볕에 말려 건조시킨 뒤 부드럽게 하기 위해 담그기 작업을 한다. 이 백피를 철분기가 없는 흐르는 개천에 하루 동안 담가 수화섬유를 만든다.

② 닥 삶기

백피를 물에 충분히 불려서 가마솥에 넣고 삶는다. 이때 잿물을 써야 하는데, 메밀대, 콩대, 짚 등을 태운 재를 따뜻한 물에 우려 걸러서 사용한다. 이 알칼리성 잿물로 인해 한지는 pH9.5 정도의 약알칼리성을 띠게 되는데, 이러한 화학적 성질이 종이의 산화를 방지하는 데 도움이 된다.

③ 씻기 및 볕 쪼이기(표백하기)

잘 삶은 백피를 하룻밤 동안 뜸을 들인 다음 철분기가 없는 흐르는 맑은 물에 3~4일 정도 헹구고 전체적으로 햇볕을 쪼어 하얗게 표백한다.

④ 티 고르기

백피 속에 남아 있는 표피와 옹이, 흙, 모래알 등의 불순물을 제거하는 과정으로, 일일이 손으로 하기 때문에 정성이 많이 들어가며 시간이 많이 걸린다. 현실적으로 이런 투자가 어렵기 때문에 닥을 삶을 때 가성소다를 넣어 잡티를 표백하는 방법도 있지만, 이렇게 만든 종이는 강하고 질긴 한지 특유의 장점을 제대로 살리지 못한다.

⑤ 닥 풀기(두드리기)

티를 골라낸 닥을 평평한 돌(닥돌) 위에 올려놓고 나무방망이(닥방망이)로 2~3시간 두드려 섬유가 풀어지도록 한다.

⑥ 씻기

종이섬유를 고운 천에 싸서 흐르는 물에 잘 흔들어준다. 이때 미세섬유인 리그닌이 흘러나가게 되는데, 리그닌은 종이를 누렇게 변색시키고 산화를 촉진한다. 또한 장섬유 사이에 얽혀 종이를 딱딱하게 만들기 때문에 리그닌을 가능한 한 많이 제거해야 한다.

⑦ 뜨기

닥죽(원료)을 깨끗한 물과 함께 지통에 넣고 세게 저은 후, 황촉규 점액을 자루에 담아 걸러서 닥풀이 잘 섞이도록 다시 저어 준 다음, 대로 만든 발로 '물질'을 하여 지액에서 종이를 떠낸다. 이를 수록이라고 한다.

⑧ 말리기(건조)

습지를 한 장 한 장 떼어 붙여서 나무판 위에 포개어 쌓고 저녁에 돌로 눌러 놓아 하룻밤 동안 물기를 빼 준다. 물을 뺀 종이를 한 장씩 떼어 말리는데, 옛날에는 방바닥, 흙벽, 목판 등에서 말렸으나, 최근에는 대부분 열판에 붙여서 말린다. 그러나 이 방법은 철분오염의 우려가 있고 건조온도가 높아 빨리 건조되므로 목판건조에 비해 신축률이 떨어지며 수분함량이 낮아 종이가 딱딱해진다.

⑨ 다듬이질(도침질, 搗砧)

　　마지막 작업이자 우리 한지의 우수성을 인정받게 한 것으로, 약간 덜 마른 종이를 포개어서 방망이로 두들겨 한지의 밀도와 섬유질 형성을 높이도록 하는 과정이다. 이 과정에서 도침질을 하지 않은 종이의 1/2 정도로 두께가 줄어들어 먹의 번짐을 조절하기 쉬워진다. 도침을 하지 않은 닥종이는 먹의 발색이나 발묵이 좋지 않고 수명이 짧아 작품의 재료로 꺼려지게 된다.

⑩ 양생(養生)

　　어둡고 적당히 건조한 음지에서 7일 동안 자연 건조, 발색시킨 후 동(凍), 연(連), 축(軸), 권(卷), 필(疋) 등의 묶음 단위로 포장한다.

(4) 한지의 종류

　　한지의 종류는 200여 가지라고 전해지나, 오늘날에는 수십 종의 한지만 명맥을 유지하고 있다. 한지의 원료와 용도, 산지, 규격 등에 따라 명칭을 다르게 부른다고 해서 종류가 다른 것은 아니다.

① 용도에 의한 한지의 종류

- 경지(經紙) : 불경에 쓰이는 종이
- 계목지(啓目紙) : 임금께 올리는 정무에 관한 문서에 쓰이는 종이
- 계사지(啓辭紙) : 논죄(論罪)에 관해 임금께 보고할 때 쓰이기 위해 특별히 만든 종이
- 간지(簡紙) : 품질이 좋고 두꺼운 장지(壯紙)로 귀한 편지지와 봉투로 쓰이는 종이
- 면지(面紙) : 사자(死者)의 이름을 기리는 오색지
- 서계지(書契紙) : 외교문서에 사용되었던 조선시대 종이
- 권선지(勸善紙) : 절의 시공, 불사가 있을 때 추수기에 집집마다 돌렸던 보시용 봉투를 만든 종이
- 선지(扇紙) : 부채와 종이연을 만들었던 아주 질기고 두꺼운 종이로, 선자지(扇子紙)라고도 함
- 시지(試紙) : 과거시험에 답안지로 쓰였던 상급 종이로 먹의 발색과 발묵이 우수한 종이
- 세화지(歲畫紙) : 신년을 축복하는 의미에서 궁에서 그려 반사(頒賜)하던 그림을 그리던 종이로, 선동(仙童)이나 태상노군을 그림
- 자문지(咨文紙) : 중국과 왕래하는 외교문서로 도중에 훼손되지 않도록 두껍고 매우 질긴 종이
- 첩지(疊紙) : 절첩(折疊)하여 만든 책본이나 책봉투의 종이
- 창호지(窓戶紙) : 창과 문을 바르는 종이
- 주지(住紙) : 승지가 임금의 명을 받아 적었던 종이

- 지등지(紙燈紙) : 등을 만들었던 종이로, 등롱지(燈籠紙)라고도 함
- 주본지(奏本紙) : 임금께 올리는 특별한 문서에 사용된 종이
- 장경지(藏經紙) : 황색과 백색의 경전을 만드는 종이로 광택이 나며 매우 두꺼움
- 저주지(著注紙) : 닥나무 껍질이 원료이며 길이 1자(尺) 5치(寸), 넓이 1자 4치의 조선시대 저화(楮貨)를 만든 종이
- 장판지(壯版紙) : 새벽질을 하고, 방바닥에 바르는 두꺼운 유지(油紙)
- 화지(火紙) : 얇은 종이를 두루마리로 말은 잎담배를 싸거나 불을 붙이는 데 쓰이는 종이
- 표전지(表箋紙) : 임금께 올리는 표문(表文)이나 전문(箋文)을 쓰기 위한 종이
- 첨지(籤紙) : 서책에 무엇을 표시하기 위해 붙이는 쪽지로, 부전지라고도 함
- 축문지(祝文紙) : 제사나 의례용으로 축문을 쓰던 종이

② **원료에 의한 한지의 분류**

- 농선지(籠扇紙) : 저피와 펄프를 원료로 만들어 도침한 창호지로, 두껍고 질기며 추운 지방의 문종이로써 일반 혼서지(婚書紙)로 쓰임
- 장자지(將者紙) : 가로 4자, 세로 2.5자의 규격으로 제작되고 일반 한지보다 크고 두껍게 만들어져 주로 문종이에 사용되었고, 실을 배접하여 아주 질기게 만들기도 함
- 호적지(戶籍紙) : 경양지라고도 하며 불투명하고 잉크가 번지지 않는 특징이 있어 영구 보존용 서류용지로 관청에서 주로 쓰였음
- 박엽지(博葉紙) : 차나 한약을 다릴 때 쓰이는 종이로 얇고 내수성이 강함
- 태지(苔紙) : 저피와 모조지를 원료로 태의 형태를 살리거나 물이끼를 섞어 미관이 뛰어난 고급 편지지, 벽지, 표구 제작용으로 사용된 종이
- 마포지(麻布紙) : 대마섬유가 원료이며 옻을 거르거나 장판지 밑에 바르는 종이
- 피지(皮紙) : 도배용 초배지로 사용되는 종이
- 장판지(壯版紙) : 저피 또는 유피지를 여러 겹 배접하여 들기름이나 건성유를 먹여 내구성과 방수성이 좋은 장판용 종이
- 미농지(美濃紙) : 순수 저피지로 매미의 날개와 같이 얇으나 질긴 점이 특징이며 깨어지기 쉬운 도자기나 유리제품의 포장지로 쓰이는 종이
- 운용지(雲龍紙) : 마치 구름과 용의 문양을 띠는 닥섬유가 표면에 선명하게 나타나 자연미가 있으며 고급 도배용지나 포장지, 봉투지 등으로 쓰이는 종이
- 화선지(畵仙紙) : 수록지(手錄紙)로서 먹물이 잘 먹으며 오랫동안 변색되지 않는 장점이 있어 동양화 및 서예, 편지지로 사용되는 종이
- 공물지(貢物紙) : 물품을 포장하는 종이로 사용되며 가로 2자, 세로 1자의 크기임
- 당좌지(撞座紙) : 가로 1.8자, 세로 2.8자의 크기로 문종이로 사용됨

③ 형태에 따른 한지의 종류

⑦ 종이의 질에 의한 분류

- 백면지(白綿紙) : 매우 희고 품질이 좋은 백지로 공물로 진상되는 종이
- 별백지(別白紙) : 중국에서 품질이 좋은 한지를 일컫는 종이
- 열품백지(劣品白紙) : 품질이 떨어져 습자용이나 포장지, 막지로 사용되던 종이
- 상지(常紙) : 품질이 떨어지는 일반 종이
- 은면지(銀面紙) : 표면이 매끈하며 은빛의 광택이 나는 고급 종이로 특별한 기록에 사용되던 종이
- 죽청지(竹靑紙) : 참닥이 원료이며 아주 얇으면서도 질긴 고급 종이
- 백추지(白秋紙) : 중국에서 신라의 계림지와 고려의 고려지를 말하는 희고 광택이 나는 종이

⑥ 제작방법에 의한 분류

- 분백지(粉白紙) : 분가루를 곱게 먹인 흰 종이
- 분주지(粉周紙) : 전라북도에서 생산되며 두루마리 한지로 표면에 쌀가루를 뿌리고 도침하여 만든 종이
- 포목지(布目紙) : 발의 눈이 나타나지 않도록 종이를 뜰 때 포를 씌워 제작한 종이

© 마무리 방법에 의한 분류

- 도련지(道練紙) : 먹이 곱게 먹고 붓 흘림이 좋도록 다듬이돌에 다듬어 매끈하게 만든 종이
- 도침백지(搗砧白紙) : 필사(筆寫)에 편리하도록 홍두깨에 종이를 말아 다듬이질을 한 종이
- 동유지(桐油紙) : 오동나무 기름을 도포하여 양생한 질긴 종이로, 오랫동안 보관하는 고급 포장용지
- 타지(打紙) : 다듬이질을 하여 매끄럽고 광택이 나는 종이로 단지(檀紙)라고도 함
- 만년지(萬年紙) : 옻칠이나 기름을 여러 번 먹인 종이로 수명이 매우 긴 종이

④ 생산지에 의한 한지의 분류

- 경장지(京壯紙) : 향장지(香匠紙)와 분류해서 쓰인 명칭으로 조선 말 조지서에서 생산된 관급용 미장지
- 경지(慶紙) : 경상북도 경주에서 만든 종이
- 백로지(白鷺紙) : 평안남도 영변에서 만든 한지로 영변지라고도 함
- 의령지(宜寧紙) : 경상남도 의령에서 생산하는 병풍용 고급 한지와 장판지를 말함
- 원주지(原州紙) : 강원도 원주에서 생산하는 서화용 한지와 채색 공예용 한지를 말함
- 상화지(霜華紙) : 전라북도 순창에서 생산하는 광택이 나고 질긴 종이를 말함
- 완지(完紙) : 전라북도 완주에서 생산하는 종이로 전주지라고도 하는 최고급 수록지(手錄紙)

를 말함
- 설화지(雪花紙) : 강원도 평강에서 생산하는 백지로, 눈꽃처럼 희다고 하여 설화지로 불림

(5) 한지의 장단점

① 장점

ㄱ 지질이 매우 부드럽다.

ㄴ 냄새가 향긋하며 인체에 무독하다.

ㄷ 질겨서 쉽게 찢어지지 않아 공예용으로 우수하다.

ㄹ 빛깔이 곱고 은은하여 쉽게 싫증이 나지 않는다.

ㅁ 통기성, 흡습성이 좋아 실내 위생에 좋다.

ㅂ 먹이나 물감의 먹음성이 좋아 서화용으로 우수하다.

ㅅ 기름을 잘 먹기 때문에 2차 가공유지로 제조하기 쉽다.

ㅇ 세월이 흘러도 퇴색미가 있다.

ㅈ 알칼리성으로 쉽게 열화(劣化)되지 않아 수명이 매우 길다.

② 단점

ㄱ 전통 초지방법으로는 대량 생산하기가 어렵다.

ㄴ 수초지는 기계제품이 아니기 때문에 재질, 색상, 두께 등 정교한 동일 제품이 연속적으로 나오기가 힘들다.

ㄷ 양지에 비해 가격이 비싸다.

ㄹ 건조 후에는 질기나 수분에 취약하다.

▲ 가내 수공업으로 한지 장판지를 제작하는 초라한 작업장 내부시설

▲ 가공된 한지를 볕에 말리는 건조대가 설치된 마당

▲ PVC 바닥재와 원목 마룻재에 밀려 현재는 수요가 없어 가동하지 않고 방치된 대량 생산용 펄프한지 장판 제작기계

2 양지(洋紙)

고대 중국에서 문자를 기록할 때 사용했던 짐승의 뼈, 대나무 등에 비해 거의 동시대인 이집트인들의 파피루스는 제조, 부피, 기록방법 등에서 상당히 진보된 우수한 기술이었음을 알 수 있다. 그러나 이집트인들이 뛰어난 기록기술을 발명하고도 중국인들처럼 종이를 초조(抄造)하는 기술까지 발전시키지 못한 것은 풍부한 노예의 노동력에 의존하여 다량의 파피루스를 생산할 수 있었기에 더 이상의 기술 개발을 필요로 하지 않았기 때문이라고 한다.

또 다른 이유는 고대 중국의 문자는 이집트문자에 비해 범위가 넓었고 고대 중국의 철학으로 인해 기록할 내용이 방대했기 때문이라고 보여진다. 메소포타미아와 소아시아지역의 유목민족들이 두루 사용했던 양피지(羊皮紙)도 절대왕권과 정착 농경문화인 중국인에 비해 절실히 기록 도구가 대량 필요하지 않았다고 본다. 결국은 이집트와 유목민족들에 비해 중국인의 필요가 종이의 발명을 낳은 것이다.

(1) 양지의 시작

AD 751년 당나라 현종은 고구려 유민 출신 장군인 고선지(高仙芝)로 하여금 서역을 정벌하게 하였고, 서방의 대국 사라센과 투르키스탄지방의 탈라스강 근처에서 대결전을 하게 된다. 돌궐의 배신으로 당군은 크게 패배하였으며, 사라센에 포로로 잡힌 당군 중에는 제지기술공들이 포함되어 있었다. 이들로 인해 중국의 제지기술이 유럽에 전래되었으며 유럽문화 발전에 큰 영향을 끼치는 계기가 되었다.

처음으로 제지공장이 세워진 곳은 757년 오늘날 우즈베크공화국의 사마르칸트이다. 이전까지 양피지와 파피루스가 문자를 기록하는 재료로 사용되었는데 사마르칸트에서 생산되는 유럽 최초의 종이를 '사마르칸트 종이'라고 불렀다. 1189년 프랑스의 에로에 세워진 제지공장은 기계에 의한 최초의 초지법을 개발하였고, 그 무렵의 공장으로는 규모와 생산량이 거대하였으며,

이 제지공장을 근간으로 프랑스는 중세 최대의 제지공업국으로 발전하게 되었다. 이후 1276년에는 이탈리아에 최초의 제지공장이 생겼고, 1336년에는 독일에, 1498년에는 영국에, 1690년에는 미국에 제지공장이 설립되었다.

중국에서 발명되어 아라비아를 거쳐 유럽에 전해진 제지술은 15세기경에 이르러 급속도로 발전하게 되었는데 활자인쇄술의 발명과 르네상스와 종교개혁, 산업혁명에 이르기까지 수많은 출판물로 인하여 그와 더불어 제지술의 질적·양적 성장을 가져오게 되었다.

(2) 양지의 제조과정

① 고해(叩解, beating) : "종이는 고해기에서 된다."라는 말처럼 가장 중요한 공정이다. 펄프를 물에 풀어 고해기(beater)를 사용하여 펄프섬유를 절단·분쇄하는 과정이다.
② 사이징(sizing) : 펄프에 내수성이 있는 콜로이드물질을 첨가하여 섬유밀도를 높여 잉크의 침투·번짐을 방지하는 과정으로, 사이징제로는 로진(송진)과 젤라틴이 주로 사용된다.
③ 충전제 및 염료 : 종이의 평활도와 불투명성을 높이기 위해 백색의 광물질(백토, 활석, 석고 등)을 첨가하여 인쇄 적성이 좋게 하며 염료를 첨가하여 종이의 원하는 발색을 얻는다.
④ 정정과 정선 : 초지기로 가기 전의 과정으로, 미처 풀리지 않은 섬유와 이물질을 정선기(screen)로 통과하여 고르는 작업이다.
⑤ 초지 : 종이가 완성되는 과정으로, 초지기에서 지층을 형성한 원지가 압축·탈수·건조의 과정을 거친다.
⑥ 완정 : 건조된 원지는 광택을 내는 캘린더(calender)를 통과하고 권취기(reel)에 감거나 규격대로 재단하여 평판제품(sheet)으로 포장한다.

(3) 양지의 종류

① 화학섬유지(化學纖維紙, artificial fiber paper) : 화학섬유에 합성수지 접착제를 가하고 초지기(抄紙機)로 뜬 종이로서 화섬지라고도 한다.
② 가공지(加工紙, converted paper) : 본래의 종이와 다른 성질을 부여하기 위해 2차적으로 특수한 작업을 한 종이를 말한다.
③ 켄트지(kent paper) : 그래픽디자인용으로 적합한 고급 제도용지를 말한다.
④ 판지(板紙, paper board) : 일반적으로 0.3mm 이상의 두께를 가진 질기며 딱딱한 종이를 말한다.
⑤ 원지(原紙, stencil paper) : 1차 가공을 하기 위한 기재(基材)로 사용되는 종이로, 가공원지라고도 한다.
⑥ 에나멜지(enamel paper) : 비교적 얇은 편면가공지(片面加工紙)로 한쪽 면을 무색 또는 유색의

강한 광택이 나도록 가공한다.

⑦ **옥판선지(玉版宣紙)** : 선지(宣紙)의 일종으로, 서화용으로 많이 사용되는 빛이 희고 결이 고우며 광택이 있는 종이를 말한다.

⑧ **하드롱지(hard-rolled paper)** : 질긴 지질의 편면광택지(片面光澤紙)로, 포장지로 사용된다.

⑨ **중성지(中性紙)** : 중성의 종이로 산성지에 비해 오랜 세월 보존할 수 있어서 장기 보존하는 도서용지로 쓰인다.

⑩ **황산지(黃酸紙, parchment paper)** : 강하고 반투명한 가공지로, 겉모양이 양피지를 닮았으며 파치먼트지라고도 한다.

⑪ **파라핀지(paraffin paper)** : 글라신페이퍼·모조지·크라프트지 등에 파라핀납(蠟)을 주(主)로 한 도료를 도피(塗被) 또는 침투시킨 종이를 말한다.

⑫ **트레이싱지(tracing paper)** : 제도(製圖) 등에서 원고를 투사하기도 하고, 청사진용 원고 제작에 쓰이기도 하는 반투명으로 된 얇은 필기용지를 말한다.

⑬ **크라프트지(kraft paper)** : 포장용지로 쓰이며 화학펄프의 일종인 미표백 크라프트펄프를 주원료로 한다.

⑭ **흡묵지(吸墨紙, blotting paper)** : 잉크를 흡수하는 성질을 가진 양지로, 1850년경 영국의 어느 종이공장에서 실수로 아교를 섞는 것을 잊은 채 만든 종이가 뜻밖에도 잉크를 흡수한다는 것을 발견하고 그 후 시판하게 되었다고 한다. 일명 압지라고도 한다.

⑮ **아트지(art paper)** : 지면이 매우 평활하고 강한 광택이 있는 양지로, 양면에 광택을 낸 것을 양면아트지, 한쪽 면에만 낸 것을 편면아트지라고 한다.

⑯ **코트지(coated paper)** : 머신코트지(machine-coated paper)라고도 하며, 도피지의 한 종류이나 넓은 뜻으로는 도피지 전반을 가리킨다.

⑰ **타폴린지(tarpaulin paper)** : 방수(防水)·방습(防濕)의 역할을 하는 아스팔트층(層)이 있는 종이를 말한다.

⑱ **인디아페이퍼(India paper)** : 성서나 사전인쇄에 사용되는 얇으면서도 질기고 불투명하며 잉크가 배지 않는 양지로, 인디아지 또는 인도지(印度紙)라고도 한다.

02 　벽지(壁紙)의 발전

영어사전에 보면 도배를 paper hanging(종이를 걸다)이라고 표기한다. 도배의 유래는 BC 3000여 년 전으로 오늘날처럼 접착제를 이용하여 도배지를 바른 것이 아니라 좋은 그림이나 글, 벽걸이(tapestry) 등을 치장, 혹은 주술적인 목적으로 벽에 걸어 두었던 방식에서부터 도배가 시작되었다고 본다. 또한 원래 도배는 벽면에 국한했던 것이 우수한 대체 마감재로 점차 천장 부분까지 확대되었다. 우리가 벽지라 함은 천장지를 포함해서 통칭 '벽지'라고 부르며, 영어의 wall covering(벽지)은 직역이 '벽마감재'나 천장까지로 이해하는 것은 동서양이 다르지 않다.

얇은 종이를 벽에 바르다가 천장으로 확대된 것은

첫째, 도배기술의 발달이요,

둘째, 수없는 건축마감재 중 도배(벽지)가 유일하게 500여 년 동안 이렇다 할 대체품 개발 없이 독자적으로 확대·발전하였다는 것을 볼 때 그만큼 마감재로서 완벽하다는 것을 증명하는 것이며,

셋째, 타 마감재에 비해 현실적으로 공사기간이 짧고 시공에 대한 신뢰, 적절한 공사비 등 모든 제 요소를 수용할 수 있었기 때문이라고 본다.

1 서양의 벽지역사

현존하는 가장 오래된 벽지는 1509년 영국의 헨리 8세의 포고문으로 사용된 목판인쇄벽지다. 그러나 이것은 현존하는 최고(最古)의 벽지일 뿐 도배의 시초라고 볼 수는 없다.

AD 751년 당나라와 사라센제국과의 탈라스 전투로 인해 제지술이 유럽에 전래되고 약 750여 년의 제지역사를 근거로 볼 때 1509년 헨리 8세의 포고문의 목판인쇄벽지 이전에도 여러 나라에서 벽지를 제작·사용했으리라는 충분한 가능성이 있다.

1599년에는 이미 도배사 길드(Gild)가 설립되었고 수공업 벽지의 생산한계를 1785년 크리스토프 필립 오베르캄프(Christophe Phillipe Oberkamp)에 의해 벽지인쇄기계가 발명되어 공장제 기계화의 대량생산이 가능하게 되었으며, 루이스 로버트(Louis Robert)에 의해 오늘날 두루마리 벽지의 디자인이 처음 등장하게 된다.

1861년 영국에서 아트 앤드 크래프트(art & craft)라는 '자연 회귀', '예술 원칙' 운동을 주도한 윌리엄 모리스(William Morris)가 공감하는 친구들과 모리스 마셜 포크너 상회(商會)를 설립하여 가구, 소품, 벽지 등을 제작·판매하였다. 오늘날까지도 고전 벽지의 디테일로 사용하는 아라베스크(arabesque, 꽃과 잎줄기를 형상화), 아칸서스(acanthus, 식물의 잎사귀) 문양은 바로 윌리엄 모리스의 벽지에서 시작된 것이다. 미국은 18세기를 전후로 뉴욕과 보스턴의 벽지산업과 실크스크린인쇄기법의 발전으로 유럽의 보수적인 전통 문양의 틀에서 벗어나 모던함과 자유분방한 문양의 벽지가 개발되었고 도배가 인테리어의 새로운 장르로 정착하게 된다.

20세기 초 괄목할 만한 것은 1919년 월터 그로피우스(Walter Gropius)가 설립하여 1933년 나치에 의해 강제로 폐쇄될 때까지 존재했던 독일의 '바우하우스(Bauhaus)'다. 미술·공예·건축분야의 각 공방을 두고 교육, 설계, 시공의 산학연계시스템으로 문하생 양성을 목적으로 하는 최초의 공예직업학교라는 점이다. 벽지디자인과 시공이 주요 아이템이었다는 점에서 오늘날 도배교육기관의 모델로 조명되고 있다.

1945년 종전 후 런던 벽지전시회를 계기로 벽지디자이너들의 진출이 활발해졌고 벽지가 새로운 산업으로 정착되게 된다.

2 우리나라의 벽지역사

삼국시대에 활발한 제지업의 발달로 한지를 이용하여 궁중과 상류층의 도배가 시작되었으며, 조선시대에는 비단, 한지, 중국의 수입벽지를 사용하여 도배하는 계층이 늘어났다. 영·정조시대에는 벽지를 찍어내는 목판을 사용하여 문양을 넣어 채색한 한지벽지가 왕실과 반가(班家)에서 사용되었고, 이순신의 《난중일기》를 보면 한지를 사용하여 병영(兵營)까지 도배를 한 것으로 볼 때 일반 평민들까지도 한지 도배가 시도되었다는 것을 알 수 있다.

1892년 고종 29년에는 일본으로부터 제지기계를 도입하여 근대적 제지술이 시작되었고, 한일합병 이후에는 갱지를 사용한 평판지(平版紙) 낱장 벽지가 생산되었다. 이후 일본, 유럽의 수입벽지가 특권계층에 일부 사용되었으며, 이때까지 민간에서는 전통 한지를 도배지로 사용하는 경우가 대부분이었다. 해방 후 군소 벽지공장이 등장하였으나 기계설비의 수준은 열악했고 벽지로서의 조건을 갖추지 못했다. 평판지벽지에서 오도스벽지(돌가루를 뿌린 두루마리벽지의 원조)가 개발되고 백상지를 사용한 현대적인 그라비아인쇄벽지가 나오기까지는 도배문화란 그저 깨끗한 종이를 모았다가 바르거나 한지를 사용하면 그나마 고급 도배로 인정되는 수준이었고 질 낮은 국내 벽지에 성이 차지 않는 일부 부유층에서는 고가의 수입벽지에 의존하였던 시절이었다.

1970년대에 들어서면서 기존의 그라비아벽지와 초경, 섬유, 비닐벽지 등이 생산되었고, 다양한 문양과 표면에 텍스처(texture)를 가미한 엠보스(emboss)벽지 등이 개발되어 고급 벽지의 문턱에 들어서게 되었으며, 1975년의 '벽지 굿 디자인전'은 최초의 벽지전시회였다. 최근 벽지의 소재는 친환경적이며 거주자의 건강을 고려한 각종 기능성 벽지들이 경쟁적으로 개발되고 있는 추세이다.

3 벽지의 유행 흐름(trend process)

(1) 1950~1960년대

① 한지를 벽지로 그대로 사용
② 종이벽지(프린트, 인쇄)
③ **종이재질 :** 마분지 등 저급 종이

(2) 1960~1970년대 말

① **종이벽지** : 수입원지 사용(백상지)
② **발포벽지** : 일반 그라시아인쇄(고발포)
③ 직물, 초경벽지 등장, 부유층은 수입벽지 선호

(3) 1980년대

① 일반 실크벽지(꽃무늬)
② 다양한 발포벽지(저·중·고발포, 광폭·소폭발포벽지)
③ 인쇄문양과 엠보문양의 불일치, 컬러와 디자인이 조악함

(4) 1990~1990년대 중반

① 합지벽지, 일반 실크벽지(유광)
② 동조 실크벽지(큰 꽃무늬)
③ 파스텔톤 유행
④ 직물 초경벽지의 쇠퇴

(5) 1990년대 중반~2001년

① **실크벽지(무광, 무컬러)** : 단순한 모티브
② 합지 중폭(79cm)
③ 띠벽지 유행

(6) 2002~2003년

① 실크벽지, 합지벽지(무광 → 유광)
② 시공성이 우수한 합지 광폭(93cm) 선호
③ 다양한 문양의 벽지
④ 저발포벽지(스크린인쇄)
⑤ 전통 한지벽지의 부활

(7) 2004~2005년

① 환경친화벽지
② 기능성 벽지
③ 전통 벽지의 디테일인 앤틱문양의 시도

(8) 2007~2008년

① 앤틱문양과 동양풍의 전통 문양의 결합

② 벽화벽지(전폭벽지) 출시

③ 패브릭벽지, 메탈벽지 출시

(9) 2009년

① 무지벽지 선호

② 색상의 조합, 디자인의 응용 시도

(10) 2010~2012년

① 국내 최고(最古) 전통의 대동벽지 도산

② 군소 벽지 생산업체의 등장으로 가격 경쟁의 심화

③ 기획상품의 덤핑(10평 포장단위)

④ 퓨전 한지벽지의 다양한 제품 출시

⑤ 복고적 디자인의 재등장

⑥ 수입벽지에서는 패브릭, 홀로그램벽지 유행

⑦ 뮤럴벽지(전폭벽지)의 쇠퇴

(11) 2013~2020년

① '친환경 도배'가 대두됨

② 다양한 기능성 초배지와 부자재 개발

③ 도배 시공 관련 '플랫폼'의 등장으로 도배시장과 시공비의 교란

④ 무늬벽지의 쇠퇴

⑤ 밝은 색상 벽지 선호 증가

⑥ 단색 벽지 유행

(12) 2021~2023년 현재

① 코로나 팬데믹으로 장기불황으로 진입

② 무몰딩, 무문틀 시공이 등장으로 새로운 시공법과 퍼티 시공이 증가함

③ 취업난을 겪고 있는 청년층이 대거 도배시장으로 진입함으로써 잉여 도배사 폭등

NATION of DOBAE

2

도배의 변천

까치둥지

옛 할아버지 말씀이
까치둥지는 흡사 화전민 부락이라
빗물 흘러내리는 너와집 지붕 끌에
군불 때는 구들장 비슷한 토방 마루도 있다는데

가장 곧은 억새 줄기로 울타리 치고
가장 보드라운 새순 이파리로 도배하고
가장 마른 지푸라기로 자리 깔았을까
석양이 울타리 물들이면
각시 까치 하얀 가슴에 부리를 묻고
골고루 따뜻해야지 날개 속에 갓난 알 굴리며
지친 날개로 돌아와 쉴 제 짝 기다릴까

항시
가까이 사는 텃 짐승들은 인간을 닮아
비슷하게 밥 세 끼 먹고
어두워지면 잠에 들고
짝지어 살며
일가를 이룬다지만

까치는 영물이라
집 짓는 기술까지 흉내 내었나

이제는 인간이 까치를 닮아
높은 허공 위에 둥지를 틀고
날개 없이도 문명에 실려
가벼이 오르내리는데
먹어도 먹어도 배가 고프고
밤이 와도 잠들지 않고
짝을 잃어도 슬퍼하지 않고
집이 있어도 가정이 없는
모진 심성들
사랑도 사상도 채울 자리 없는 가슴

아침 이슬에 젖은
순결한 이삭 한 줌
기꺼이 나누는 낱알의 풍미
빗물에 젖은 깃털
서로의 부리로

쪼여 말리는
저들의 뜨겁던 사랑
그리워라

이제
서울 하늘 꼭대기에 걸린 까치둥지는
가장 튼튼한 벽돌로 울타리 치고
가장 매끈한 종이로 도배하고
가장 두꺼운 나무로 자리를 깐다

주) 나는 '도배기계'가 되어 간다. 무지하게 반복되는 횟수와 요구하는 정밀도가 가히 기계 수준이다. 도배는 다소 투박한 '핸드메이드' 작업인데 세상은 가장 매끄럽고 가장 오차가 없는 '기계도배'로 흘러간다. 도배에 사람소리는 사라지고 쇳소리만 난다.
어릴 적 외갓집의 도배가 떠올랐다. 어머니 속적삼같이 하얀 문창호지, 동네에서 제일 예쁘다는 처녀보다 더 예쁜 꽃벽지가 그리웠다. 어느 날 집에 오는 길에 허름한 재래시장 지물포에서 가장 울긋불긋 촌스러운 벽지를 사 왔다. 그야말로 전통 DIY. 공구는 생략하고 빗자루와 칼 한 자루만 가지고 무늬는 대충 맞추고 주름투성이로 방 한쪽 벽을 발랐다. 쳐다보니 나에게는 가장 완벽한 도배였고 어릴 적 외갓집에 온 것처럼 그렇게 편할 수가 없었다. '까치둥지'에서 살고 싶다.

CHAPTER 02 | 도배의 변천

01 문헌에 나타난 도배의 역사

1 조선왕조실록

① 태종 15년(1415년 을미년) : 옛날에 도벽지(塗壁紙)를 파고지(破古紙)라 함과 같은 것도 매우 가소롭다.[1]

② 세종 7년(1425년 을사년) : 종묘 재궁의 창·벽의 도배지는 매번 바르지 말고 삼가서 수고를 덜게 하다.

③ 세종 27년(1445년 을축년) : 의정부에서 흥천사, 흥덕사의 종이와 자리는 각기 구해서 쓰게 할 것을 건의하다.

④ 선조 26년(1593년 계사년) : 행궁(行宮)을 수리하는 데에 든 능화지(菱花紙)·창호지(窓戶紙)·포진석자(鋪陳席子) 등은 지금 외방의 공상(貢上)이 없는데 어디서 나와 그렇게 한 것인지 살펴 아뢰라.

⑤ 영조 41년(1765년 을유년) : … 창호(窓戶)에 틈을 바르지 않은 것도 또한 그대로 둔 채 참고 지냈다.[2]

⑥ 고종 31년(1894년 갑오년) : 각릉에 개사초(改莎草)하거나 도배를 하고 창문을 바르는 것은 본릉에서 하되 개사초하는 비용 50냥과 도배지 종이값 50냥은 매해 2월에 지방 읍에서 보낸다.[3]

그 외 다수

---

1 앞뒤의 문맥으로 미루어 볼 때 다음 두 가지로 해석될 수 있다.
　① 도벽지는 고급 종이를 사용해야 하는데 버리는 파고지를 사용하면 안 된다는 것
　② 도벽지를 파고지로 사용했다는 것
　중요한 것은 태종 15년(1415년)에 이미 '옛날의 도배'를 언급했으니 도배가 그 이전(고려시대)부터 존재했음을 미루어 짐작할 수 있다.

2 '창호에 틈을 바르지 않은 것'은 문풍지를 말한다.

3 개사초 비용 50냥과 도배지 종이값 50냥이 같은 것은 도배지 종이값이 상당히 고가였다는 것을 알 수 있다.

2 조선국기

네덜란드인 하멜이 조선에 표류하여 조선의 풍속을 기록하였는데, '조선 사람들의 방바닥은 기름종이로 덮여있다.'라고 소개했다.

3 난중일기

이순신의 《난중일기》에 '… 도배하였다.'는 기록이 네 번 등장한다.

① **갑오년 7월 28일 :** … 늦게 수루에 올라가 벽 바르는 것을 감독했다. 의능(義能)이 와서 일을 맡아 했다.[4]

② **갑오년 8월 3일 :** … 다락방에 도배를 했다.[5]

③ **갑오년 8월 4일 :** … 다락방에 도배를 마쳤다.[6]

④ **정유년 6월 6일 :** 잠잘 방을 고쳐서 도배했다.[7]

도배와 관련된 내용으로

⑤ **병신년 8월 9일 :** … 하동에 종이를 가공해 달라고 도련지(道練紙) 20권, 주지(注紙) 32권, 장지(壯紙) 31권을 김응겸(金應謙)·곽언수(郭彦水) 등에게 주어 보냈다.[8]

⑥ **정유년 4월 22일 :** … 판관 박근(朴勤)이 찾아왔다. … 판관이 기름먹인 두꺼운 종이와 생강 등의 물건을 보내주었다.[9]

4 흥부전

강남에서 돌아온 제비가 흥부에게 보은으로 고대광실을 지어주는데 '… 강남 사람 재조들은 이렇듯 기이헌가 벽 부친 그 진흙을 어느 겨를 다 말리워 도배·장판 반자까지 휜칠하게 허였겄다.'라는 대목이 있다.

---

4 벽 바르는 일을 맡은 사람의 이름이 구체적으로 '의능'이라고 언급되었다. '의능'이란 자는 임진왜란 당시 이순신 장군 수하에 있었던 승병으로 직책은 군관쯤으로 보인다. 문헌에 등장하는 최초의 도배사 실명으로 그 의의가 크다.

5 다락방에까지 도배를 하였다는 것은 도배가 당시 실내마감재로 일반화되었다는 것을 알 수 있다.

6 전날 3일과 4일 연이틀 도배하였다는 것은 도배작업량이 많았다는 것을 의미한다.

7 잠잘 방을 고쳐서 도배하였다는 것은 그만큼 도배가 일상적으로 빈번했다는 것을 알 수 있다.

8 당시의 한지는 제작 후 어느 정도의 반가공상태로 보관하다가 사용에 즈음해서 완제품으로 가공되었다.

9 '기름먹인 두꺼운 종이'는 한지 장판지로 사용되는 장유지(壯油紙)로 추정된다.

5 근대의 관보(官報) 기사제목

① '벤끼'칠과 도배하는 법. 1930년 4월 6일(중외일보 3면)

② 찬바람이 나기 전에 도배·장판도 하고. 1938년 9월 15일(매일신보 10면)

③ 한 간 방이면 四十전으로 도배가 된다. 1938년 10월 20일(매일신보 3면)

④ 도배는 돈드려 남식히지 말고 주부가 손소하자. 1942년 9월 5일(매일신보 4면)

02 근현대 도배의 변천

1 벽지

▲ 그때 그 도배
골목 안에서 문에 창호지를 바르는 풍경

▲ 1960년대 청계천 뚝방에서 폐종이를 이용하여 장판지를 자가 제작하는 모습

연대	구분 / 벽지
일제강점기	• 돌출구조미의 한옥에는 한지벽지, 평면형의 일본식 가옥에는 일본수입벽지 시공 • 서민층은 마분지, 신문지를 벽지로 대용
1950년대	• 한지를 벽지로 사용 • 마분지, 신문지를 벽지로 대용 • 전후 복구로 벽지 수요의 급증 • 1943년 창립한 '대동벽지'가 국내 최초로 낱장으로 판매하는 평판지벽지 생산 • 미군정시대의 건축문화로 일부 상업, 사무공간에는 벽지 대신 페인트 마감
1960년대	• 근대 벽지의 보급으로 한지 도배의 쇠퇴 • 마분지, 신문지를 벽지로 대용 • 평판지벽지(낱장벽지) • 저급 롤벽지 생산
1970년대	• 평판지벽지 쇠퇴 • 그라비아벽지, 발포벽지, 특수 벽지(직물, 초경) 생산 • 각국의 벽지 수입 • 부유층에서는 직물을 배접하여 벽지로 시공
1980년대	• 광폭종이벽지(개나리벽지) • 다양한 발포벽지, 데코론(대동벽지) 유행 • 실크벽지의 등장으로 직접 배접하여 시공하는 직물벽지 쇠퇴 • 특수 벽지(직물, 초경) 쇠퇴
1990년대	• 합지벽지, 동조 실크벽지 • 띠벽지 유행 • 고급 실크벽지 그라시아(LG벽지) • 무광택, 황토색 무지벽지 유행 • 한지의 질감과 패턴을 모방한 한지벽지와 실크벽지 생산
2000~2005년	• 친환경, 기능성 벽지 출시 • 업그레이드 고급 실크벽지 • 수입벽지, 포인트벽지 유행 • 띠벽지 쇠퇴 • 특수 벽지(직물, 초경) 부활 • 천장지는 백색 실크벽지, 일명 '모래알 화이트'가 주종 • 전통 한지를 벽지로 사용하는 복고 트렌드
2006~2009년	• 웰빙 신드롬으로 벽지에 수성염료 사용 • 패브릭, 메탈릭 등 고급 실크벽지 • 모던한 디자인의 DID벽지와 전통을 가미한 신한벽지가 디자인 부분에서 호평을 받음 • 벽화(전폭)벽지 유행 • 주문 디자인 벽화벽지 시도(스크린인쇄, 소량 도안) • 패턴의 남발에 식상하여 무지 매치(solid match) 도배 선호
2010~2012년	• 국내 최고(最古) 전통의 대동벽지 도산 • 군소 벽지 생산업체의 등장으로 가격 경쟁의 심화 • 기획상품의 덤핑(10평 포장단위) • 퓨전 한지벽지의 다양한 제품 출시 • 복고적 디자인의 재등장 • 수입벽지에서는 패브릭, 홀로그램벽지 유행 • 뮤럴벽지(전폭벽지)의 쇠퇴

연대 구분	벽지
2013~2020년	• '친환경 도배' 대두 • 다양한 기능성 초배지와 부자재 개발 • 도배 시공 관련 '플랫폼'의 등장으로 도배시장과 시공비의 교란 • 무늬벽지의 쇠퇴 • 밝은 색상의 벽지 선호 증가 • 단색 벽지 유행
2021~2023년 현재	• 코로나 팬데믹으로 장기불황으로 진입 • 무몰딩, 무문틀 시공의 등장으로 새로운 시공법과 퍼티 시공이 증가함 • 취업난을 겪고 있는 청년층이 도배시장으로 대거 진입함으로써 잉여 도배사 폭증

2 바닥재

연대 구분	바닥재
일제강점기	• 구들장 온돌(복사난방)에 전통 한지 장판지 시공 • 시멘트부대종이, 마분지 등을 한지 장판으로 대용 • 한지 장판지의 내구성을 위해 콩댐, 들기름칠 등으로 마감 • 한옥은 대청마루(짠마루, 보마루) • 일본식 가옥의 바닥은 다다미에 난방은 코타츠(일본식 좌식난방)와 화로를 이용
1950년대	• 한지 장판지 시공 • 시멘트부대종이, 마분지 등을 한지 장판으로 대용 • 비닐 장판지 수입 • 호텔, 공항, 외국인주거시설 등에는 수입카펫 시공
1960년대	• 한지 장판지 시공 • 1962년 '락희화학공업'에서 국산 비닐 바닥재 생산 • 합판 마룻재 생산 • 부유층에서는 카펫 시공
1970년대	• 상업, 사무공간에는 아스타일 시공 • 미국제품 '암스트롱' 바닥재 수입 • 국산 럭키 '모노륨'이 출시되어 바닥재시장을 단기간에 석권 • 바닥재 생산업체에서 외국 기술진을 초빙하여 바닥재 시공교육 실시 • 전통(닥) 한지 장판지가 기계(펄프) 한지 장판지로 대체
1980년대	• 다양한 PVC 바닥재 등장(럭스트롱, 데코타일, 디럭스타일) • 카펫, 합판 마룻재 쇠퇴
1990년대	• 기계 한지 장판지 쇠퇴(신축 아파트 현장에서는 상용) • 친환경, 기능성 바닥재 생산(차음성능, 황토 · 숯성분) • 목질 바닥재 출시(원목 · 강화마루, 대나무마루) • PVC 바닥재의 무늬목패턴이 주류 • 목질 바닥재 패턴의 PVC 우드타일 유행

연대 구분	바닥재
2000~2005년	• PVC 바닥재의 쇠퇴 • 수입 원목마루 • 본드 시공이 아닌 클립형 목질 바닥재 등장
2006~2009년	• 목질 바닥재의 상용 • 수입원목마루 • 국산 고급 원목마루 생산 • 동남아시아산 목질 바닥재 수입
2013~2020년	• 국산 목질 바닥재시장의 가격경쟁 심화 • 수입 목질 바닥재의 대량 유통 • PVC타일 바닥재의 대중적 수요 급증
2021~2023년 현재	• '층간소음 방지' 기능성 바닥재 개발 • PVC타일 바닥재와 목질 바닥재의 결합제품 등장

3 부자재

연대 구분	부자재
일제강점기	• 밀가루풀을 직접 쑤어서 사용 • 문창호지 • 흙을 개어 훼손된 벽을 보수 • 일본식 가옥의 벽마감재는 회벽을 사용
1950년대	• 밀가루풀을 직접 쑤어서 사용(미국 구호 밀가루) • 문창호지 • 흙을 개어 훼손된 벽을 메꾸거나 철사나 삼줄로 엮은 중천장도배 • 저급 도배에는 신문지를, 고급 도배에는 한지를 초배지로 사용
1960년대	• 밀가루풀을 직접 쑤어서 사용 • 문창호지 • 흙을 개어 훼손된 벽을 메꾸거나 철사나 삼줄로 엮은 중천장도배 • 저급 도배에는 신문지를, 고급 도배에는 한지를 초배지로 사용
1970년대	• 공장제품 밀가루 생산 • 도배용 각 초배지 생산 • 기계 한지 초배지(낱장 운용지)
1980년대	• 시공성이 좋은 롤 운용지, 롤 초배지 생산 • 접착보조제(본드, 아크졸, 바인더) 사용 • 문창호지 쇠퇴
1990년대	• 합성섬유 초배지 등장(부직포) • 품질과 시공성이 낮은 각 초배지 쇠퇴 • 퍼티(핸디 코트) 사용

연대 / 구분	부자재
1990년대	• 공장제품 롤식 틈막이 초배지(네바리) 등장 • 광폭 틈막이 초배지 등장 • 단지(심) 초배지 상용
2000~2005년	• 도배용 수성 실리콘 사용 • 국산 가루풀 개발 • 기능성 초배지(숯·황토 초배지) 사용 • 아이텍스, 숯아이텍스, 숯부직포 사용 • 접착보조제 중 휘발성 냄새가 심한 아크졸 쇠퇴 • 친환경·무독성 밀가루풀 생산(VOCs 불검출)
2006~2009년	• 프리미엄 밀가루풀 출시(고급 밀가루 사용, 고농도·고접착) • 기능성 초배지 상용 • 투명 실리콘(본드실) 생산
2013~2020년	• 기존 밀풀의 전통적 인지도로 인해 가루풀 개발, 유통의 쇠퇴 • 시공이 간편한 펠트식 단열제품(단열이)의 개발 • 다양한 친환경 부자재 개발 및 출시 • 친환경 코팅 초배지(상품명: 에코텍스) 출시
2021~2023년 현재	• 퍼티 시공 확대 • 친환경 '쌀풀' 개발 • 도배용 핸드 코트 생산 • 삼중지와 퍼티 대용 롤 초배지(상품명: 마법사) 사용 • 여러 종류의 틈막이 초배지 등장

4 공구

연대 / 구분	공구
일제강점기	• 삼베풀 먹이는 삼솔과 고운 방빗자루를 사용 • 주로 가위를 사용했고 집 안의 다용도칼이나 주머니칼을 숯돌에 갈아서 사용 • 반듯한 막대를 자로 사용
1950년대	• 삼베풀 먹이는 삼솔과 페인트붓은 풀솔, 고운 방빗자루는 정배솔로 사용했고 가위와 다용도칼, 주머니칼을 숯돌에 갈아서 사용 • 포목용 자와 목공용 접이자를 사용
1960년대	• 자가(自家) 시공은 원시적인 공구를 그대로 사용하였고 초창기 도배사들은 도장공구나 표구솔을 구입하여 사용 • 포목용 대나무자와 목공용 나무접이자 사용
1970년대	• 일반 가정의 자가 시공은 기존의 공구를 그대로 사용 • 직업도배사들은 기성품 나무재단자를 구입하거나 직접 만들어 사용 • 대나무주걱이나 미제 군용 숟가락을 이음매 마무리 주걱으로 사용 • 페인트, 미장용 돼지털솔, 고급품으로는 표구용 솔을 사용 • 합성수지모제품의 정배솔 개발

연대 \ 구분	공구
1970년대	• 작업대는 각목으로 현장 제작 • 쇠톱칼을 숫돌에 갈아서 사용 • 도배공구점 등장
1980년대	• 이전까지의 도배공구 자가 제작에서 기성품으로 교체되는 시기 • 일부 전통 도배를 고수하는 원조 도배사들은 품질이 조악한 기성품 공구를 배척하고 자가 제작공구를 여전히 선호함 • 쇠톱칼, 문구용 도루코칼에서 커터칼 출시 • 대나무주걱과 커터칼이 일체로 된 도배 전용 시공칼 등장, 쇠톱칼 쇠퇴
1990년대	• 알루미늄재단자, 알루미늄작업대 사용 • 베이클라이트 칼받이, 에폭시 칼받이 등장 • 허리에 차는 공구벨트, 공구솔 등 다양한 도배공구 출시 • 일제 자동풀바름기 수입(도배의 제1기 산업혁명, '기계의 혁명'· 대량 생산) • 국산 자동풀바름기 제작 • 일부 도배사는 이음매 마무리용 롤러를 만들어서 사용 • 기성품 이음매 롤러(스틸제품)
2000~2005년	• 기존의 공구 사용 • 고급 정배솔 등장(일명 골드솔) • 다양한 자동풀바름기 출시 • 미즈바리용 소형 풀바름기 개발(물바름공법)
2006~2009년	• 안전재단자 개발, 이음매 마무리용 특수 롤러, 도배·필름용 인코너 롤러, 홈롤러 개발(도배의 제2기 산업혁명, '공구의 혁명' – 고품질) • 훼손 방지 우레탄 보호각재·고무바킹이 부착된 작업대 • 재단용 롤러걸침대 • 신제품 공구에 대한 마니아층 형성(시공자이자 수집가이며 개발자)
2013~2020년	• 경량 풀기계 등장 • 다양한 이음매 롤러 출시 • 망치롤러, 골롤러 출시(특허제품)
2021~2023년 현재	• 특허제품 네바리 전용 솔과 칼받이 출시 • 도배공구에 공예적 디자인 접목 • 샌딩기 사용 증가 • 집진기 사용

5 작업형태

연대 \ 구분	작업형태
일제강점기	• 자가(自家) 시공 • 두레와 품앗이 도배 • 한지판매점이나 도배경험이 있는 동네 일꾼에게 의뢰
1950년대	• 자가 시공 • 두레와 품앗이 도배

연대 \ 구분	작업형태
1950년대	• 한지판매점이나 도배경험이 있는 동네 일꾼에게 의뢰 • 대도시 산업화로 인한 다기능 건축노동인력에게 의뢰
1960년대	• 자가 시공 • 두레와 품앗이 도배 • 대도시 산업화로 인한 다기능 건축노동인력에게 의뢰 • 지물업의 등장으로 주·부업의 전문도배사 태동
1970년대	• 규모가 큰 지물포에서는 도배반장(오야지) 밑에 소수의 도배사로 구성된 조직화된 시공팀 • 공동주택, 아파트의 건축으로 대규모·연속작업의 경험을 갖춘 시공팀 등장
1980년대	• 소비자 거래의 지물포와 건설사 도급업체인 도배 전문건설업체로 도배공사가 양분됨 • 대규모 신도시 아파트 건축개발로 수십 명 단위로 구성된 매머드 시공팀의 등장 • 도배교육기관에서 배출된 다수의 실습생이 현장 취업
1990년대	• 일반 소비자는 지물포, 고급 도배는 실내인테리어업체, 신축 아파트의 도배는 전문건설업체로 시공업체의 분리 • 신축 아파트 현장 도배의 분업화(틈막이 초배팀, 초배팀, 한지 장판팀 등)
2000~2005년	• 일부 지물포에서 실내인테리어 시공을 겸업 • 직접 영업과 시공을 겸하는 프리랜서형 도배사 등장 • 부동산업체에서 인테리어와 도배공사를 수주하여 업체와 작업자에게 커미션을 받는 변칙영업을 시도 • 한 작업반장에게 소속되지 않는 무소속형 도배사로 변화(핸드폰, 인터넷의 영향으로 실시간 정보 전달이 가능하므로)
2006~2009년	• 홈페이지, 동호회, 인터넷카페 등을 통하여 도배 시공이 거래됨 • 일부 도배사는 필름, 바닥재 시공을 겸하는 다기능 도배사로의 변화를 시도 • 신축 아파트 현장의 작업자들이 열악한 작업조건과 저임금을 극복하지 못해 이직률이 높아짐 • 신축 아파트 현장의 도배작업반장에 소속된 '직영작업반'의 붕괴(작업반장끼리의 과잉 경쟁 → 저가 도급) • 작업반장 소속에서 전문건설업체 소속의 '직영작업반'으로 전환 시도
2013~2020년	• 신축 아파트 현장의 저임금으로 인해 다수의 현장 도배사가 일반 지물포로 이동 • 전통적인 작업반장체제의 붕괴(소속의 소멸) • 대다수 도배사가 프리랜서형으로 전환 • 인터넷카페, 블로그를 통해 도배 시공이 활발해짐(소비자와 도배사의 직거래)
2021~2023년 현재	• 다기능(실내인테리어) 도배사의 등장 • 도배 시공 관련 '플랫폼'의 등장으로 소규모 팀으로 전환 • 무몰딩작업의 증가 • 무문선작업의 증가 • 아치몰딩 및 아치문틀 증가

6 시공

연대 / 구분	시공
일제강점기	• 초배가 생략된 도배가 주류 • 중천장이 아닌 서까래 위와 맨 흙벽에 그대로 시공 • 문창호지, 종이 장판지 시공 • 돌출구조의 한식 가옥 도배 • 평면형의 각진 일본식 가옥의 도배는 비교적 시공이 수월한 반면, 일본식 창호는 살대의 간격이 넓고 홈이 있는 구조도 있어서 창호지 바르기에는 대단히 까다로움
1950년대	• 초배가 생략된 도배가 주류였지만 일부 신문지, 저급 양지를 사용해 초배 시공을 함 • 문창호지, 종이 장판지 시공 • 돌출구조의 한식 가옥 도배 • 일본식 도배 시공법을 그대로 적용, 주체적인 도배 전문 시공법의 부재
1960년대	• 일본식 도배 시공법과 혼합된 한국식 도배 시공법이 개발되는 시기 • 도제교육(徒弟敎育)으로 전수, 도제교육의 시공법 • 다양한 초배공법이 개발됨(틈막이 초배, 밀착 초배, 공간 초배 등)
1970년대	• 직물을 배접하여 시공하는 것을 도배기술의 최고급 시공으로 인정 • 겹쳐따기(double cutting) 시공이 흔함 • 정밀도 위주의 장인도배를 지향(양보다 질을 추구) • 일부 벽지회사에서 샘플책 표지에 기본 시공법을 수록하여 표준 시공법 보급 시도
1980년대	• 신도시 아파트 개발로 도배의 대량 생산이 요구됨 • 다양한 건축재료면에 대한 시공법의 정립 및 발전 • 급격한 도배의 대량 생산과 무리한 공기 단축이 요구되어 주관적이며 비합리적인 시공법이 속출
1990년대	• 벽지회사에서 자사제품 벽지에 대한 기본 시공법을 홈페이지에 게재 • 신도시 아파트의 건축 붐으로 경력도배사(작업반장)의 현장 시공노하우와 건설회사의 시방서를 기준으로 표준 시공법이 널리 보급(질보다 양을 추구) • 인테리어사업이 활발하여 도배의 디자인 시공의 개념이 도입됨
2000~2005년	• 도배기술서적의 출간으로 시공기술의 개선 • 도배분야의 전문 월간지 창간(업체동향과 시공정보 제공) • 면 처리를 위해 퍼티 사용공법을 시도(줄퍼티, 전면퍼티) • 다양한 수입벽지의 재질에 대한 시공경험, 이해 부족으로 정립, 검증되지 않은 시공법을 적용하여 빈번하게 하자 발생
2006~2009년	• 소비자의 의식과 건설사의 수준이 향상되어 고품질 도배 시공을 요구(질과 양을 동시에 추구 → 도배사들의 이중고) • 벽지회사의 자사 신제품에 대한 시공법 강좌 • 신소재 벽지, 부자재 출시에 따른 신공법 등 다양한 시공기술 개발 • 전면 퍼티 시공면에 도배하는 서구식 도배공법의 시도 • 일부 주부들이 홈쇼핑에서 판매하는 스티커형 포인트벽지를 자가 시공(DIY 도배 트렌드) • 소수 선진 도배사들에 의해 기존의 '한국식 도배'에 대한 비판적 자세, 재구성의 필요성 대두
2013~2020년	• DIY 도배 트렌드의 쇠퇴 • 도배지제품의 다양화로 인해 도배기술의 향상 • 경쟁력에서 뒤처진 일부 도배사들의 덤핑 시공 남발
2021~2023년 현재	• 인터넷에서 무분별한 도배 시공 관련 정보 제공(소비자와의 갈등 초래) • 건축법에 의해 방염벽지 생산 증가 • 도배공구의 개발로 도배 시공 효율성 증가 • 다양한 부자재의 개발로 인해 가격 대비 높은 시공성 증가

7 교육

연대 \ 구분	교육
일제강점기	• 도배교육의 부재 • 경험과 관찰에 의존
1950년대	• 도배교육의 부재 • 경험과 관찰에 의존 • 도배 실무경험자의 도제교육(徒弟教育)
1960년대	• 도배교육의 부재 • 경험과 관찰에 의존 • 도배 실무경험자의 도제교육 • 주택건설의 산업화로 개론적이지만 일부 문서화된 시공지침서 참고
1970년대	• 도배 실무경험자의 도제교육 • 숙련공들이 기술 전수를 꺼려 초보자들의 기술 습득이 어려움 • 주택건설의 산업화로 문서화된 시공지침서 참고 • 체계적인 도배 시공법의 부재로 현장 시공경험과 답습에 의존
1980년대	• 1:1 또는 문하생 규모의 도제교육이 한계성을 드러냄(대량 생산이 불가능) • YWCA, 복지관의 도배교실에서 기초 도배교육 실시(최초의 도배교육, 근대 일본식 도배 시공법과 출처 불명의 용어를 여과 없이 교육에 적용) • YWCA, 복지관 등에서 기초 수준의 교육용 도배 시공법 정리(자체 간행) • 도배기능사 시험 시행으로 도배자격증 취득 교육
1990년대	• 사설도배학원, 직업전문학교에서 국비 무료 교육 실시(IMF) • 국비무료교육 실시의 역기능으로 전통 도제교육의 쇠퇴(직업의식과 장인정신이 결여되는 부작용 발생) • 국비지원 무료도배교육기관에서 자체 교육용 도배교재 간행(기초 실무 수준)
2000~2005년	• 철저한 실전 위주의 도배기술서적 출간으로 도배교육의 질적 향상(도배의 제3기 산업혁명, '지식의 혁명' –전문화) • 관련 기술 다기능 교육(필름, 바닥재, 원목마루 등) • 신소재 벽지 출시로 상급 시공법 교육이 요구됨
2006~2009년	• 홈쇼핑에서 벽지 판매를 목적으로 DIY 도배교육을 마케팅에 도입, 홍보 • 수입벽지판매원 '랑이랑'에서 최초로 주부 대상 DIY 수입벽지 도배교육을 개설 • 홈페이지, 인터넷카페에서 서로의 시공 경험을 교류하는 온라인교육의 시대로 접어듦 • 기존 일본식 혼합의 근대적인 도배교육의 한계성을 인식·개선하여 선진 도배교육으로의 재정립이 불가피 • 도배교육기관에서 장기간에 걸친 도배교육생 배출로 인해 일선 도배사의 과잉현상, 저임금현상 초래(도배교육의 역기능) → 소수 정예 엘리트 도배교육과 차세대 마에스트로(maestro) 양성을 위해 도제교육 필요
2013~2020년	• 전통적인 도배 단일 종목 도배학원의 붕괴 • 다기능 도배학원의 등장 • 국비지원 무료도배교육의 한계(실무와 이론에 취약한 강사, 저급 교육, 낮은 취업률) • 도배직업훈련을 통해 잉여 초보도배사 급증
2021~2023년 현재	• 학원에 의한 교육보다 인터넷과 온라인으로 인한 교육 기회 증가 • 학원은 대부분 자격증 위주의 교육 • 도배 관련 에세이 서적들의 등장으로 도배현장의 간접체험 기회 등장

3

벽지에 대한 이해

도배에는 오행(五行)의 덕목(德目)이 있다.
몸소 더러움을 감싸 깨끗함을 보여주는 인(仁)이요,
건축재료에서 발산되는 유해물질의 공격을 막아주니 의(義)요,
두께가 얇아 자신을 드러내지 않고, 가구며 소품으로부터 뒤로 물러서는 예(禮)가 있으며,
모든 것으로부터 양보하되 결국 실(室)의 정서를 좌우하는 주인이 되니 지(智)가 있고,
처녀가 맨살을 비벼대도 거리낌이 없으니 신(信)이라.
이렇듯 오행의 덕목을 실천(시공)하니 도배사는 가히 군자(君子)가 아니겠는가.

환경부는 건축자재의 실내오염물질 방출량을 규제하고 등급을 표시하는 '친환경 건축자재 품질
인증제'를 2003년 2월 16일부터 시행하고 있으며, 2004년 5월 30일부터는 '실내공기질관리법'
이 적용된다. 때맞춰 웰빙 신드롬, 새집증후군이 일고, 어느 동네 몸짱 아줌마는 스타가 되었고,
오행의 덕목을 실천하는 군자 도배사는 환경 파괴범인 양 수난을 겪는다. 밥에는 밥냄새가 나고
물에도 물냄새가 나는데 풀냄새·벽지냄새를 맡고 마치 살인 독가스처럼 호들갑을 떠는 것을 지
켜봐야 했다.
함께 했던 후배 도배사에게 웰빙이 무어냐고 물었더니 간단히 '잘 먹고 잘 사는 것'이라고 한다.
틀린 말은 아니지만 전달되는 뉘앙스에 만족하지 못했다. 잔칫집에 가면 "잘 먹었다."고 한다. 동
물성 지방, 화학조미료를 잔뜩 먹고서는 말이다. '많이' 먹고, '맛있게' 먹었을 수는 있겠지만, 많
이 먹은 것은 비만이 되고, 맛있게 먹은 것도 길들여진 입맛일 뿐이니 사실 잘 먹은 것이 아니라
나쁘게 먹은 것이다. 이제 새로운 문화코드로 굳혀지는 웰빙 시추에이션을 배경으로 도배의 재구
성을 시도해보자.

··· 중략 ···

서른 개의 바퀴살이 바퀴통에 연결되어도 비어 있어야 수레가 된다. 찰흙을 빚어 그릇을 만들어도 비어 있어야 쓸모가 있다. 창과 문을 내어 방을 만들어도 비어 있어야 쓸모가 있다. 그런고로 사물의 존재는 비어 있음으로써 쓸모가 있는 것이다.   – 도덕경 11장

도배를 하면서 건축에 관심을 가졌을 때 접했던 노자(老子)의 명문이다. 물론 건축에 관해 지적한 내용이 아니라 무위자연(無爲自然)의 공허(空虛)를 말하고 있다. 그러나 우연히 도배와 접목시켰을 때 온몸에 소름이 돋았다. 도배는 자연하며 어떤 대상을 욕구하거나 사유하지 않는다. 도배(塗褙)가 도배(道褙)가 되는 계기였다.

… 후략 …

2004년 5월, 〈데코저널〉 칼럼
'도배의 재구성' 중에서

CHAPTER 03 | 벽지에 대한 이해

01 재질에 따른 벽지의 분류

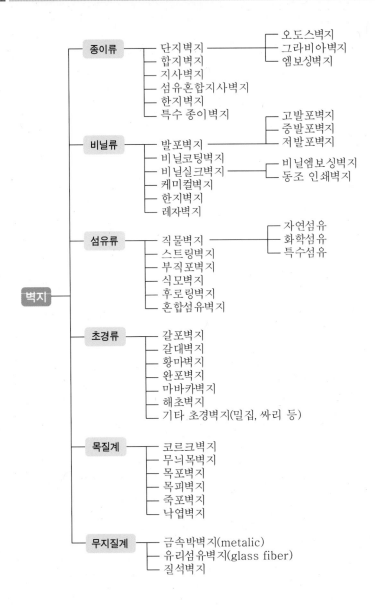

종이류
- 단지벽지 ── 오도스벽지 / 그라비아벽지 / 엠보싱벽지
- 합지벽지
- 지사벽지
- 섬유혼합지사벽지
- 한지벽지
- 특수 종이벽지

비닐류
- 발포벽지 ── 고발포벽지 / 중발포벽지 / 저발포벽지
- 비닐코팅벽지
- 비닐실크벽지 ── 비닐엠보싱벽지 / 동조 인쇄벽지
- 케미컬벽지
- 한지벽지
- 레자벽지

섬유류
- 직물벽지 ── 자연섬유 / 화학섬유 / 특수섬유
- 스트링벽지
- 부직포벽지
- 식모벽지
- 후로링벽지
- 혼합섬유벽지

초경류
- 갈포벽지
- 갈대벽지
- 황마벽지
- 완포벽지
- 마바카벽지
- 해초벽지
- 기타 초경벽지(밀집, 싸리 등)

목질계
- 코르크벽지
- 무늬목벽지
- 목포벽지
- 목피벽지
- 죽포벽지
- 낙엽벽지

무지질계
- 금속박벽지(metalic)
- 유리섬유벽지(glass fiber)
- 질석벽지

벽지

1 종이벽지

경제적이고 도배가 편하며 종이 위에 무늬와 색상을 다양하게 프린팅한 대중적인 벽지로서, 인쇄기술의 발전으로 다양한 색상과 세련된 디자인으로 변색이나 탈색이 적은 편이다. 종이 위에 엠보싱이나 코팅 처리된 벽지 등 다양한 벽지를 선보이고 있다.

① 장점 : 경제적이고 친환경적이며 시공이 간편하다.
② 단점 : 오염에 약하며 내구성이 떨어진다.

2 비닐벽지

일명 실크벽지라 불리는 것으로 실제 견사 소재를 사용한 것이 아니라, 종이 위에 PVC코팅한 벽지로 표면질감을 실크처럼 나타내며, 현재 가장 대중화되어 있는 제품이다. 특히 페인트, 회벽, 패브릭, 나무, 금속 등 여타 소재의 질감을 PVC 위에 표현하는 등 디자인이 매우 다양한 것이 장점이다. 또한 내구성이 뛰어나고 오염에도 강한 것이 특징이며, 물걸레질이 가능해 다른 벽지보다 오래 사용할 수 있다.

① 장점 : 디자인이 다양하고 오염에 강하며 대중적이다.
② 단점 : PVC코팅으로 친환경적이지 않다.

3 섬유벽지

섬유벽지는 여러 종류의 섬유와 실을 이용하여 종이에 붙여 만든 벽지이다. 천연섬유를 소재로 한 최고급 직물 날염 벽지이며 자연섬유의 포근한 재질감과 풍부한 입체감이 돋보이고 고급스런 느낌을 얻을 수 있다.

① 장점 : 친환경적이고 풍부한 질감으로 고급스런 분위기와 흡음, 보온성이 우수하다.
② 단점 : 고가이며 시공이 매우 까다롭다. 동일 로트제품에서 이색 하자 발생이 빈번하다. 물 세척으로 인해 시공 후 이음매 변색 하자가 자주 발생한다.

4 초경류 벽지

일반 종이나 비닐벽지와는 달리 제조과정이나 재료가 특이한 경우의 벽지이다. 고가의 제품이 많으며 시공·관리상의 주의가 요구된다. 소재가 전부 천연재료라서 자연적인 감각과 흡음, 보온효과 등 벽지로서의 장점을 많이 갖고 있는 수공예벽지라는 점에서 서구인들이 매우 선호하는 벽지이다.

① **장점** : 흡음·보온효과가 뛰어나며 친환경적이다.

② **단점** : 고가의 제품이며 시공이 까다롭다. 천연제품이므로 동일 로트제품에서도 이색의 차이가 있다.

5 목질계 벽지

나무의 재질을 이용한 벽지로 대표적으로 코르크벽지가 있다.

① **장점** : 실내습도조절기능과 흡음효과가 있으며 친환경적이다.

② **단점** : 고가이며 시공이 까다롭다.

6 무기질계 벽지

유리섬유벽지, 금속박벽지, 질석벽지가 있다.

① **장점** : 유리섬유의 경우 방화성능이 우수하다. 여러 가지 다양한 질감을 표현한다.

② **단점** : 고가이며 금속박벽지는 전도율이 높아 시공 시 감전에 주의를 요한다.

7 한지벽지

한지의 닥섬유나 피지를 표면에 노출시켜 한지 고유의 질감이 돋보이는 제품으로 생산된 벽지이다.

02 원지의 종류

1 백상지

① 화학펄프만으로 초지한 인쇄 필기용 종이로서 펄프에 회분, 전분 등을 혼합하여 제지한다.
  • 백상지의 구성 : 펄프 78.5%, 회분 15%, 전분 4.5%, 수분 2%

② 펄프 제조에 사용되는 목재는 수지의 함량이 적고 섬유의 길이와 밀도가 낮은 침엽수가 좋으나 목재의 부족으로 활엽수를 섞어서 사용한다.

③ **펄프혼합비율** : 침엽수 화학펄프 : 활엽수 화학펄프＝20 : 80

④ 평량과 두께

평량(g/m²)	두께(mm)	용도
100	약 0.150	발포벽지
110	약 0.155	비닐실크벽지
120	약 0.165	일부 발포벽지

2 중질지

① 화학펄프와 기계펄프를 혼합한 인쇄 필기용 종이로서 배합비율에 따라 분류한다.

구분	화학펄프함량(%)	용도
1급	70~100	
2급	40~70	벽지 원지용
3급	30~40	

② 펄프혼합비율은 화학펄프 : 기계펄프=60 : 40이고, 화학펄프는 침엽수와 활엽수를 1:1로 혼합한다.

③ 고급 벽지의 생산일 경우 독일, 핀란드, 노르웨이 등에서 수입한 중질지를 사용하고, 평량은 90~110g/m²이다. 동일한 평량임에도 불구하고 기계펄프함량이 국내산보다 많아 두껍다.

④ **평량과 두께**(화학펄프 : 기계펄프=30 : 70 수입 중질지)

평량(g/m²)	두께(mm)	용도
100	약 0.150	발포벽지
110	약 0.155	비닐실크벽지
120	약 0.165	일부 발포벽지

3 재생지

① 재생펄프를 섞어 초지한 인쇄 필기용 종이로서 원가 경쟁력 제고를 위해 일부 영세한 벽지 회사에서 사용한다.

② 재생펄프는 순수 펄프보다 수분흡수성이 높아, 풀 도포 후 장시간 보관하면 배접이 분리되거나 벽지 이음매 처리 시 종이의 뭉개짐 등이 발생한다.

03 원지의 비교

구분	백상지	중질지
색상	백색	유색
은폐력	낮음	좋음
인쇄효과	좋음	나쁨
유연성	나쁨	좋음
두께(평량)	• 두꺼울수록(평량이 많을수록) 은폐력이 좋으나 $100g/m^2$, $110g/m^2$ 2가지 종류밖에 없어서 선택의 폭이 좁다. • 동일 평량일지라도 제지회사에 따라 실제 두께가 최대 40~50% 차이가 난다.	

참고 | 재생 원지의 구분

원지가 재생지인지 아닌지 전문가가 아니면 육안으로 분별하기는 어려우며 성분분석검사를 통해 알 수 있다. 그러나 재생지는 손으로 찢을 때 순펄프종이에 비해 먼지와 같은 것이 미세하게 날리는 것이 보인다.

04 원지의 물성

1 치수 안정성

① 종이가 풀, 대기 중의 수분을 흡수 방출하면서 폭방향으로의 팽창수축변위량으로서 정배지 원지의 가장 중요한 품질요소이다.
② 대부분의 벽지제조사에서는 1.5% 이내로 요구하고 있으나, 국내 제지회사의 기술력, 원가 경쟁력 등이 유럽 선진국에 비해 떨어져 1.7~1.9%에 이르기도 한다.
③ 화학펄프보다는 기계펄프가 표면강도와 치수 안정성면에서 다소 우수하다.
④ **도배지 이음매의 벌어짐** : 원지의 함유수분이 건조되면서 발생하는 수축응력이 풀의 접착력보다 강한 경우
⑤ **좌우의 수분흡수팽창량 상이** : 좌우의 사이징도(sizing degree)가 다른 경우

> **참고 | 컬링(Curling) 현상**
>
> PVC 코팅층과 원지의 변위량이 상이하여 도배지가 휘는 현상을 말한다.
>
> PVC ──→
>
> 원지 ──→
>
> ←---- PVC의 습윤팽창 ---→
> ---→ PVC의 건조수축 ←----
>
> ---→ 원지의 건조수축 ←----
> ←---- 원지의 습윤팽창 ---→

2 사이징도(sizing degree)

① 사이징도(sizing degree)는 종이에 물이 스며드는 속도를 말하며, 그 값은 약 80~100초로 규정하고 있다.

② 흡수가 빠르면 시공 중 PVC coating층과 원지가 분리되는 현상이 발생하고, 흡수가 느리면 인쇄잉크의 흡수력, 풀의 접착력이 떨어진다.

3 불투명도

① 종이의 목재펄프섬유(셀룰로오스)는 빛을 투과시키는 성질이 있어 도배지의 원지로 사용하기 위해서는 불투명도가 높을수록 좋다.

② 종이가 두꺼울수록, 밀도가 낮을수록 빛의 산란이 높아 불투명도가 높아진다.

③ 침엽수가 활엽수보다 고가이기 때문에 제지회사는 섬유에 물리·화학적 변형을 주거나 충전제 등을 첨가하여 불투명도를 조정한다.

05 KS기준(KS M 7305)

1 적용 범위

주로 건축물의 벽, 천장 등에 붙이는 벽지에 대하여 규정한다.

2 품질

① 벽지는 사용상 실용성을 손상하는 벽의 얼룩, 오염, 흠, 주름, 기포, 이물질의 혼입, 무늬의 구부러짐, 무늬 어긋남이 없어야 한다.

② 벽지는 다음의 규정에 적합하여야 한다.

항목			규정
일광 견뢰도(급)			4 이상
마찰 견뢰도 (급)	건	길이/너비 방향	각 4 이상
	습	길이/너비 방향	각 4 이상
은폐성(급)			3 이상
시공성			들뜸, 벗겨짐이 없을 것
습윤강도 N/15mm			1.96 이상
포름알데히드 방출량(mg/L)			2 이하
내황화성			4급 이상
난연성			• 잔염시간 3초 이내 • 잔진시간 5초 이내 • 탄화면적 30cm^2 이내 • 탄화길이 20cm 이내 • 접염횟수 3회 이상

06 정배지

1 개요

① 정배지는 보통 양지에 그림, 색 무늬를 프린트하여 형 누름한 것이 있고, 그 표면을 처리하여 비눗물, 걸레질로 청소할 수 있는 것이 좋다.
② 천연염료제품은 시공 시 탈색 우려로 인해 2차 가공염료를 사용하며 친환경소재의 문제를 안고 있다.
③ 원지는 방향성이 있는 것과 늘어나는 성질의 것은 좋지 않다.
④ 정배지의 종류는 종이벽지, 비닐지, 마직지, 갈포지, 비단벽지, 코르크벽지, 인조가죽벽지, 융단지 등 다양하다.
⑤ 도배지류에 대한 KS공업규격은 다음과 같다.

구분	규정
벽지	KS M 7305
장판지	KS M 7302
창호지	KS M 7301
갈포벽지 등	KS M 7303(폐지)

2 비닐(실크)벽지

염화비닐수지(PVC) 젤(gel)을 종이에 전면 도포한 후 발포, 인쇄 및 형 누름(embossing)으로 실크와 같은 우아한 색상과 섬세한 무늬를 표현한 벽지이다.

(1) 구성

(2) 완성품

① 후도

㉠ 원지와 PVC 두께의 합으로 제조사, 패턴, 가격 등에 따라 다르지만 국내 비닐실크벽지의 경우 약 0.48~0.52mm 정도이다(후도가 높을수록 은폐력이 양호하다).

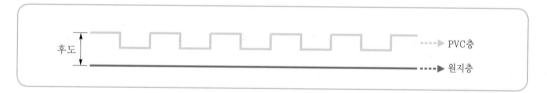

㉡ 비닐벽지는 생산과정 중 표면의 질감표현을 위해 롤러를 강하게 압착시켜 형 누름하기 때문에 벽지가 다소 얇아진다. 이로 인해 두껍던 원지의 밀도가 높아져 빛을 산란시키는 성능이 저하되고, 색 비침이 잘 되는 백색계 벽지의 선호로 은폐력이 떨어진다. 그러므로 국내 벽지제조사는 PVC 도포량을 늘리고 형 누름의 고저를 높이고 있는 추세이다.

② 심도 : 형 누름에 의한 PVC 요철의 고저차로 심도가 높을수록 후도가 높고, 은폐력이 양호하다.

③ 평량

㉠ 평량은 벽지 1m²당 g수 무게로, 두께의 단위로 사용한다.

㉡ 벽지는 5평 단위로 거래되기 때문에 5평의 무게를 기준으로 4.8kg/5평~6.5kg/5평 정도이며, 고가 벽지의 경우 6.5kg/5평~7kg/5평에 달하기도 한다.

참고 | 벽지의 두께

벽지가 두꺼울수록 은폐성능은 좋아지나, 벽지가 하드해져 시공성이 떨어질 수 있다. 또한 풀의 접착력이 증가되어야 하고, 공해물질인 PVC의 사용 증가 때문에 무조건 좋은 것은 아니다. 또한 변사 절단(side cutting)이 직각으로 되지 않는 경우 그림 (a)의 경우처럼 이음매 단자가 커지거나, (b)의 경우처럼 Joint 부위를 Roller로 펴 주면 훼손되거나 주름질 가능성이 높아진다.

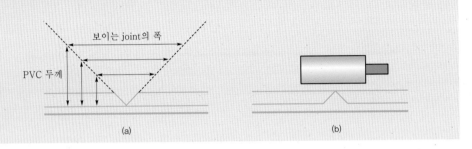

(a)   (b)

---

(3) 생산과정

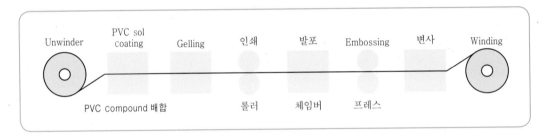

① Unwinding : 롤형태로 감겨 있는 원지 풀기

② PVC Sol Coating : 원지 위에 sol상태의 PVC compound 도포

③ Gelling : PVC compound sol을 gel상태로 고형화시킴. PVC sol coating이 완료된 상태를 원단이라고 함

④ 인쇄 : PVC 위에 Graveur 인쇄

⑤ 발포 : Chamber 안에서 180℃ 이상의 고온으로 PVC 발포

⑥ Embossing : 발포시킨 벽지를 Press roller 사이를 통과시켜 형 누름

⑦ 변사 절단(side cutting) : 벽지의 양단을 규격에 맞게 절단

⑧ Winding : 완성된 벽지를 다시 롤형태로 되감아 포장하여 출하

③ 종이벽지 생산과정

①

②

③

④

⑤

▲ 벽지 생산라인

(1) 엠보싱벽지

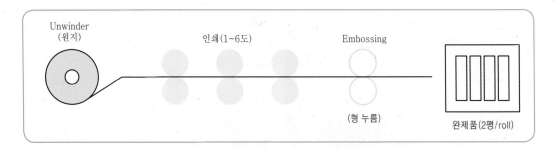

(2) 오도스벽지

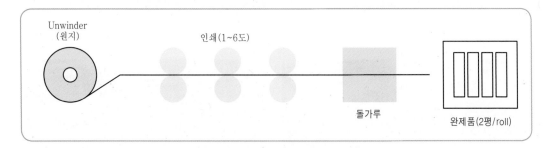

(3) 합지벽지

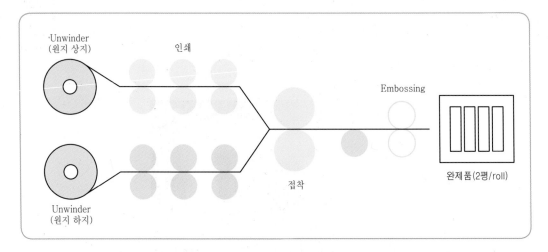

(4) PVC벽지(실크, 발포)

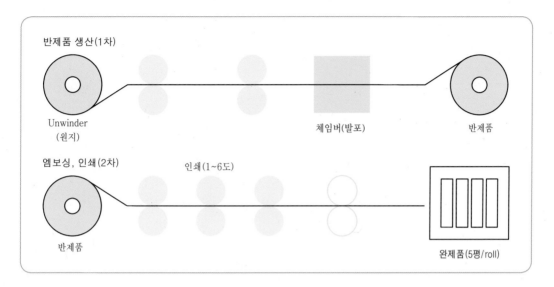

07 벽지 시공기호 해설

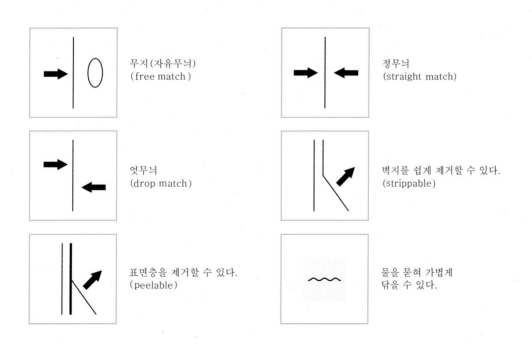

무지(자유무늬)
(free match)

정무늬
(straight match)

엇무늬
(drop match)

벽지를 쉽게 제거할 수 있다.
(strippable)

표면층을 제거할 수 있다.
(peelable)

물을 묻혀 가볍게
닦을 수 있다.

물을 묻혀 적당히
닦을 수 있다.

 물을 묻혀 힘주어
닦을 수 있다.

 일광 견뢰도가 양호하다.
(sufficient)

 일광 견뢰도가 우수하다
(good lightfastness)

 방염벽지
(flame resistant)

 교차 시공
(reversal of alternate
lengths)

 솔을 사용하여 시공한다.
(Wand insmeren)

NATION of DOBAE

도배 자재와 공구

NATION of DOBAE

4

부자재

소설 《삼국지》의 전개는 중심인물 유비가 의형제 관우, 장비와 함께 도원결의(桃園結義)를 하고 천하를 도모하기 전까지는 고향에서 돗자리를 짜서 파는 일개 촌부(村夫)로 등장하며, 성서의 예수는 장성하기까지 아버지 요셉에게서 목수 일을 배우며 자랐다.

역사의 실존 유무를 떠나 직업에 관한 구체적 언급은 없지만 추측하자면 장돌뱅이 유비는 돗자리를 팔면서 직접 구매자의 방(房)에 들어가 손수 제작한 돗자리를 깔아 보이며 초이스(choice)를 하였겠고, 목수장이 예수는 마름질을 하면서 편수 아버지에게 젊은 감성을 발휘한 미학의 구도를 제안하며 성실한 장인정신을 키우지 않았을까?

필자의 지나친 직업관으로 인한 투영(投影)일지는 모르나 아마도 오늘날로 치면 유비는 바닥재 시공자(업자)이며, 예수는 실내인테리어 내장 목수이다(당시 유대는 벽돌가옥구조가 주류이므로 내장 목수일 가능성이 크다).

내친김에 한 번 더 설정을 하면, 본래 유비는 혈통이 왕족이고 그 온유한 성품답게 정성을 다해 가식 없는 돗자리를 만들었겠고, 하나님의 아들 예수는 전지전능한 영적 예지로 완전무결한 목재의 공술(工述)을 창조하였으리라.

유비의 온유함이 배어 있는 돗자리가 소비자를 현혹시킬리 없고, 예수의 완벽한 목공은 불량이 없었으니 이 두 가지는 필자가 간혹 도배작업 중에 시공을 초월하여 만족스런 웃음을 흘리는 대목이다.

… 중략 …

도배교육 중 개론에 들어가면서 다루는 단원이 "접착제의 올바른 사용법"이다. 이제는 대다수 도배사들이 용도에 맞게 적당량의 합성수지를 사용할 줄 아는 단계에 들어왔다고 본다. 이론과 실무를 갖춘 도배사들이 늘었다는 것은 무척 고무적인 것이다.

이 외에도 IMF와 요즘의 불경기를 겪으면서 시장원리에 의해 지배를 받는 도배사 개개인 스스로가 자생력(기술 개발)의 필요성을 절실히 느꼈을 것이다. 간과할 수 없는 것이 이제는 소비자가 도배를 알고 있다는 점이다. 도배를 소비자도 모르고, 도배사도 모르고, 건축 관계자들도 몰랐던 소경이 소경을 바라보는 시대는 지났다.

··· 후략 ···

2003년 10월, 〈데코저널〉 칼럼
'최근 개선된 도배기술의 배경' 중에서

CHAPTER 04 | 부자재

도배작업 시 마감 정배지와 장판지를 제외한 모든 소요자재를 총칭하여 부자재라고 한다. 흔히 부자재를 대수롭지 않게 여기는 경향이 있다. 그러나 도배를 건축물에 비교하면 바탕 정리와 초배는 기초공사이며 골격이라 할 수 있다. 숙련된 도배기능과 최고급 벽지를 사용해도 부자재가 부실하다면 중대한 하자가 발생하고 도배의 내구성이 현저히 떨어지게 된다.

01 접착제

접착이란 두 가지의 동종 또는 이종의 고체, 반고체에 어떤 물질을 개입시켜 결합하는 현상으로, 이러한 물질을 접착제라고 하며 접착되는 물체를 피착제라고 한다. 접착제를 크게 분류하면 천연계와 합성수지계로 분류되나, 사실 합성수지계 역시 천연에서 원료를 추출한 접착제이다.

1 접착제의 종류

(1) 천연계

자연의 재료를 그대로 사용하거나 간단한 가공을 거쳐 사용되는 접착제이다.

① **녹말계(전분)** : 찹쌀가루, 쌀가루, 밀가루, 고구마전분, 옥수수전분 등
② **단백계** : 아교, 카세인
③ **고무계** : 라텍스, 아라비아고무
④ **목질계** : 셸락, 송진
⑤ **해초계** : 미역, 우뭇가사리(한천) 등
⑥ **광물계** : 시멘트, 석고, 점토, 아스팔트, 세라믹

(2) 합성수지계

　합성수지는 석유, 석탄, 고무, 녹말, 섬유소 등의 원료를 화학적으로 합성시켜 만든 고분자 물질의 접착제를 말하며, 1869년 셀룰로이드(celluloid)의 발명을 시작으로 끊임없는 개발이 지속되어 현재는 그 종류가 대단히 많아졌다. 가열하면 경화되어 더 이상 연화되거나 용융되지 않는 열경화성 수지와, 열에 의해 연화·용융되고 냉각되면 그대로 경화되는 열가소성수지로 나눈다.

① **열경화성수지** : 페놀수지, 요소수지, 폴리에스테르수지, 폴리우레탄수지, 실리콘수지, 에폭시수지, 멜라민수지

② **열가소성수지** : 셀룰로이드수지, 초산비닐수지, 폴리에틸렌수지, 폴리프로필렌수지, 폴리스티렌수지, ABS수지, 아크릴수지, 메타크릴수지

2 도배용 접착제

(1) 도배용 접착제의 조건

① 가격이 저렴하고 구입이 용이할 것
② 운반·보관이 편리할 것
③ 배합이 용이하고 합성수지계 접착제와 혼합 사용 시 이상반응이 없을 것
④ 초기 접착력, 내습성, 내구성, 내화학성, 내후성 등이 우수할 것
⑤ 밀림성이 좋고 도포 후 작업시간 동안 쉽게 건조되지 않을 것
⑥ 내오염성과 투명성이 좋아 타 마감재를 오염시키지 않을 것
⑦ 오염된 풀 제거가 용이할 것
⑧ 인체에 무해하며 친환경적일 것

　이상과 같이 도배용 접착제로서 갖춰야 할 조건은 많으나 현재 모든 조건을 수용하는 완벽한 접착제는 없다. 벽지의 재질과 작업조건, 시공방법에 따라 보조접착제를 적절히 배합하여 위의 조건들을 충족시키는 방법을 선택하여야 한다.

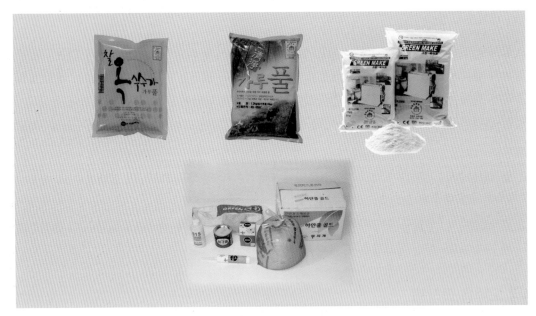

▲ 도배용 접착제의 종류

참고 | 저급 도배풀의 문제점

① 황화현상 : 시공 후 바탕면의 모르타르성분(알칼리성)과 밀가루 녹말성분(산성), 합성수지류(화학성)가 부반응
하여 장·단기간에 걸쳐 도배지 표면이 누렇게 변색한다.

② 접착력 저하 : 식품용으로 사용할 수 없는 장기간 동안 묵은 밀가루(옥수수가루)로 제조하여 묽기(배합비)에
비해 점성이 상당히 떨어진다.

③ 표면 풀주름 발생 : 저급 풀은 도포 시 도배지의 이면에 고르게 흡수, 점착되지 않거나 숨죽임과정에서 응어
리진 상태로 시공하기 때문에 건조 후 예민한 도배지에는 풀주름(풀꽃) 하자가 발생한다.

④ 내후성, 내습성 저하 : 동절기(난방, 결로), 우기(실내습도)를 지나고 나면 도배지의 가장자리 들뜸, 이음매 벌어
짐 등의 하자가 발생한다.

⑤ 풀자국 : 투명성이 낮아 시공 후 풀자국이 남는다.

⑥ 짧은 유효기간 : 생산 후 보존기간에 비해 밀도가 곱지 않고, 응어리가 많아 충분히 교반되지 않는다.

⑦ 부패에 취약 : 고급 항균, 곰팡이 억제제를 첨가하지 않아 현장 유효기간이 짧고, 개봉 후 쉽게 부패하며, 도배
시공 후에 곰팡이가 발생 가능성이 높다.

⑧ 낮은 밀림성과 초기 접착력 : 입자가 곱지 않아 숨죽임 후에 이면지에 풀이 뭉쳐져 있고 낮은 점성으로 초기
접착력이 부족하여 천장 시공이 어려우며 건조되는 과정에서 이음매가 벌어지는 하자가 발생한다.

⑨ 나쁜 운반성 : 일반 밀풀은 중량물(현장용 포/16kg, 지물용 포/6kg)로 운반이 어렵다.

⑩ 인체에 유해 : 휘발성 유기화합물(VOCs)과 포름알데히드(HCHO)의 농도가 기준치를 초과하여 독성이 있고
시공 후 풀냄새가 장기간 지속된다.

---

(2) 녹말계 접착제

① 밀풀(고구마전분, 옥수수전분 포함)

　도배 시공에 가장 널리 쓰이는 밀풀은 곰팡이·풀자국 하자 발생, 중량·부피에 의한 운반·보관의 불편함, 부패로 인한 짧은 유통기한, 풀냄새 등의 단점에도 불구하고 편리한 시공성, 접착력의 신뢰성, 저렴한 가격의 경제성으로 아직까지는 폭넓은 시장을 점유하고 있다.

② 찹쌀풀, 쌀풀

　최상급의 표구나 도배, 전통 공예품 등에 일부 사용되며 접착력이 매우 우수하고 쉽게 노후화되지 않아 초기 접착력을 오랜 세월 유지하므로 전통 공예품을 제작하는 장인들 중 일부는 아직도 사용하고 있다. 옛날에는 도배사가 직접 방앗간에 맡겨 고운 가루로 만들어 사용하였다. 공장제품이 아니므로 제조가 불편하며 인체에 무해하나 많은 비용이 드는 단점이 있다.

③ 가루풀

　가루로 가공된 전분계, 합성수지계 제품으로, 벽지의 재질과 시공방법에 따라 사용법대로 물에 희석하여 사용한다. 인체에 유해한 방부제가 첨가되지 않은 친환경제품으로 출시되고 있다. 옥수수전분 가루풀은 기존 밀풀에 비해 투명도는 매우 좋으나 초기 접착력이 다소 낮다. 가격 경쟁력과 충분한 임상실험 및 대형 현장 시공사례가 부족하다는 단점도 있으나 근래 상당한 개발과 보완이 되고 있는 추세이다. 무엇보다 밀풀의 최대 단점인 곰팡이 발생과 중량성이 해소되었다는 점에서 그 의미가 크다. 도배사들은 가루풀의 특성과 사용방법을 충분히 숙지하여 향후 도배접착제시장의 향방에 관심을 가지고 환경변화에 대비하여야 한다.

(3) 합성수지류

① 지물용 본드

　성분은 초산비닐수지이며, 형상은 페이스트(paste, 점액질)로 밀풀에 비해 속건성이며, 점액상태로는 유백색이나 건조 후에는 투명하다. 원액을 그대로 사용하거나 도배풀에 적당량을 희석하여 사용하면 접착력이 증진되고 건조시간이 단축되는 장점이 있다.

② 바인더(binder)

　성분은 아크릴수지(acrylic resin)이며, 형상은 에멀션(emulsion, 유탁액)으로 모르타르(mortar)에 침투성이 있으며 건조 후 투명 도막을 형성하고 내수성이 있다. 도배 시공면의 접착력이 의심스러운 단열 모르타르, 문틀 부위, 몰딩 틈새 미장보수 부위 등에 붓, 스프레이, 롤러를 사용하여 원액을 도포하거나 30% 정도 물을 희석하여 사용한다. 도배풀에 소량(3% 정도)을 희석하면 접착력과 내수성이 증진되나 오남용하면 벽지가 변색되는 하자가 발생하며 건조 후에도 경화되지 않는 점착성으로 들뜸 하자 발생 가능성이 매우 높다.

③ 아크졸(ark zoll)

성분은 아크릴수지에 휘발성 용제를 혼합하여 만든 페이스트 형상으로, 건조 후 단단한 투명 도막을 형성한다. 내수성, 내열성, 부착성, 내화학성이 매우 좋아 도배작업 시 접착력이 떨어지는 이질재료인 금속판, 도장면, 미장합판, 유리, PVC류 등의 중화제(표면 처리)로 쓰이나 표면을 용융시키는 휘발성으로 단열 스티로폼에는 사용할 수 없다. 휘발성 냄새가 나고 인화물질이므로 밀폐공간에서는 통풍을 시키고 화기에 주의를 요한다.

02 바탕 처리제

시공면의 바탕처리공정에서 우선 고려해야 할 것은 부착력과 평활도이며 정배 후 하자 발생 가능성이 있는 취약한 부위를 사전 예방(before service)하는 것이 중요하다.

풍부한 경험의 숙련공은 수년 후 마감 내장재의 노후로 인한 신축, 변형까지 감지하여 적절한 조치를 취함으로써 처음 도배했을 때의 원형이 계속 유지되도록 하여야 한다.

1 퍼티(putty)

탄산석회에 결합제인 아마인유와 물을 혼합하여 점성을 높여 만든 제품으로, 상품명으로 핸디코트(handy coat), 테라코트(terraco)라고도 한다.

시공면의 크랙(crack), 단차 부위, 석고보드, MDF, 합판 등의 연결 부위 틈새를 충전하며 평활도를 얻기 위해 사용한다. 퍼티주걱(putty knife)으로 평활하게 도포하고 양생 후, 평철(쇠주걱)이나 사포로 단차 없이 마감하고 프라이머(primer, 혹은 수성본드 : 물 = 1 : 2의 비율) 도포, 건조 후 도배 시공을 한다.

2 실리콘 실링제(silicone sealing)

도배용은 수용성으로 아크릴수지를 카트리지(충전용 밀폐용기)에 퍼티(유동성이 거의 없는 점액질) 형상으로 가공, 압밀하여 생산된다. 공기압충진기와 수동식 코킹건(caulking gun)이 있으며 도배작업 시에는 코킹건을 이용하여 몰딩(moulding), 프레임(frame), 걸레받이(base board) 등의 틈새 충전, 벽지 마감 부위, 벽지 간 겹침 부위 및 기타 확실한 접착력을 필요로 하는 부위와 정배 후 하자보수용으로 사용된다.

3 프라이머(primer)

바탕 모르타르 표면결합력이 부실한 레이턴스(laitance), 황토벽, 미장보수(시멘트 페이스트 솔 작업), 이질재료의 바탕 정리 및 강한 부착력을 얻기 위해 도포하는 라텍스(latex)성분으로 탄성 체와 침투성이 있고 도배용으로는 수용침투성이 쓰이며 건조 후 표면에 얇은 투명 도막을 형성 한다. 흔히 도배작업 시 대용으로 수성본드 : 물 = 1 : 2의 비율로 현장배합 프라이머가 사용된다.

4 방청제

철판, 못, 택(tack), 철제 코너비드(corner bead), 메탈라스(metal lath) 등의 녹막이칠로서 광명 단, 징크 크로메이트(zinc chromate), 연분 도료, 산화철 도료 등이 쓰이며 도배작업 시 흔히 아 크졸, 바인더, 니스를 대용하지만 신뢰도가 비교적 낮다.

5 크랙(crack) 보수제

크랙 보수용 전용 모르타르나 실링제가 있으며 경미할 경우 보수용 은박테이프, 퍼티, 실리 콘으로 대용한다.

6 방수 · 방습, 결로 방지, 항균 · 항취제

방수 도료, 세라믹페인트(ceramic paint), 폴리우레탄 방수페인트(polyurethane paint), 방수모르 타르 등이 쓰이며 도배작업 시에는 주로 세라믹페인트를 칠해 수분을 차단시킨다. 부위가 작고 경미할 경우 아크졸, 바인더를 3~4회 적당한 간격으로 도포하면 두꺼운 도막을 형성하여 효과 가 있고 폴리스티렌계(polystyrene) 방습지도 사용한다. 항균 처리로는 시판되는 도배용 풀에 첨 가된 제품, 도배작업 시 풀에 희석하여 보강하는 제품, 시공면에 도포, 분사하는 제품 등이 다 양하게 개발되어 있다. 이 외에도 새집 증후군의 유발인자인 포름알데히드(formaldehyde), 휘발 성 유기화합물(VOC)을 억제하는 코팅제 등이 개발되어 있다.

03 초배지

1 초배지의 조건

① 가격이 저렴하고 구입이 용이할 것

② 균질성과 부착력이 우수할 것

③ 풀을 도포한 후에도 작업성이 신속하도록 인장강도를 유지할 것

④ 가장자리를 얇게 가공하여 정배 후 겹침 부위의 단차가 나타나지 않을 것

⑤ 정배지의 인장력과 난방으로 인한 과건조상태에서도 충분한 내력이 있을 것

⑥ 우기철에 대비하여 적당한 자체 습도조절능력이 있을 것

⑦ 건축구조재, 내장재에서 발산되는 인체에 유해한 독소를 1차 차단할 수 있을 것

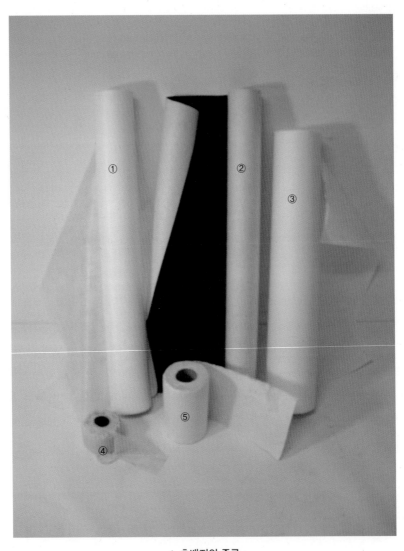

▲ 초배지의 종류
① 부직포 초배지, ② 숯 초배지, ③ 롤 운용지, ④ 틈막이 초배지(네바리), ⑤ 단지(심)

▲ 도배 부자재

2 각(角) 초배지

색상이 누렇지만 질기며, 부착력이 양호하고 낱장으로 제조되어 초보자나 일반인도 시공이 가능하다. 주로 소매 지물포용이며 시공범위가 좁을 때 사용한다.

① 규격 : 870mm×470mm(±30mm)
② 판매단위
　　㉠ 1권=20장
　　㉡ 1축=10권×20장=200장
　　㉢ 1동=10축×200장=2,000장

3 기계한지 초배지(운용지)

낱장 운용지를 초배지로 사용하며 가격이 다소 비싸다. 인장강도가 뛰어나 벽지의 이음매가 파열되는 하자를 방지하는 장점이 있지만, 가장자리 솔기 부분 외 재단된 2면은 겹침 부위의 단차가 있으므로 맞댐 시공을 하여야 한다.

① 규격 : 970mm×70mm
② 판매단위 : 반연=250장, 1연=500장

4 롤(roll) 초배지

하드롱지나 운용지를 도배용 초배지에 적합하도록 가공한 롤식 제품이다. 연속작업이 가능하며 넓은 면적을 횡방향으로 상·하단 2장으로 작업하므로 시공성이 빨라 주로 중·대형 현장에서 사용된다. 고급 도배현장은 롤 운용지를 사용한다.

■ **규격 및 판매단위** : 1롤＝1,000(1,100)mm×60/120/200m

5 한지(韓紙) 초배지

닥섬유를 전통 가공법인 발로 떠서 만든 수초지로, 매우 질기며 부착력이 우수하나 고가이므로 최상의 품질을 요하는 견직류(비단, 모직 등)의 도배에 적합하다. 자연에서 추출한 원료이며 실내습도조절능력이 탁월하여 보건위생상 초배지로는 이상적인 제품이다.

① **규격** : 생산지별로 제품에 따라 두께, 치수가 각각 다르다.
② **판매단위** : 반연＝250장, 1연＝500장, 롤식 제품

6 숯(황토) 초배지

운용지 이면에 숯(황토)을 분말화하여 고르게 도포한 제품으로, 건축물에서 발산되는 유해독소를 분해시키고 냄새를 흡착, 탈취하며 음이온과 원적외선을 방출하고 세균 번식을 억제하는 친환경 웰빙(well being)제품이다. 시공방법은 숯(황토)이 묻어 있는 이면에 풀을 도포하여 일반 롤 초배지와 동일하게 시공한다. 시멘트 모르타르 위에 직접 바르는 액상의 숯(황토)제품도 있다.

7 부직포 초배지(不織布, polyester, 장섬유)

부직포란 직조해서 만든 천이 아니라 그 이름대로 '짜여지지 않은 천'이란 뜻이다. 화학수지를 화학반응 또는 열을 가하여 화학섬유를 추출하여 집합, 결속시켜 만들어진다. 과거 일부 고급 도배에 사용했던 광목 초배를 대신할 수 있고 천에 비해 값이 저렴하면서도 우수한 물성을 갖춘 제품이다. 특히 인장강도가 매우 뛰어나 벽지가 파열되는 하자가 거의 발생하지 않는 초배지로는 획기적인 제품이다. 최근에는 밀도가 높아 초배나 정배풀의 투과성이 적은 고급 제품과 횡결, 종결의 구분 없이 사용할 수 있는 엇결(무결) 부직포가 생산되고 있다.

① 규격

제품명	평량 (g/m²)	두께 (mm)	색상	용도
백상지 배접 부직포	30	0.12	white	• 스팬(span)이 짧아 인장력의 작용이 약한 부위 • 겹침이음(overlap)이 합지벽지에 적합 • 단지(심) 불필요
비배접 부직포	40	0.16	white	• 스팬이 길거나 다소 강한 인장력이 작용하는 부위 • 정교한 맞댐이음(butt joint)의 실크벽지 • 대형 현장의 도배작업에 적합 • 단지(심)작업
비배접 고급 부직포	50	0.20	white	• 강한 인장력이 작용하는 부위 • 패브릭(fabric), 레자, 플라스터(plaster)류의 두꺼운 재질의 고급 도배에 적합 • 단지(심)작업

② 판매단위 : 1,000/1,100/1,500mm(W)×60/90/300/500m(L)

8 텍스 초배지

펄프와 펠트를 혼합한 초배지로, 주로 공간 초배용으로 사용하며 뛰어난 시공성과 합성부직포에 비해 친환경제품이다. 최근에는 표면에 미세하게 코팅 처리한 신개념 특허제품이 출시되었다. 부직포와 롤 운용지를 혼합한 제품으로 이해하면 된다.

9 틈막이 초배지(네바리, 보수 초배)

과거에는 합판이나 석고보드의 연결 부위 또는 크랙 부위에는 벽지의 갈라짐, 비틀림, 단차를 해소하기 위해 낱장 초배지(각 초배지)를 재단하여 이중으로 덧붙임한(겉지 9cm, 속지 6cm 정도) 위에 정배를 하였다. 길이 약 85cm 정도의 틈막이 초배를 한 장씩 손으로 풀칠하여 시공하였기에 작업성이 매우 늦고, 특히 틈막이 초배지의 단차가 정배 후 뚜렷하게 나타나는 결정적 단점을 피할 수 없었다. 그러나 두루마리(roll) 가장자리에 단차가 없는 공장제품이 개발되어 작업이 신속하고 원만한 품질을 기대할 수 있게 되었다.

10 삼중지(광폭네바리)

폭 15cm 내외의 두루마리 초배지로 틈막이 초배지(네바리)를 응용한 제품으로, 시공면의 가장자리 평활도를 높이는 성능을 갖는다. 2중 틈막이 초배지가 겹쳐 있는 구조라 '삼중지'라는 제품명으로 알려졌으며 퍼티작업에 비해 70% 정도의 효과를 얻을 수 있고 바탕정리 시공비를 절감하는 장점과, 하자 발생률이 다소 높고 습기나 결로가 우려되는 외벽에는 들뜸 하자가 빈번히 발생하는 단점이 있다. 퍼티의 대체품으로 최근 수요가 늘고 있다.

11 단지(심)

벽지 간 이음매의 시공성과 부착력을 높이며 파열되지 않도록 부직포나 초배 위 벽지 이음매 중심에 운용지를 폭 30~40cm 덧발라 주어 벽지의 인장강도에 대응하게 하는 초배·재배용 재료이다. 가장자리가 솔기로 제작되어 있는 단차 없는 제품을 선택하여야 한다.

■ **규격 및 판매단위** : 1롤＝300/400mm(W)×200/300m(L)

04 기타 부자재

1 코너비드(corner bead)

벽 모서리 부분의 수직, 수평, 직각을 구하는 부재로, 기둥의 수직, 직각, 보의 수평, 직각을 얻기 위해 덧대주는 재료이다. 제품으로는 알루미늄, 목재, PVC제품이 있으며, 주로 PVC제품이 널리 사용된다. 접착제로 퍼티, 목공용 본드, 실란트 등이 쓰이는데, 실란트가 시공성, 신뢰성, 경제성 등이 우수하다. 수입품으로 자유각(flexible)과 인코너(incorner)용, 테이프(tape) 타입이 있다.

2 메시테이프(mesh tape)

퍼티작업 중 합판, 석고보드 등의 연결 부위 틈새가 심할 경우에 사용한다. 테이핑작업 후 퍼티를 도포하면 흘러내리지 않고 건조 후 균열을 방지한다.

3 백업재(back-up material)

스티로폼으로 제작된 지름 1cm 내외의 원형의 긴 막대 형상의 제품으로 벽체 모르타르와 맞닿는 문틀틈새, 붙박이 틈새, 심한 크랙 부위, 실리콘으로 처리할 수 없는 틈새 등에 끼워 넣어 메꾸거나 패널의 홈 시공 후 양생기간 동안 확실한 접착력을 얻기 위해 사용한다.

4 보양재

(1) 정배용

① 운용지를 훼손 가능성이 많은 벽체 모서리, 현관 입구 등에 테이프나 묽은 도배풀을 이용하여 임시로 붙여준다.
② PVC로 된 직각제품을 정배 후 모서리 부분에 덧대주며 도배지를 훼손시키지 않는 전용 테이프로 상·하단을 고정한다.

(2) 한지 장판용

① 장판 시공 후 주로 하드롱지의 롤 초배지를 바닥에 깔아 장판에 니스를 칠할 때까지 훼손과 오염을 방지한다.
② 하드보드, 박스용 골판지로 보양하기도 한다.

(3) 가구, 바닥용

비닐 커버링을 사용하여 가구, 문틀 등을 보양하고 하드보드, 골판지, 파지를 깔아 바닥재를 보양한다.

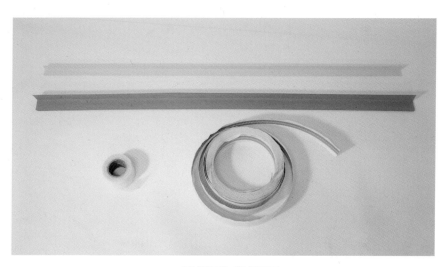

▲ 코너비드와 메시테이프

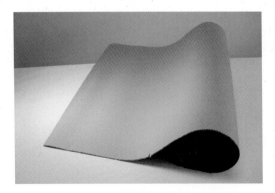

▲ 바닥 보양용 골판지

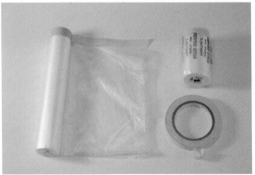

▲ 비닐 커버링

굴렁쇠

지구가 돈다고 말했다가
혼쭐난 사람이 무색하게
열심히 돌아가는 작은 지구가 있다.
베어링이란 부속이 들어 있는
롤러라는 물건인데
나는 편하게 굴렁쇠라고 한다.

땅 위의 자동차
하늘의 비행기
인생의 윤회
우주의 섭리
세상 모든 도는 것의 주인이며
그리고 대한도배의 절대공구
이음매 롤러다.

돌고 도는 것이
단언컨대 가장 완벽한 물질로
만들어진 것이라도
시계는 바쁘고

총알은 위험하고
돈은 욕심을 부르는데
내 굴렁쇠는
바르는 벽지마다
찰떡궁합 맺어주고
부지런히 도는 만큼
때마다 먹을 것
철따라 입을 것
날마다 돌아가 쉴 곳을
넉넉하게 돌려주니
부처가 내 손에 있다.

내가 만들고 길들이고
손에 놓지 않는 것이
매일 눈뜨면 바르는 도배 때문인가
너와 함께 하면
어머니를 졸라 회전목마를 타고
어두울 때까지 구슬치기를 하고
굴렁쇠를 굴리며 뛰어다니던

어린 시절로 돌아간다.
돌고 도는 것을
좋아하는 천성은
어른이 되어서도 별수 없는
도배놀이인가 보다.

아! 슬프다.
세월은 굴렁쇠처럼
그저 돌기만 하고
나이라는 숫자만 보탰을 뿐.

아! 무섭다
나는 아직도 어린 시절에 갇혀 있고
내가 나를 속인 완벽한 각본
정해진 운명
그래도 안고 돌아갈
나의 굴렁쇠

CHAPTER 05 | 도배의 공구

01 개요

일반인들이 손수 도배를 하려면 간단히 풀솔, 마무리 솔(빗자루라도 대체 가능)과 칼이나 가위 이렇게 세 가지만 준비하면 최소한의 작업은 가능하다. 그러나 벽지의 재질과 실내구조가 다양해지고 도배의 전문성과 대량 생산이 요구되다 보니 그에 걸맞은 공구가 등장하였으며, 그에 따라 도배기능이 세분화, 숙련화되었다고 볼 수 있다. 공구는 일반 공구와 전용 공구로 대별되고, 수공구(hand tool)와 기계공구(machine tool)가 있으며 공정과 용도에 따라 다양하게 구분된다. 직업도배사라면 도배작업의 각 공정에 따라 적합한 공구를 사용해야 한다.

1 준비공구

장도리, 벤치, 드라이버(전동드라이버), 쇠주걱(평철), 스크레이퍼, 퍼티주걱, 작업대(우마), 샌드페이퍼(샌딩기), 전선테이프, 보양재, 수동타커 등

2 계측공구

줄자, 분줄, 다림추, 각도자, 디지털수분계, 분필, 필기구(연필) 등

3 도포공구

바가지, 물그릇, 풀대야, 풀솔, 붓, 롤러, 스프레이건, 드릴믹서기, 호부기(풀기계), 도포주걱 등

4 시공공구

공구가방, 벨트식 공구집, 도배용 커터칼(마무리용, 재단용), 오림칼, 정배솔, 칼받이, 각따기,

부직포 갈고리, 코킹건, 압착용 롤러, 압입용 롤러, 마무리용 롤러, 안전재단자, 튜브, 세척용 스펀지(타월, 융), 코킹주걱 등

5 복장

안전모(작업모), 안전화(운동화), 작업복, 면장갑, 토시 등

6 기타 용구

고소작업용 조립식 비계(아시바), 리프트, 안전벨트, 작업등, 보안경, 방진마스크, 무릎보호대, 벽지 운반용 카트, 타커, 공업용 드라이기, 톱 등

02 준비공구

① 장도리, 망치	못을 빼거나 박고 설치물 해체, 바탕면의 심한 돌출 부위를 깨는데 사용한다.	
② 펜치, 드라이버 (전동드라이버)	조명등의 탈·부착, 도배작업에 지장을 주는 부착물의 해체 및 조립에 사용한다.	
③ 쇠주걱(평철)	바탕면의 평탄작업에 사용한다.	

④ 퍼티주걱	재질은 강철판, 플라스틱, 고무가 있으며, 모양은 초벌 바름용의 요철형과 마감용의 평탄형이 있다.	
⑤ 스크레이퍼	오래된 벽지의 이면지 박리작업에 사용하거나 벽체, 바닥의 시멘트 페이스트, 페인트, 기타 이물질을 떨어내는 데 사용한다.	
⑥ 작업대(우마)	알루미늄, 목재로 제작된 기성품으로 높이 조절이 가능하며 현장에서 제작하여 사용하기도 한다.	▲ 일반 도배용 작업대 ▲ 입식 작업대 ▲ 고소작업용 사다리
⑦ 샌드페이퍼 (전동샌딩기)	바탕면을 매끄럽게 다듬거나 이질재료의 부착력을 높이기 위해 표면을 거칠게 하며, 퍼티작업 후 단차를 고르게 하기 위해 사용한다.	
⑧ 수동타커	마감재의 보수작업에 사용한다.	
⑨ 전선테이프	조명등의 탈·부착 시 사용한다.	

03 계측공구

① 줄자	소요치수를 측정할 때 사용하며 5.5m, 7.5m, 10m의 스틸줄자가 있으며 디지털줄자도 사용된다.	
② 분줄	먹물 대신 색분필을 곱게 갈아 사용하며 이상적인 수평, 수직, 대각선을 구하고자 할 때 사용한다.	
③ 추	정확한 수직 시공을 할 때 사용한다.	
④ 각도자	데코레이션 시공 시 원하는 각도를 구할 때 사용한다.	
⑤ 계산기	착오 없는 계산값을 얻기 위해 사용한다.	
⑥ 디지털 수분계	바탕면의 건조상태를 정확히 체크할 때 사용한다.	
⑦ 분필	시공면의 분할계획(layout)으로 치수 및 눈금을 표시할 때 사용한다.	
⑧ 필기구 (연필)	계산, 기록, 눈금 표시용이다.	

04 도포공구

① 바가지	풀 배합 시 사용한다.
② 물그릇	풀 배합이나 세척용 스펀지(타월)를 자주 빨기 위해 사용한다.
③ 풀그릇	풀솔이 여유 있게 들어갈 수 있는 높이가 낮고 바닥면이 평탄한 것으로 선택한다.
④ 풀솔	돼지털제품이나 돼지털과 합성수지모가 혼합된 제품으로, 묽은 풀용과 된풀용으로 구비한다.
⑤ 붓	합성수지 접착제를 찍어 바르거나 좁은 면적의 접착제, 프라이머, 아크졸, 바인더 도포용으로 사용한다.
⑥ 롤러	넓은 시공면의 프라이머, 바인더 도포용으로 사용한다.
⑦ 스프레이건	물 바름방식의 도배작업 시 가운데 부분 물뿜칠이나 시공면에 바인더를 고르게 분사시키고자 할 때 사용한다.
⑧ 드릴믹서기	풀 배합 시 사용한다.

⑨ 호부기 (풀기계)	시간과 협소한 장소의 구애를 받지 않고 다량의 초배·정배지의 도포작업이 가능하다.	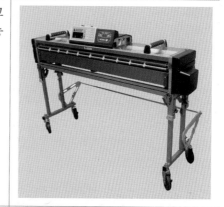
⑩ 튜브	코킹 대신 합성수지 접착제를 튜브에 넣어서 사용한다.	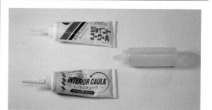
⑪ 코킹주걱	코킹 충전 후 일정한 곡면으로 마무리할 때와 하자·보수작업 시 주로 사용하는 공구이다.	

05 시공공구

① 공구가방	비닐가방이나 플라스틱제품의 툴박스(tool box)가 있다.

▲ 대형

▲ 소형

▲ 오픈형

② 벨트식 공구집	다양한 시공공구를 편리하게 사용할 수 있다.	
③ 도배용 커터칼	마무리용으로 일반 칼과 주걱칼, 재단용 칼이 있다.	 ▲ 일반 칼　 ▲ 주걱칼
④ 오림칼	마무리용으로 일반 칼과 주걱칼, 재단용 칼이 있다.	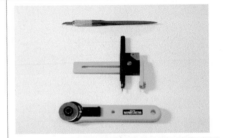
⑤ 부직포 갈고리	다양한 시공공구를 편리하게 사용할 수 있다.	

⑥ 정배솔	30cm, 35cm, 40cm, 45cm의 규격이 있으며 재질은 탄력성이 좋은 합성수지모로 만들어졌다. 도배지의 폭과 재질에 따라 긴 모, 짧은 모를 선택하여 사용한다.
	  ▲ 긴 모　　　　　　▲ 옛날 정배솔(짧은 모)
⑦ 풀솔	도배지의 종류와 풀의 용도에 따라 긴 모, 짧은 모를 선택하여 사용한다. 
⑧ 네바리 　전용 솔	특허제품으로 손잡이는 라운드형이며 한쪽은 폭 15cm 내외의 솔로, 다른 한쪽은 쇠주걱이 부착되어 있어 솔로 바르고 돌려서 쇠주걱으로 네바리를 절단하는 다기능 제품이다. 기존의 일반적인 시공법에 비해 2~3배의 빠른 시공성이 장점이다. 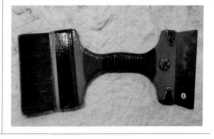

⑨ 칼받이 1 (몰딩자)	특허 개발한 칼받이가 새로 출시되었는데 2mm×4mm, 3mm×5mm의 칼받이 2개로 모든 오버랩치수를 해결하고 커터칼날을 부러뜨리는 기능과 마이너스 몰딩 돌출부에 간섭받지 않는 구조로 가공되었다.  ▲ 일반 칼받이　 ▲ 장칼받이
⑩ 칼받이 2	문틀, 몰딩선, 마감 부위의 반듯한 도련을 하기 위해 사용되며 재질은 PVC와 에폭시 두 종류가 있다. 
⑪ 각따기	문틀, 마감 부위의 반듯한 도련을 위해 사용한다. 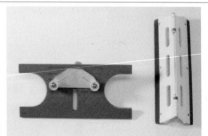
⑫ 코킹건	실리콘을 충전시키는 공구로 PVC와 철제제품이 있다. 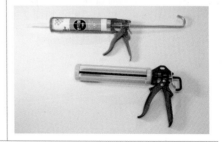

⑬ 압착롤러	강철과 우레탄롤러가 있으며 정배지의 정교한 맞댐 시공을 하기 위해 사용한다.

▲ 구갑죽롤러   ▲ 기능성 롤러   ▲ 라운드롤러

⑭ 압입롤러	내장패널(art wall)의 좁은 홈(1cm×1cm)이나 내림천장의 모서리 홈 부위에 도배지를 밀어 넣어 각을 잡을 때 사용한다.	
⑮ 마무리 롤러	주걱이나 압착롤러 사용 후 더욱 정교한 이음매를 원할 때와 올이 쉽게 풀리는 직물벽지, 스크래치에 민감한 금속박벽지, 기타 특수 벽지에 사용한다.	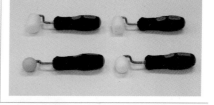
⑯ 네바리솔	틈막이 초배지(네바리)를 시공할 때 사용하며 솔모를 사용하여 붙여나가고 반대쪽 금속헤라를 사용하여 절단한다.	

⑰ 롤러 손잡이	다양한 재료로 만든 수공예 롤러 손잡이로 더 높은 그립감을 위해 사용한다.	

⑱ 안전재단자	안전성능(자상 방지)을 갖춘 알루미늄 제품이다. • 장폭지용 : 두께 1cm×넓이 6cm×길이 120cm • 소폭지용 : 두께 1cm×넓이 6cm×길이 75cm	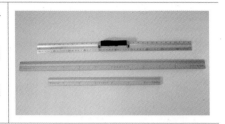
⑲ 세척용 스펀지 (타월)	정배지의 이음매 풀자국, 문틀, 몰딩의 풀을 쉽게 닦아낼 수 있도록 흡착력이 좋은 스펀지나 목욕타월, 수건, 융 등이 쓰인다.	

06 보호공구

① 안전모, 안전벨트, 안전화	안전작업을 위해 신축 현장에서 사용한다.

▲ 안전모

▲ 안전화

▲ 안전벨트

▲ 추락방지 안전벨트

② 보안경, 방진마스크	분진이 많이 발생하는 현장에서 착용한다.

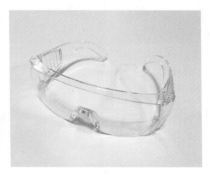
▲ 보안경

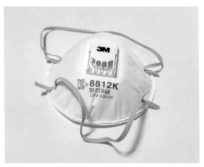
▲ 방진마스크

③ 무릎보호대	무릎을 보호하기 위해 착용한다.	

07 기타 용구

작업조건에 따라 적절한 용구를 사용한다.

08 복장

작업하기에 편한 복장을 하고, 신축 현장일 경우에는 안전모와 안전화를 착용하며 토시와 면 장갑을 갖춘다.

NATION of DOBAE

CHAPTER

6

주요 바탕작업

제자열전(弟子列傳)

《논어(論語)》에 나오는 대부분의 기록들은 정황 설명 없이 공자(孔子)와 제자들 간의 문답으로 인한 결론만 실려 있어 본 취지를 정확히 알기 어려운 구절이 많다. 오랜 세월 동안 많은 주석서(註釋書)의 학자들이 정확한 뜻을 해명하려 했지만 아전인수(我田引水)로 치우치는 경우가 많았다. 나도 간혹 면무식(免無識) 겸 주전부리 삼아 《논어》 주석서를 뒤적이면서 오호라! 하며 무릎을 쳤던 경험이 있다. 하지만 평상심으로 돌아왔을 때는 나 역시 본뜻과는 상당히 다른 엉뚱한 해석에 혼자서 실소를 금할 수 없었던 때가 있었다.

공자는 제자 중 유독 안연(顔淵)을 극단적으로 칭찬했고 편애하였다.

"한번 말해주면 게으르지 않은 사람은 아마 안연뿐일 것이다." ― 자한편

"아깝도다. 나는 그 사람이 앞으로 나아가는 것만 보았지, 도중에 멈추는 것을 보지 못했노라."… ― 자한편

《논어》의 자한편에는 공자의 안연에 대한 제자사랑이 어떠했고, 안연 역시 공자의 가르침에 어긋남이 없는 제자였다는 기록이 자주 등장한다. 뿐만 아니라 안연의 인간적인 실수에 대해서도 사리에 맞지 않는 궤변의 문답을 거쳐 오히려 합당한 행동으로 덮어버리는 예도 있었다.

공자가 진, 채, 소 각 나라의 삼각구도에 휘말려 커다란 곤경에 빠졌다. 공자와 제자들은 전쟁 와중의 피난길에서 7일간 끼니를 거르게 되었다. 아무리 천하군왕이 알아주는 공자라도 호사를 누릴 때도 있지만 평생의 대부분을 주유천하(周遊天下), 유리걸식(流離乞食)하였다.

제자 중 지략가이며 치재(治財)에 능한 자공(子貢)이란 자가 숨겨둔 비상금이 있었던지 인근 마을에서 약간의 쌀을 구해왔다. 그래서 안연이 다 쓰러져 가는 폐가에 들어가 나무를 주워 밥을 짓다가 처마에서 그을음 덩어리가 밥솥에 떨어졌다. 안연은 배가 고픈 김에 그을음이 떨어진 부분을 퍼내 물에 씻어 먹는 것을 자공이 보고 그 사실을 공자에게 고해 바치면서 물었다.

"어질고 청렴한 선비도 곤궁에 빠지면 절개를 바꿉니까?" 하니 공자가 대답하기를, "내가 안연을 어질다고 믿은 지가 이미 오래다. 아무리 네가 그런 현장을 보았다고 하더라도 나는 안연을 의심하지 않는다"라고 말하며 돌연 어젯밤 꿈에 나타난 성인을 둘러대며 안연이 지은 밥은 먼저 성인에게 제사 지낼 밥이었다고 하면서 제자들 앞에 안연을 불러 말하기를 "그을음이 떨어졌다면 나라도 떠서 먹었을 것이다. 그을음이 떨어진 밥으로 제사를 지낼 수는 없다."라며 난처해진 안연의 실수를 무마해 버렸다.

안연이 죽자 "아아! 하늘이 나를 버리셨구나, 하늘이 나를 버리셨구나!" - 선진편

공자는 아들처럼 아끼던 애제자(愛弟子) 안연이 32살의 젊은 나이로 요절하자 "하늘이 나를 버리셨구나!"라며 통곡했으니 비통한 심정이 어떠했는지 알 수 있다. 이렇듯 안연에게는 군자답지 않게 편애를 하면서도 늘상 책망만 하였던 자로(子路)가 있었고, 은근히 견제를 하였던 자공(子貢)이 있었다.

자로에 대해서는 단순히 가르침으로 인한 책망을 넘어 악평과 악담이 《논어》 곳곳에 많이 실린 것은 유독 자로에 대해 종종 평상심을 잃어버리는 공자였음을 엿볼 수 있다.

자로는 태생이 거친 산둥성 출신이며 굳센 무인의 기질에 쾌활한 성격이었다. 스승과는 나이차가 아홉 살로 제자 중 가장 연장자였으며 성격처럼 스승에게 직접 화법으로 사사건건 따지는 자로에게 위선 같은 공자의 이상과 명분은 명쾌한 답이 될 수가 없었다.

공자의 자로에 대한 악담을 선진편에서만 추려봐도

"자로 같은 사람은 제 명에 죽지 못하겠구나."

사람의 생사는 함부로 논단할 수 없는 것이 군자의 도리다.

"이래서 내가 말 잘하는 사람을 싫어하노라."

이상과 명분을 좇는 공자의 가르침에 인간 본성의 이치로 대응하는 달변의 자로가 얼핏 설득력이 있었고 공자로서는 답변을 하기가 궁색했을 것이다.

"자로의 수준은 마루에 올랐지만 아직 방 안에는 들어오지 못할 정도니라."

스승에게 미움을 받으니 당연 다른 제자들에게도 무시를 당하는 자로를 처음으로 두둔하며 동시에 방 안, 즉 경지에 이르지 못했음을 다른 제자들에게 인식시키는 융합 차원의 이중적인 조정을 시도하였다.

자공에 대한 공자의 견제 또한 만만치가 않았다. 타고난 지략가이며 외교관이었고 장사의 거간에 능해 큰 재물을 모았지만 공자의 학문을 흠모하여 문하에 들어오게 되었다. 공자가 제자들을 이끌고 14년 동안 각 나라의 유세여행을 다닐 수 있도록 공자학당의 운영경비를 틈틈이 지원한 사람이 자공이었다. 공자를 따라 주유열국(周遊列國)하면서도 요령 좋은 수완으로 공자 일행의 안살림을 도맡았으니 정작 명분을 갖는다는 공자지만 실리의 모순을 극복할 수밖에 없는, 내심 편치 않는 상황이었다.

"안연은 도를 거의 깨달았다. 그러나 쌀독과 땔나무는 자주 떨어졌다. 자공은 명을 받지 않고 재물을 늘렸지만 예측한 대로 자주 적중해서 그렇게 되었느니라." - 선진편

재물에 무심한 안연과 비교하고 자공의 덕을 보면서도 이념과 상황에 따라 배척하는 이중성과 관가의 허락을 받지 않은 자공의 밀무역을 공공연히 들먹이며 매도하는 인간적인 비열함을 엿볼 수 있다. 그럼에도 공자가 위대한 것은 이렇듯 적나라한 인간성을 갖고, 알고, 행하면서도 결국은 본성을 누르고 삼가는 예(禮)를 좇았기 때문이라고 생각한다.

이상《논어》에 비중 있게 등장하는 세 제자 안연, 자로, 자공에 대한 공자의 깊은 술회와 생전의 평가와는 달리 참으로 아이러니한 결과가 있다. 공자는 세 사람이 길을 가면 거기에 한 사람의 스승이 있다고 했고, 어리석은 사람에게도 배울 것을 찾는 것이 군자라 했다. 그렇다면 내면적인 자기 성찰과 사색형의 안연보다 사사건건 토를 달아 부아가 일게 하는 자로와 현실감각이 뛰어난 실세 자공에 대한 견제와 알력을 극복하면서 오히려 공자의 사상과 이념이 강화되었을 것이다.

공자가 시종일관 안연을 칭찬만 한 것은 아니었다. 안연에 대해 회의를 느꼈으리라고 짐작되는 기록들이 있다.

"내가 안연과 함께 하루 종일 말을 주고 받았는데, 그는 내가 하는 말을 하나도 어기지 않아 마치 어리석은 사람처럼 보였다⋯." – 위정편
"군자는 그릇처럼 판에 박힌 것이 아니니라." – 위정편
"안연은 나를 돕는 사람이 아니구나. 내가 무슨 말을 해도 기뻐하지 않을 때가 없으니."⋯ – 선진편

안연은 천수를 다하지 못하고 스승인 공자보다 먼저 요절했다. 당시 공자 일행이 어려운 형편에 있어 안연의 장례를 후하게 치를 수가 없었다. 공자가 "하늘이 나를 버리셨구나!"라며 통곡하는 모습을 곁에서 보고 감동한 안연의 아버지 안로(顔路)가 기회를 보아 어렵게 공자에게 청을 했다. 공자가 타고 다니는 수레를 팔아 자식인 안연의 외관(外棺)을 준비하여 그나마 격식을 갖춘 장례를 치르면 어떻겠냐고 했지만 공자는 단호히 거절했다. 거절한 우선의 이유는 그나마 대부(大夫)의 벼슬을 했던 자가 수레를 타지 않고 걸어 다닐 수 없다는 것이었다. 당시 예법으로는 선비가 갓을 쓰지 않는 것은 대단한 결례이고 대부는 마땅히 수레를 타는 것이 행세였다. 예에 대해 지독하게 고지식한 공자다운 이유가 될 수는 있지만 그보다는 다른 여러 가지 이유가 있었다.

안로의 청을 거절하면서 "재주가 있거나 없거나 각기 자기 자식에 대해서는 말할 수 있는 법이네. 내 아들 백어(伯魚)가 죽었을 때 내관은 있었지만 외관은 없었지⋯." – 선진편

안연과 같은 해에 먼저 죽은 자신의 아들보다 더 나은 장례를 치를 수 없다는 골육(骨肉)에 대한 정리(情理)와, 자손이 부모나 조부모에 앞서 죽는 악상(惡喪)이라 장례를 성대히 치르지 않는 관례의 예를 들었다. 또 전후 맥

락으로 봐서 당시 형편이 어려우니 없으면 없는 대로 치르면 되지 무리는 하지 말자는 공자의 현실적인 생각도 있었다. 통곡하는 공자의 모습에 힘을 얻어 어렵게 청한 안로의 입장에서는 통곡할 때와는 달리 대단히 침착하고 논리적인 거절에 기가 질릴 일이다.

도대체 안연은 공자의 생애에 있어서 어떤 의미였을까. 공자의 가르침에 일체의 반론이나 의문을 제기하지 않은, 공자에게는 바람직한 제자의 상(像)으로 뇌리 속에 깊이 각인되어 있었던 것 같다. 반항하는 수재보다 복종하는 바보를 더 선호했던 공자였을까? 안연이 평균수명으로 공자를 말년까지 모셨다 해도 공자의 일세(一世)에 큰 의미를 부여하지는 못했을 것 같다. 공자의 가르침을 지성으로 받들고 칭찬에 익숙했을 뿐, 안연이 공자를 위해 특별히 무엇을 했다는 기록이 《논어》에 단 한 줄도 없다. 공자가 곤궁에 처했을 때에는 오히려 책망을 받았던 자로와 자공이 앞장섰으니 대개 치세(治世)의 충신은 난세(亂世)의 영웅이 되기가 어려운가 보다.
이러한 안연에 비해 자로와 자공은 어떠했는지.

공자가 14년 동안 주유열국 끝에 노나라로 들어온 후 자로는 공자학당을 떠나 위나라의 대부 공회를 모시게 되었다. 이때가 위나라의 불민한 임금 영공이 41년 동안 통치를 하다가 죽자 그 위(位)를 놓고 영공의 아들 괴외와 손자 출공 사이에 정권 다툼의 내란이 일어났는데, 그 난리에 자로가 모시는 공회가 괴외에게 인질로 잡혀 누각 위에 갇혀 있다는 소식을 듣고 자로는 한걸음에 달려갔다. 누각의 성문으로 들어가려는데 공회의 가신들이 이미 대세가 기울었으니 화를 자초할 필요 없이 피신하라는 만류에도 불구하고 "녹을 먹고 있는 자가 주군이 어려움에 빠져 있는데 어찌 구하러 가지 않을 수 있겠느냐?"면서 단신으로 성문 안으로 들어갔다. 자로는 공회가 붙잡혀 있는 누각 아래의 뜰에 버티고 서서 공회를 풀어주라고 호통을 쳤다. 이쯤 하면 자로는 작정하고 죽을 자리를 찾아 들어간 것이다. 괴외는 장수를 시켜 자로를 죽이라고 했고 이미 63살의 늙은 자로는 날랜 장수들의 적수가 되지 못했다. 그들의 칼날이 자로의 갓끈을 스치자 갓이 땅에 뒹굴었다. 자로는 자신을 죽이려는 상대를 잠시 저지하고 "군자는 죽어도 갓을 벗지 않는다."라고 외치며 갓을 주워 단정히 쓰고 그 자리에서 의연하게 죽임을 당했다. 자로다운, 참으로 자로다운 최후였다. 생전에 매번 공자에게 책망만 들었지만 마지막 순간에는 군자다운 의연한 죽음으로 제자의 도리를 다했고 공자의 가르침을 마침내 실천할 수 있어 흡족하게 눈을 감을 수 있었을 것이다.

숙손과 무숙이 조정에서 대부에게 말했다. "자공이 공자보다 낫네." 자복경백이 자공에게 이 말을 전하자 자공이 말했다. "궁궐의 담으로 비유하자면, 나의 담은 어깨쯤에 미치니 궐 안의 좋은 물건을 다 볼 수 있습니다. 하지만 스승님의 담은 높이가 두어 길이라 문 안으로 제대로 들어가지 않고서는 종묘의 아름다운 모습이나 여러 관리들의 풍성한 모습을 전혀 볼 수 없습니다. 그 문으로 들어가 본 사람이 적을 것이니 그렇게 말하는 것도 무리가 아니지요." – 자장편

숙손과 무숙이 공자를 헐뜯자 자공이 말했다. "그러지 마시오. 스승님은 헐뜯을 수 있는 분이 아닙니다. 스승님은 해와 달과 같아 넘을 재간이 없습니다…. 자기 주제도 헤아리지 못하는 꼴만 보일 뿐이지요."

– 자장편

진자금이 자공에게 말했다. "그대가 겸손해서 그렇지 공자가 어찌 그대보다 어질겠습니까?" 자공이 말했다. "… 스승님을 따라가지 못하는 것은 마치 사다리를 놓아 하늘로 오를 수 없는 것과 같은 이치입니다…. 이른바 세우면 서고, 이끌면 실행되며, 편하게 하면 따라오고, 움직이면 화합하여, 살아계시면 영광스럽게 여기고, 돌아가시면 애통해할 것입니다. 어떻게 그런 분을 따라갈 수 있겠습니까?"   – 자장편

공자가 죽자 공자를 폄훼하고 대신 자공을 추대하려는 움직임이 일었고, 이 중 숙손과 무숙, 진자금은 적극적으로 자공에게 접촉하여 스승인 공자와 비교하며 이간질을 시도했지만, 자공은 초지일관 흔들림이 없었다. 이즈음 자공의 도는 이미 경지에 이르러 의연한 논조로 주의의 분열을 반박하며 공자의 위상을 높인다. 자공이 나이가 들면서 덕이 지극히 원대하게 나아갔기 때문이며, 굳이 행간(行間)을 더듬어 현실적인 추측을 해보자면 자공은 본래 치재에 밝고 사물의 핵심을 꿰뚫어 비교하는 데 능한 제자였으니 신중하게 이해득실을 따졌을 수도 있다.

스승을 배신하고 후계 자리를 차지하느냐.

지조를 지키는 군자의 진면목을 보여주느냐.

어쨌거나 공자와의 관계성에서 책망만 들었던 자로와 견제의 자공이 결국은 사제 간의 의리를 고수했다는 사실이다. 자로는 죽음을 불사했고 자공은 후계구도를 고사함으로써….

다시 한 번 공자가 위대해지는 순간이다.

공자를 따르는 제자가 한때 삼천이었다고 한다. 나는 30여 년 현장 도배공사를 해왔고, 그중 10여 년은 강단에서 도배기술교육에 직·간접적으로 참여했다. 현장에서의 도제(徒弟)교육과 교실에서 거쳐간 사람들이 어림잡아 1000명은 족히 되는가 싶다. 먹고 자고 눈 뜨면 도배하기를 강산이 세 번 변해 1000여 명이 거쳐 갔는데 후계자는 아직 못 만났고, 문하생은 10명 정도 사사했고, 야단치며 가르쳤던 제자는 50여 명, 의지가 엿보였던 학생이 100여 명에 불과했고, 나머지는 몽땅 과정만 이수한 수료생들이었다고 생각한다. 내가 나름대로 문하생, 제자, 학생, 수료생이라고 구분을 짓듯이 상대적으로 피교육생들도 나를 두고 스승, 선생, 교사, 강사의 등급으로 각자 기준했을 것이다.

옛날에 《논어》 주석서를 봤을 때는 공자의 말 한 마디가 너무 멋있어서 외워두었다가 한 대목만 써먹어도 심오한 동양 철학자가 된 것처럼 뿌듯했다. 오랜만에 이 책을 다시 보니 이제 공자는 보이지 않고 제자들만 보인다. 도배로 나와 인연을 맺은 1000여 명 중 내가 자로처럼 책망했고 자공처럼 견제했던, 그리고 기억에도 없는 어느 무명 학도가 도배를 위해 의연히 죽을 수도 있고, 스승을 위해 스스로 고사했을 때 나는 수레를 타고 으스대며 백면서생(白面書生) 안연만 감싸고 돌지나 않았는지….

CHAPTER 06 | 주요 바탕작업

01 기시공된 벽지 제거작업

① 부직포 공간 초배의 가장자리 접착력이 확실하다면 부직포나 텍스를 제거할 필요는 없다.

　㉠ 최초 도배 시공연한을 기준으로 3년 이전까지의 부직포 초배는 일반적으로 재사용이 가능하다.

　㉡ 최초 시공연한이 절대적 기준이 될 수는 없고, 가장자리의 접착넓이와 접착강도로 미루어 판단한다. 일반적인 기준으로는 넓이가 10cm 이상이고, 가장자리를 손가락으로 두드리고 튕겨서 딱딱한 접착력이 느껴지면 재사용이 가능하다.

　　※ 손가락의 감각으로 접착력을 판단하는 것은 오랜 경험과 상당한 수준의 숙련도가 필요하므로 신중하게 판단해야 한다.

　㉢ 외벽 쪽의 단열재 부위의 접착력을 점검하고 결로, 곰팡이 등으로 초기 접착력이 저하되어 조기 노후화되었다면 적절히 보강한다.

　㉣ 어느 한 부분의 부직포 공간 초배가 부실하다고 해서 전체 부직포를 제거하기보다는 부분 보수하여 재사용하는 것을 고려해 본다.

　㉤ 기시공된 부직포 공간 초배의 접착력은 확실하지만 도배지의 PVC층을 벗기고 나니 이면지와 부직포의 접착력이 부실하다면 단지(심)나 롤 운용지를 전면 밀착 초배하여 보강하는 것이 유리하다.

② PVC층과 이면지가 쉽게 제거되지 않는 도배지는 PVC층 엠보와 지질의 결방향으로 제거하거나 스프레이로 소량의 물을 분사하여 적당히 투습되게 한 후 제거하는 방법이 있다.

③ 석고보드 표면과 기시공된 틈막이 초배지(네바리)와 퍼티는 최대한 훼손되지 않도록 주의하며 제거한다.

④ 가장자리가 도장으로 인해 접착력이 부실한 부분은 이면지까지 모두 제거하거나 도배용 본드로 재접착시킨다.

⑤ 반자틀, 문틀, 걸레받이 부위의 3~5mm의 이면지가 오버랩된 부분은 쇠주걱이나 칼끝으로 긁어 깨끗이 제거한다. 이때 접촉되는 마감재의 도장, 필름이 훼손되지 않도록 주의한다.

02 롤식 틈막이 초배(네바리) 시공방법

- 생산일자가 오래 경과되어 부패, 변색된 제품과 동절기에 얼었다가 녹은 제품은 폐기한다.
- 사용, 보관 중 외기에 노출되어 일부 건조된 제품은 물에 잠시 담갔다가 사용할 수 있으나, 심하게 건조된 제품은 폐기한다.

1 시공방법

- 시공할 석고보드 이음 부위의 돌출 타커못과 먼지, 절단 부위의 석고보드 부스러기를 제거한다.
- 단차가 심한 부분은 타커, 나사못으로 고정시키거나 커터칼로 단차면을 일부 깎아내고, 작은 단차는 거친 사포로 샌딩하여 평활하게 한다. 2~3겹 겹쳐서 시공하여 단차를 없애기도 한다.
- 석고보드 이음매가 틈막이 초배지 폭의 정중앙에 오도록 일직선으로 평활하게 시공한다.
- 마감선은 도배용 칼이나 주걱을 사용하여 깨끗이 도련한다.
- 석고보드가 아닌 이질재의 이음 부위는 틈막이 초배지가 확실히 접착되도록 적절한 접착보강을 한다.
- 좁은 문상이나 틈새, 거친 부위도 틈막이 초배지를 시공하여 공간 초배와 동일한 효과를 얻을 수 있다.
- 건조 후 식별되는 단차는 원형 롤러로 함몰시키거나 틈막이 초배지를 이중으로 덧발라주고 돌출 타커못 등은 망치로 쳐서 제거한다.

(1) 정배솔 시공

정배솔을 사용하여 시공하면 비틀림 없이 고품질의 시공을 얻지만, 틈막이 초배지 규격에 비해 정배솔이 지나치게 커서 순발력이 떨어지고 별도로 도배용 칼을 사용해야 하기 때문에 시공성에서는 매우 불리하다. 초·중급의 기능도를 갖춘 도배사에게는 적당한 시공법이다.

(2) 주걱 시공

틈막이 초배지 시공에 적당한 크기의 스틸주걱이나 PVC주걱을 사용하여 시공한다. 다소 숙련된 기능이 필요하지만 접착성과 시공성에서 매우 유리하다. 별도로 도배용 칼을 사용하지 않아도 시공이 가능하다.

▲ 주걱 시공

(3) 장갑 착용 시공

코팅, 반코팅, 작업용 장갑을 끼고 손으로만 시공해 나가는 방법으로 시공성은 빠르나 상당한 숙련도가 필요하며, 네바리의 커팅은 손으로 끊어내거나 커터칼로 마감한다. 품질이 다소 불량하다는 단점이 있다.

(4) 네바리 전용 솔 시공

가장 고품질을 얻을 수 있고 시공성이 매우 빠르다는 장점이 있다. 대량 작업 시 효율성이 좋으나 네바리 전용 솔이 고가이며 전용공구로 소지하지 않는다는 이해 부족의 한계가 있다.

03 반자틀, 걸레받이, 기타 마감재의 틈새 메우기

(1) 실리콘 충전

정배 시공 하루 전에 미리 틈새를 실리콘으로 충전시켜 경화시키는 것이 좋다. 3mm 이하의 경미한 틈새는 정배 시 동시에 적당량의 실리콘을 충전시키는 방법으로 최소한 비틀림이나 탈락되는 하자는 방지할 수 있다.

(2) 퍼티

퍼티를 사용하여 틈새를 메우는 방법으로 효과는 확실하지만 장시간의 건조시간과 샌딩작업의 수고와 다량의 분진이 발생하는 단점이 있다.

(3) 메시테이프

메시테이프를 사용하여 틈새와 마감재 사이에 걸치고 수성본드나 수성실리콘을 덧발라 굳히기 하는 방법으로 비교적 간편하며 품질을 신뢰할 수 있는 방법이다.

(4) 백업재

틈새간격에 적당한 백업재를 끼워 넣거나 골판지 박스 등으로 대체하는 방법으로 품질을 비교적 신뢰할 수 있다.

(5) 월 패치(wall patch)

비교적 큰 훼손, 타공은 보수용 월 패치를 사용하고, 대체하는 방법으로는 책받침을 적당한 크기로 재단해 실리콘으로 부착시키거나 수동타커로 고정시킨다. 월 패치는 구입이 용이하지 않고 고가인 단점이 있다.

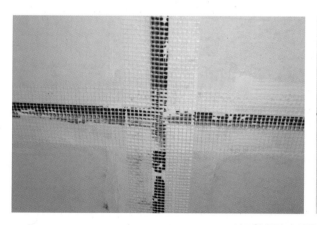 

▲ 아트월 틈막이 작업

04 코너비드 시공방법

1 코너비드의 종류

초배 전에 사용하는 도배용 코너비드는 스틸, PVC, 롤식(flexible) 제품이 있다.

(1) 스틸제품

스테인리스제품과 알루미늄제품이 있다. 품질은 좋지만, 시공에 있어 절단, 부착이 어렵고 가격이 비교적 고가여서 일반적으로 도배작업에는 사용하는 예가 드물다.

(2) PVC제품

시공성이 매우 좋고 가격이 저렴하여 도배작업에서 가장 많이 사용하지만, 고열난방에 뒤틀리며 사용연한이 오래되면 변형 하자가 발생한다. 저급 제품이 많아 시공과 재료 선택에 주의가 필요하다.

(3) 롤제품

폭 7cm 정도의 질긴 지류나 테이프의 중심에 얇은 스틸박판이 감긴 롤식 코너비드제품이 있는데, 가격이 고가이고 시공성이 떨어지며 품질을 신뢰하기가 어렵다.

2 시공방법(PVC제품 위주로)

① 시공할 코너 부위의 못, 철심 등을 제거하고 돌출 부위는 쇠주걱이나 망치를 사용하여 평탄하게 정리한다.
② 코너비드를 시공하고자 하는 모서리에 대고 정확하게 눈금을 표시하여 절단한다.
③ 절단된 코너비드의 내면에 약 10cm 간격으로 적당한 양의 실리콘을 찍어 도포한다.
④ 코너비드를 시공코너에 직각이 되도록 손으로 강하게 눌러 붙이고, 약 50cm 간격으로 은박테이프나 청테이프를 감아 붙여 고정시킨다.
⑤ 코너비드의 길이방향으로 퍼티를 덧발라 최소 5시간 이상 경화시킨다.
⑥ 경화된 퍼티를 조심스럽게 샌딩하면서 모서리각과 주위를 평탄하게 마무리한다.
⑦ 시공시간이 충분하지 않다면 퍼티 대신 순간접착제로 대체하기도 한다.
※ 스틸제품은 PVC제품과 거의 동일하게 시공하는데 강한 부착력을 필요로 하며, 롤식 제품은 편리하게 접착식으로 되어 있기도 하지만 시일이 경과하면 접착력이 약해지므로 별도의 보강접착이 필요하다.

▲ 라운드형 창문의 코너비드 시공

05 재료분리대

도배의 마감선이나 각각 다른 도배지의 경계, 도배지가 타 마감재와 만나는 부분에는 재료분리대를 시공한다.

(1) 효과

① 미관상 보기가 좋다.
② 마감이 깔끔하다.
③ 도배의 시공을 용이하게 하고 훼손 방지, 마감선의 접착력을 확실하게 한다.

(2) 제품의 종류

스테인리스, 알루미늄, 신주 등의 스틸제품과 가는 몰딩형의 목제제품, 그리고 도배작업에서 가장 많이 사용하는 PVC제품이 있다.

(3) 시공방법

① 시공면의 치수대로 절단하여 재질에 따라 지정 접착제, 양면테이프, 실리콘, 순간접착제, 나사못 등으로 강하게 부착시킨다. 제품의 종류와 재료 분리의 성격에 따라 도배 전 선시공하

거나 도배 마감 후 후시공하는 방법이 있다.

② 도배 마감용 전용 재료분리대가 제품으로 나오지만 미처 준비하지 못했다면 도배용 PVC 코너비드를 원하는 치수대로 가늘게 재단하여 대체하기도 한다.

▲ 다른 도배지의 경계 부분의 재료분리대 시공

7

퍼티작업

노르웨이의 숲

여름 장맛비 속에 길을 떠났다.
예정에 없던 여행
고도 8000피트 상공에서
가슴에 검은 동공을 지닌 한 남자
내가 처음 그 방에 들어섰을 때
저 비틀즈의 노래가 흘러나왔다.
몇 소절의 익숙한 음절이
추억의 얼굴로 다가와 살며시 손을 잡았다.

미망(未忘)의 아픔으로
영원히 잠들지 않는 노르웨이 숲.
안개 낀 새벽 숲에 맨발로 날아든
작은 새를 그는 사랑했었다.
그 새벽의 시린 첫 기억으로
사랑이 시작되었으나 길지 않음을
상실의 빛깔로 시들고 있음을 나는 알았다.

이마에 문신을 새기듯 외로운 자는

그 깊은 떨림을 안다.
되풀이해 읽은 횟수만큼
겨울의 문턱에 와 있을 때
길게 자란 턱수염, 퀭한 눈동자
그래도 살아 있음의 흔적이었다.

찬바람이 불고 주위는 온통
오호츠크해(海)의 빙하가 녹은
대륙성 한기류에 잠겨 있었다.
나 또한 젊음이라는
혹독한 제트기류에 휩싸여
풍랑의 바다를 건너온 것은 아닐까.

아직 남은 잉여분의 인생
지친 어깨를 일으켜 세워
다시 기다림을 노래한다.
지구의 반대편 어느 회귀접안에
노르웨이의 숲은 잠들어 있다.

그 숲에서 날아간 새 한 마리
아직 돌아오지 않았다.

나는 오늘
또 하나의 상실을 겪는다.

'노르웨이의 숲'
비틀즈의 노래를 영감으로
무라카미 하루키의 소설 《상실의 시대》를 읽고
독후감 詩

CHAPTER 07 | 퍼티작업

도배에서 퍼티작업은 시공면의 단차와 요철면, 훼손 부분을 평활하게 만들어 고품질의 기본이 되는 매우 중요한 공정이다. 공정순서는 원칙적으로 초배작업 전에 퍼티작업을 하지만, 작업시간의 효율적 이용, 작업조건에 따라 초배작업 후 퍼티작업을 하는 경우도 있다.

초벌 바름과 건조, 샌딩(sanding)과 재벌 바름, 프라이머 도포 등 다공정으로 체력 소모와 시간이 많이 소요되며 퍼티 분진을 흡입하는 보건·위생적인 면과 깨끗하지 못한 작업환경 등 여러 가지 단점도 많다.

원칙적으로 퍼티작업은 도배에 포함되는 작업이 아니라 별도의 공종으로 해석하여 상응하는 공사비를 받는 것이 바람직하다.

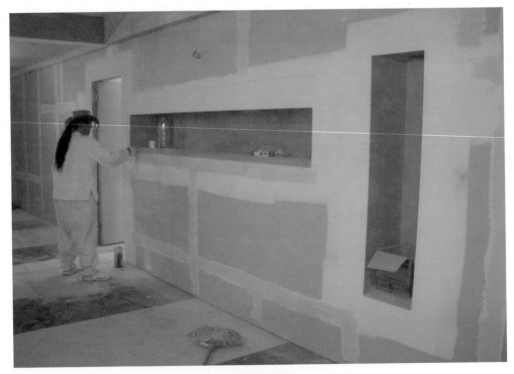

▲ 줄퍼티 시공

▲ 천장 텍스 줄퍼티 시공

▲ 샌딩작업

01 제품의 종류

(1) 페이스트(paste)형

① **경질제품** : 건조 시간이 긴 대신 단단한 면을 얻을 수 있다.
② **연질제품** : 속건성이며 부드럽고 가벼운 제품이다. 샌딩작업이 수월하여 도배작업에는 속건성제품이 여러모로 유리하다.

(2) 파우더(powder)형

① 석고분말제품으로 물과 소량의 프라이머를 배합하여 특별한 용도에 사용한다.
② 작업성격에 따라 강한 접착력을 조정할 수 있는 장점이 있지만, 배합이 번거로워 흔히 사용하지 않는 제품이다. 장기간 보존해도 경화되지 않는 장점이 있어 예비용으로 소량을 준비해서 다닐 필요가 있다.

02 시공도구

(1) 방진마스크, 장갑

비산되는 석고가루를 흡입하지 않도록 방진마스크와, 손을 보호하기 위해 장갑을 착용한다.

(2) 주걱

쇠주걱과 PVC주걱, 대형과 소형으로 준비한다.

(3) 퍼티판

적당한 양을 덜어서 사용한다.

(4) 골판지(파지), 비닐 커버링, 마스킹테이프

골판지로 바닥재를 보양하고 비산되는 석고가루가 묻지 않도록 비닐 커버링으로 가구, 조명 등기구 등을 보양한다.

(5) 사포

거칠기가 적당한 사포를 여러 장 준비한다.

(6) 작업용 드라이기

급속 건조가 필요할 때 사용한다.

03 시공

1 작업방식

전면퍼티와 부분퍼티방식 중 작업조건에 따라 선택하여 시공한다.

(1) 전면퍼티

현장에서는 흔히 올퍼티(all putty)라고 한다. 도배 시공면의 전면에 도포하는 방식으로, 1차 부분 메꿈작업, 줄퍼티 시공, 건조 후 샌딩하고 2차 전면퍼티 시공, 건조 후 샌딩하고 3차 부분적으로 미흡한 부분을 선별하여 재벌퍼티한다. 상급 시공이나 공사기간이 길며 공사비가 많이 발생하는 단점이 있다.

(2) 줄퍼티(line putty)

요철이 노출되는 가장자리와 석고보드 이음매, 콘센트 주위 기타 부실한 부분만 선택하여 시공한다. 밀착 도배가 아닌 부직포 공간 초배를 선택하면 줄퍼티 시공으로도 충분하다.

2 퍼티 도포

① 실내온도는 가급적 고온으로 가동하고 따뜻한 날씨라면 개구부를 모두 개방하여 통풍을 시켜 건조를 빠르게 한다.
② 바탕면은 충분히 건조상태여야 하며 망치와 쇠주걱으로 돌출된 못, 타커핀과 모르타르 부스러기, 모래알을 제거하고 먼지를 털어 바탕을 정리한다.
③ 작업조건, 단차와 요철의 정도에 따라 바름질이 수월하게 적당량의 물을 넣고 전용 드릴믹서기로 곱게 배합한다.
    ㉠ 메꿈용 : 아주 되게(물을 혼합하지 않는다)
    ㉡ 초벌용 : 되게(퍼티용적 대비 물 5~10% 정도)
    ㉢ 재벌용 : 질게(퍼티용적 대비 물 10~15% 정도)
④ 바닥재와 가구는 빈틈없이 보양하고, 예민한 도장칠로 마감한 반자틀, 걸레받이, 문틀은 마스킹테이프나 비닐 커버링으로 보양한다.

⑤ 퍼티판에 퍼티를 덜어 적당한 크기의 주걱으로 도포한다. 위에서 아래로, 우(좌)에서 좌(우)로 한 방향으로 도포하되, 주걱은 양방향으로 왕복하며 평활하게 시공한다.

⑥ 바탕면의 고저와 요철의 정도에 따라 도포량을 조절하고 도포면적은 일정하게 시공한다.

⑦ 필요 이상으로 도포량을 많게 하지 않고 부위를 지나치게 확장하여 도포하지 않는다.

⑧ 퍼티는 건조하면 용량이 줄어드는 수축성 재료이기 때문에 초벌 바름에서 약간 두껍게 도포하여 재벌 바름을 생략하기도 한다.

⑨ 경화되는 과정에서 주걱질을 하면 평활도가 떨어지므로 삼간다(일명 '떡진다'라고 표현한다).

⑩ 도포량이 많은 홈이나 인코너 부분은 건조가 늦으므로 작업용 드라이기를 사용하여 부분적으로 급속 건조시키며, 작업용 드라이기의 고열로 타 마감재가 탄화, 훼손되지 않도록 주의한다.

⑪ 작업시간이 충분치 않은 돌관작업(突貫作業), 긴급작업, 통풍이 되지 않는 지하실, 겨울철에 난방이 가동되지 않는 현장은 열풍기(jet heater)를 가동하는 것이 좋다.

⑫ 충분히 건조되기를 기다려 사포로 샌딩하고 부실한 부분은 재벌 바름한다.

3 샌딩작업

① 가능한 한 모든 개구부를 개방하여 통풍시킨다.

② 샌딩작업 중 비산되는 퍼티가루로 바닥재, 가구, 조명등기구 등이 오염되지 않도록 골판지(파지), 비닐 커버링으로 보양한다.

③ 방진마스크를 착용하고 맨손은 긁히거나 다칠 우려가 있어 꼭 장갑을 착용하되, 한 손은 장갑을 착용하지 않고 맨손으로 만져가며 샌딩 부위의 요철과 단차를 확인하며 작업하기도 한다.

④ 사포의 거칠기는 초벌용과 재벌용으로 구분하여 사용하는 것이 좋다.
　　㉠ 초벌용 : 50~60번 사포
　　㉡ 재벌용 : 60~80번 사포

⑤ 전동샌딩기, 수동샌딩기(판형, 곡형)를 사용하고 사포를 적당한 크기로 접어 손으로 샌딩하는 방식을 병행한다.

⑥ 전동샌딩기와 수동샌딩기가 들어가지 않는 구석진 부위, 타 마감재와의 경계 부위, 파손 · 위험물 등 주의를 요하는 부위는 손작업으로 샌딩한다.

⑦ 1차 샌딩 마감 후 2차로 확인하며 부분적으로 재작업한다. 샌딩의 평활도는 시공하는 도배지의 재질에 따라 달라진다.

4 프라이머(primer) 도포

① 샌딩을 마감한 퍼티 바탕면과 걸레받이, 바닥재, 조명등기구, 가구 등에 비산된 퍼티가루를 진공청소기, 빗자루 등으로 깨끗이 제거한다.

② 퍼티용 전용 프라이머나 목공용 수성본드(본드 : 물 = 1 : 2)를 물에 잘 혼합하여 사용하며, 도배용 바인더(binder)는 투습성이 좋도록(바인더 : 물 = 1 : 1) 물과 혼합하여 도포한다. 바인더원액을 그대로 사용하면 들뜸 하자가 발생하므로 반드시 물과 희석하여 사용한다.

③ 전면도포방식과 가장자리와 벽지 폭의 이음매, 콘센트 부위 등 부분도포하는 방식 중 작업조건에 따라 선택한다.

④ 붓이나 롤러를 사용하여 도포하며, 광범위한 넓은 면은 분무기를 사용하여 도포하고, 섬세한 부분과 타 마감재의 경계 부분은 붓으로 마감한다.

⑤ 도포량은 퍼티에 스며들 정도로 하고 도포량이 지나치게 많아 흘러내리지 않도록 한다. 흘러내린 프라이머는 응고되기 전에 재작업하여 정리한다.

⑥ 붓이나 롤러에 모래, 먼지, 기타 이물질이 묻지 않도록 하며, 프라이머용기의 밑바닥 부분은 불순물의 침전이 많으므로 사용하지 않고 버린다.

⑦ 미흡한 부위와 강한 접착력을 필요로 하는 부위는 재벌 도포한다.

⑧ 적당히 건조하면 초배작업에 들어간다(최소 건조시간은 도포 후 10분 후).

⑨ 프라이머 도포의 조건별 상관관계

성능 \ 농도	묽은 경우	된 경우
건조	빠르다	늦다
시공성	좋다	나쁘다
도포량	적다	많다
접착력	낮다	높다
침투성	깊다	낮다
도막성	얇다	두껍다

※ 위 도표를 참조하여 작업조건에 따라 효율적으로 조정한다.

NATION of DOBAE

8

이질재면 도배

▲ 미국 링크루스타(입체 석고벽지)

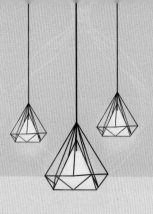

여름 비 그친 저녁

여름 비 그친 저녁
산마루 한 켠 노을이 붉고
방 안은 꽃단장 도배로 붉다
마지막 햇살 한 줌 구름마저 물들일 때
'도배는 정직해야지' 가지런히 쓸어내린다

비 그친 저녁의 무심함도
술 한 모금 갈증도
집으로 가는 발길도
가벼운 주머니까지
모두 조촐하게 흥겹다
도배하며 사는 맛이 그렇다

CHAPTER 08 | 이질재면 도배

종이(초배지)에 종이(도배지)를 붙이는 것은 일반적인 조건인데 종이가 아닌 이질재에 도배지를 붙이는 것은 특별한 조건이다. 그러므로 이질재의 재질에 따른 충분한 접착력을 구해야 한다.
※ 접착제의 선택과 배합비는 시공하는 도배사의 경험과 조건에 따라 달라질 수 있다.

▲ 유리면에 에폭시계 프라이머 도포

1 석재

① 접착제의 비율(가장자리와 각 도배지 폭의 이음매 부위용) : 아크졸 30%, 바인더 30%, 수성본드 40%를 혼합하여 가장자리와 각 벽지 폭의 이음매 부위에 도포한다.

② 퍼티 시공법
  ㉠ 석재의 표면에 요철이 없고 평활할 경우에 선택한다.
  ㉡ 석재의 메지 부분에 줄퍼티를 시공하고, 건조 후 샌딩하고 초배한다.

③ **틈막이 초배(네바리) 시공법**

　　㉠ 석재의 표면에 요철이 없고 평활할 경우에 선택한다.

　　㉡ 메지 부분에 틈막이 초배(네바리)하고 반건조 후 전면 밀착하여 초배한다.

④ **공간 초배 시공법**

　　㉠ 석재의 표면에 요철이 있고 평활하지 않아 도배지를 밀착 시공하기가 어려울 경우에 선택한다. 부직포(아이텍스) 공간 초배 시공 후 정배한다.

　　㉡ 부직포가 밀착되는 가장자리와 콘센트 부위는 퍼티작업을 해야 하며 가장자리의 부직포 접착력이 확실하여 인장력에 충분히 대응하도록 한다.

2 타일

① **접착제의 비율(가장자리와 각 도배지 폭의 이음매 부위용)** : 아크졸 20%, 바인더 20%, 에폭시본드 20%, 수성본드 40%

② **퍼티 시공법**

　　㉠ 타일의 표면에 요철이 없고 평활할 경우에 선택한다.

　　㉡ 타일의 메지 부분에 줄퍼티를 시공하고, 건조 후 샌딩하고 초배한다.

　　㉢ 타일 표면에 요철이 심할 경우 줄퍼티, 전면퍼티를 한다.

③ **틈막이 초배(네바리) 시공법**

　　㉠ 타일의 표면에 요철이 없고 평활할 경우에 선택한다.

　　㉡ 메지 부분에 틈막이 초배(네바리)하고 반건조 후 전면 밀착하여 초배한다.

④ **공간 초배 시공법**

　　㉠ 타일의 표면에 요철이 있고 평활하지 않아 도배지를 밀착 시공하기가 어려울 경우에 선택한다. 부직포(아이텍스) 공간 초배 시공 후 정배한다.

　　㉡ 부직포가 밀착되는 가장자리와 콘센트 부위는 퍼티작업을 해야 하며 가장자리의 부직포 접착력이 확실하여 인장력에 충분히 대응하도록 한다.

　　㉢ 인장력에 대응하도록 충분한 접착력을 발휘하는 실리콘이나 특수 본드 등으로 이중접착 하기도 한다.

3 샌드위치 패널

① **접착제의 비율(가장자리와 각 도배지 폭의 이음매 부위용)** : 아크졸 20%, 바인더 20%, 에폭시본드 20%, 수성본드 40%

도배사가 벽지 아티스트가 되는 날까지⋯ (1)

일도양단 김보성(k3246100)

때는 2051년 10월 중순 어느 날, 벽지 아티스트 김씨의 기상에 맞추어 집에서 키우는 삽살이가 코 끝을 핥으며 하루의 시작을 알린다. 찹쌀샌드위치와 인삼녹혈차로 간단한 아침식사 후 뒤에서 살포시 껴안는 아내의 배웅을 받으며 현관문을 나서니 낙엽 향기 섞인 가을바람이 어깨를 스친다. 애마인 8기통 5000cc 현대 스펙터클 SUV가 나를 반긴다. 아주 유연한 스티어링을 느끼며 10분 후 현장에 도착한다. 항상 부지런한 인테리어 시공업체 백제지물관 매니저 스티브 김이 반갑게 인사를 건넨다. 때마침 도착한 동료 아티스트 오 군, 정 군도 애마인 람보르기니, BMW960 에서 웃으면서 하차~~~

현장은 3층짜리 의류매장 신축 인테리어매장인데 입구를 들어서자 깨끗하게 정리된 현장에 더욱 더 빛이 난다. 본부인 1층 사무실엔 이미 풀칠기계, 작업공구, 부자재들이 가지런히 정렬되어 있다. 시간은 8시 30분경⋯. 매니저가 준비해 온 브라질산 리오커피 한 잔씩⋯.

리더인 김 씨는 적어도 9시부터는 작업가닥을 잡아봐야겠다고 생각하며 동료들에게 작업준비멘트를 날리며 매니저를 대동하고 현장 점검에 들어간다.

To be continue...

도배사가 벽지 아티스트가 되는 날까지… (2)

일도양단 김보성(k3246100)

때마침 작업준비를 하던 오상민 군이 투덜거린다. 200만 원짜리 자동 크레타브러시를 수리하는데 10만 원이나 들었다며 이태리제 작업 선글라스를 머리끝으로 치켜 올린다. 그때 자동커터건에 칼날을 장착하던 정 군은 그제 일요일날 필리핀 매트로 마닐라에서 골프 미팅을 하면서 파5홀에서 이글을 했다고 이죽거린다. 매니저와 같이 현장 점검을 갔던 김 팀장이 내려오면서
"야, 퍼티머신부터 준비해. 작업순서는 1층부터….."
15mm 특수 석고패널로 단 1mm의 오차도 없이 가베를 하였건만 벽지의 평활성을 위해 퍼티만 하면 된다. 퍼티머신을 다루는 일에 귀재라고 해도 과언이 아닌 오상민 군이
"팀장님 오늘 기온과 습도를 보아서 퍼티를 몇 도로 가열하면 되겠어요?"
"오늘 기온 영상 15℃, 습도 40%이니까 한 60도 정도면 되지 않겠어?"
오상민 군이 재빨리 퍼티액을 가열통에 부어놓고 계기판을 어김없이 60℃로 맞춘다.
5분쯤 지나자 퍼티액이 가열되어 분사준비…. 석고 이음매에 퍼티노즐을 대고 버튼을 누르자 퍼티액이 분사되면서 상부에 있던 독일제 자동롤러주걱이 퍼티액을 감싸며 어김없이 석고 이음새를 정확히 감추어 버린다. 즉시 건조됨은 말할 것도 없이….

To be continue...

도배사가 벽지 아티스트가 되는 날까지… (3)

일도양단 김보성(k3246100)

김 팀장은 점심시간이 다 되어 가는데도 작업일지를 쓰느라 여념이 없다. 1층 주전시실에 시공할 새로 출시된 한지 링쿠르스타벽지의 색감과 엠보가 과연 변함없이 버텨줄 것인지 걱정이 앞선다. '어차피 생산 전에 자문을 구하고 여러 차례 검증은 됐지만 실전의 칼자루는 내 손에 있는데….' 출시되어 최초 실험 시공이라 아리랑 벽지회사 기술팀 양 부장이 "김 팀장님, 잘 부탁드립니다." 라고 하루가 멀다 하고 전화질이다.

기존 수입벽지 링쿠르스타는 변형은 문제없었고, 색상은 페인팅으로 마감이라 상관없는데, 순수 한국기술로 한지와 아교를 혼합 동조판으로 찍은 제품으로 무늬는 절에서 흔히 볼 수 있는 탱화 를 소재로 한국적이며 약간은 불교적인 색채가 강한 문양으로, 색상은 옷감에 염색하는 다양한 색깔이 가히 압도적이다.

머리가 좀 지끈거린다. 양 부장 이 놈은 전화질만 하고 있고!!

시험 시공 부담금이나 빨리 입금하지….

그때 전화벨이 울린다. 양 부장 이 놈도 양반되기는 글렀구나. 양 부장 전화다.

"김 팀장님, 오늘 점심은 제가 쏘겠습니다. 팀원들과 반야정 한정식집으로 오세요."

양 부장 목소리가 오늘따라 힘 있어 보인다. 뭐 좋은 일이라도 있나?

To be continue...

국화 새겨 완지문에…

일도양단 김보성(k3246100)

드디어 오 영감님, 문 씨 아저씨, 이 씨 형님, 유니 엄마, 저까지 5명.
현장은 9칸짜리 꽤 큰 한옥집이었는데 도배할 방은 총 6칸입니다. 그런데 5명이 출동하였습니다.
오늘 끝내야 한다든지, 내일 끝내야 한다든지 그런 개념이 아닙니다. 그저 끝나는 날이 돈 받는
날입니다. 그런 시절이었습니다. 오로지 판단은 책임자이신 오 영감님이 하십니다. 제가 장작불
을 켜고 솥에 물이 끓자, 유니 엄마가 풀을 쑤기 시작합니다. 밀가루를 조금씩 풀어가며 잘 저어
줍니다. 그야말로 천연 풀입니다. 한쪽에선 숫돌들을 꺼내어 도련칼을 갈기 시작합니다. 도배를
하기 위해서 그때는 숫돌에 칼 가는 것이 일이었습니다. 쇠톱으로 만든 칼들은 보통 칼 주머니에
서너 자루씩….

그때 기품 있어 보이시는 주인사모님께서 "날씨도 추운데 고생들이 많으시겠어요." 하시며 일초
(그때는 작업 시작 전에 담배 한 갑씩 주는 것이 관례)를 한 갑씩 주셨습니다. 그때 문 씨 아저씨
"저는 하루에 두 갑 피우는데 어쩐다요."
주인사모님은 두말없이 웃으시며 한 갑을 더 얹어 드립니다. 문 씨 아저씨 싱글벙글하시면서 참
날씨 좋다 하십니다. 유니 엄마가 능숙한 솜씨로 한 솥 풀을 쑤었습니다. 이제는 다른 그릇에 퍼
식혀주어야 합니다. 9시가 넘어가는데도 언제 작업이 시작될지 모릅니다. 그런데 문제가 생겼습
니다. 천장이 합판 마감이 아닙니다. 철사줄로 얼기설기 매어 놓은 천장 마감입니다. 어쩔 수 없
이 천장 벽지 철거를 시작합니다.

저는 난감합니다. 처음 보는 현장상황에 어떻게 도배가 되어갈까 슬슬 걱정이 되어갑니다. 처음

기술자 행세하러 온 마당에 선뜻 나설 수도 없습니다. 그냥 쭈뼛쭈뼛 기웃거릴 뿐입니다.

신문지 한 뭉치를 가져오신 오 영감님이 아무 일도 아닌 듯이 능숙하게 시범을 보이십니다.

일단 풀을 철사줄에 더덕더덕 붙인 뒤, 마른 신문지를 그냥 주물주물 귀신같이 철사줄에 엮어갑니다. 이런 초배라니….

그 옛날, 천장이라는 마감을 철사, 각구목으로 생각했을 때 우리 선조님들께서는 한 손에 담뱃대를 뻐끔뻐끔 빨아올리시며 흘러내리는 바지춤을 추켜 세우며 어딘가에 널브러져 있을 고책자나 족보를 한 장 한 장 뜯어 "주물주물 초배"를 생각하셨을 겁니다.

문득 눈발이 가신 하늘로 환영이 스쳐갑니다.

(벗어서는 안 될 갓을 쓰고 한 손에 담뱃대, 다른 한 손에 뭉태기 빗자루솔, 이름 모를 선비가 과거시험 준비차 필묵을 휘둘러 쓰여진 한지조각들, 마당 한 곁에서 솔가지 풀로 풀을 쑤던 아낙네, 그저 세월을 닦을 만한 타령소리가 귓가에 웅웅거린다.)

김 참봉이 동동주 한 잔 걸쭉하게 들이킨 후 수염을 쓸어내리며 한 곡조 성주풀이를 읊어댄다.

"육간대청 허공 보고 무지개 왕래하듯
 부엌이관 구렁보는 청룡 황룡 등천한 듯
 남녀노소 들라 하고 영창 광창 쌍바라지
 국화새겨 완자문에 쌍문다지 두겹다지
 겹겹이 껴서달고 목수장생 물러가고
 장수수지 분당치며 금지화지 능화지에
 백능화로 도배하고 청룡화로 띠를 띄고
 금수병을 들여놓고 도배장식 들어가고
 그림장식 들여와서 동서남북 부벽할재…."

그땐 뒷간을 갔다온 서생원이 담배 한 모금 내쉬면서 맞받아친다.

"방문을 썩 열고 보니 청능화도벽에 황능화 띠 띄고
 꿩 새끼 그린 방에 매 새끼 날아들고
 매 새끼 그린 방에 꿩 새끼 날아들제.
 한 벽을 바라보니
 한중실 유황숙이 와룡강상 풍설 중에
 제갈선생 보려 하네."

한쪽에서 홀짝홀짝 술을 마시던 집주인 김생원이

"야 이놈아 아청초주지는 어디가고 홍저주지가 왠 말이냐.
내 팔자에 상지면 족하도되 흑지도 괜찮더라.
남지도 꿈이려니
단목지도 왕후장상이네…."

아지랑이 같은 환영이 깰 즈음,
오 영감님이 큰소리로 득달을 하신다….

주) 네이버카페 '도배지편전' 회원 중에 풍류 도배사가 있다.
    기발한 풍자와 해학이 넘치는 일도양단 김보성 님의 카페 글이다.

CHAPTER 09 | 몰딩의 종류와 시공 예

도배의 마감선은 다음과 같다.
- 벽지와 반자틀의 경계
- 천장지와 벽지의 경계
- 벽지와 문틀의 경계
- 벽지와 걸레받이의 경계
- 벽지와 타 마감재와의 경계

고품질을 요구하는 도배에서 보기 좋고 깔끔한 마감선을 빼놓을 수 없다.

01 반자틀

1 부착형

부실한 틈새가 노출되어 있다면 보통 5mm가 적당하고, 몰딩이 틈새가 없이 정교하게 시공되었다면 몰딩의 경계에서 마감하거나 2~3mm 정도로 오버랩하며 심한 틈새는 그 틈새의 크기에 따라 달라진다.

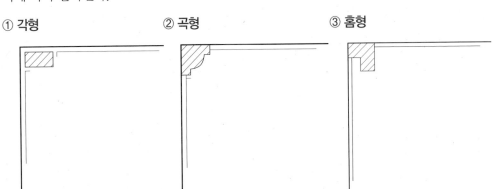

① 각형　　　　　② 곡형　　　　　③ 홈형

2 매입형(홈몰딩, 메지몰딩, 마이너스몰딩)

부착하는 몰딩을 생략하고 내장 마감에서부터 마감재의 구성으로 경계를 구분하는 건축화 구조로 근래 많이 시공되는 기법이다. 도배지를 좁은 틈새에 끼워 넣어 깔끔하게 도련해야 하며 일반 부착형에 비해 도배 시공이 까다롭고 시공비가 다소 상승하지만 모던하고 심플하다는 장점이 있다.

① 천장 돌출형   ② 벽체 돌출형

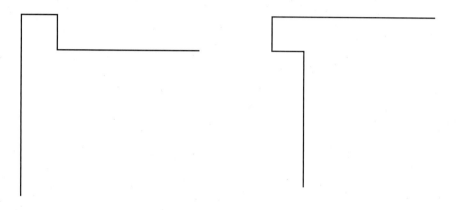

〈시공 예〉

일반적으로 많이 시공하는 것이 천장 돌출형이며, 벽체 돌출형은 천장 돌출형을 응용하면 된다.

ㄱ 천장지로 홈의 수직, 수평을 감싸고 벽지는 벽체의 끝선에서 마감하는 예

ㄴ 천장지로 홈의 수직, 수평면을 감싸고 벽지는 홈의 수평면을 다시 감싸 마감하는 예

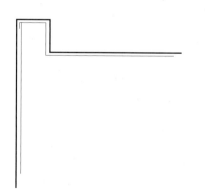

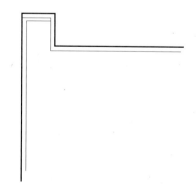

ⓒ 천장지로 홈의 수직면만 감싸고 벽지로 수평면을 감싸는 예

ⓔ 홈의 수평면을 도장이나 별도의 마감재로 마감할 때는 홈(메지)을 살려 천장지는 홈의 수직면만 감싸고, 벽지는 벽체의 끝선에서 마감하는 예

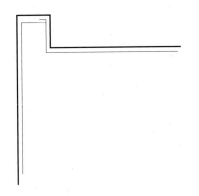

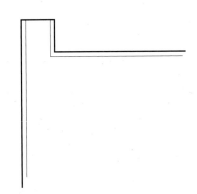

ⓜ 홈이 스틸제품의 매입형 몰딩일 때는 천장지와 벽지를 스틸몰딩의 경계 부분에서 마감하는 예

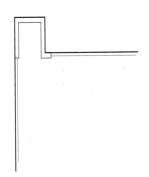

3 몰딩이 생략된 구조(무몰딩)

천장지를 벽체의 끝선에서 3~5mm 마감 커팅하고 벽지는 끝선에서 정교하게 마감한다. 바탕작업은 퍼티 시공이 필수로 선행되어야 하고 천장과 벽체 부분의 틈새가 없어야 하며, 퍼티 시공은 직각을 이루도록 한다. 상당한 바탕작업이 필요하므로 추가공사비가 발생한다.

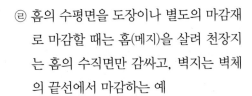

02 문틀

1 평구조

벽지로 문틀을 약간 감싸 마감한다. 문틀의 틈새에 따라 일반적으로 감싸는 오버랩치수는 2~5mm이며, 심한 틈새는 틈새의 크기에 따라 오버랩의 치수가 달라진다.

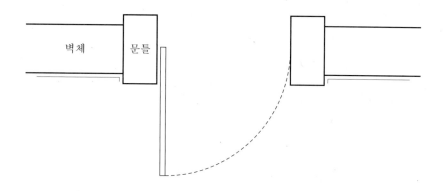

2 홈구조(메지문틀)

① 벽지로 홈의 수직면만 감싸는 예
② 벽지로 홈의 수직, 수평면을 감싸는 예
③ 벽지로 홈의 수직면을 감싸고 타 마감재나 벽지로 수평면을 감싸는 예
④ 벽지로 벽체의 끝선에서 마감하는 예

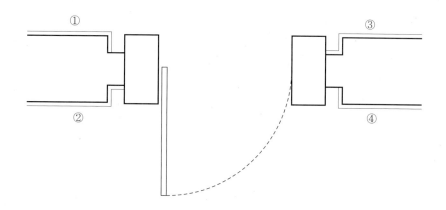

03 걸레받이

1 부착형

벽지로 걸레받이 끝선에서 2~5mm 감싸 마감하며 걸레받이가 틈새 없이 정교하게 시공되었다면 오버랩하지 않고 끝선에서 마감하기도 한다.

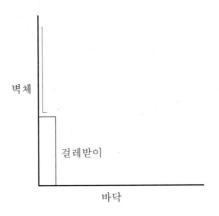

2 홈구조

① **벽지로 홈의 수평, 수직을 감싸는 예** : 두 번 꺾어 시공하기 때문에 시공이 까다롭고 굴절 부분에서 들뜸 하자가 발생할 가능성이 높다.

② **벽지로 홈의 수평 부분만 감싸는 예** : 굴절된 수평 부분에서 들뜸 하자가 발생할 가능성이 높다.

③ **벽지로 벽체 끝선에서 마감하는 예** : 시공이 가장 간편하다.

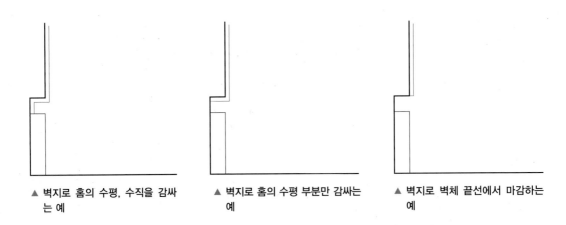

▲ 벽지로 홈의 수평, 수직을 감싸는 예   ▲ 벽지로 홈의 수평 부분만 감싸는 예   ▲ 벽지로 벽체 끝선에서 마감하는 예

3 걸레받이가 생략된 구조

① 벽지로 벽체의 끝선에서 마감하는 예

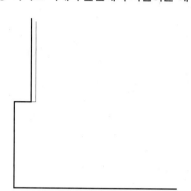

② 벽지로 홈의 수평면까지 감싸는 예

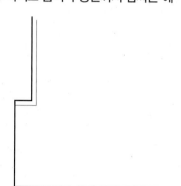

4 걸레받이를 후시공할 경우

걸레받이를 후시공할 경우에는 벽지를 걸레받이 치수보다 2~3cm 아래로 내려 마감한다.

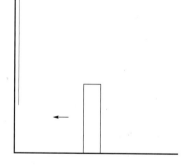

> **참고 | 홈의 굴절 부위의 들뜸, 기포가 발생하는 하자를 방지하는 방법**
>
> ① 일반 작업조건에 비해 상당히 된풀을 사용한다.
> ② 경질의 두꺼운 도배지는 쉽게 꺾이지 않으므로 홈 주위에 수성본드나 실리콘을 미리 도포한 후 예각으로 압착 시공한다.
> ③ 시공과 함께 백업재를 끼워주고 건조 후 제거한다.
> ④ 추운 날 아주 강한 경질의 도배지는 작업용 드라이기로 약간 가열하여 부드러운 상태에서 예각으로 압착 시공한다.

참고 | 몰딩 마감 도련의 종류

① 평몰딩 : 칼받이, 주걱을 대고 도련하는 가장 일반적인 방법

② 홈몰딩(메지몰딩)

 ㉠ 등칼질

  • 칼받이를 반대로 대고 벽지를 칼받이에 받쳐 도련하는 방법

  • 홈에서 ㄴ자로 도련되어야 이상적인데 칼받이에만 의존하다 보니 흔히 ㄷ자로 도련되기 때문에 건조 후 ㄷ자로도련된 불필요한 벽지가 들뜨는 하자가 자주 발생하는 단점이 있다.

 ㉡ 걸침칼질

  • 벽지를 몰딩 홈에 적당히 밀어놓고 몰딩에 걸쳐 있는 상태에서 도련하는 방법

  • 숙련된 기능이 요구되며 예리한 칼날로 속도감 있고 능숙하게 도련이 되지 않을 경우에 자칫 벽지가 몰딩 틈에서 누락되거나 여분의 벽지가 밖으로 넘어오는 단점이 있다.

 ㉢ 손칼질

  • 칼받이나 주걱을 대지 않고 그대로 반듯하게 도련하는 방법

  • 최고의 숙련도를 필요로 하는 도련

10

기시공된 초배지의 재사용

타짜 도배

해방 후까지만 해도 팔도에 도박이 횡행하여 민생의 피해가 심하였다. 전답은 물론 처자까지 판돈으로 걸어 '놀음각시'로 팔려가는 경우가 많았다. 이 '놀음각시'는 때로 샛서방의 원정놀음에 밑천으로 동반하여 마지막 판돈으로 되팔리는 부평초 같은 삶이 되기도 했다.

도박은 인간 본성인 욕심에서 비롯된 것으로, 고대 인류에서부터 현재까지 문명과 함께한 질긴 역사를 가지고 있다.

불경(佛經)에는 도박을 경계하여 여섯 가지 이롭지 않다는 부처님의 설법이 있으니,

① 이기면 적을 만들고
② 지면 번뇌하고
③ 이기나 지나 패가(敗家)하고
③ 이웃에 망신이며
④ 감옥이 기다리고
⑤ 아무도 딸을 주려고 하지 않는다.

라는 육불리(六不利)가 그것이다.

모세의 10계명에는 "네 이웃의 소유를 탐내지 말지니라."하였는데 남의 것을 꾀여서 가져가면 사기, 몰래 가져가면 절도, 무조건 뺏어가면 강도가 되니 지혜로운 인간은 그나마 합법적으로 여러사람이 뻔히 보는 데서 자기 것으로 만들 수 있는 도박을 발명했는가 싶다.

무엇보다 도박의 악행은 오락을 넘어서 비인간성, 생명경시까지 간다. 예수가 십자가 위에서 죽어가는 동안 형(刑)을 집행하는 로마 병사들이 제비뽑기를 하여 예수의 옷을 나누어 가진다. 러시안 룰렛(Russian Roulette)게임은 목숨을 담보하는 살인도박이며 타짜 세계에서는 속임수가 들통나면 주저 없이 손가락, 손목까지 잘라버리는 잔인성이 있다.

나는 잡기(雜技)에 능하지 못해 가무(歌舞)를 즐기지 못하고 도박이래야 서른 나이에 현장에서 어깨너머로 배운 왕초보 고스톱이 전부다. 흥미가 없어선지 30분만 지나면 따나 잃으나 꽁지내린 강아지마냥 물러나고 만다. 그런데 딱 한 가지 도박은 30년 동안 미쳐왔다. 얼마 전 〈타짜〉라고 도박을 주제로 한 영화를 봤다. 장르만 다를 뿐 나는 주인공 '고니'보다 먼저 타짜 인생을 경험한 시절이 있었다.

사고를 친 날 어머니 손에 이끌려간 점(占)집에서 이 애는 팔자에 역마살(驛馬煞)이 있다고 했는데 점쟁이 말 때문인가, 말이 씨가 된다고, 아랫도리 씨알이 굵어지면서부터는 바람만 스쳐도 부리나케 떠남의 발작이 일고 귀에는 먼 길 떠나는 말 울음소리가 들렸다. 도배를 핑계로 타짜여행을 떠난 것은 어린 내심 말 못할 속내도

있었다. 애초부터 비비꼬인 나를 들쳐 업고 떠나는, 떠남으로 무엇을 얻겠다는 것이 아니라 무엇을 버리겠다는, 세상 물정 모르는 오기의 발동이었다. 버리고 버리면 껍데기만 돌아오겠지….

거의 30여 년 전 어느 해 여름. 나는 함께 제주도로 여행 온 사고뭉치 친구 4명과 제주 시내 중앙시장 근처 싸구려 여인숙에 있었다. 우리 일행은 심한 태풍으로 여객선이 출항하지 못해 제주도에서 발이 묶여버린 상태였다. 연일 쏟아지는 장맛비는 여인숙의 낮은 양철지붕만 두드리고 사방이 바닷물인 섬에서 하늘도 뚫렸으니 우린 그야말로 수족관 붕어 신세였다. 달랑 챙긴 여행비는 바닥이 났고 밀린 여인숙비에 이제는 밥 먹을 돈도 없었다. 멋모르고 동행한 친구들은 낯선 곳에 대한 원정 배웅일 뿐, 올 때부터 작심하고 혼자 남기 위한 여행이었다. 믿는 구석은 도배기술. 유리걸식(流離乞食)이야 면하겠지.

친구들에게 솔직히 비상금을 털어보라고 하니 몇 만 원은 되었다. 비겁한 놈들…. 나에게 대책이 있으니 기다리라고 안심시킨 뒤 혼자서 시장골목 좌판에서 국수 한 그릇 뚝딱 말아치우는 비겁함으로 대신했다. 철물점으로 가서 대충 도배에 필요한 연장을 사들고 제주에서 제일 크다는 일도 일동 로터리에 있는 '중앙 지물포'를 찾아갔다. 어리지만 육지 말씨에 범상치 않았는지 인자하신 사장님이 몇 가지 물어보더니 흔쾌히 채용을 했다. 급히 성산포 다방(茶房) 도배공사를 해야 하는데 갈 사람이 없어 난감했다며 벽지는 보냈으니 즉시 시외버스를 타고 성산포로 가라는 것이었다. 당시에도 기술이야 좋았지만 어린 나를 무얼 믿고 맡기나 싶었지만 생각할 겨를이 없었다.

여인숙으로 달려가 친구 한 명만 데리고 난생처음 가보는 성산포행 시외버스를 탔다. 친구들 모두 갔으면 좋겠지만 밀린 방값 때문에 여인숙을 빠져 나올 수가 없었다.

한라산 꼭대기에서 공을 차면 공이 바다에 빠진다는데 제주도가 그렇게 클 줄 몰랐다. 성산포가 지척인 줄 알았는데 털털거리는 고물버스는 한참을 달려갔다. 해변길로만 달리는 버스 안에서 이제는 돈 벌면서 여행할 수 있다는 안도감이 지푸라기 같은 몸뚱이를 보듬고 있었다. 나는 감사했다. 신의 섭리처럼, 나는 내가 반드시 와야 할 곳에 왔다는 것을 믿었다.

이윽고 도착한 성산포의 첫 인상은 제주도의 창조신 '영등할미'가 둥글납작한 밥사발 한 개 달랑 엎어놓은 것 외에 나의 시선을 끌 만한 그 무엇도 없었다. 한적한 읍 단위 시골일 뿐 그래도 다운타운이라는데 시골학교 운동장 만한 시가지엔 돌담 초가집이 즐비했다. 해녀 할망들은 물이 뚝뚝 떨어지는 까만 고무옷을 입고도 스스럼없이 시내를 걸어가고, 지나가는 고물차의 꽁무니에는 휘발유냄새 대신 갯비린내가 달리고 있었다.

도배하기로 한 다방을 찾아갔더니 도시 못지않게 꽤 큰 다방이었다. 어림잡아 벽지 평수만 150평은 족히 되었다. 우리 두 명 중 도배를 할 수 있는 사람은 나 혼자였고, 예정된 이틀 동안 도저히 마칠 수 없는 조건이었다. 거기다 추가로 벽체 하부의 징두리 판벽 니스칠에 계단과 주방의 수성 페인트칠까지 맡기겠다는 것이다. 당시

만 해도 제주도 사람들은 순박했다. 원래 섬사람들은 육지에 대한 터부와 동경을 동시에 품고 산다. 우리들이 육지에서 방금 왔다고 하니까 만능·최고기술자인 줄 아는 모양이었다. 볼모로 잡혀 있는 아사 직전의 친구들, 밀린 방값에 육지 돌아갈 뱃삯, 적잖은 돈은 필요하고, 거절은 사치이니 기꺼이 의뢰를 받아들였다.

일판이 벌어졌다. 이틀 동안 잠깐씩 다방 쇼파에서 눈을 붙인 것 외에 쉬지 않고 일을 해댔다. 미처 작업복도 준비 안 된 상태에서 온몸은 풀과 페인트로 범벅이었다. 선무당이 사람 잡는다고 보기만 했지 난생 처음 페인트칠을 해봤다. 작업량에만 치중했지 품질은 개의치 않았다. 작업을 모두 마치고 보니 나는 어설픈데 다방 주인은 대만족이다. 내가 보기에 어설프지 당시 제주도의 도배기술수준으로는 최상급이라니 기술의 격차를 실감했다. 고맙게도 정한 노임에다 수고 많았으니 하루 묵고 성산 일출봉 구경도 하고 회맛도 보고 가라며 웃돈도 두둑이 얹어줬다.

지금까지 도배일을 하면서 노임만으로는 단기간 최고의 기록이었는데 친구와 주야장천(晝夜長川) 이틀 동안의 수입이 지금 화폐가치로 치면 거의 300만 원쯤 되었나 싶다. 지금까지 30여 년 동안 그 기록이 깨어지지 않는다. 그 길로 제주시까지 택시를 타고 왔다. 좌판 국수 한 그릇에서 장거리 택시대절이라니 품위 격상도 순간이다. 그럴듯한 남성 양품점에 들러 폼생폼사 옷 한 벌씩 사 입고 지물포에 들어서니 사장이 반갑게 맞는다. 일 잘하는 사람을 보내줘서 고맙다는 전화를 받았다고, 제주에 계속 머무를 건지, 숙소는 정했는지 당연한 일을 묻는다. 커피를 내오는 내 또래 경리 아가씨를 쳐다보니 금새 아가씨 얼굴이 빨개진다. 좁은 바닥이라 육지에서 대단한 기술자가 왔다고 소문이 났다. 얼마 후 제주도지사 공관 도배를 했고 좀 산다는 집 도배만 골라서 다녔다. 그때까지만 해도 제주도는 두루마리 그라비아벽지면 최고급이고 갓 출시된 광폭발포벽지를 제대로 시공할 수 있는 사람은 제주 전역에 나뿐이었나 싶다. 이음새를 감쪽같이 맞추는 맛댐 시공이나 겹쳐따기(double cutting)의 기술이 아직 보급되지 않아 두꺼운 발포벽지도 너나없이 겹쳐 바를 줄만 아는 도배기술의 오지(奧地)였다.

함께 여행왔던 친구들은 실컷 놀다가 모두 광주로 돌아갔고, 나는 며칠 도배해서 며칠 여행하고 그렇게 한 6개월이 흘렀다. 어느 바닥이나 영원한 승자는 없는 법, 부산에서 왔다는 제대로 된 도배사를 만났다. 다른 모든 것은 비슷비슷한데 한지 장판 서두치는 것은 확실히 몇 수 위였다. 감탄이 절로 나왔다. '서두치기'란 수십 장의 한지 장판을 물 불림한 후 사면을 직각으로 매끈하게 재단하는 기술이다. 내 딴에도 인간 재단기라고 자타가 인정하는 칼질인데 나와는 비교할 수 없었다. 술 한잔하면서 이야기를 듣고 보니 그럴 수밖에 없었다.

경남 의령이 고향인데 의령은 예로부터 한지 생산지역이라 어릴 때부터 학교 갔다 오면 책가방 던져놓고 재단 칼질만 했다는 것이다. 전에도 선배들에게 의령 도배사들의 소문을 익히 들어온 터였다.
만 번 칼질한 사람과 천만 번 칼질한 사람의 차이가 눈에 띄게 다를까, 비슷하게 보일지라도 고수끼리는 알아본다. 그 쌓인 연륜(年輪)과 부딪쳐 오는 기(氣)에 숨이 막힐 정도로 압도당한다는 것을. 지금 이 말을 일반 도배사들이 알아들으리라고 생각하고 쓰진 않는다.

검성(劍聖) 미야모토 무사시는 당대 최고의 검객들을 찾아다니며 결투를 하였다. 결투를 수락했던 많은 검객들은 결투 중 죽거나 살았어도 명예를 위해 자결을 하였다. 누구도 무사시를 꺾지 못했는데, 단 한 사람 신음류(新陰流)의 명인 야규우 세키 슈샤이에게는 결투도 하지 않고 패배를 인정했다. 무사시의 도전장을 받은 야규우 세키 슈샤이가 정중하게 거절하면서 흰 작약꽃 한 가지를 베어 보냈는데, 무사시는 그 베어진 단면을 보고 "지금의 나는 야규우 세키 슈샤이를 이길 수 없다. 그야말로 내가 본 중에 최고의 검객이다."라고 말하고는 물러섰다고 한다.

그 의령 출신 도배사는 이미 서울 도배를 경험했던 친구였고 함께 생활하면서 한 6개월 동안 많이 배우고 많이 깨달았다. 그 친구가 나에게 도배를 제대로 배우려면 부산을 거쳐 서울에 가라고 권하며 부산에서 활동하는 의령 출신 도배사 몇 사람의 연락처를 알려줬다. 이 시기는 나의 도배인생에서 눈을 뜨는 개화기(開化期)였다. 세상은 넓고 도배사는 많다. 우물 안 개구리, 나는 이 섬을 탈출하기로 작정했다. 며칠 동안 도보여행을 하며 추억을 정리했다. 그리고 부산으로 갔다. 용두산 공원에 올라 네온사인 반짝이는 시내를 내려다보니 부산이 발 아래 있다. 경상도에서는 칼 못지않게 가위를 사용한다. 벽지를 겹쳐 놓고 칼보다 날 선 가위로 거침없이 밀면 정교한 겹쳐따기가 된다. 날고뛰는 도배사들도 많다는 것을 실감했지만 '타짜 도배'로 부산을 접수했다. 이어 마산 찍고, 울산 찍고, 한양 입성, 다시 대전 찍고, 고향 빛고을 광주 귀거래사(歸去來辭)….

'손은 눈보다 빠르다.' 노름 타짜들이 경지에 가서 하는 말인데, 도배의 경지로 치면 그 정도는 중수(中手)에 불과하다. 도배에서는 현상(現像)을 보고하는 것은 하수(下手)요, 느낌으로 하는 감(感)은 중수(中手), 내공의 기(氣)로 하는 것이 상수(上手)인데, 기(氣)는 손으로 만질 수 없고 눈으로 볼 수도 없다.

까마득한 30여 년 전의 일인데 너무도 기억이 생생하다. 인생을 송두리째 바꿔버린 제주여행이어서일까? 아뿔싸 순간의 선택이 일생을 좌우했다.

아까운 청춘, 타짜 도배시절로 보냈다. 그걸로 족하다.

CHAPTER 10 | 기시공된 초배지의 재사용

기시공된 도배의 품질상태가 양호하거나 시공된 기간이 오래되지 않았다면 기존의 초배지를 모두 제거할 필요는 없다. 기존의 초배 전면을 재사용할 수도 있고, 접착력을 신뢰할 수 없는 일부분만 초배를 해도 된다. 작업시간 단축, 시공비, 재료비 절감, 폐기물이 줄어드는 효과가 있지만 자칫 광범위한 하자가 발생할 수 있으니 신중한 결정을 해야 한다. 기존 초배지의 재사용에 대한 가·불가의 판단과 재사용 시공방법은 시공 후 결과를 정확히 예측할 수 있는 뛰어난 감각과 기술적 노하우를 갖춰야 가능하다.

예 재사용 가능 유무 판단요령(기준)

- 칼끝으로 찍어 들어 보면서 기존 초배지의 접착력을 판단한다.
- 공간 초배의 가장자리 된풀칠의 넓이를 확인한다.
- 의심스러운 부분 몇 군데를 V자로 최소한 절개하여 뜯어보거나 벗겨보면서 접착력을 판단한다.

▲ 기시공된 벽지의 패턴이 비치지 않도록 은폐성이 우수한 숯 초배지 시공

- PVC층을 벗겨낸 이면지 위에 스프레이로 물을 분사하고 잠시 후 이면지의 밀착성이 비교적 양호한지 판단한다(물을 분사한 후 이면지가 넓게 들뜨면 재사용할 수 없다).
- 가장자리의 된풀칠 부분을 손가락으로 튕기듯 두드려 보고 기존 초배지의 접착력을 판단한다.
- 외부로 접한 면의 단열재인 단열 모르타르, 아이소핑크 부분의 접착력을 정확하게 확인하고 보강한다.
- 기타의 방법으로 기존 초배의 상태를 판단하고, 적절히 조치한다.

1 보강작업

① 초배지가 들떠 있는 부분은 도배용 실리콘, 수용성 합성수지로 접착시킨다.
② 실크벽지의 PVC층을 벗기면서 이면지와 초배지가 찢어진 부분은 덧초배한다.
③ 단열재 부위의 공간 초배 된풀칠은 가급적 신뢰하지 말고, 약 30cm 간격으로 2~3cm씩 절개하여 도배용 실리콘을 소량 주입한 후 롤러나 주걱으로 2중 접착시킨다.
④ 공간 초배의 가장자리 된풀칠 부분이 약 5cm 이하로 좁게 시공되었으면 약 30cm 간격으로 2~3cm씩 절개하여 도배용 실리콘을 주입한 후 롤러나 주걱으로 2중 접착시킨다. 기존 초배 면을 절개하지 않고 구경이 큰 주사기로 수용성 합성수지를 주입하여 2중 접착시키는 방식도 있다.
⑤ 기존의 틈막이 초배지(네바리)가 찢어졌거나 상태가 불량한 부분은 틈막이 초배지를 부분 재시공한다.
⑥ 단차, 요철면은 부분 퍼티작업을 하거나, 미세한 요철은 사포로 샌딩하고, 모래, 잡티가 나타나는 부분은 망치로 쳐서 해소시킨다.
⑦ 콘센트, 홈오토 등의 전기구 부분의 접착상태를 확인하고 필요시 재접착한다.
⑧ 문틀, 반자틀, 걸레받이 부분의 3mm 정도 오버랩 시공한 이면지를 깨끗이 벗겨낸다.
⑨ 물바름 시공(미즈바리)은 비교적 가장자리 된풀칠의 접착력을 신뢰할 수 있지만 접착 부위가 너무 좁거나 접착력이 약하다고 판단되면 가장자리의 접착면과 공간 사이의 이면지를 절개하여 수용성 합성수지를 희석한 풀을 붓에 찍어 바르고 주걱으로 주름 없이 평활하게 접착시킨다.

▲ 주사기 본드 주입 시공

⑩ 기타 시공면의 바탕상태, 기존의 초배상태, 재시공하는 벽지의 재질에 따라 적절한 보강작업을 한다.

2 2중 접착(재접착)방법

① 4면을 절개하여 재접착시키는 방식

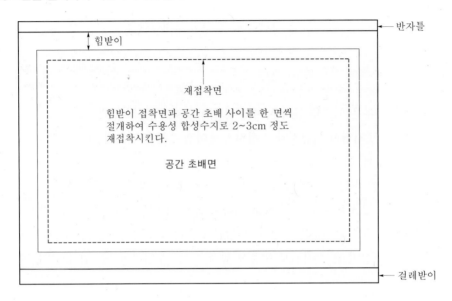

② 공간층을 절개하여 재접착(2중 접착)시키는 방식

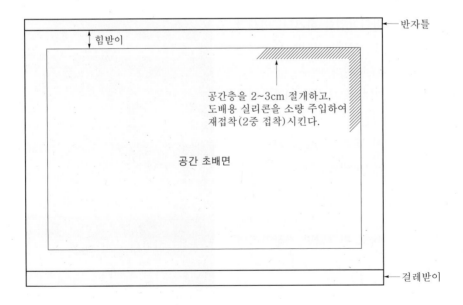

▲ 공간층을 절개하여 재접착 시공

3 기·재시공 벽지에 따른 초배지의 재사용방법

기시공	재시공	재사용방법
밀착 초배 / 합지벽지	① 합지벽지	• 기시공된 합지가 엠보싱벽지라면 그대로 덧바를 경우 요철이 나타난다. 그러므로 엠보싱 겉지를 잘 벗겨내 매끄러운 이면지 위에 시공한다. • 기시공된 합지의 표면이 엠보싱이 아닌 매끄러운 벽지라면 벽지의 겹침(overlap) 부분만 정리하고 시공한다. • 겹침 부분 정리방법 – 겹침 부분만 잘 벗겨낸다. – 거친 사포로 샌딩하여 단차를 없앤다. – 퍼티로 평활하게 처리한다.
	② 실크벽지	①과 동일한 방법으로 표면을 정리한 후 전면 밀착 초배 1회 또는 단지(심)만 바르고 정배한다.
공간 초배 / 합지벽지	③ 합지벽지	①과 동일한 방법으로 시공하거나 단지(심)만 바르고 정배한다.
	④ 실크벽지	②와 동일한 방법으로 시공한다.
밀착 초배 / 실크벽지	⑤ 합지벽지	기시공된 실크벽지의 PVC층을 벗겨내고 이면지 위에 정배한다.
	⑥ 실크벽지	기시공된 실크벽지의 PVC층을 벗겨내고 전면 밀착 초배 1회 또는 단지(심)만 바르고 정배한다. 재시공 이음매는 기시공 이음매 위치와 같아야 한다.
공간 초배 / 실크벽지	⑦ 합지벽지	⑥과 동일한 방법으로 시공한다.
	⑧ 실크벽지	⑥과 동일한 방법으로 시공한다.
물바름 / 실크벽지	⑨ 합지벽지	⑥과 동일한 방법으로 시공한다.
	⑩ 실크벽지	기시공된 실크벽지의 PVC층을 벗겨내고, 아래 네 가지 방법 중 작업조건에 따라 하나를 택하여 시공한다. • 롤 운영지를 가로방향(횡방향)으로 2회 밀착 시공한 후 정배한다. • 기시공된 벽지 간 이음매 위치에 단지(심)를 1회 바르고 롤 운영지를 가로방향으로 1회 밀착 시공 후 정배한다. • 벽지 간 이음매 위치에 단지(심)를 1회 시공한 후 정배한다. • 기시공된 벽지의 이음매 위치와 같은 위치로 정배할 때는 롤 운영지를 가로·세로방향 상관없이 1회 밀착 시공 후 정배한다. ※ 재시공 벽지를 가로방향으로 시공할 때는 이음매 위치에 특별히 보강 초배를 한다.
밀착·공간 초배, 물바름 / 합지, 실크, 특수, 수입벽지	⑪ 특수 벽지, 수입벽지	위의 내용을 응용하여 재시공 벽지의 재질에 따라 적절한 방법을 선택, 병행하여 시공한다.

NATION of DOBAE

PART

4

정배 시공

NATION of DOBAE

11

풀 닦기

먹풀귀천 1

종이에 먹을 바르거나
종이에 풀을 바르거나
다 같이 바르는 것인데
어찌 먹은 귀하고
풀은 천하다 가르는가
먹풀을 다 받아들이는
종이는 묵묵부답이거늘

먹풀귀천 2

명문(名文)은 먹으로 인하고
먹은 종이로 인하고
종이는 풀로 인하니
도배하다 명문으로
뒤를 닦더라도 무례가 아닌 것이
귀천보다 쓰임이거늘

2009 인천세계도시축전 메인 포스터 시공

▲ 도착 후 시공규모에 압도되어 황당해하는 필자와 반장, 그리고 총무.
그런대로 각자 의견을 수렴하여 작업계획을 의논하는 중

▲ 작업 중

▲ 공중곡예

▲ 마감

PRINT: **Design Spire**
We breathe design

시공: 紙編殿 신호현

▲ 문제가 된 부분으로 위 사진 크레인 바스켓 부분에
가려 있음

정확한 날짜는 기억나지 않는다.

2009년 8월 7일부터 2009년 10월 25일까지 인천세계도시축전이 열렸으니 그 직전이니까 대략 7월 말쯤이다. 모르는 분에게서 전화를 받았는데 자기소개로 인천세계도시축전 총감독을 맡은 모 대학교수라고 본인을 소개하면서 행사광장 메인포스터 시공의뢰를 하였다. 원래 점착식 시트지로 시공하려고 했는데 시공면이 철판인데다 한여름 땡볕이라 철판이 달아올라(대략 80℃ 이상) 시트지가 흐물흐물 녹아내리거나 기포가 생길 것 같다며 벽지로 시공이 가능하냐고 했다. 벽지는 고강도, 내후성, 특수 벽지로 제작하겠다는 것이다. 물론 시공비는 후하게 주겠다고 했다. 하여 내가 이렇게 답변을 했다. 내가 세상에 못 붙이는 것이 딱 세 가지 있는데 물, 불 그리고 공기뿐이라고 했더니 흔쾌히 시공을 맡기면서 하는 말이 "도배로는 기념비적인 시공이고, 개인적으로는 입지전적인 시공입니다."라고 했다. 감사하게도 이 말은 내가 도배하면서 더 이상 들을 수 없는 최고의 찬사였다. 감격했다. 물론 내게 의욕을 불어넣어 주는 오버였지만 국제적 행사물의 시공이라 나름 뿌듯했었다.

대략 시공조건은

- 시공면은 철판
- 시공규격은 세로 9m, 가로 18m, 라운드형 구조, 폭 1m 벽지 18장 시공
- 100℃의 고열에 기포가 발생하지 않을 것
- 비바람에 부착력이 저하되어 들뜨지 않을 것
- 행사기간 80일 동안 본 시공상태를 유지할 것

이었다.

나도 조건을 달았다.

시공비 외에 포스터 인쇄에서부터 '시공 : 지편전(紙編殿) 신호현'이라고 기입해 줄 것을 요구했다. 물론 칼자루를 내가 잡았으니 거절할 리는 만무, 그대로 통과되었다.

의뢰를 받은 다음 날부터 우리집 옥상에서 부착력 테스트에 들어갔다. 알루미늄판을 500mm×500mm으로 준비하여 공업용 드라이기로 가열하며 샘플로 받은 동일한 원단을 시공했다.

첫 번째 실험은 실패.
접착제를 도포하여 9m를 바르는 시간 동안 이미 고열에 풀이 굳어버릴 것이 뻔했다. 나름대로 쌓인 내공으로 지구상에 없는 특수 접착제를 제조했다.
접착제의 조건은
• 시공 중 고열과 경과된 시간 동안 건조되지 않고 점성을 유지할 것
• 물에 며칠 담궈도 부착력이 저하되지 않는 최상의 내수성
• 고열과 물에 본 시공상태를 100일 이상 유지할 것
• 기타 접착제의 기본성능인 밀림성, 도포성, 재시공성 등을 구했다.

두 번째 실험은 성공.
나름대로의 시공실험에 만족하고 시공 당일 행사장으로 우리 지편전 시공팀을 데리고 갔다.
바스켓 크레인을 2대 동원했고 비장의 접착제를 제조했다.
위에서부터 시공해 내려오면 아래쪽 무늬의 핀트가 맞지 않기 때문에 9m 벽지를 아래서부터 무늬맞춤하여 크레인을 상승시키며 위로 시공해 나갔다. 참고로 벽지 시공은 일반적으로 위에서 아래로 시공하지만 아래에 주무늬가 있을 경우에는 아래에서 위로 시공하고, 폭 3~4m 되는 대형 온장 벽화는 좌에서 우로, 우에서 좌로 시공하기도 한다.

아침부터 저녁까지, 포스터 시공을 마치고 나니 제작진, 총감독이 대만족을 한다. 국제규모 행사의 메인포스터에 내 이름이 들어갔으니 나는 애국가라도 부르고 싶은 충동을 가까스로 억제하였다. 시공비도 두둑히 받고, 함께 수고한 우리 작업자들에게도 넉넉하게 일당을 지불했다. 그런데 그날부터 그 초조함이란, 혹 들뜨지 않았을까, 기포가 생기지 않았을까, 조금이라도 하자가 발생

하면 내 이름 석자가 그대로 적혀 있는데 나는 꼼짝없이 관람하는 만인에게 사꾸라 도배사가 될 판이다. 작업 후 연 이틀을 몰래 현장에 가서 상태를 확인하였다. 역시 명품 시공이었다.

호사다마. 하늘도 무심하시지. 개막 2일 전 문제가 생겼다.
시공에 문제가 아니라 인천시 고위직이 행사장 시찰을 나왔다가 대통령 이름도 안 들어가는데 일개 작업자 이름이 들어갔다고 삭제 지시를 내렸다는 것이다. 총감독이 통사정을 하며 계속 삭제 양해를 구했는데 나는 계약대로니까 삭제할 수 없다고 하고, 법정 소송도 불사하겠다고 하였다. 주최측에서는 나의 단호함에 임의대로 삭제를 못하고 전전긍긍하며 하루가 지났다.

개막 하루 전이다.
마음을 비워야겠다는 심적 변화가 일었다. 내가 진정한 도배야인이라면 무명인들 어떠랴 싶었다. 사진도 찍어놨고 시공한 것은 사실이니 이쯤에서 접기로 하고 같은 원단으로 내 이름을 덮어 붙이라고 전했다. 주최측에서는 고맙다고 답신이 왔다. 내가 이름 있는 전위예술가였더라면···. 도배사의 비애로 눈물이 맺혔다.
개막 며칠 후 우리 딸이 교수님과 행사장 견학을 갔다. 내용을 알고 있는 우리 딸이 아빠 이름이 가려진 포스터를 보고 과 친구에게 덮어씌운 원단 조각을 뜯어버리고 싶다고 말했단다. 역시 그 애비에 그 딸이었다.

기분이 좋지 않아 행사기간 동안 한 번도 그곳에 가지 않았다. 행사기간 80일 동안이 아니라 사실 3년은 족히 버틸 수 있게 시공했었다.

도배사는 어디든 붙일 수 있다. 도배사가 붙일 수 없다는 건 수치다.

한때는 서운했지만 지금은 즐거운 추억.

CHAPTER 11 | 풀 닦기

01 개요

도배의 마감은 풀 닦기에 있다. 시공 후 잔류풀이 남아 있다면 고품질의 도배가 될 수 없다. 흔히 도배를 두고 '도(道)를 닦는다.'라고 하는데, 이는 도배지의 풀을 깨끗이 닦는 것을 두고 하는 말로 이해하고 싶다. 풀을 잘 닦아내는 것이야말로 도배기술의 정수이기 때문이다.

▲ 아트월 홈의 풀 닦기

▲ 거친 목욕타월과 부드러운 극세사타월로 동시에 닦기

■ 풀을 닦는 4대 조건
  • 닦아내는 시간이 짧을수록 좋다.
  • 잔류풀자국이 남지 않아야 한다.

- 도배지의 염료가 탈색되거나 훼손되지 않아야 한다.
- 이음매가 벌어지지 않아야 한다.

02 풀을 닦는 방법

풀을 닦는 방법은 다음 조건에 따라 그 방법이 달라진다.

① 도배지의 재질

② 도배지의 결

③ 도배지의 엠보

④ 도배지의 염료

⑤ 닦는 유형

⑥ 풀의 농도와 도포량

⑦ 풀의 성분

⑧ 도배지와 접촉되는 마감재

짧은 시간에 닦아내면 벽지가 훼손되지는 않지만 풀자국이 남고, 지나치게 닦으면 풀자국은 없어지나 벽지가 훼손되며, 물기가 많으면 벽지가 훼손되지는 않지만 이음매가 벌어지는 등 서로 상충되는 조건들이다. 그러므로 풀 닦기는 무작정 닦는 것이 아니라 각 조건을 고려하는 세심한 주의가 필요한 작업이다.

① 닦아내는 소재(걸레)

   ㉠ 극세사타월

   ㉡ 스펀지

   ㉢ 목욕타월(이태리타월)

   ㉣ 수건

   ㉤ 부드러운 솔 등

② 물기의 함유량

   ㉠ 물기가 많게

   ㉡ 물기가 적당히

   ㉢ 물기를 꽉 짜서

   ㉣ 건조상태 등 다양한 조건으로 시도

③ 닦는 유형

   ㉠ 세로 닦기

ⓛ 가로 닦기

ⓒ X형 닦기

ⓔ O형 닦기

ⓜ 찍어 닦기

ⓗ 털어 닦기

ⓢ 전면 닦기

ⓞ 마른풀 털기

④ **벽지와 접촉되는 마감재의 종류**

ⓐ 반자돌림, 문틀, 걸레받이

ⓛ 가구

ⓒ 조명등, 전열기구

ⓔ 유리, 거울

ⓜ 석재, 도기타일류

ⓗ 스틸류

ⓢ 바닥재 등

1 재질에 따라 닦는 방법

도배지의 종류	소재(걸레)	물기	강도	기타
종이벽지 (합지벽지)	극세사타월, 스펀지	적당히	보통	
비닐벽지 (실크벽지)	극세사타월, 스펀지	적당히, 많게	보통	
레자벽지	스펀지, 목욕타월	재질과 엠보에 따라 조정	보통, 강하게	
섬유벽지	극세사타월	꽉 짜서	부드럽게 털어내듯	원칙적으로 닦지 않도록 시공하기 때문에 이음매에서 풀이 배어 나오거나 벽지 표면에 풀이 묻지 않도록 상당히 주의하며 시공한다.
초경벽지	극세사타월, 스펀지	재질과 색상에 따라 조정	찍어주며 털어내듯	염료가 탈색되지 않도록 주의한다.
목질벽지	극세사타월, 스펀지	재질과 색상에 따라 조정	찍어주며 털어내듯	

도배지의 종류	소재(걸레)	물기	강도	기타
목질벽지	극세사타월, 스펀지	재질과 색상에 따라 조정	찍어주며 털어내듯	
무기질벽지	극세사타월, 스펀지, 솔	재질에 따라 조정	재질에 따라 조정	굵은 질석이나 석편벽지 등은 부드러운 솔을 물에 적셔 틈새에 끼인 풀을 제거한다.
한지 (개량한지벽지 포함)	극세사타월, 스펀지	재질과 색상에 따라 조정	부드럽게 털어내듯	염색된 원색의 한지는 물기를 많이 사용하면 탈색이 되므로 상당한 주의가 필요하다.
한지 장판	극세사타월, 스펀지	4배지~특각까지 재질에 따라 조정	재질에 따라 조정	
수입 원지	극세사타월, 수건	꽉 짜서, 적당히	부드럽게	재질에 따라 다양하게 시도한다.
수입 코팅지	극세사타월	꽉 짜서, 적당히	재질과 코팅 정도에 따라 조정	

※ 위 도표의 내용은 일반적인 방법이며, 도배지의 종류와 재질, 작업조건에 따라 조정이 가능하다.

2 결에 따라 닦는 방법

① **무결** : 이음매를 세로방향으로 닦고 가로방향으로 확장하며, 2~3회 반복하여 닦는다.

② **세로결** : 이음매를 세로방향으로 닦고 세로방향으로 확장하며, 2~3회 반복하여 닦는다.

③ **가로결** : 이음매를 가로방향으로 닦고 가로방향으로 확장하며, 2~3회 반복하여 닦는다.

④ **빗결** : 이음매를 사선의 빗결방향으로 닦고 확장하며, 2~3회 빗결방향으로 반복하여 닦는다.

⑤ **엇결** : 이음매를 세로방향으로 닦고 X, O형으로 확장하며, 2~3회 반복하여 닦는다.

⑥ **분할결** : 이음매를 각각 분할결대로 닦고 확장하며, 2~3회 분할결대로 반복하여 닦는다.

⑦ **복합결** : 이음매를 세로방향으로 닦고 확장하며, X, O형으로 2~3회 반복하여 닦는다.

3 엠보에 따라 닦는 방법

① **무결** : 물기를 적게 하여 극세사타월로 닦는다. 빛에 의해 미세한 스크래치가 나타나므로 주의한다.

② **작은 엠보** : 물기를 적당히 하여 극세사타월로 닦는다.

③ **중간 엠보** : 물기를 적당히 하여 극세사타월이나 스펀지를 사용한다.

④ **굵은 엠보** : 굵은 엠보 틈에 풀이 박혀 쉽게 닦이지 않으므로 탄력과 흡착력이 우수한 스펀지에 물기를 다소 많이 하여 사용하면 좋다. 선택적으로 부드러운 솔을 사용하기도 한다.

4 염료에 따라 닦는 방법

① **유성염료** : 쉽게 탈색되지 않으므로 다소 거친 소재(걸레)에 물기를 적당히 하여 사용한다.

② **수성염료**

　　㉠ 쉽게 탈색되므로 극세사타월에 물기를 적게 하여 짧은 시간에 닦아내고 즉시 꽉 짜서 다시 물기를 완전히 닦는다.

　　㉡ 물기가 많은 거친 소재(걸레)인 목욕타월로 먼저 닦은 후 즉시 물기를 꽉 짠 극세사타월로 물기를 닦아주고 마무리하는 방법도 있다(2종의 소재(걸레)를 병행해서 사용).

③ **수성염료 위 코팅** : 코팅 정도에 따라 소재(걸레)와 물기를 조정하며 닦는다.

5 닦는 유형에 따른 유형

① **세로 닦기** : 천장은 최대 팔길이, 벽은 상·하단으로 나누어 이음매의 세로방향으로 폭 20cm 정도로 반복하여 닦는다.

② **가로 닦기** : 가로결 도배지에 선택하며 이음매의 가로방향으로 폭 30cm 정도로 반복하여 닦는다.

③ **X형 닦기** : 이음매의 폭 40cm 정도로 X형을 그리며 반복하여 닦는다.

④ **O형 닦기** : 이음매에서 지름 30cm 정도로 둥글게 O형을 그리며 반복하여 닦는다.

⑤ **찍어 닦기** : 소재(걸레)를 주먹만큼 둥글게 말아 풀자국을 찍어내며 닦는다.

⑥ **털어 닦기** : 소재(걸레)를 적당한 크기로 접어 가볍게 솔질하듯 털어주며 닦는다.

⑦ **전면 닦기** : 예민한 벽지의 마무리 닦기로 물기를 꽉 짜서 도배지 전면을 고루 닦는다.

⑧ **마른풀 털기** : 도배 시공 후 수일이 지나면 도배지의 이음매와 접촉되는 마감재에 마른풀이 하얗게 일어나는 경우가 있다. 이때는 다소 거친 빗자루나 솔로 마른풀을 털어낸다.

6 풀의 농도와 도포량에 따라 닦는 방법

① 된풀에 도포량이 많을수록 물기가 많은 거친 소재(걸레)를 사용한다.

② 보통 풀에 적당한 도포량은 물기와 소재(걸레)를 조정한다.

③ 묽은 풀에 도포량이 적을 때는 물기가 적은 부드러운 소재(걸레)를 사용한다.

※ 농도와 도포량이 상이할 경우 : 된풀에 적은 도포량, 묽은 풀에 많은 도포량 등의 조건은 물

기와 소재(걸레)를 조정하며 닦는다.

7 풀의 성분에 따라 닦는 방법

① 합성수지를 배합한 비율이 높을수록 물기가 많은 거친 소재를 사용한다.
② 아크졸, 에폭시본드 등 유성본드를 배합하였을 때는 물기가 많은 온수에 거친 소재(걸레)를 사용한다.
③ 수성 실리콘이나 충전용 본드는 물기가 많은 거친 소재를 사용한다.
④ 투명도가 우수한 가루풀이나 고급 밀풀은 물기가 적은 부드러운 소재를 사용하며 도배지의 재질, 염료에 따라 조정하며 닦는다.

8 도배지와 접촉되는 마감재에 따라 닦는 방법

① **반자돌림, 문틀, 걸레받이**
　㉠ 물기가 많은 거친 목욕타월로 닦는다. 마감재의 색상이 진한 색이면 거친 목욕타월로 닦은 다음 꽉 짠 극세사타월로 물기를 닦아 건조 후 풀물자국이 남지 않도록 한다. 접촉되는 도배지에 물기가 많이 묻지 않게 하고 훼손, 탈색에 주의하여야 한다.
　㉡ PVC필름을 입힌 래핑몰딩이 아닌 도료 마감한 제품은 도료가 벗겨지거나 변색되지 않도록 주의하며 닦아내고 도배 시공 전부터 테이핑 보양을 하는 것이 좋다.

② **가구**
　㉠ 일반 가구라면 거친 목욕타월로 닦고 꽉 짠 극세사타월로 다시 닦아준다.
　㉡ 표면이 예민한 고광택이거나 고급 소재의 가구는 극세사타월로 부드럽게 닦아주고 도배 시공 전부터 전면에 비닐 커버링 보양을 하는 것이 좋다.

③ **조명등, 전열기구**
　㉠ 파손 위험이 있는 유리제품에 주의를 기울이고 요철의 틈새 부분까지 잔류풀이 남지 않도록 깨끗이 닦아낸다.
　㉡ 묵은 때로 많이 오염된 콘센트 커버, 조명등 커버 등은 클린세제를 희석한 온수에 깨끗이 씻는다.

④ **유리, 거울** : 먼저 물기가 많은 극세사타월로 깨끗이 닦아내고 마른 수건으로 마무리 닦기 하여 풀물의 흔적이 남지 않게 한다.

⑤ **석제, 도기타일류** : 천연 대리석 등은 합성본드의 오염에 장시간 방치하면 변색이 되므로 즉시 제거하고, 표면광택이 우수한 도기타일류의 제품은 거친 타월로 닦으면 스크래치 우려가 있

PART 04

정벽 시공

으므로 주의한다.

⑥ **스틸류 :** 표면광택이 우수한 제품은 스크래치와 변색의 우려가 있으니 극세사타월을 사용하여 닦고 마른 수건으로 물기를 제거한다.

⑦ **바닥재**

    ㉠ 재질에 따라 물기를 조절하고 표면의 굳은 풀이나 본드는 거친 목욕타월이나 PVC주걱을 사용하여 제거한다.

    ㉡ 지나치게 물기를 많이 사용하여 닦으면 바닥재의 이음 틈새로 물기가 스며들어 바닥재 틈새가 들뜨고 목질에 물이 먹어 중대한 하자가 발생하므로 각별한 주의가 필요하다.

    ㉢ 서서 닦는 밀걸레를 사용하면 편리하며 물기를 꽉 짠 극세사타월로 마무리 닦기 하여 풀물의 흔적과 발자국이 남지 않도록 안에서 닦기를 시작하여 문밖으로 나온다.

    ㉣ 도배 시공 전부터 롤박스지나 파벽지로 전체 보양하는 것이 좋다.

12

시공

NATION of DOBAE

일용직의 기도

내 몸 일용하게 써 주시고
오늘 하루 일용할 양식을 주옵소서

아멘

··· 전략 ···

25. 비 오는 날 도배하면 안 된다. 근거 있는 말이다. 아주 옛날에는 그랬다.

이유 1. 옛날 서민들의 집은 초가였고, 벽은 가운데에 싸리나 심을 박고 적당하게 썬 짚을 흙에 개어 발랐던 맞벽치기 흙바름벽이다. 그래서 비 오는 날은 지붕도 새고 흙벽이 비를 맞아 젖어 있기 때문이다. 그러나 지금은 아니다. 방수 콘크리트벽은 제대로 시공하면 물 한 방울 새지 않고, 벽돌집도 흡수율이 거의 없는 벽돌에 방수 모르타르로 외부 줄눈과 내부 미장이 되어 있다. 각종 조립식 건축물도 공장 제작 후 짜맞춤공법이라 빗물은 커녕 공기도 새지 않는다. 그래서 요즘 사람들은 감기를 일 년 내내 달고 산다. 역시 바람에 문풍지가 울고, 비 오면 지붕도 새고 흙벽이라 숨구멍이 되는 전통 가옥이 건강에는 좋다.

이유 2. 우중(雨中)이라 좁은 방의 가재도구를 마당에 내어 놓을 수가 없어 작업구역과 동선 확보에 애로가 많았기 때문이다. 그러나 요즘의 주거공간은 옛날처럼 협소하지가 않고 자동 풀 바름기가 널리 보급되어 단 한 평의 공간만 확보되어도 작업이 가능하다.

이유 3. 요즘은 도배하면서 창호지 바를 일이 거의 없지만 필자가 도배를 시작할 때만 해도 한식과 양식의 절충 가옥구조가 많았다. 으레 도배하면 창호문 몇 짝을 함께 시공했다. 창호문을 씻어 볕에 말린 다음 창호지를 바른 후 다시 그늘로 이동시켰다. 그리고 전통 가옥 구조상 창호문이 외부에 직접 면하는 구조가 많아서 심한 비에는 처마 안으로 비가 들이쳐 창호문이 젖기도 하였다.

이유 4. 필자의 사견(私見)이지만 한국인 정서의 뿌리인 도교(道敎)의 음양오행설(陰陽五行說)로도 해석해 볼 만하다. 유달리 우리 조상들은 비 오는 날에는 양(陽)의 행위를 삼갔다. 짚

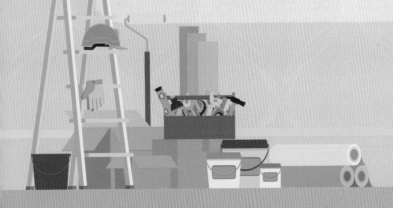

세기(짚신)에 땅도 질고 이유도 있겠지만 선비는 외출을 자제했고, 농사꾼은 도랑물만 보며 쉬었고, 장사치는 거간을 피했다. 미친 사람은 비 오는 날 음기(陰氣)가 승하다며 정신적인 질병을 음양의 이치로 진단하며 터부시했다. 알다시피 해는 양(陽)이고, 달은 음(陰)이다. 하여 양은 건(乾)이며, 음은 습(濕)이다. 습이 결국은 우(雨)가 되는데, 도배는 세간을 끄집어내며 묵은 것을 걷어내고 말리며 밝게 하는 양의 행위이자, 공정은 물과 풀을 사용하는 음의 습작업이다. 벽지의 주재료인 종이 역시 음(地)에서 솟아 양(天)의 동화(同化)를 받는 나무에서 얻는다. 음양오행을 억제와 집착의 오행상극(五行相剋)과 조화와 길복인 오행상생(五行相生)으로 나누는데, 단순 이치로 도배를 비에 대한 오행상극으로만 보려고 드니 역시 일천한 편견의 소치다. '젖음'이 있어 '마름'이 있고, 그것을 수명이 다할 때까지 반복한다. 이렇듯 순리하는 음양의 이치로 견주어 도배는 사계(四季)의 풍(風), 우(雨), 상(霜), 설(雪)에 무위자연(無爲自然)하는 오행상생의 작업이 분명하다. 이상의 전개는 수준 높은 독자의 몫으로 돌린다.

비 오는 날 도배하면 하자율이 적다. 이유는 습도에 의해 천천히 건조되기 때문이다. 이음매가 훨씬 정교하고 장시간 건조과정에서 도배면이 고르게 펴진다. 벽지를 시공하고 몇 시간이 지나면 안은 풀에 젖어 있지만, 표면은 건조한 상태가 된다. 얇은 벽지라도 안팎의 현저한 습도차에 의해서도 이음매가 벌어지는 원인이 된다. 단, 초배가 빨리 마르지 않는다는 단점(1시간 정도 늦다)이 있지만 초배 역시도 천천히 건조되어야 뒤틀림이 없다. 계속해서 비가 오는 장마철이 아니라면 비 오는 날 도배하여도 무방하다. 빗소리에 장단도 맞추고, 부침개도 얻어먹고 싶다.

··· 후략 ···

2004년 12월, 〈데코저널〉 칼럼
'도배의 편견 Ⅱ – 도배의 인식, 기술에 관한 편견' 중에서

CHAPTER 12 | 시공

01 작업계획

작업계획은 최소의 비용으로 최대의 효과를 얻고자 합리적인 작업방식을 선택하고, 적절한 자원의 투입계획 및 제반 능동적인 통제의 결과로 품질 우위를 확보하여 공사의 경쟁력 창출을 목적으로 한다.

일반적인 도배작업은 다음 여섯 가지의 계획단계를 갖는다.

(1) 작업의 개요

공사의 목적과 용도, 공기, 품질의 수준 등을 검토한다.

(2) 작업계획서

설계도면, 시방서, 구두 설명 등을 정확히 숙지한다.

(3) 현장조건

현장입지, 기상, 건조상태, 선행작업, 전원, 용수 등 원만한 작업이 가능한지를 점검한다.

(4) 자재 확보 및 검수

실측이나 도면 산출에 의해 여유 있는 자재 및 부자재의 물량과 이상 유무를 확인한다.

(5) 인력 확보

공기, 작업방식, 품질의 수준, 작업물량에 따라 적절한 숙련도의 인력을 투입한다.

(6) 관리계획

시공 후 보양, 유지·관리에 무리가 없도록 계획한다.

▲ 자재 검수

02 바탕 정리

도배뿐 아니라 건축의 모든 공정 중 가장 중요한 것은 기초작업이다. 초배, 정배의 시공은 숙련된 기능이 요구되지만 바탕 정리에 있어서는 정성과 원칙이 우선이다.

1 건조상태의 분류

표면상태	시공 가능 유무
포수상태	도배 불가
수분상태	도배 불가
습윤상태	보강 조치 후 도배 가능
기건상태(실내습도의 영향을 받음)	도배 가능
건조상태(절대건조)	적정한 습도 유지 후 도배 가능

(1) 건조상태에 관한 세 가지 분류법

① 육안 식별(벽체 모르타르의 색상으로 분류)

표면색상	표면상태	내부상태	시공 가능 유무
검은색	표면수분	내부 포수	도배 불가
짙은 회색	표면습윤	내부 수분	보강 조치 후 도배 가능
회색	표면건조	내부 습윤	도배 가능
밝은 회색	표면건조	내부 건조	적정한 습도 유지 후 도배 가능

※ 시멘트 모르타르의 배합비에 따라 약간의 색상차가 있다.

② 디지털수분계 체크

표면상태	수분함유상태	시공 가능 유무
표면포수	내부 포수(25% 이상)	도배 불가
표면수분	내부 포수(20~25%)	도배 불가
표면습윤	내부 수분(15~20%)	보강 조치 후 도배 가능
표면건조	내부 습윤(10~15%)	도배 가능
표면건조	내부 건조(5~10%)	적절한 습도 유지 후 도배 가능

③ 투명 비닐을 이용하여 식별 : 투명 비닐을 가로, 세로 50cm 정도로 자른 후 도배 시공면에 세 군데 정도를 임의 선택하여 접착력이 우수한 테이프(청테이프), 유성 실리콘으로 완전 밀봉한다. 실내온도를 상온(25℃ 내외)으로 유지하며 24시간이 지난 후 확인한다.

표면상태	시공 가능 유무
비닐 안에 물방울이 맺혀 있다.	도배 불가
습기에 의해 뿌옇다.	도배 불가
모르타르 색상이 습기로 인해 진하게 변색되었다.	보강 조치 후 도배 가능
모르타르 색상이 습기로 인해 약간 변색되었다.	도배 가능
비닐이 투명하며, 모르타르 색상이 처음과 같다.	도배 가능

이상의 확인단계를 거쳐 도배가 가능한 조건이 확보되면 작업에 임한다.

2 안전점검

① 감전 우려가 있는 불필요한 전원과 가스밸브를 차단한다.
② 바탕 정리제의 휘발성 유해가스와 곰팡이 포자의 배출을 위해 창문을 열어 환기를 시킨다.
③ 작업대(우마)의 볼트, 버팀줄, 수평상태 등을 확인한다.

▲ 안전교육

3 부착물 해체

▲ 조명등 제거작업

▲ 콘센트 커버 해체작업

▲ 패널 홈의 프레임 철거

① 조명등, 콘센트, 벽시계, 액자, 도자기, 장식소품 등 파손 위험이 있는 물건은 안전하게 베란다, 창고 등 작업반경 이외의 구역에 임시 적치한다.
② 선반, 커튼 레일, 행거 등을 떼어낸다.
③ 시공면의 불필요한 못, 철근, 고임목 등을 제거한다.

4 동선 확보

① 위험물, 타 공종의 건축재료 및 잡자재는 베란다, 공용계단, 마당 등 별도 구역으로 이동시킨다.
② 가구는 작업순서의 방향을 고려하여 이동시켜 최대한의 작업반경 내 동선을 확보한다.

5 보양작업

가구, 문틀, 바닥재 등에 풀이 묻거나 흠집이 생기지 않도록 비닐 커버링(vinyl covering), 골판지, 파지 등으로 보양한다.

▲ 보양
대리석은 비닐 커버링, 바닥은 은박 펠트 사용

▲ 파지를 사용하여 바닥 보양

▲ 비닐 커버링을 사용하여 가구 보양

6 곰팡이 제거

(1) 시공순서

① 마스크를 착용한다.

② 곰팡이 발생 부위에 곰팡이 포자가 날리지 않고 기존 벽지 제거가 용이하도록 분무기를 사용하여 물기가 충분히 흡수되도록 여러 차례 나누어 분사해 준다.

③ 칼, 스틸 헤라, 스틸 브러시 등을 사용하여 곰팡이 부위보다 충분히 넓게 벗겨낸다.

④ 자연건조 내지는 공업용 드라이기, 선풍기 등을 이용하여 건조시킨다.

(2) 곰팡이 포자를 살균하는 방법

① **탄화법** : 토치(torch)를 사용하여 포자를 태우는 방법으로 신뢰성이 매우 좋다(화기 취급에 주의를 요함).

② **약물 세척법** : 염산(15% 용액), 포르말린(20% 용액), 기타 세정용 락스를 모르타르에 충분히 침투되도록 도포하고 스틸 브러시로 긁으면서 세척한다. 신뢰성이 비교적 좋으나 약품냄새가 오래가는 단점이 있다(마스크를 착용하고 통풍을 시키면서 나누어 작업한다. 밀폐공간에서는 이 방법을 선택하지 말 것).

③ **도막법** : 곰팡이 발생이 경미하거나 부분적일 때 선택한다. 스프레이형의 곰팡이를 살균·차단하는 제품이 있으며 중화제 아크졸, 바인더, 프라이머 등을 곰팡이 발생 부위에 수회 도포

하여 도막을 형성시킴으로써 곰팡이의 외부 확산을 차단한다. 재발생 가능성이 있으므로 신뢰성이 다소 떨어진다.

④ **방습 초배지 사용** : 곰팡이를 제거한 후 방부액을 희석하거나 방부제가 첨가된 풀과 합성본드를 사용하여 초배한다. 그러나 내부에서는 곰팡이 발생이 진행되므로 신뢰성이 낮다.

> **참고**
>
> 위의 네 가지 시공법을 중복하여 작업하면 신뢰성이 완벽해진다.
> 예 · 방법 1 : 기존 곰팡이 제거 → 약물 세척법 → 탄화법 → 도막법
> · 방법 2 : 기존 곰팡이 제거 → 탄화법 → 방습 초배지 시공

7 기존 벽지 박리작업 및 견출작업

① 낡은 벽지의 재질과 부착상태를 확인하고 선택된 시공방식에 장애가 되지 않도록 부분, 표면 전체 박리작업에 들어간다.

② 오래된 발포벽지로 박리작업이 어려울 경우 아크졸, 바인더 등의 표면중화제를 도포하기도 한다.

③ 쇠주걱을 사용하여 시공면에 1차 고르기 작업을 하고, 쇠주걱으로 제거하지 못하는 미세한 모래, 톱밥, 먼지는 거친 빗자루로 떨어낸다.

▲ 기존 벽지 제거작업

▲ 갈고리를 사용하여 모서리 벽지 제거

▲ 수동 타커로 들뜸 부위 고정

8 방청작업

기존 벽지의 박리작업 후 이면지에 나타나는 못, 타커, 메탈라스, 녹물이나 현관, 방화문, 프레임 주위의 녹물은 적절한 방청 도료로 녹막이 칠을 한다.

9 시공면의 크랙(crack) 보수 및 평탄작업

① 크랙 보수용 전용 모르타르나 적합한 재료를 이용하여 보수하며, 요철 부분은 퍼티작업을 하고 건조 후 쇠주걱이나 사포로 단차를 없애준다.
② 몰딩, 걸레받이, 문틀의 틈새는 실리콘으로 미리 충전시키고, 아주 심할 경우 백업재를 사용한다.

▲ 가장자리 퍼티 시공(줄퍼티)

▲ 퍼티작업

▲ 퍼티작업 후 샌딩작업

▲ 코너비드작업

10 방수작업

시공면이 충분한 건조상태라도 일부 욕실에 접한 벽체 하부, 외부에 접한 창문틀 주위의 부분적인 누수, 심한 결로 부위에는 세라믹페인트, 방수 모르타르를 바르거나 스프레이로 분사시키는 방수제 등을 도포한다.

11 표면중화작업, 프라이머작업

① 단열 모르타르, 스티로폼에는 전용 프라이머나 수성본드를 물과 희석하여 1~2회 도포, 건조시키고 도배용 수성본드를 배합(풀 : 본드 = 1 : 1)한 풀로 밀착하여 초배한 후 틈막이 초배, 공간 초배한다.

② 이질재료에는 아크졸과 적합한 본드를 희석하여 1~2회 도포한다.

③ 레이턴스로 인해 부실한 모르타르면이나 시멘트가루, 퍼티작업 부위는 모르타르 전용의 프라이머나 바인더를 도포하여 침투시킨다.

④ 습기가 있는 부위도 프라이머작업을 하여 정배지의 얼룩을 예방한다.

▲ 아크졸작업

03 풀 배합

풀 배합은 도배 시공의 기본이자 도배의 품질과 시공성을 좌우하는 중요한 공정이다. 묽은 풀은 시공성이 다소 빠를 수는 있으나 이음매가 벌어지고 들뜸 하자가 발생하며, 필요 이상의 된풀은 시공성이 늦어지며 피착제인 모르타르, 초배·정배지에 적당한 수분을 공급하지 못해 쉽게 건조되어 결국 하자 발생의 원인이 된다.

합성수지 접착제 역시 성분 불문, 용도 무시하고 오·남용하여 낭패를 보는 경우가 있다. 도배풀에 합성수지 접착제를 개념 없이 혼합하면 순간 접착력은 우수할지 모르나 적절한 시공 개시점의 오픈 타임(open time), 시공속도에 의한 택타임(tack time)을 맞추기가 어렵다. 또한 시공 후에도 벽지 이음매의 풀자국이 쉽게 제거되지 않아 건조 후에 번들거리는 현상, 모르타르 알칼리성분과 바탕면의 습윤으로 인한 이상화학반응으로 정배지가 변색되는 중대한 하자가 발생할 가능성이 높다.

작업조건과 바탕상태, 정배지의 재질 등을 종합적으로 감안하여 여러 조건을 충족시키는 최적의 배합비를 구해야 한다.

1 밀풀

(1) 취급 및 보관

① 직사일광을 피하고 실내의 상온에 보관한다.

② 모래, 톱밥, 스티로폼 등의 상충되는 재료와는 별도로 보관한다.

③ 포장이 터지지 않도록 충격을 가하지 않는다.

④ 배합용수는 접착력을 저하시키고 이상화학반응을 유발하는 기름, 산, 알칼리, 염류, 유기물 등이 포함되지 않은 청정한 것이라야 한다.

⑤ 동결, 부패, 유통기한이 지난 제품으로 시공하거나 혼합하여 사용하지 않는다.

⑥ 너무 차거나 뜨거운 물로 배합하지 않는다.

(2) 배합비

명칭(±)	물(±)	풀(±)	용도
아주 묽은 풀	90	10	• 보양 초배 • 물바름방식의 중간 부분 묽은 풀
묽은 풀	70	30	• 밀착 초배(각 초배지) • 보수 초배 • 얇은 종이벽지
보통 풀	50	50	• 밀착 초배(롤 초배지, 운용지) • 창호지 • 합지벽지 • 갓 돌리기 초배(힘받이) • 얇은 발포 • 4배지 장판
된풀	30	70	• 단지 • 공간 초배 • 수입 코팅벽지 • 지사, 마직, 갈포, 직물벽지 등 일반 특수 벽지 • 두꺼운 발포, 실크벽지 • 6배지 또는 8배지 장판
아주 된풀	10	90	• 대나무, 목질계의 두꺼운 특수 벽지 • 타일벽지 • 레자, 패브릭, 부직포벽지 등의 수입 특수 벽지 • 물바름방식의 가장자리 풀 • 특각 장판지

[기준 : 부피, 단위 : 백분율(%), 가감범위 : ±10%]

(3) 합성수지와의 배합비

용도	물	풀	합성수지		
			수성본드	바인더	아크졸
단열 모르타르	–	–	1, 2차 도포	–	
단열 스티로폼	–	–	2차 도포	1차 도포	–
이질재 바탕 처리	–	–	수성본드 2 : 바인더 1 : 아크졸 1		
밀착 초배	60	30	5	–	–
공간 초배, 부직포, 단지(심)	30	50	10	–	–
갓 돌리기 초배(힘받이)	40	30	10	10	–
물바름방식	20	70	10	–	–
합지벽지	50	45	–	–	–
실크, 발포벽지	30	65	5	–	–
타일벽지	20	60	10	5	–
직물, 종이벽지 바탕의 띠벽지, 장판 굽도리	20	50	20	5	–
실크, 발포벽지 바탕의 띠벽지, 장판 굽도리	–	–	50	10	5
4배지 장판지	40	50	5	–	–
6배지, 8배지 장판지	30	55	10	–	–
특각 장판지	10	70	15	–	–
일반 특수 벽지	25	60	10	–	–
수입 코팅 종이벽지	30	60	5	–	–
두꺼운 특수 벽지, 수입 특수 벽지	10	60	15		5

[기준 : 부피, 단위 : 백분율(%), 가감범위 : ±5%]

※ 재질과 바탕상태에 따라 주관적으로 가감한다.

(4) 풀의 농도와 도포량을 결정하는 인자

조건	묽은 풀(도포량 ±)	된풀(도포량 ±)
바탕상태	매끄럽다(−)	거칠다(+)
모르타르 흡수율	크다(+)	적다(−)
시공 부위	천장(−)	벽(+)
시공속도	빠르다(−)	늦다(+)
숙련도	높다(−)	낮다(+)

조건	묽은 풀(도포량 ±)	된풀(도포량 ±)
기온	높다(+)	낮다(−)
습도	높다(−)	낮다(+)
통풍	밀폐(−)	환기(+)
품질	저급(+)	고급(−)
접착제 종류	가루풀(−)	밀풀(+)
합성수지	배합(−)	비배합(+)
도포방식	풀솔(+)	풀기계(−)
실내구도	단순(−)	복잡(+)
이음매	겹침(+)	맞댐(−)
초배 시공	시공(−)	생략(+)
초배공법	밀착(−)	공간(+)
정배지 표면	코팅(−)	원지(+)
정배지 엠보	크다(+)	적다(−)
정배지 패턴	무지(−)	무늬(+)
정배지 두께	얇다(−)	두껍다(+)
정배지 무게	가볍다(−)	무겁다(+)
정배지 넓이	소폭(−)	광폭(+)
정배지 길이	짧다(−)	길다(+)

참고

시공방법, 바탕상태, 기후, 작업자의 숙련도 등 제반 여건에 따라 가산혼합(additive mixture, +)과 감산혼합 (subtractive mixture, −)을 적용한다.

2 가루풀의 사용방법

① 풀그릇에 시공하는 초배·정배지의 면적과 재질에 따라 가루풀의 중량에 대한 물의 중량을 붓는다.
② 물을 빠르게 저으며 가루풀을 뿌려서 투입한다. 대량으로 가루풀을 배합할 경우에는 지름 5mm 내외의 체로 걸러 투입하면 가루풀이 뭉치거나 덩어리 발생을 최소화할 수 있다.
③ 거품기는 5분, 드릴믹서기는 3분 정도 1차 교반하며 적절한 농도로 가감하고 풀림상태를 확

인한다.

④ 약 10분 경과 후, 2분 정도 2차 교반하며 맑게 풀림상태를 확인하고 작업에 임한다.

⑤ 합성수지를 배합할 경우에는 2차 교반시기에 혼합한다.

⑥ 교반 후 시간이 경과할수록 입자가 고르게 되며 묽기가 증가된다.

⑦ 가루풀의 제품에 따라 사용방법의 차이가 있다.

참고 | 가루풀의 배합비

재료	초배지	합지	실크	특수 벽지
물	35배	30배	25배	20배

[기준 : 중량, 가감범위 : ±10%]

※ 가루풀의 제품에 따라 제조회사의 배합비를 참고한다.

3 풀 배합방법

① **거품기** : 소량의 풀을 배합할 때 사용하며 시간이 걸리고 입자(풀 덩어리)가 잘 풀어지지 않는 단점이 있다.

② **믹서용 드릴** : 대량의 풀을 배합할 때 사용하며 드릴에 거품기를 장착하여 고속 회전시킴으로써 풀 배합시간을 단축하며 입자가 잘 풀어지게 하는 장점이 있다.

③ **기계믹서기** : 타이머가 장착된 고속 믹서기계로 풀기계 본체에 자동으로 풀을 공급하는 편리한 기능이 있다.

▲ 가루풀 배합

▲ 믹서용 드릴로 배합

▲ 기계믹서기로 배합

참고 | 배합순서

물 → 풀, 합성수지 접착제 → 배합 → 가감 → 배합 → 도포

04 분할계획(layout)

도배는 롤(roll)단위의 정배지를 마름질하여 시공하므로 너비간격으로 정배지의 이음매가 생기는데 최적의 분할계획을 하여 가급적 이음매를 줄이거나, 주출입구에서 볼 때 좁게 이은 부분이 시각 정시야(수직 130°, 수평 120°)에 들어오지 않도록 계획하고 정배지의 남용을 방지하는 경제적인 마름질과 능률적인 시공을 할 수 있도록 계획한다.

그러나 분할계획 시 특히 유의할 점은 어느 한 가지 요소에만 집착하지 말아야 한다. 예를 들어 정배지를 아끼는 경제적인 면만 우선하여 마름질하였는데 나중에 시공성이 너무 떨어지거나 시각적으로 모양새가 좋지 않아 재시공함으로써 결국은 시공비가 과다하게 발생하는 우(愚)를 범하는 경우가 있다.

그러므로 분할계획은 충족해야 할 제 요소가 서로 상충하는 가운데서 우선순위를 결정하고 가장 합리적인 공통 분모를 도출하여야 한다. 이 외에도 입사광선(햇빛)의 방향, 광원(조명기구)의 특성까지 고려하는 실내환경적인 요소까지도 적용하며 초배작업에 있어서도 정배의 분할계획과 일치하는 시공을 하여야 한다.

참고	디자인의 조건과 원리	
디자인의 조건	**디자인의 원리**
• 합목적성 • 심미성 • 경제성 • 독창성 • 질서성	• 척도(scale) • 강조(emphasis) • 비례(proportion) • 조화(harmony) • 균형(balance) • 통일(unity) • 리듬(rhythm)

1 분할계획의 원칙

① **균등분할** : 분할계획의 가장 기본적인 사항으로 좌우대칭 균형, 시각적인 평형을 이루어야 한다.

② **정시야 우선** : 주출입구에서 볼 때 먼저 눈에 보이는 천장과 정면 벽체 등에 비중을 두고 부득이 좁게 이을 부분은 문 뒤쪽이나 가구가 놓일 위치에 두어 쉽게 눈에 띄지 않게 한다.

③ **시공성과 경제성** : 시공성과 경제성은 도배뿐 아니라 건축의 모든 공정에서 상호 대립되는 관계이면서도 결과적으로는 상호 보완관계를 가진다. 분할계획에 있어서도 양자원칙을 잘 안배하여야 한다.

2 분할계획의 요소

① **작업조건** : 작업인원과 기능도의 수준, 기타 현장조건을 고려하여 분할계획을 세운다.

② **정배지의 판매규격** : 정배지의 길이와 너비를 계산하여 로스(loss)를 줄이고 경제적인 분할계획을 세운다.

③ **내장마감재의 연결간격(석고보드, 합판, 패널 등)** : 석고보드, 합판, 패널 등의 연결간격을 체크하여 정배지의 이음매와 충분히 엇갈리게 한다.

④ **구조물의 위치** : 프레임(frame), 우물천장, 등박스, 아트월(art wall), 기둥(column) 등의 위치에서 정배지의 이음매가 균등분할되어 쉽게 식별되지 않고 모양새가 좋아야 한다.

⑤ **정배지의 무늬** : 무늬의 형상과 간격을 참고하는 분할계획이 되어야 한다.

3 분할계획의 모범

선택된 정배지의 너비(width), 무늬(pattern)와 간격(repeat)을 잘 파악하고 시공면의 치수를 정확히 측정하여 시공순서, 방향 등을 결정한다.

▲ 분할계획 시공

구분	바람직한 분할계획의 예	잘못된 분할계획의 예
천장		
벽		
실내		
등박스		
기둥		

시공 부위의 치수를 측정하여 초배·정배지를 마름질하는 작업으로, 도배의 각 공정 중 특별히 신중을 기해야 하는 작업이므로 경험이 풍부한 숙련공이 주로 담당한다. 일단 마름질된 재료는 원상태로 돌이킬 수 없으므로 실수가 없도록 치수를 두 번 이상 측정하고 해당 시공 부위나 노트에 기입한 후 재단한다.

1 치수 측정

① **정미치수** : 시공 부위의 실치수
② **재단치수** : 시공 부위의 조건과 시공성을 고려하여 정미치수에 여유분을 더한 치수(정미치수+ 여유분)
③ **리피트(repeat)** : 연속되는 무늬의 간격

▲ 치수 측정 1

▲ 치수 측정 2

2 시공 부위별 재단

(1) 천장

① 작업인원과 기능도의 수준, 기타 현장조건을 고려하여 가급적 장방향의 시공을 선택하되 소요되는 벽지 폭의 수와 주출입구방향에서 볼 때 무늬의 방향, 커튼박스, 조명기구의 조건들을 참고한다.

PART **04**

정배 시공

② 줄무늬벽지는 주출입구에서 볼 때 시선이 가는 방향으로 향하는 것이 심미적으로 시원한 감이 있다.

③ 무늬 없는 벽지는 정미치수에 약 5cm 정도 가산하여 재단한다.

④ 무늬벽지는 리피트간격을 곱하여 정미치수보다 최소 5cm 이상이 되도록 한다. 시공 부위의 문틀, 상·하단에서 무늬가 잘리지 않도록 재단치수를 조정한다.

> 예 **정미치수가 420cm이며 무늬의 리피트간격이 30cm인 경우**
> - 30cm × 14(리피트 수) = 420cm이므로 시공 불가
> - 30cm × 15(리피트 수) = 450cm이므로 시공 가능
> - 정미치수 + 다음 무늬의 임의의 기준점에서 도련한다.

(2) 벽

① 사면 벽의 가장 높은 벽치수를 기준으로 한다.

② 몰딩선에서 방바닥 또는 걸레받이까지의 치수에서 약 10cm를 가산하여 재단하며 걸레받이가 도배 후 시공될 경우 걸레받이의 치수를 적절히 감한다.

③ 무늬 있는 벽지는 리피트간격을 기준으로 재단한다.

> 예 **정미치수 벽높이가 240cm이며, 리피트간격이 40cm인 경우**
> - 40cm × 6(리피트 수) = 240cm이므로 시공 불가
> - 40cm × 7(리피트 수) = 280cm이므로 시공 가능하며, 밑부분 30cm를 일괄 도련하여 250cm 기장으로 시공하는 것이 편리하다.

(3) 실의 구조가 직각이 아닌 경우

① 완만한 대각선이면 가장 긴 쪽을 기준으로 하며, 각도가 크다면 정배지의 너비를 기준으로 각각의 치수가 다르게 재단하고 이면에 시공순서대로 일련번호를 적어 놓는다.

② 평행사변형, 사다리꼴, 곡면, 계단식 구조도 각각 재단한다.

(4) 창문틀, 보, 기둥 부위

창의 가로폭이 도배지 폭보다 클 경우 창상, 창하 부위를 별도로 재단하며, 적을 경우에는 온장으로 재단하고 창의 모양대로 따낸다. 보와 기둥은 폭의 수대로 재단한다.

(5) 횡방향 시공

주로 줄무늬벽지를 횡방향으로 시공하는 경우 상단 정배지는 출입문을 포함하여 전체 벽 길이에 여유분을 가산하여 재단하고, 하단 벽지는 출입문을 제외하고 재단한다.

3 도련(마름질)

산정된 재단치수에 따라 도배지를 자르는 작업을 마름질이라 한다. 예리한 칼을 사용하므로 작업자가 안전에 상당한 주의를 기울여야 한다. 정배지의 생산일자와 로트번호(lot number) 및 출고된 포장색테이프, 일련번호 등으로 구별한다. 직사일광이나 역광이 비추지 않는 밝은 곳에서 여러 각도로 이색 유무와 리피트간격, 파손, 가장자리의 훼손 등을 점검한 후 도련작업에 들어간다.

① 정밀도가 좋은 재단자와 강성이 우수한 재단칼(커터칼)을 사용한다.
② 재단용 커터칼에 바닥재가 상하지 않도록 재단용 밑판(얇은 합판, 아크릴판)을 사용한다.
③ 리피트간격에 차이가 있는 제품, 이색 등 제품 불량은 시공할 수 없으므로 반품한다. 일부 직물류 벽지는 약간의 리피트오차가 있으나 정배 시 교정하며 시공이 가능하다.
④ 생산날짜가 다를 경우 이색 하자가 발생하지 않도록 선별하여 별도 구역에 시공한다.
⑤ 무늬의 끝을 도련하게 되면 실제 시공 시 몰딩, 천장선에서 무늬 상단 일부가 잘리게 되므로 무늬 끝에서 5cm 정도 위의 임의의 점을 기준하여 도련한다.
⑥ 수수깡벽지, 갈대벽지, 목질계 벽지는 도배용 커터칼로 도련하기가 어려우므로 재단가위를 사용한다.
⑦ **서두 재단(trimming 재단)** : 일부 수입벽지 및 특수 벽지, 직물류는 가장자리의 훼손, 올의 풀림 방지를 목적으로 작업자가 트림선을 도련하여 시공하도록 되어 있다. 무늬 있는 벽지는 한 장씩 트림선을 도련하는 것이 정밀도가 높으며 무늬 없는 벽지라도 작업자의 숙련도에 맞게 소량을 나누어 도련한다(최대 5장 이내).
⑧ 내스크래치(scratch)성이 약해 쉽게 올이 풀리는 직물류의 벽지는 한 장씩 세심한 주의를 기울여 정밀 도련한다.
⑨ 여러 장을 한 번에 도련할 경우 벽지가 움직이지 않도록 집게나 클립으로 3면을 고정하고 도련한다.

4 무늬의 패턴

① **자연적인 무늬(natural pattern)** : 자연을 그대로 묘사한 무늬(구름, 꽃, 식물, 동물 등)
② **양식화된 무늬(style pattern)** : 자연에서 도출하여 변화시키고 단순화하여 모티프(motif)를 살리거나 사조의 주제가 되는 무늬(아라베스크, 아칸서스 문양)
③ **추상적인 무늬(abstract pattern)** : 자연적인 바탕에 심미적인 복합 개념의 무늬(기하학적 무늬)
④ **전통 문양의 무늬(tradition pattern)** : 왕실 문장, 보이스카우트 문양, 격자 문양, 아(亞)자 문양, 태극 문양 등

⑤ **건축재료를 묘사한 무늬** : 본타일, 핸디코트, 벽돌, 대리석, 메탈 등

⑥ **생활용품을 묘사한 무늬** : 인형, 가구, 소품, 자동차 등

5 무늬의 종류에 따른 재단

(1) 무지벽지(free match)

무지벽지는 재단치수대로 임의로 도련한다. 그러나 무늬 없는 벽지도 사실은 작은 엠보 (embo)의 리피트간격은 존재한다.

① **정방향 시공** : 무늬의 상하가 없더라도 도련 후 이면에 화살표를 표시하여 일률적인 방향으로 시공하여야 한다. 무늬의 상·하가 없다고 섞어 바르면 건조 후 빛의 글레이징(glazing)현상 에 의해 이색이 지는 상태가 된다.

② **교차 시공** : 무지벽지라도 좌우를 교차시켜 좌우가 섞이지 않고 연속으로 맞대어지게 하는 시 공이다.

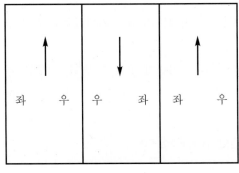

▲ 교차 시공의 예

(2) 비구상무늬(random match)

무늬는 있지만 상하, 좌우가 불규칙한 비구상무늬는 무지벽지와 같이 임의 재단한다. 일부 수입벽지와 수공예벽지(hand made)에서 볼 수 있는 무늬이다.

(3) 엇무늬(drop match)

갑을 무늬, 지그재그 무늬라고도 하며 무늬의 1/2(half drop), 1/4(quarter drop) 등의 간격으로 순차적인 배치에 의해 무늬가 맞아진다. 한 장씩 맞대어 확인한 후 도련하고 이면에 일련번호 와 좌우 표시를 하여 순서대로 시공한다.

(4) 정무늬(straight across match)

보통 무늬배치로서 도배지의 이음매에서 무늬를 맞추며 수평, 대각선방향으로도 무늬의 라인(line)이 맞아 떨어지며 임의의 점을 기준하여 일괄 도련한다.

(5) 빗무늬(splayed match)

임의의 점을 기준하여 일괄 도련하되 이음매에서 맞댄 무늬가 아니라 빗겨 맞춰지는 무늬이다.

6 무늬의 상하를 구별하는 조건

(1) 실상과 동일

 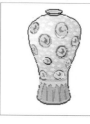 

▲ 꽃   ▲ 도자기   ▲ 하트

(2) 크기

(3) 다수

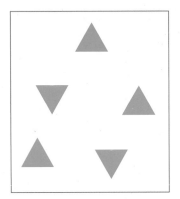

(4) 색채(명도)

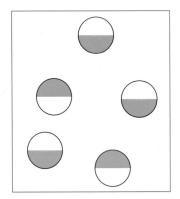

(5) 주제(motif)

(6) 이음매 우선

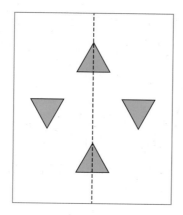

(7) 고객(client)의 요구

(8) 기타

상하의 구별이 거의 없을 때에는 일방향 시공을 원칙으로 시공방향에 따라 결정한다.

06 작업대(우마) 설치

1 작업대의 종류

(1) 고소작업일 경우

① 고소작업용 조립식 비계(강관비계, steel pipe scaffold)를 사용하거나 작업조건에 적합하도록 현장 제작하여 사용한다.
② 추락에 대비하여 안전모, 안전벨트를 착용하고 안전그물망을 설치하며, 하부 바닥에는 매트(mat)를 깔아 재해를 방지한다.

(2) 일반적인 층고일 경우

① 높이 3m 이하는 도배용 작업대로 시공이 가능하며 적절히 높이 조절을 한다.
② 안전을 위해 발판의 너비는 광폭(25cm 이상)을 사용하지만 각 실의 출입구를 통과할 때 이동성이 좋지 않다는 단점이 있다.

▲ 고소작업 시 작업대 배치

> **참고**
>
> 작업대의 발판은 미끄러지지 않도록 풀이나 물기가 없어야 하며 신발에 걸릴 수 있는 공구나 기타 물체를 제거한다.

2 작업대의 위치 선정

(1) 초배

① 초배작업의 방식에 따라 작업대의 위치를 적절히 선정한다.
② 초배는 비교적 짧은 작업시간과 이동성이 있어야 하므로 가급적 경량의 작업대를 사용한다.

(2) 천장

① 천장의 길이에 따라 작업대를 이어서 설치하되, 각 작업대의 간격은 건너가기에 무리가 없도록 최장 30cm 이내로 한다.

② 작업대는 보통 도배지의 중앙에 위치하는데, 중앙에서 시공하는 방향으로 약간 안쪽에 위치하는 것이 이음매 맞물려가기와 이음매 마감 처리에 유리하다.

▲ 긴 천장의 작업대 배치

(3) 벽

① 벽체에서 30~50cm 떨어진 지점이 도련이나 정배솔을 사용하기에 유리하다.
② 무리하게 가장자리에 붙어서 시공하지 않아야 한다.

참고

거실의 베란다 창이나 아파트의 창문 부근 및 기타 위험물이 위치한 지점은 특별히 주의를 기울이며 작업한다.

07 초배작업

도배를 건축물에 비유하자면 바탕 정리는 기초 지반을 튼튼히 다지는 작업이며, 초배는 철근을 배근하는 것과 같고, 정배는 잘 배근된 철근 위에 콘크리트를 타설하는 작업과 같다. 이와 같은 이치로 볼 때 철근에 비유한 초배의 공법을 잘못 선택하거나 부분적으로 생략하거나 규격 미달제품을 사용한다면 정배지가 온전히 지탱할 수 없다.

1 초배의 목적과 유의사항

(1) 목적

① **평활도** : 바탕면의 단차를 해소시킨다.
② **은폐성** : 거친 바탕을 은폐한다.
③ **시공성** : 정배작업 시 시공성을 향상시킨다.
④ **내구성** : 정배지의 강도를 보강하여 사용연한을 길게 한다.
⑤ **부착력** : 바탕면과 정배지의 사이에서 양자의 부착력을 증진시킨다.
⑥ **원형력** : 건축내장재의 노후로 인한 신축, 변형으로부터 정배지의 원형을 유지하게 한다.
⑦ **차단성** : 초배지 자체의 실내습도조절능력과 건축구조재, 내장재에서 발산되는 유해한 독소를 차단한다.

(2) 유의사항

① 초배지의 품질을 확인한다(결의 방향, 강도 등).
② 풀과 합성수지 접착제의 적절한 배합으로 확실한 부착력을 얻어야 한다.
③ 도포량을 조절하여 정배 시점이 지연되지 않도록 한다.
④ 가급적 난방을 가동하지 않고 기후에 따라 개구부를 조절하여 급히 건조시키지 않는다.
⑤ 부득이한 경우 열풍기, 공업용 드라이기를 사용하여 건조시킨다.

2 결에 의한 조건

① 엇결의 강도에 비해 직결의 강도는 약 1/2이다.

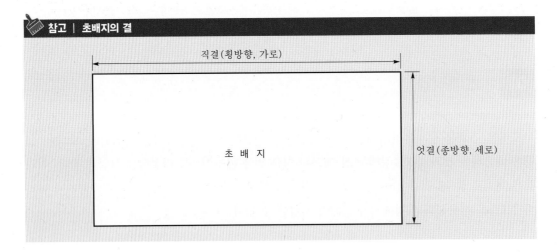

참고 | 초배지의 결

직결(횡방향, 가로)

초 배 지

엇결(종방향, 세로)

② 인장력에 대응하는 강도와 부착력에는 엇결이 우수하다.

③ 정배지와 초배지의 결은 교차 시공하는 것이 강도상 유리하다.

④ 초배, 재배의 반복 시공일 경우 각각 교차 시공한다.

3 바탕 정리

① **돌출물** : 못이나 고임목 등을 제거하고 훼손된 부분은 모르타르(mortar)나 퍼티(putty)로 충전시키고 평활하게 조정한다.

② **균열** : 크랙(crack) 보수제로 충전시킨 후 평활하게 조정한다.

③ **곰팡이** : 곰팡이를 제거하고 방습지 시공, 약품 처리, 도막 처리, 탄화법 등으로 재발생되지 않도록 조치한다.

④ **이질재** : 페인트, 미장합판, 금속면, PVC류 등에는 확실한 접착력을 얻기 위해 이질재의 재질에 따라 프라이머(바인더용액)나 아크졸(표면중화제)을 1~2회 도포한다.

⑤ **낙서, 도료오염** : 정배 시공 후 장기간에 걸쳐 표면으로 전사되지 않도록 프라이머, 아크졸을 2~3회 도포하여 도막을 형성시킨다.

⑥ **단차, 요철** : 퍼티, 샌딩(sanding)작업 후 프라이머(primer)를 도포한다.

⑦ **녹물** : 경미한 부위는 아크졸을 2~3회 도포하여 도막을 형성시키고, 넓은 부위는 녹막이 안료가 배합된 철제용 프라이머(zinc chromate)를 도포한다.

▲ 바탕이 매우 불량한 조건

4 시공의 종류

(1) 틈막이 초배

① 장단점

　㉠ 장점

　　• 가격이 저렴하며, 시공이 간편하다.

　　• 현장에서 가장 널리 사용되며 비교적 신뢰할 수 있다.

　　• 내장마감재(석고보드, 합판 등)의 연결 부위 단차를 쉽게 해소시킨다.

　㉡ 단점

　　• 예민한 정배지에는 틈막이 초배의 공간층과 가장자리 단차가 나타난다.

　　• 장마철이나 실내습도가 높을 경우에는 습도로 인해 틈막이 초배 부위의 비틀림, 들뜸 현상이 발생한다.

　　• 틈막이 초배 시공 부위의 정배지가 파열되는 하자가 발생한다.

참고 | 파열의 원인

① 외력의 하중이 크게 작용할 경우　　　④ 내장마감재의 신축, 변형

② 초배·정배지의 강도가 약할 경우　　　⑤ 고온난방

③ 시공 불량　　　⑥ 훼손

---

② 규격

　㉠ 낱장 틈막이 초배지 : 수작업으로 재단하여 시공한다.

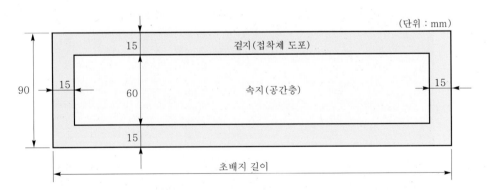

　㉡ 두루마리 틈막이 초배지 : 공장제품으로, 접착제가 도포된 폭 90mm 정도의 일반용과 200mm 이상의 광폭이 있다.

③ 종류

   ㉠ **물바름 틈막이 초배** : 재단된 홑겹의 각 초배지에 풀 대신 물을 발라 정배와 동시에 작업하는 방식으로, 틈막이 초배가 누락된 부위와 단순한 부위에 약식으로 사용한다.

   ㉡ **홑겹 틈막이 초배** : 재단된 홑겹의 각 초배지 양끝 가장자리에 2cm 정도 풀을 발라 시공하는 작업방식으로, 단순한 부위에 약식으로 사용하며 두 겹 틈막이 초배에 비해 시공성은 빠르나 파열되는 하자가 종종 발생하는 단점이 있다.

   ㉢ **두 겹 틈막이 초배** : 하급 도배작업에 주로 선택하며 각 초배지를 사용하므로 강도가 약해 도배지가 파열되고 단차가 정배지에 나타나며 시공성이 늦다.

   ㉣ **삼 겹 틈막이 초배** : 각 초배지를 삼 겹으로 시공하므로 내구성이 우수하나 단차가 정배지에 나타나며 시공성이 매우 늦다.

   ㉤ **운용지 틈막이 초배** : 속지는 각 초배지, 겉지는 운용지를 사용하여 내구성은 좋으나, 두꺼우므로 정배지에 단차가 생기는 단점이 있으므로 정배지에 따라 구별하여 사용한다.

   ㉥ **부직포 틈막이 초배** : 가장 강한 인장력으로 상당한 하중이 작용하는 넓은 면적의 천장과 스팬(span)이 큰 부위에 적합하나 현장 제작하여 시공하므로 시공성이 매우 늦다.

   ㉦ **두루마리 틈막이 초배** : 재단하여 사용하는 낱장 틈막이 초배의 최대 단점인 단차와 시공성을 극복한 제품으로 매우 얇으면서도 강도가 높고 연속해서 시공하므로 지그재그 단차가 발생하지 않는다. 단차와 스팬이 큰 부위는 광폭을 사용하거나 2장을 1/3 정도 겹쳐서 2회 시공한다.

   ㉧ **기타** : 이 외에도 상급 시공으로는 메시테이프(mesh tape) 시공 후 퍼티 먹임이 있으며, 저급 또는 약식으로 테이프 시공을 하는 방법이 있다.

④ 시공 부위

   ㉠ 내장마감재(석고보드, 합판, 패널 등)의 연결 부위 틈막이

   ㉡ 단열 모르타르, 스티로폼, 이질재와 결속되는 부위의 단차 해소

   ㉢ 각 부재 간의 뒤틀림, 변형, 하중이 작용하는 휨모멘트(bending moment) 부위의 변형 예방

   ㉣ 모서리 각진 곳(out corner), 건축내장재의 마감 불량, 크랙(crack)의 보수

⑤ 시공방법

   ㉠ 급한 건조, 바람, 동결로 인해 초배지가 수축, 변형, 접착 불량이 되지 않도록 작업환경을 조절한다.

   ㉡ 타커, 못, 나사 등이 돌출되지 않고 평활하여야 한다.

   ㉢ 마감 끝선까지 시공한다.

   ㉣ 롤식 틈막이 초배가 아닌 낱장 재단한 틈막이 초배는 각 장의 겹침이 50mm를 표준으로 한다.

   ⓜ 석고퍼티, 단열 모르타르, 페인트, 미장합판, PVC패널 등의 이질 마감재료와 접촉되는 부분은 접착력을 높이기 위해 프라이머작업 후 시공한다.

   ⓗ 뒤틀림과 주름이 없어야 하며, 마감재의 연결 부위가 틈막이 초배의 중심에 오도록 일직선으로 시공한다.

   ⓢ 마감재 연결 부위의 틈새, 단차가 심할 경우에는 2중, 3중으로 겹시공하여 구배를 완만하게 한다.

   ⓞ 천장면에서 집중하중과 편심하중이 우려되는 부위는 겹시공하여 응력에 대응하도록 한다.

   ⓩ 모서리 부분은 ㄱ자로 감싸며 모서리의 각진 면이 불량할 경우에는 겹시공한다.

   ⓩ 건조 후 터짐, 비틀림, 주름 등의 불량한 부위는 부분 재시공한다.

▲ 네바리 전용 솔

(2) 밀착 초배 (온통 바름, 찰붙임)

가장 기본적인 초배이며 신축 아파트 현장, 일반주택 등에 널리 시공되며 일반인, 초보자라도 작업이 가능하다.

① 장단점

   ㉠ 장점

- 시공성이 매우 좋아 경제적이다.
- 짧게는 초배 시공 1시간 경과 후 정배가 가능하므로 공사기간을 단축시킨다.
- 모르타르, 석고보드면에 밀착 시공하므로 인장력에 의해 파열되거나 이음매가 벌어지는 하자가 발생할 확률이 적다.
- 도배지의 오염, 훼손, 시공 불량으로 인한 하자·보수와 부분 재시공이 간편하다.

   ㉡ 단점

- 최대 결점으로 은폐성이 거의 없어 거친 바탕면이 정배 표면에 그대로 나타난다.

- 공간층이 없기 때문에 벽체 모르타르 알칼리성분과 습기에 직접 접촉하므로 정배지에 얼룩이나 곰팡이, 백화현상이 쉽게 발생한다.
- 공간 초배에 비해 단열, 방습, 흡음성이 거의 없다.
- 도배지를 새로 교체할 때 PVC층의 박리작업이 어렵다.

▲ 숯 부직포 공간 초배 위에 롤 운용지 밀착 초배 시공

② 규격

　㉠ 각 초배지(피지)

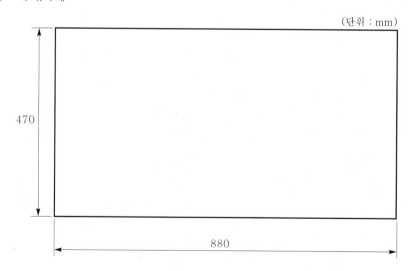

(단위 : mm)

470

880

      ⓒ 운용지(백상지) : 1,000mm×700mm

      ⓒ 두루마리 초배지

          • 백상지 : 970mm(폭)×200m(길이)

          • 하드롱지 : 1,100mm(폭)×200m(길이)

③ **시공방법**

- 밀착 초배작업이 가능한 실내온도는 5℃ 이상이다.
- 시공면의 바탕 정리, 건조상태를 확인하고 출입문과 창문을 닫아 급히 건조되는 것을 방지한다.
- 밀착 초배용 묽은 풀(물 : 풀 : 바인더 = 6 : 3.5 : 0.5)은 덩어리 없이 잘 배합하여 사용한다.
- 풀솔을 사용하여 수작업으로 도포할 경우에는 풀솔을 직각에 가깝게 세우고 적당한 힘을 주어 초배지의 가장자리까지 균등하게 도포한다.
- 초배지의 전면에 2회 이상 풀솔이 지나가게 하여 초배지에 풀이 충분히 도포되게 한다. 도포 시 풀이 충분히 흡수되지 않은 부분은 하얗게 솔자국이 나타나는 브러시마크(brush mark)가 나타나며 접착력이 떨어진다.
- 반자틀, 문틀, 걸레받이의 마감 끝선까지 전면 시공하며 콘센트 부위는 모양대로 따내기 한다.
- 가급적 온장 시공을 하며 조각 시공을 줄인다.
- 도포량은 모르타르나 석고보드에 적당히 침투될 수 있는 정도로 한다. 도포량이 너무 적으면 접착력이 불량하고, 너무 많으면 건조가 늦고 곰팡이의 발생 가능성이 높아진다.
- 시공 시 톱밥, 모래, 먼지, 스티로폼 입자 등이 초배지에 묻지 않도록 주의한다.
- 주름, 기포, 들뜸이 없도록 마무리 솔질을 빠짐없이 한다. 마무리 솔에 가하는 힘이 너무 약하면 접착력이 불량하고, 너무 강하면 주름이 생기며 바탕면의 윤곽, 요철이 뚜렷해지므로 솔질의 강도는 적당해야 한다.
- 각 초배지는 가로, 세로 10mm 겹침을 표준으로 한다. 낱장 운용지 초배의 가장자리 솔기 부분은 20mm 정도 겹침하고, 재단된 2면은 겹침 부위의 단차가 생기므로 맞댐 시공을 한다. 롤 초배지는 강도상 가급적 횡방향(엇결)으로 시공하며 벽체의 하단을 선시공하고 상단을 후시공한다.
- 낱장 초배지는 겹침을 일률적으로 하되 약간씩 빗겨(3mm 정도) 정배지에 단차가 나타나지 않도록 하거나, 각 장의 세로겹침이 초배지 길이의 1/2로 엇갈리게 하는 방법이 강도상 유리하며 단차를 최소화할 수 있다(벽돌쌓기식).
- 시공순서는 천장일 경우 겹침선이 보이지 않도록 주출입구에서 볼 때 안에서 밖으로 시공하며, 벽일 경우에는 위에서 아래로 시공하는 방법이 일반적이나 원칙은 아래에서 위로 시

공한다. 아래에서 위로 시공하는 것은 겹침선의 단차를 최소화할 수 있으나 시공성이 떨어지는 단점이 있다.

- 모서리 부분은 주름, 들뜸이 없게 감싸서 시공한다.
- 초배가 건조된 후 품질을 확인하고 재배에 들어간다.
- 재배는 전면 재배하는 방식과 정배지의 이음매 부위만 단지(심)를 바르는 방식이 있다.
- 반자틀, 문틀, 걸레받이, 페인트 부분에 묻은 풀은 젖은 스펀지나 걸레로 깨끗이 닦아낸다.
- 완전 건조 후에 쇠주걱이나 사포를 사용하여 시공면을 평활하게 정리한다.

④ 시공의 종류

　㉠ 일방향 시공(직사각형)

　　• 장점
　　　－시공이 간편하여 초보자도 가능하다.
　　　－낱장이므로 주름이나 기포의 하자가 적다.
　　　－공기가 단축되고, 공사비가 절감된다.
　　• 단점 : 예민한 정배지에는 초배지의 겹침선이 나타날 수 있다.
　　• 시공모습

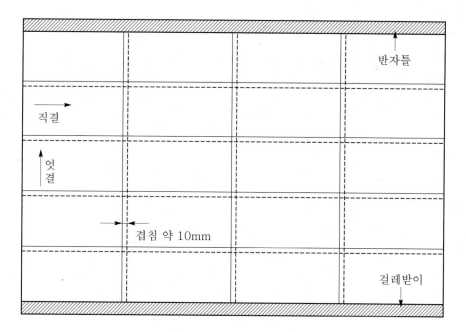

　㉡ 일방향 교차 시공(벽돌쌓기형)

　　• 장점 : 겹침선과 인장력을 분산시키는 상급 시공이다.
　　• 단점 : 시공성이 다소 늦다.

• 시공모습

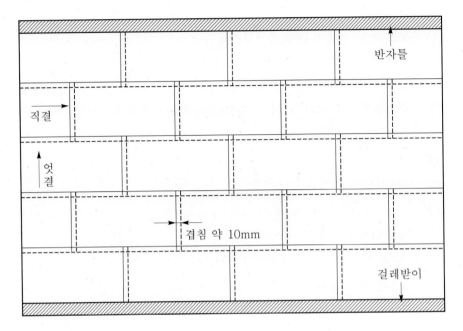

ⓒ 엇결 교차 시공(정사각형)

• 장점 : 인장력이 분산되는 상급 시공이다.

• 단점 : 시공성이 늦다.

• 시공모습

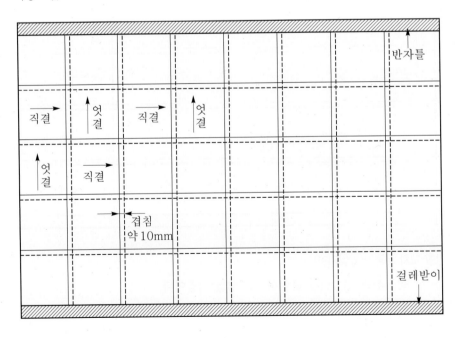

ㄹ 두루마리 초배지 2단 겹침 시공(횡방향 시공)

- 장점
  - 시공성이 매우 좋아 공기 단축 및 공사비 절감에 유리하다.
  - 일반 현장에서 가장 널리 사용된다.
- 단점
  - 예민한 정배지에는 초배지의 겹침선이 나타날 수 있다.
  - 초배지의 길이에 의한 인장력이 작용하여 가장자리가 들뜨거나 기포나 주름이 발생하기 쉽다.
- 시공모습

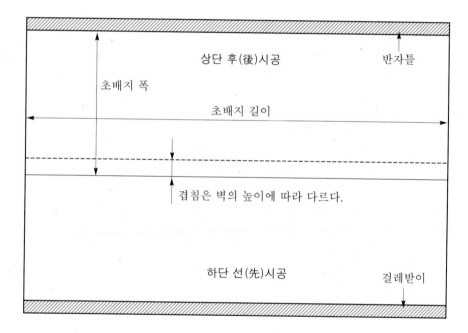

ㅁ 두루마리 초배지 2단 맞물림 시공(횡방향 시공)

- 장점
  - 시공성이 좋아 공기 단축 및 공사비 절감에 유리하다.
  - 겹침단차가 없는 맞물림 시공이므로 예민한 정배지에 사용된다.
- 단점 : 초배지의 길이에 의한 인장력이 작용하여 가장자리가 들뜨거나 기포나 주름이 발생하기 쉽다.

• 시공모습

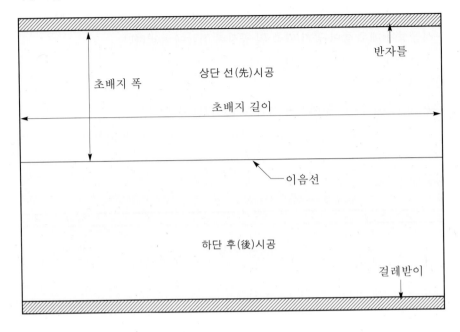

반자틀

초배지 폭

상단 선(先)시공

초배지 길이

이음선

하단 후(後)시공

걸레받이

ⓑ 두루마리 초배지 겹침 시공(종방향 시공)

• 장점

－시공성이 좋아 초보자도 가능하다.

－창하, 문상 등의 부속을 제외하고는 모두 재단치수가 일정하므로 시공에 착오가 없다.

• 단점

－초배지의 결이 정배지의 이음매와 같은 방향인 직결이므로 정배지의 이음매가 갈라지는 하자가 발생하기 쉽다.

－각 장의 겹침 폭이 동일하지 않으므로 예민한 정배지에는 단차가 나타난다.

• 시공모습

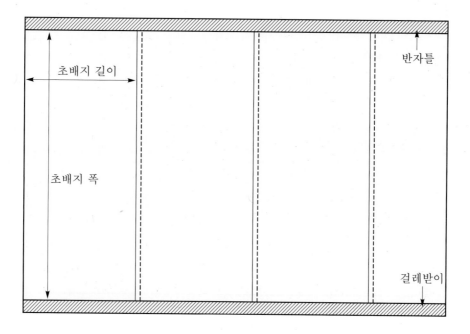

Ⓢ 교차 시공(종·횡방향)
• 장점
   − 직결과 엇결이 교차 시공되므로 정배지의 인장력에 충분히 대응할 수 있다.
   − 내구성이 우수하며 정배지의 이음매가 갈라지는 하자가 없는 상급 시공이다.
   − 재질이 두꺼운 레자, 직물, 특수 벽지에 적합하다.
• 단점
   − 초배지의 건조시간이 다소 늦다.
   − 밀착 초배공법 중 재료가 많이 소모되며 이중 시공이라 공사비가 많이 소요된다.

• 시공모습

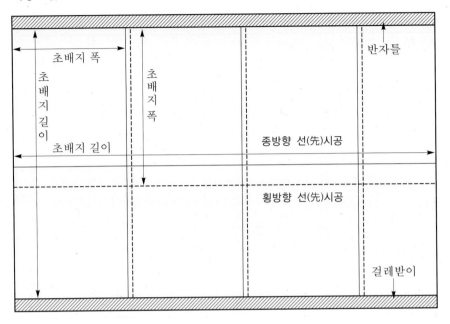

◎ 밀착 초배 후 단지(심)를 시공할 경우

• 시공모습

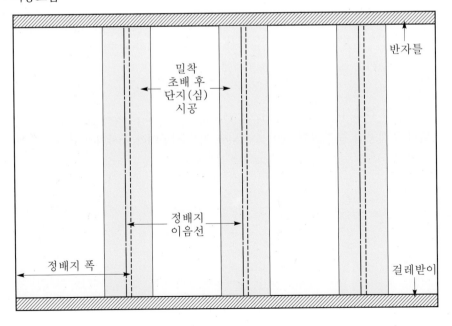

(3) 공간 초배(띄움 시공, 봉투 바름)

밀착 초배에 비해 난이도가 있는 상급 초배이다. 과거 초배용 부직포가 사용되기 전에는 각 초배지나 운용지, 한지를 제품규격대로 시공하거나 정사각형으로 작게 재단(1면 길이 300~500mm 정도)하여 봉투식으로 시공하여 '봉투 바름'이라고도 한다. 근래에는 도배작업의 기술 향상, 고급화로 인해 보편적인 초배공법으로 가장 널리 시공되고 있다.

① 장단점
  ㉠ 장점
   • 거친 면을 은폐하여 평활한 도배면을 얻는다.
   • 공간층이 있기 때문에 단열, 흡음, 내충격성의 기능적 효과가 있다.
   • 통기성이 있기 때문에 곰팡이나 얼룩이 쉽게 발생하지 않는다.
   • 각 초배지, 운용지, 롤 초배지, 부직포 초배지, 한지 등 다양한 초배재료로 시공이 가능하다.
  ㉡ 단점
   • 하자 발생 가능성이 다소 높고 관리, 보수가 까다롭다.
   • 밀착 초배에 비해 자재, 시공비가 높다.
   • 초배 후 충분한 건조시간이 필요하다.
   • 초보자가 시공하기에는 무리가 있다.
   • 장마철이나 실내습도가 높을 경우에는 벽지의 흡습성으로 인해 출렁거리는 현상이 생긴다.

▲ 공간 초배(부직포 시공)

② 규격과 종류
　㉠ 각 초배지
　　• 온장 : 880mm×470mm
　　• 반장 : 440mm×440mm
　㉡ 운용지
　　• 온장 : 1,000mm×700mm
　　• 반장 : 500mm×500mm
　㉢ 부직포
　　• 온장 : 1,100mm×1,100mm
　　• 반장 : 550mm×550mm
　㉣ 한지 : 용도와 생산지에 따라 각각 규격이 다르며 작업조건에 따라 재단하여 사용한다.

③ 시공방법
　㉠ 재료에 의한 분류
　　• 초배지(낱장 초배지) : 낱장이므로 시공성이 늦고 재질이 얇아 정배지가 파열되는 하자가 자주 발생한다. 넓은 면적에는 부적합하다.
　　• 두루마리 초배지(하드롱지) : 주로 한지 장판의 공간 초배용으로 사용된다. 시공성이 빠르고 공사비가 절감된다.
　　• 운용지(기계 한지) : 낱장과 두루마리제품이 있고, 소규모 현장의 상급 공간 초배에 사용된다.
　　• 한지(수초지) : 비단, 직물류 정배에 사용되는 최상급 공간 초배재료이다.
　　• 부직포(배접, 비배접) : 정배지의 인장력에 충분히 대응할 수 있는 질긴 합성섬유제품으로 근래에 가장 널리 사용되는 재료이다.
　　• 직물류(광목, 데드론 등) : 한지와 동급으로 최상급 공간 초배재료이다.
　　• 텍스 초배지 : 부직포와 한지를 결합한 제품으로, 신축 아파트 현장에서 가장 널리 사용하는 제품이다. 뛰어난 시공성이 장점이나 하자 발생률이 높다는 단점이 있으며 재시공성이 다소 버겁다.
　㉡ 규격에 의한 분류
　　• 온장(직사각형) : 각 초배지나 낱장 운용지를 재단하지 않고 제품규격대로 사용한다. 소량의 종이벽지 시공에 적합하다.
　　　−장점 : 시공이 간편하여 초보자도 가능하며 공사비가 절감된다.
　　　−단점 : 하급 시공으로 품질에 대한 신뢰도가 적으며, 인장강도가 약해 파열되는 하자가 발생한다.

-시공모습

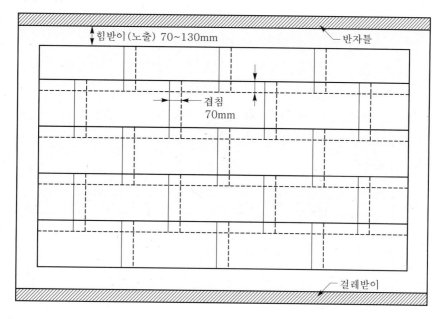

- 반장(정사각형) : 각 초배지나 낱장 운용지를 정사각형으로 재단하여 사용하며, 정배지의 하중에 대응하는 지지력이 좋아 두꺼운 재질의 정배지에 적합하다.
  - 장점 : 온장 시공보다는 인장강도가 강하며, 인장력이 분산되는 시공법이다.
  - 단점 : 시공성이 낮고, 공사비가 높아진다.
  - 시공모습

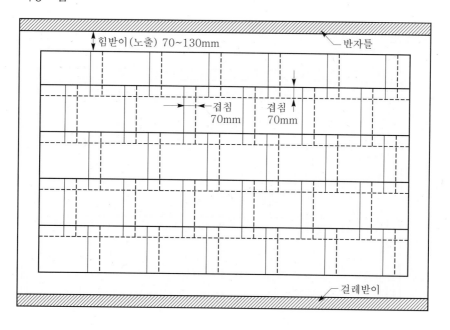

• 통부직포 : 벽체의 가로 혹은 세로로 시공하거나 천장길이대로 두루마리 부직포를 재단하지 않고 사용한다. 일반 실크벽지 시공에 적합하며 탁월한 시공성으로 신축 대형 현장에서 주로 선택하는 공법이다(횡·종방향 시공).
  −장점 : 질긴 합성섬유를 초배지로 사용하여 인장강도, 내구성이 우수하며 시공성이 뛰어나 공사비가 절감된다.
  −단점 : 규격이 크므로 장마철에 습도로 인해 정배지의 출렁거리는 현상이 발생하며, 합성섬유재로 화재 시 심한 유독가스가 발생한다.
  −시공모습 1

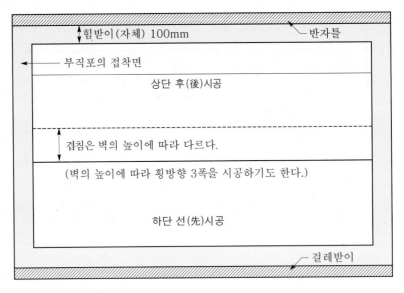

  −시공모습 2

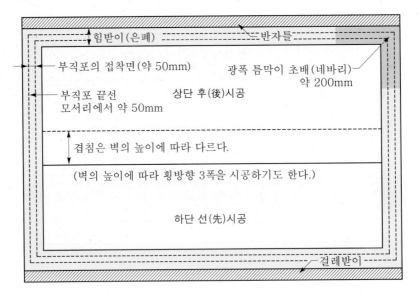

정배지를 세로로 시공할 때 선택한다.

• 재단 부직포(정사각형) : 상급 시공으로 작업조건에 따라 적절히 재단하여 사용한다. 레자, 패브릭, 갈포 등 두꺼운 재질의 고급 정배지에 적합하다.
  －장점 : 습도로 인한 출렁거리는 현상이 적고 인장력이 분산된다.
  －단점 : 통 부직포보다는 시공성이 늦다.
  －시공모습

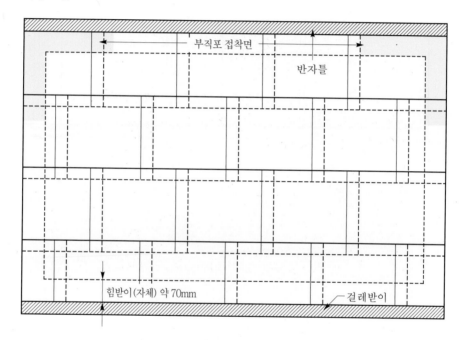

• 기둥걸기(물바름) : 정배지 이음매의 중심을 기준으로 약 500mm의 부직포를 엇결 또는 직결로 상·하단만 접착시킨다. 전용 두루마리 운용지나 각 장 운용지를 부직포 위에 1~2회 덧바른다.
  －장점 : 정배지의 속은 공간층이지만 밀착효과가 있으며 부자재가 절감된다.
  －단점 : 정배지의 이음매, 가장자리 외에는 정배지 자체의 홑겹이므로 인장강도가 약해 얇은 정배지는 파열되는 하자가 발생하고 시공성이 늦다.

－시공모습

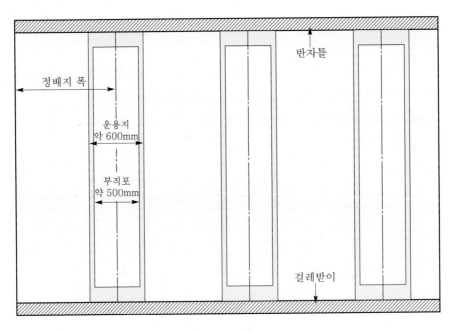

정배지 폭

운용지
약 600mm

부직포
약 500mm

반자틀

걸레받이

▲ 천장 부직포 기둥걸기

ⓒ 결에 의한 분류

• 직결 : 정배지를 세로로 시공할 때는 초배지의 결을 횡방향으로, 가로로 시공할 때는 종
방향의 초배지 결이 되도록 시공한다.

- 엇결 : 초배지를 정사각형으로 재단하여 초배지 각 장의 결이 반복되지 않도록 시공한다.
- 반결 : 초배지를 정사각형으로 재단하여 직결과 엇결의 구애를 받지 않도록 각 장을 대각선으로 시공한다. 주로 전통 한지를 초배지로 사용하는 최상급 시공으로 비단, 고급 직물벽지 시공에 적합하다.
  - 장점 : 힘받이 부분의 모르타르의 요철과 초배지의 단차를 감추는 효과가 있고 긴 세월 동안 내구성이 뛰어나며, 우수한 품질의 초배공법으로 최상급의 시공이다.
  - 단점 : 초배 시공이 매우 까다롭고 재료, 공사비가 많이 발생한다.
  - 시공모습

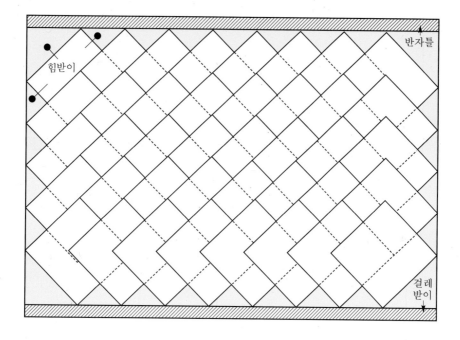

- 무결 : 직결과 엇결의 구분이 없도록 개발된 초배지를 사용한다.
  - 장점 : 초배 시공 시 결의 구애를 받지 않으므로 시공성이 높다.
  - 단점 : 엇결강도의 1/2로 강한 인장력에는 정배지의 이음매 부분이 파열되는 하자가 발생하기도 한다.
- 교차 : 직결과 엇결을 반복 시공하는 공법이다.
  - 장점 : 인장력을 분산시키므로 강한 인장력에 충분히 대응한다.
  - 단점 : 반복 시공으로 초배의 건조가 늦고 공사비가 높아진다.
ⓔ 접착에 의한 분류
  ⓐ 2면 접착 : 부직포 초배지의 양면, 각 초배지의 ㄱ자 면만 접착시키는 공법으로 시공성은 뛰어나지만 정배지의 인장강도에는 취약하며, 정배지의 출렁거림, 가장자리 부분의 요철, 단차, 들뜸의 하자가 발생할 우려가 있다.

• 부직포 공간 초배 2면 접착 시공의 예

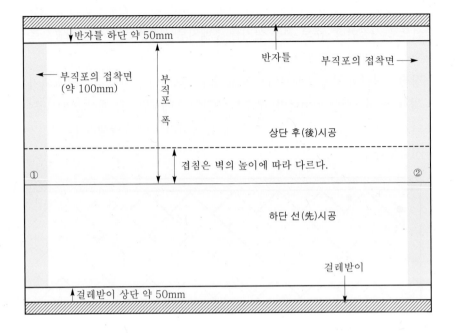

• 각 초배지 또는 운용지로 공간 초배 2면 접착 시공방법

– 각 초배지나 운용지를 정사각형으로 재단하는 방법

직사각형의 초배지를 그림과 같이 접어 ③ 부분을 재단하여 제거한다.

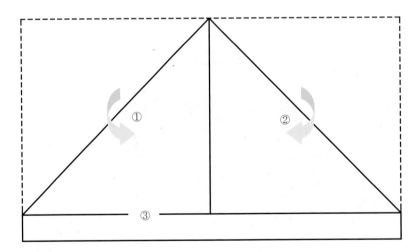

중심선을 재단하여 정사각형의 초배지를 구한다.

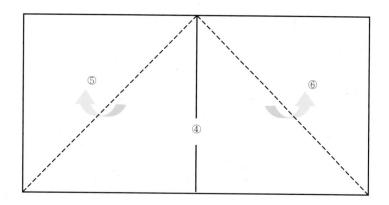

- 각 초배지의 2면 접착 시 도포방법 : 각 초배지를 2등분하여 정사각형으로 재단하여 20~30장을 봉투 바름으로 밀어 놓은 후, ①, ②면을 동시에 풀칠하고, ③, ④면은 풀칠하지 않은 상태로 시공면에 원하는 장과 겹침으로 시공하며, 시공성이 매우 빠르다.

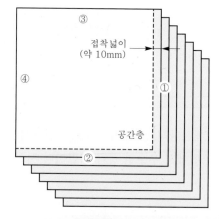

▲ 각 초배지 밀기

ⓑ 3면 접착 : 부직포 공간 초배의 상·하단 겹침 부분을 제외한 가장자리 3면만 접착시키는 공법으로, 시공성은 다소 늦지만 정배지의 인장강도에 대응할 수 있고, 정배지의 출렁거림, 가장자리 부분의 요철, 단차, 들뜸의 하자를 방지할 수 있다. 2면 접착공법에 비해 시공속도가 늦다.

• 시공모습

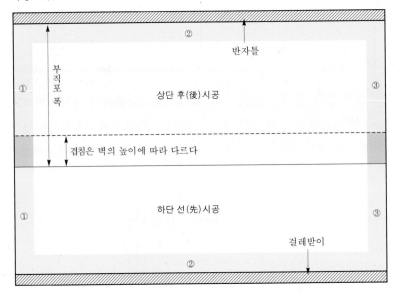

ⓒ 4면 접착 : 부직포 초배지나 각 초배지의 4면을 접착시키는 공법으로, 2면 접착, 3면 접착공법에 비해 여러 면에서 우수한 상급 시공이나 시공속도가 늦다는 단점이 있다.

• 시공모습

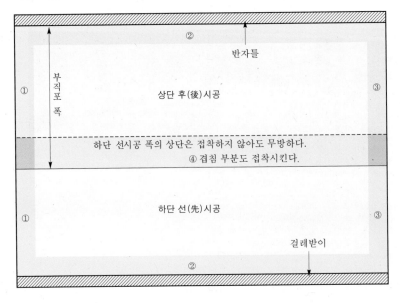

• 천장 부직포 공간 초배

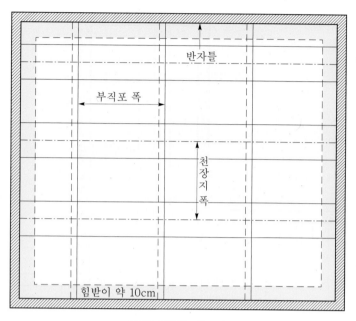

▲ 부직포 종방향 시공모습

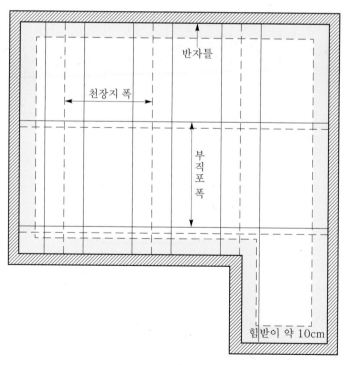

▲ 부직포 횡방향 시공모습

• 천장 물바름공법(기둥걸기)

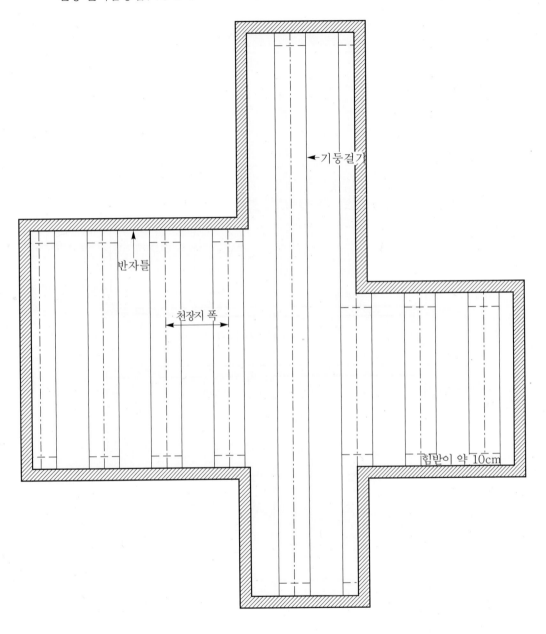

각 초배지를 2등분하여 정사각형으로 재단하여 20~30장을 봉투 바름으로 밀어 놓은 후, ①, ②면을 동시에 풀칠하고, ③, ④면은 각 장씩 풀칠하여 4면 풀칠된 초배지를 원하는 장과 겹침만큼 반복하여 시공한다. 시공속도가 매우 늦다.

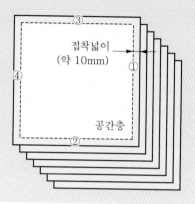

ⓓ 이중 접착 : 시공면이 넓거나 부착력이 떨어지는 단열재를 피해서 이중 접착하여 인장력에 의해 도배지가 들뜨는 하자를 방지한다. 2면, 3면, 4면 접착에 모두 적용하여 시공할 수 있다.

• 시공모습

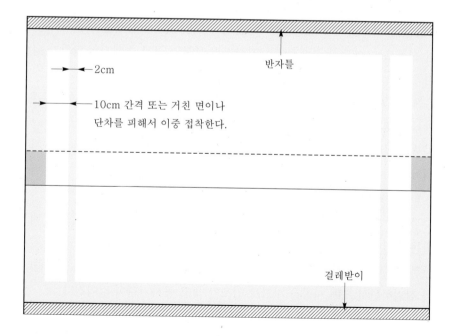

ⓔ 모서리 이중 접착 : 인장력이 가장 크게 발생하는 4면의 모서리를 접착시킨다. 이중 접착보다는 인장력에 대응하는 효과는 덜하지만 민감한 도배지를 시공할 경우에 이중 접착 부위의 요철을 줄일 수 있는 장점이 있다.

• 시공모습

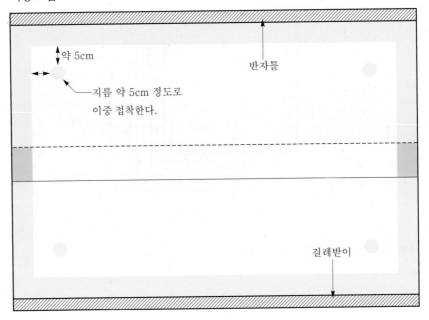

ⓜ 힘받이(가장자리 접착면)에 의한 분류

• 노출 힘받이 : 공간 초배 이외의 부분의 모르타르나 마감재를 노출시키는 일반적인 하급 시공으로, 예민한 정배지에는 가장자리 부분의 공간 초배지의 단차가 나타나는 단점이 있다.

• 은폐 힘받이 : 노출 힘받이 부분의 모르타르나 마감재 부분을 두루마리 운용지, 광폭 틈막이 초배지로 덧발라 단차를 줄이는 상급 시공이다.

• 자체 힘받이 : 가장자리 부분의 공간 초배지 자체를 70~130mm 폭으로 시공면에 접착시켜 단차 없이 시공하는 공법이다.

ⓑ 전통 한지의 공간 초배

• 장점 : 공간 초배와 온통 바르기(재배)를 반복 시공하여 우수한 평활도와 내구성을 갖게하는 최상급 시공이다.

• 단점 : 반복 시공이므로 재료가 많이 소요되며 공사비가 매우 높게 발생한다. 건조상태를 점검하면서 초배 시공을 하므로 건조가 늦고 공사기간이 길어진다.

• 시공순서 : 공간 초배 2회 → 온통 바르기 1회 → 공간 초배 2회 → 온통 바르기 2회 → 정배지

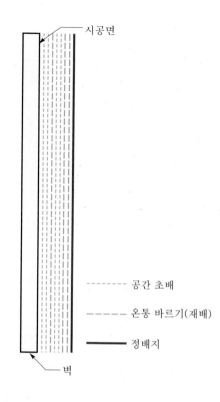

시공면

공간 초배

온통 바르기(재배)

정배지

벽

Ⓐ 단지(심) 바르기 : 두루마리 운용지나 한지를 정배지 이음매의 중심에 300~500mm 폭으로 덧바르는 초배공정 중 마지막 작업이다.

- 효과
  - 정배지의 인장력에 대응하여 정배지가 파열되는 하자를 방지한다.
  - 정배지의 이음매가 정교하게 시공되어 도배의 품질을 높인다.
  - 시공 후 정배지의 출렁거림을 방지한다.
  - 주로 공간 초배 위에 바르지만 겹침이음인 종이벽지 초배에도 시공한다.
- 재료 : 낱장 운용지, 두루마리 운용지, 한지, 하드롱지 등이 쓰인다.
- 기본 바르기 : 정배지 이음매의 중심만 덧붙이며 인장력에 충분히 대응하기 위해 두 겹을 바르기도 한다.

– 시공모습

단 지 단 지 단 지 반자틀

초   배   면

정배지 폭   걸레받이

▲ 단지(심) 바르기

▲ 숯 부직포 시공 후 단지(심) 시공

▲ 단지(심) 이중 걸기

▲ 이면지 위 단지(심) 걸기

▲ 천장 바르기

▲ 롤 운용지 밀착 초배

• 횡방향 걸기(1단, 2단 걸기) : 횡방향의 인장력에 대응하기 위해 기본 바르기와 함께 시공면
을 등분하여 1단, 2단으로 시공면의 가로방향으로 덧바르기 한다.
 －시공모습

	단 지			단 지			단 지		반자틀
		횡방향 단지							
초		배			면				
		횡방향 단지							
정배지 폭									걸레받이

• 대각선(X형) 바르기 : 기본 바르기와 함께 X형으로 덧바르기 한다. 인장력이 가장 크게 작
용하는 정배지의 중심 부분을 보강하는 시공이다.

─시공모습

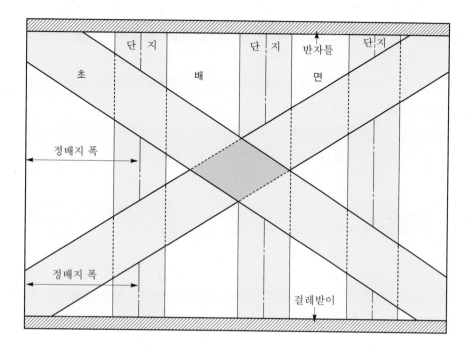

- 재배 후 단지 바르기 : 공간 초배 위에 온통 바르기를 1~2회 시공하고, 폭 300~500mm 단지를 덧붙이는 상급 시공이다.
- 시공순서 : 공간 초배 → 온통 바르기 → 단지 바르기 → 정배지

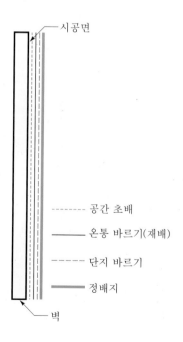

- 단지 생략
  - 배접 부직포 : 부직포에 운용지가 배접되어 있어 단지를 덧바르거나 작업조건에 따라 단지를 생략하기도 하지만 정배지의 인장력에 대응하지 못해 이음매가 파열되는 하자가 발생할 우려가 있다.
  - 종이벽지 : 국산 종이벽지는 맞물림이음(butt joint)이 아니라 겹침이음(overlap)이므로 단지를 생략하기도 한다.
  - 온통 바르기 : 공간 초배 위에 단지 대신 전면을 두루마리 운용지나 초배지로 1~2회 재배하여 단지를 대신한다.

08 정배작업

정배는 준비작업(밑작업), 초배작업을 거치고 도배를 완성시키는 가장 중요한 작업이다. 마지막으로 누락되거나 미흡한 부분이 있는지 점검하고 작업에 임해야 하며 정배지의 재질과 작업조건에 적합한 기능공이 시공하여야 한다.

1 풀 바르기

(1) 풀이 도포된 정배지의 전과정

풀을 도포한 정배지가 시공되어 건조되기까지는 다음 4단계의 과정을 거친다.

▲ 자동풀바름기계 사용

① **숨죽임(soaking time)** : 풀 도포 후 시공하기에 적당하도록 벽지에 수분이 흡수되는 시간
② **작업 개시점(open time)** : 숨죽임이 끝나고 정배가 시작되는 시간
③ **작업시간(tack time)** : 풀이 도포된 정배지를 풀이 마르기 전에 시공을 완료하는 본작업시간
④ **양생시간(curing time)** : 시공한 정배지가 건조되면서 도배의 품질을 확보하는 시간

(2) 수작업(손 풀칠)

① **동선 확보** : 작업장 내에 바닥이 평활하고 여유 있는 공간을 선정한다. 작업용수의 조달이 쉽고 타 공종과 중복되지 않는 조건이어야 한다.
② **재료 준비** : 재단된 정배지와 잘 배합된 풀과 작업용수, 된풀솔과 묽은 풀솔, 도포용 붓 등 공구를 준비한다.
③ **풀판 설치** : 재단된 정배지를 여유 있게 깔 수 있도록 풀판을 설치한다.

▲ 비교적 짧은 정배지(초배지)의 풀판

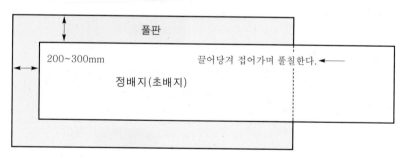

▲ 긴 정배지(천장지)의 풀판

▲ 손풀칠

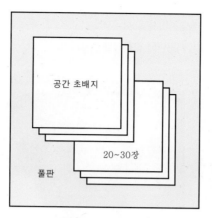

▲ 재단된 공간 초배지의 풀판

④ **도포**

ㄱ 풀솔의 좌우 왕복거리를 가급적 길게 하여(약 70cm) 정배지에 풀이 고르게 도포되도록 한다.

ㄴ 풀의 농도에 따라 풀솔의 강약과 속도를 조절한다.

ㄷ 가운데는 2회 이상, 가장자리는 3회 이상 풀솔이 지나가며 정배지에 풀이 충분히 흡수, 도포되도록 하여 배접이 박리되거나 가장자리가 쉽게 건조되지 않도록 한다.

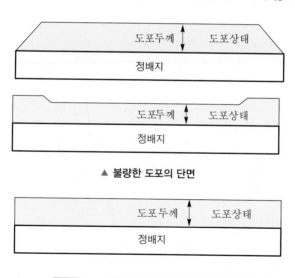

▲ 불량한 도포의 단면

▲ 양호한 도포의 단면

🖌 참고 | 시공면에 도포하는 경우

특수 재질의 벽지나 이질 바탕면에는 시공면에 접착제를 도포하기도 한다.

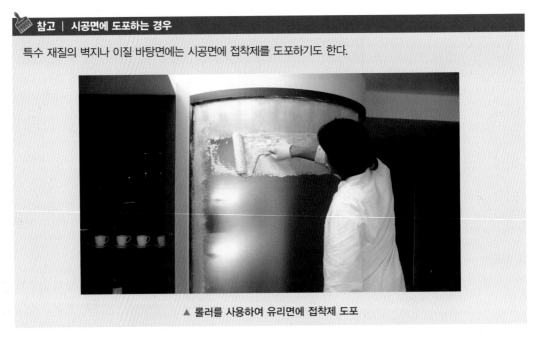

▲ 롤러를 사용하여 유리면에 접착제 도포

⑤ 접기

　㉠ 반접기 : 주로 1m 이하의 정배지나 초배지에 선택한다.

　㉡ 반반접기 : 상하 구별 없는 중간 치수의 정배지나 일부 초배지에 선택한다.

　㉢ 상단 길게 접기 : 상단을 구별하며 시공이 용이하도록 상단 쪽을 길게 접는다.

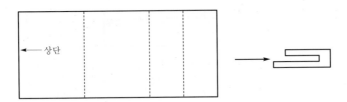

ⓔ 주름접기 : 천장지 및 긴 정배지와 단지(심)에 선택하며, 자동풀바름기계에서 도포된 정배지의 접는 방식이다. 일명 치마접기라고도 한다.

ⓜ 덮어접기 : 정배지의 표면에 풀자국이 남지 않도록 정배지의 끝부분을 3~5cm 정도 덮어서 접는 방식이다.

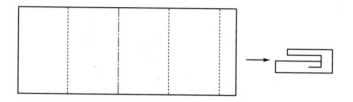

ⓗ 대각선접기 : 정사각형으로 재단하여 사용하는 공간 초배지의 접는 방식이다.

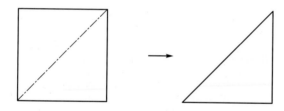

ⓢ 양 대각선접기 : 각 초배지의 양 가장자리를 쉽게 펼쳐서 즉시 바를 수 있는 접기 방식이다.

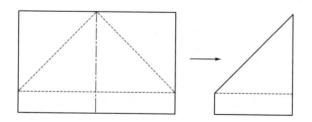

ⓞ 빗겨접기 : 떼어서 시공하기 용이하도록 낱장 초배지나 틈막이 초배지에 사용한다.

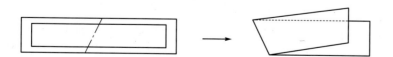

ⓩ **맞접기** : 쉽게 접혀지지 않는 두꺼운 특각 장판지나 특수 벽지, 접혀지는 부분이 꺾임으로 인해 훼손되는 은박, 금박 등 금속류의 코팅 정배지에 사용한다.

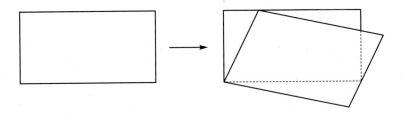

ⓩ **가로접기** : 문상, 창하 등의 부속용으로 정배작업 중 토막재단이 용이하도록 가로방향으로 접는 방식이다.

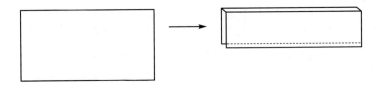

ⓐ **막접기** : 떼어서 시공하기에 매우 용이하며, 접착제 도포 후 즉시 시공하는 낱장 초배지나 짧은 단지(심)에 선택한다.

ⓔ **말기** : 공장에서 생산되는 두루마리형 틈막이 초배지로 연속 작업이 가능하도록 접착제가 도포된 롤(roll)제품이다.

ⓟ 시공이 용이하도록 조건에 따라 접는 방식을 달리한다.

2 정배 바르기

(1) 일반적인 시공순서

① **천장** : 실리콘작업 → 펴기 → 걸기 → 맞추기 → 쓸기 → 자르기 → 이음매 마무리 → 초벌 닦기 → 손보기 → 마무리 닦기

② **벽**

㉠ **상단** : 실리콘 작업 → 펴기 → 걸기 → 상단 맞추기 → 상단 쓸기 → 반자틀 자르기 → 상단 이음매 마무리 → 상단 닦기

㉡ **하단** : 하단 펴기 → 하단 맞추기 → 하단 쓸기 → 걸레받이 자르기 → 하단 이음매 마무리 → 상·하단 이음매 마무리 → 상·하단 닦기

▲ 천장 바르기

▲ 벽 바르기

(2) 실리콘작업

① 시공 부위의 문틀, 반자틀, 걸레받이 틈새를 충전시키며 확실한 접착력을 얻기 위한 작업이다.

② 필요 이상의 충전은 도배지 시공 후 닦아내는 어려움이 있으므로 적절한 양만큼만 충전한다.

③ 시간이 경과할수록 경화, 접착 불량이 되므로 시공속도를 감안하여 충전시킨다.

참고 | 실리콘작업을 생략하는 예외조건

① 시공 후 여분의 실리콘을 닦아낼 때 도배지의 수성염료가 배어 나오거나 변색 우려가 있는 일부 수입벽지류

② 사전에 실리콘 충전 부위에 아크졸, 바인더, 프라이머 등 접착력을 보강하는 대체작업을 하였을 때

③ 문틀, 반자돌림, 걸레받이의 밀착 시공상태가 매우 양호하여 도배지 마감절개선을 2mm 이내로 도련할 때

④ 문틀, 반자돌림, 걸레받이를 후시공할 때

⑤ 피착재의 재질이 접착력에 지장을 주지 않는 경우

⑥ 투명성 있는 염화비닐수지본드(수성)로 대용할 경우

⑦ 기타 실내환경적인 요인

---

(3) 펴기

풀이 도포되어 숨죽임(soaking time)이 끝나고 작업 개시점(open time)에 이른 접힌 도배지를 시공하기 위해 펼치는 작업이다. 이때 도배지가 찢어지지 않도록 주의하며 작업인원과 시공 면적에 따라 나누어 펴면서 시공한다.

① **천장**
   ㉠ 비교적 짧은(약 3m 이내) 도배지는 전체를 한 번에 펴서 시공하며, 긴 도배지는 진행방향으로 펴면서 시공한다.
   ㉡ 매우 긴 도배지는 다른 작업자가 두 팔로 받치고 펴주는 방식을 선택한다.

② **벽**
   ㉠ 상·하단을 나누어서 펴는 방식
   ㉡ 상·하단을 동시에 펴는 방식
   ㉢ 상단을 전체 펴고 하단 일부만 펴는 방식

③ **부속**: 일반적으로 전체를 한 번에 펴서 시공한다.

(4) 걸기

도배지의 시공위치를 선정하는 위치작업으로, 도배의 시공성과 이음매의 품질을 좌우하는 중요한 작업이다.

① **천장** : 칼받이를 대고 도련하기에 유리하도록 반자돌림 밖으로 2~3cm 넘겨 반자돌림과 일직선이 되도록 걸어서 바르기 한다.

② **벽**

 ㉠ 무지일 경우 반자돌림선과 수평, 문틀과 수직이 되게 바르기 한다.

 ㉡ 무늬는 무늬의 상단이 반자돌림선에서 잘리지 않도록 하며 수평이 되게 바르기 한다.

 ㉢ 줄무늬는 문틀, 모서리(in corner, out corner)와 수직이 되게 바르기 한다.

  ※ 무늬벽지 : 반자돌림선의 수평이 문틀의 수직보다 우선한다(수평＞수직).

  ※ 무늬벽지, 줄무늬벽지 : 문틀의 수직이 반자돌림선의 수평보다 우선한다(수직＞수평).

▲ 아트월 시공

▲ 수평, 수직 시공의 모범

▲ 부착물 설치상태에서 시공

(5) 맞추기

① '걸기' 작업 후 더욱 정교한 위치를 얻고자 한 손 혹은 양손으로 도배지를 약간 이동시키는
   작업이다.

② '걸기'가 아주 정확했다면 '맞추기'를 생략하고 '쓸기' 작업으로 넘어가도 무방하다.

③ '맞추기' 작업이 원활하기 위해서는 밀림성이 좋은 접착제를 도포하며 적절한 시공 개시점을

필요로 한다.

④ 무리하게 손바닥으로 밀어 맞추기 하면 재질이 약한 도배지는 찢어지는 경우가 있으므로 주의한다.

⑤ 엠보가 큰 벽지는 정배솔을 사용하여 도배지를 가볍게 치면서 '맞추기' 하기도 한다.

⑥ '걸기'의 허용오차를 초과하여 무리하게 밀어 맞추어야 한다면 도배지를 떼어 재걸기를 시도하는 편이 유리하다.

⑦ '걸기'의 허용오차는 도배지의 신축성과 접착제의 도포량과 밀림성에 따라 약간의 차이가 있으며, 일반적으로 1mm 내외라면 허용오차의 범위로 한다.

(6) 쓸기

정교하게 '맞추기' 후 정배솔로 도배지를 쓸어 붙이는 작업이다.

① 정배솔에 가하는 힘이 한 방향으로 편중되지 않도록 한다.

② 예외를 제외하고는 빠짐없이 쓸기 한다.

- 예외
  - 부분적인 요철, 단차 부위
  - 직물, 갈포류의 가장자리(올풀림을 방지하기 위해)
  - 시공면의 구조가 복잡하여 주걱으로 대신할 때
  - 문상, 커튼박스 부위 등 시공면이 매우 좁은 부위
  - 오려 붙이기나 데코레이션 시공 시
  - 도배지에 접착제를 도포하지 않고 시공 바탕면에 접착제를 도포하는 공법을 택할 때의 가장자리(정배솔에 풀이 묻어 도배지의 오염을 방지하기 위해)
  - 벽체 하부의 오염을 방지하기 위해 주걱이나 손바닥으로 대신 쓸기 할 때
  - 조명등 장식소품 등의 파손이 우려되는 부분

③ 정배솔 쓸기의 예

㉠ 세워쓸기 : 정배솔의 손잡이와 시공면이 직각이 되고 정배솔의 합성모(毛) 부분만 약간 숙여지는 쓸기법으로, 주로 평활하게 넓은 면에서 선택한다.

㉡ 숙여쓸기 : '세워쓸기'와 동시에 병행하거나 도배지의 표면이 매우 약해 정배솔의 합성모에 의해 스크래치가 발생할 우려와 보푸라기가 일어날 수 있는 한지류, 섬세한 직물류, 기타 주름이 우려되는 부위에 선택한다.

㉢ 꺾어쓸기 : 세워쓸기의 역방향과 천장지나 벽지를 길게 쓸어 밀 때 선택한다. 한지류나 직물, 갈포 등 특수 벽지에는 정배솔의 거친 합성모에 의해 스크래치 하자의 우려가 있으므로 특별한 주의를 기울인다.

ⓔ 밀어쓸기 : 문틀이나 모서리(in corner), 홈 또는 매우 좁은 면은 정배솔의 길이방향으로 세워서 왕복으로 밀어주기 한다.

ⓜ 쳐주기 : 문틀, 반자돌림 및 기타 쳐주기 효과를 기대하는 부위에 정배솔을 가볍게 쳐서 도배지의 각도를 직각으로 꺾어 칼받이를 대고 도련하기에 유리하도록 한다. 상·하부 및 기타 모서리 등 확실한 접착력을 얻고자 할 때도 선택되는 정배솔질법이다.

ⓗ 돌려쓸기 : 가벼운 주름을 풀어주거나 작업 중 지루함을 해소하며 리듬감을 주기 위해 드물게 시도하는 정배솔질법이다.

ⓢ 건너쓸기 : 부분적인 요철이나 단차 부위를 가볍게 터치하듯 쓸거나 건너뛰어 건조 후 적당한 공간을 형성하도록 강약을 조절하며 쓸어주는 정배솔질법이다.

ⓞ 튕겨주기 : 물마름공법(미즈바리)에서 주로 선택하며 이음매의 간격을 조정하기 위해 정배솔을 이용하여 도배지에 인장력이 작용되도록 합성모 부분으로 강약을 조절하며 가장자리를 튕겨주는 정배솔질법이다.

ⓩ 감아쓸기 : 기둥이나 코너(out corner), 돌출 부위의 정배지나 초배지를 감아주듯 쓸어주는 정배솔질법이다. 각진 부위에 공간이 생기지 않도록 적당한 힘을 가하여 쓸기를 한다.

ⓩ 조정하기 : 이음매나 무늬의 간격을 조정하기 위해 정배솔을 도배지에 대고 밀거나 당기면서 맞추어 주는 정배솔질법이다.

ⓚ 때려주기 : 2인 이상이 동일한 작업을 연속적으로 할 때 먼저 마친 작업자가 정배솔로 시공면을 때려서 상대 작업자에게 끝났다는 신호를 보내기 위해 사용한다.

▲ 정배솔 쓸기의 예

▲ 주걱 사용의 예

④ 정배솔의 쓸기 방향

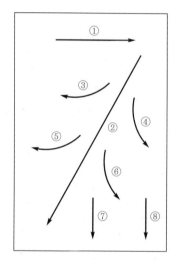

① 좌측(우측)에서 우측(좌측)으로 쓸기
② 위에서 아래로 쓸기
③~⑥ 양 대각선 쓸기
⑦~⑧ 하단 쓸기
※ 작업성격과 작업자의 스타일에 따라 다르다.

㉠ 천장

- 시작지점에서 끝지점까지 쓸기
- 중앙에서 양방향으로 쓸기

㉡ 벽

- 위에서 아래로 쓸기 : 상단에서 하단으로 시공할 때
- 좌측(우측)에서 우측(좌측)으로 쓸기 : 상단에서 쓸기를 시작할 때
- 양 대각선 쓸기 : 도배지의 중앙에서 양옆으로 넓게 쓸어서 바를 때
- 안에서 밖으로 쓸기 : 마무리 정배솔질할 때
- 하단 쓸기 : 쓸기의 시작인 좌측에서 우측 쓸기만 생략하고 벽 쓸기법과 동일함

(7) 자르기(도련)

깔끔한 도련으로 도배 시공의 품질을 좌우하는 중요한 작업이다.

참고 | 자르기의 조건

① 속도 : 안전의 주의를 기울이며 신속하게 도련한다.

② 강도 : 도배지와 마감 부위 피착재의 재질에 따라 적당한 힘을 가하면서 도련한다.

③ 각도 : 커터칼과 도배지의 각도는 30~45°가 적당하다. 커터칼을 세울 경우 도배지가 칼끝에 찢기는 하자가 발생하며, 지나치게 숙일 경우에는 칼끝에서 느껴지는 감각이 떨어지고 적당한 힘이 작용하지 못한다.

---

① **부위별 도련작업** : 문틀, 반자돌림, 걸레받이 부위 등 틈새를 가릴 수 있도록 2~5mm의 칼받이를 사용하여 오버랩(overlap)되게 도련한다. 틈새가 없이 마감재가 정밀 시공되었을 경우에는 얇은 퍼티주걱을 사용하여 끝선에서 도련한다.

② **벽체의 인코너 부위** : 벽체의 인코너 부위에서는 도배지의 무늬를 살려 나가기 위해 온장의 도배지를 그대로 꺾어나갈 수 있고, 자르고 이어 나가는 경우에는 칼받이를 사용하여 약 3mm 내외로 겹침 시공한다.

③ **반자돌림이 생략된 천장과 벽체 부위** : 천장지를 3~5mm 정도 벽체에 감아 내리고 벽지는 천장 끝선에서 일치하도록 도련한다. 돌출 반자돌림 대신 1cm×1cm 정도의 홈으로 구성된 반자돌림(내림천장, 마이너스몰딩), 장식용 패널의 좁은 홈은 압입용 롤러를 사용하여 직각을 형성한 후에 칼받이, 퍼티주걱을 사용하여 정교하게 도련한다.

④ **걸레받이가 생략된 벽체 하부** : 바닥에서 1cm 정도 위에서 도련한다. 바닥 이상으로 여분 도배지를 쓸어내려주면 모세관현상에 의해 도배지가 바닥면의 습기를 빨아올려 벽체 하부에 곰팡이가 발생한다.

⑤ **조명등, 콘센트 등 전기구의 부위** : 커버보다 작게 오려서 커버를 설치한 후 노출면이 보이지 않도록 한다.

▲ 자르기(도련)

▲ 롤러

참고 | 롤러와 주걱 사용 시 장단점

구분	장점	단점
롤러	• 매우 정교한 이음매 시공이 가능하다. • 이음매 표면의 스크래치 자국이 주걱 사용에 비해 덜하다. • 직결압력으로 작용하므로 마찰열이 발생하지 않아 이음매 부위의 이면지 박리가 경미하다. • 양손을 사용하지 않고 한 손의 롤러만으로도 이음매의 당겨주기와 밀어내기를 할 수 있다. • 이음매의 건조과정 중 여러 차례 손보기 할 수 있다.	• 주걱 사용에 익숙한 사람은 평균기준으로 시공속도가 다소 늦을 수 있다. • 주걱 사용에 비해 시공자의 손끝감각이 민감하여야 하며, 롤러 사용의 다양한 테크닉을 필요로 한다. • 풀 도포량이 많은 경우에는 이음매 부위의 풀빼기 작업이 다소 어려울 수 있다.
주걱	• 롤러에 비해 이음매 처리시간이 빠르다. • 시공비를 줄일 수 있다. • 롤러를 별도로 사용하지 않고, 도배 시공칼의 끝부분 주걱을 사용하므로 공구 사용이 번거롭지 않다. • 이음매 부위의 풀빼기 작업이 매우 용이하다.	• 이음매가 정교하지 못하다. • 이음매 표면에 스크래치를 남기는 결정적 단점이 있다. • 이음매 부위의 마찰열로 인해 이면지 박리, 변색, 훼손 등의 하자가 발생할 가능성이 높다. • 예민한 도배지 시공에는 사용할 수 없다.
병행	• 도배지의 재질과 시공방법에 따라 각각의 장점을 취하는 이상적인 시공이다.	

참고 | 이음매 처리의 다양한 방법

① 겹침이음(overlap) : 겹침선이 있는 합지(종이)벽지에 시공하는 방식으로, 약 5mm 정도 겹침이음한다.

② 맞댐이음(butt joint) : 서로 연결되는 가장자리를 단차 없이 맞대어 이어주는 방식으로, 숙련된 기능이 요구되는 시공법이다. 주로 서두(trimming) 없이 그대로 맞댈 수 있는 도배지가 주류이나 일부 수입벽지는 서두가 있도록 제품이 생산되기도 한다.

③ 찢어 붙이기 : 주로 하급 종이벽지의 짧은 이음매를 처리하는 방법으로 종이의 두께로 인한 단차를 피하고자 찢어서 겹쳐 붙이는 방식이다. 약 20cm 미만의 문상, 창하 부위에서 선택한다.

④ 겹쳐따기(double cutting) : 가장 정교한 이음매를 얻을 수 있는 상급 시공법으로 다양한 시공법이 있다.

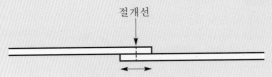

절개선

무지벽지는 2~3cm 겹치고,
무늬벽지는 무늬에 맞추어 겹쳐따기 한다.

⑤ 겹쳐따기 후 속지 넣기 : 서두 부분의 무늬와 간격을 맞춘 후 절개선으로 재단한 후 속지(폭 5cm 정도의 운용지)를 밑대어 이음매가 벌어지지 않도록 시공하는 방식이다.

⑥ 속지 넣고 따기 : 겹침벽지의 윗장에 폭 5cm 내외의 벽지를 붙인 후 겹쳐따기하고, 솔지를 제거한 다음 이음매 처리한다. 위 장의 풀이 아래 장에 붙지 않아 풀을 제거할 수 없는 패브릭벽지나 특수 벽지에 선택한다.

⑦ 밑판 대고 겹쳐따기 : 아주 얇은 합판이나 PVC 밑판을 겹쳐진 벽지 사이에 끼워 넣고 겹쳐따기 하는 방식으로 커터칼날이 초배지와 바탕면에 그어지지 않도록 시공하는 겹쳐따기의 대표적 시공법이다.

⑧ 접어따기 : 겹침 부위의 안쪽 도배지를 두 겹 혹은 세 겹으로 접어서 따내기 하는 방식으로 문상, 창하 등 주로 부속 부위의 짧은 이음매 처리에 간편하게 선택하는 시공법이다.

⑨ 원형판 넣고 따기 : 지름 약 3cm 정도의 아주 얇은 PVC 원형판을 도배지 겹침의 절개선 밑에 두고 커터칼 끝으로 원판을 찍어 그어 내리면서 동시에 겹침 도배지를 따내기 하는 시공방식이다.

⑩ 대각선따기 : 주로 두꺼운 발포, 케미컬 도배지에 선택하는 방식이다. 칼날을 직각으로 세우지 않고 비스듬하게 대각선으로 눕혀서 절개하는 시공법으로 수축에 의한 이음매 벌어짐에도 이음매의 간극이 노출되지 않는 시공법이다.

▲ 겹쳐따기

(9) 이음매 확인작업

주걱이나 롤러를 사용하여 이음매를 정교하게 시공하고 도배지의 재질과 시공조건에 따라 약간의 시간이 경과한 후 재확인(손보기)작업을 한다.

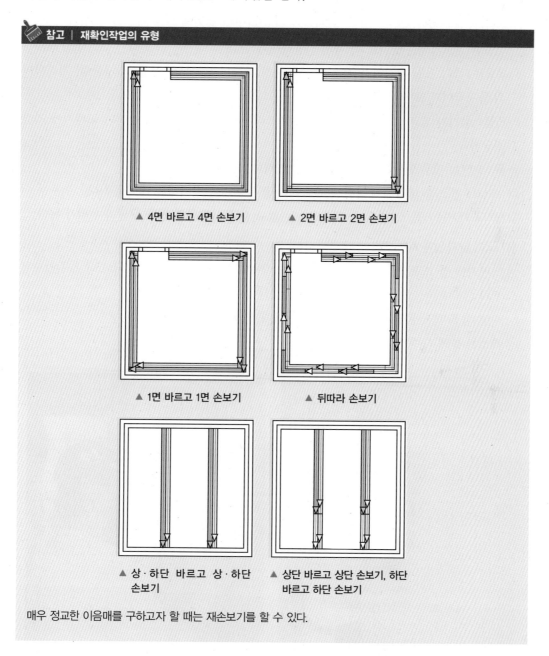

▲ 4면 바르고 4면 손보기

▲ 2면 바르고 2면 손보기

▲ 1면 바르고 1면 손보기

▲ 뒤따라 손보기

▲ 상·하단 바르고 상·하단 손보기

▲ 상단 바르고 상단 손보기, 하단 바르고 하단 손보기

매우 정교한 이음매를 구하고자 할 때는 재손보기를 할 수 있다.

(10) 닦기

압착용 롤러나 주걱을 사용하여 정교하게 마무리 시공한다.

① 닦기 용구

　㉠ 스펀지 : 흡착성이 좋아 표면의 풀 제거가 쉽고 다양한 벽지에 두루 사용할 수 있다. 마무리
　　이음매 손보기에는 물기를 꽉 짜서 사용하여야 한다.

　㉡ 목욕용 타월 : 거친 재질이라 건조 후 스크래치 자국이 생기므로 문틀, 반자돌림, 걸레받이
　　의 풀자국이나 표면강도가 큰 도배지에 적합하다.

　㉢ 타월 : 물기가 남지 않고 도배지 표면에 스크래치가 생기지 않아 일반적인 도배지에 가장
　　무난하다.

　㉣ 융 : 표면이 매우 민감한 수입벽지류에 적합하다.

　㉤ 브러시 : 건조 후 마감재에 묻은 잔여풀이나 풀 덩어리를 털어내는 데 적합하다.

　㉥ 풀자국 제거용 제품 : 그다지 풀 제거효과는 없고 잘못 사용하면 벽지 탈색의 우려가 높다.

② 풀자국이 남지 않게 하는 요령

　㉠ 도배지에 풀 도포량을 정확하게 조정하여 이음매에서 풀이 지나치게 배어 나오지 않도록
　　한다.

　㉡ 작업 시 도배지에 필요 이상의 손자국을 남기지 않는다.

　㉢ 깨끗한 물에 자주 빨아 사용한다.

▲ 전기구 닦기

▲ 패널 홈 닦기

ⓔ 초벌닦이용과 마무리 닦이용으로 타월을 구별하여 사용하면 더욱 좋다. 초벌은 물기가 다소 많게 하고, 마무리는 물기를 적게 한다.

ⓜ 도배지의 재질에 맞는 닦기 용구를 사용한다.

ⓗ 타 공종과 중복되어 작업환경에 먼지가 발생하지 않아야 하며, 시공 직후 도배지에 먼지가 흡착되는 통풍이나 바닥청소를 하지 않는다.

▲ 이음매 닦기

(11) 청소, 보양, 양생, 관리

조건 기후	보양	청소	가구 배치	조명기구, 부속철물, 못 박기
일반 기후	• 모서리 : 코너비드, 기타 보호각재 • 훼손 우려가 있는 벽면 : 보양 골판지, 비닐 커버링 • 바닥 : 보양 골판지, 비닐 보양재(펠트, 점착식)	• 쓰레기 수거, 풀자국 닦기는 시공 후 즉시 • 입주청소는 최소 12 시간 경과 후	• 벽면에서 약 30cm 이격, 1일 경과 후 재배치	• 조명기구는 시공 후 설치 • 부속철물, 못 박기는 1일 경과 후 시공
극한기	• 모서리 : 코너비드, 기타 보호각재 • 훼손 우려가 있는 벽면 : 보양 골판지, 비닐 커버링 • 바닥 : 보양 골판지, 비닐 보양재(펠트, 점착식)	• 쓰레기 수거, 풀자국 닦기는 시공 후 즉시 • 입주청소는 최소 12 시간 경과 후	• 벽면에서 약 30cm 이격, 1일 경과 후 재배치	• 조명기구는 시공 후 설치 • 부속철물, 못 박기는 1일 경과 후 시공

조건 / 기후	보양	청소	가구 배치	조명기구, 부속철물, 못 박기
우기	• 모서리 : 코너비드, 기타 보호각재 • 훼손 우려가 있는 벽면 : 보양 골판지, 비닐 커버링 • 바닥 : 보양 골판지, 비닐 보양재(펠트, 점착식)	• 쓰레기 수거, 풀자국 닦기는 시공 후 즉시 • 입주청소는 최소 12시간 경과 후	• 벽면에서 약 30cm 이격, 2일 경과 후 재배치	• 조명기구는 시공 후 설치 • 부속철물, 못 박기는 1일 경과 후 시공
비고	• 시공 후 입주까지의 기간이 짧으면 보양을 생략할 수 있음	• 몰딩(반자돌림), 문틀, 걸레받이의 물청소는 최소 1일 경과 후	• 통기성이 매우 우수한 재질의 도배지는 시공 후 가구 배치 가능	• 수분으로 인해 녹이 발생하지 않는 부속철물, 보강 조치를 한 못 박기는 가능

조건 / 기후	통풍	난방	관리
일반 기후	1일 정도 심한 통풍을 차단한다.	• 작업 중 : 난방 차단 • 작업 후 : 저온난방 • 2일 후 : 상온난방	일상관리
극한기	3일 정도 심한 통풍을 차단한다.	• 작업 중 : 저온난방 • 작업 후 : 저온난방 • 2일 후 : 상온난방	고열난방(파열), 장시간 가습기(결로, 얼룩의 원인)를 자제한다.
우기	1일 정도 심한 통풍을 차단한다.	• 작업 중 : 난방 차단 • 작업 후 : 저온난방 • 1일 후 : 상온난방	환기를 자주시키며 습도가 매우 높으면 저온난방으로 건조시킨다.
비고	현장조건, 시공상태에 따라 가벼운 통풍은 가능하다.	• 가급적 난방 차단 • 시간이 길수록 도배의 품질에는 유리	바람직한 관리는 도배의 내구성을 길게 한다.

※ 위 도표는 일반적인 조건(현장조건, 시공방법, 재료, 품질수준 등에 따라 별도의 보강 조치를 하거나 주의하면 조정 가능)이다.

▲ 벽지 시공 후 비닐 커버링 보양

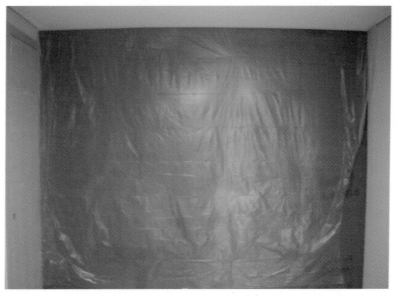

▲ 벽지 시공 후 급속 건조를 지연시키기 위해 비닐 커버링 보양

NATION of DOBAE

CHAPTER

13

합지벽지 시공

도배의 전설

죽마고우 친구가 있었다. 어릴 적부터 한 동네에서 줄곧 떨어지지 않고 지내왔고 장성하여 직업을 찾다 우연히 도배를 함께하게 되었다. 한 오야지(반장) 밑에서 동고동락하며 도배를 배웠고 때로는 치열한 경쟁자이기도 했다. 두 친구는 도배에 장래를 걸고 열심히 배웠고, 몇 년 후 어느 정도 도배기술이 익자 각자 헤어져 최고의 도배기술을 찾아 수련하기로 했다.

세월이 흘러 드디어 두 친구가 조우(遭遇)했다. 반갑게 얼싸안기가 무섭게 서로의 기술을 겨루기로 했다. 각자 벽지 두 폭씩 바르고 바꿔서 상대의 이음매를 찾아내는 시합이다. 둘 다 경지에 이른 기술이라 도저히 상대의 이음매를 찾아내지 못한 채 하루가 가고 있었다. 그런데 갑자기 한 친구가 공구가방에서 바늘을 꺼내 대충 이음매 근처에 바늘을 꽂아 두었다. 잠시 후 석양이 물들고 해가 서산에 넘어가는 찰나에 꽂아 둔 바늘의 그림자로 인한 음영의 차이를 놓치지 않고 드디어 상대의 이음매를 정확히 찾아내었다. 자웅(雌雄)에서 패한 한 친구는 자신의 부족함을 인정했다. 두 친구는 훗날을 기약하며 또다시 헤어져 극진(極盡) 도배 수련의 길을 떠났다.

세월이 흘러 백발이 성성한 두 친구가 만나 옛날과 똑같은 방법으로 겨루기를 했다. 고수끼리의 결투, 결국 서로의 이음매를 찾을 수가 없자 옛날에 바늘을 꽂아 이긴 친구가 자신의 백발 머리털 한 올을 뽑아 들었다. 붉게 물든 석양빛에 해가 넘어가는 찰나에 이음매 근처에서 백발 머리털 한 올을 떨어뜨렸다. 석양빛을 받고 떨어지는 머리털이 순간의 음영을 만들었고 역시 이음매를 찾아내고 말았다. 또다시 패한 친구는 입가에 옅은 미소를 머금고 친구 어깨를 감싸주고 이제는 기약도 없이 홀연히 떠나버렸다. 남은 친구가 이제는 이생에서 마지막 석별을 아쉬워하다 갑자기 온몸을 떨며 얼굴이 백짓장이 되었다. 즉시 친구가 바르고 간 두 폭의 벽지를 거침없이 뜯

어 재끼니 두 폭의 벽지가 한 폭으로 떨어진다. 미소를 머금고 떠나버린 노(老)친구는 벽지 이음매를 붙여버려 한 폭으로 만드는 신기(神技)의 경지, 득도(得道)에 이른 것이다.

이 전설 같은 이야기는 구전(口傳)이 아니고 실존 이야기는 더욱 아니다. 영화 시나리오로 내가 자아도취에 빠져 지어낸 이야기의 줄거리이다. 〈바람의 전설〉, 〈댄서의 순정〉과 같은 춤에 대한 영화가 있고, 이발사에 대한 〈효자동 이발사〉, 장의사에 대한 〈행복한 장의사〉가 있다. 최근에는 〈식객〉이라는 음식을 주제로 한 영화도 나왔다. 내 생전에 도배영화를 보고 싶다.

- 저자의 소망

CHAPTER

13 | 합지벽지 시공

　2장의 종이를 붙여 밑장은 이면지, 위 장은 엠보 인쇄층으로 제조된 벽지를 합지벽지라고 한다. 합지벽지는 비닐실크벽지에 비해 값이 저렴하고 시공이 용이해 기본 도배기술만 습득하면 초보자도 시공이 가능하지만, 고품질을 기대하기 위해서는 역시 숙련된 도배사에게 의뢰하는 것이 좋다.

1 바탕 정리

　실크벽지에 비해 바탕 정리작업이 비교적 간편하지만 고품질의 합지도배 시공은 실크벽지의 바탕 처리작업에 준한다.

2 초배

(1) 일반 시공

① **합판, 석고보드면** : 틈막이 초배 1회→정배
② **시멘트 모르타르면** : 밀착 초배 1회→정배

(2) 상급 시공

① **합판, 석고보드면** : 틈막이 초배 1회→밀착 초배 1회→정배
② **시멘트 모르타르면** : 부직포 공간 초배→단지(심) 초배→정배

3 풀농도

배합비 종류	물	풀
얇은 합지	60	40
두꺼운 합지	50	50

[기준 : 부피, 단위 : 백분율(%), 가감범위 : ±10%]

※ 합성수지 접착제는 벽지가 잘 붙지 않는 이질재면 외에는 배합하지 않는다.

4 시공

(1) 천장

출입구에서 겹침단차가 잘 보이지 않도록 안에서 밖으로 시공하며 입구 쪽의 조각 시공을 피하고 천장지의 각도가 기울지 않고 직각 시공이 되어야 한다.

① 바른 시공의 예

⊙ 시공순서와 분할계획(비율)을 바르게 시공하였다.

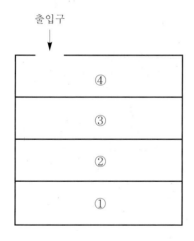
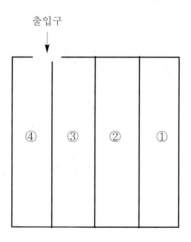

ⓛ 시공순서가 바르고 출입구 쪽 ④번 폭은 벽지 폭의 2/3 이상이므로 바른 시공이다.

ⓒ 시공순서가 바르고 ①번 폭은 2/3 이하이므로 안쪽에서 먼저 바르고 나갔기에 바른 시공이다.

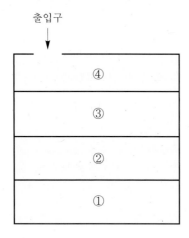

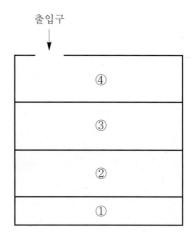

② **틀린 시공의 예**

㉠ 분할계획은 바르나 시공순서가 밖에서 안으로 시공하였다.

ⓛ 시공순서는 바르나 출입구 쪽에 벽지 폭 2/3 이하의 조각 시공을 하였다.

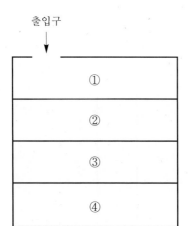

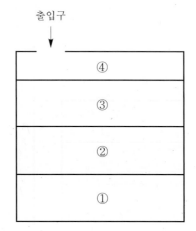

ⓒ 기울게 시공하였고, 시공순서가 밖에서 안으로 시공하였다.

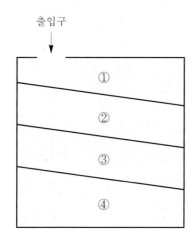

(2) 벽

출입구에서 볼 때 시선의 정면에 무늬가 잘리지 않아야 하며 가급적 조각 시공을 피하고 수직으로 바르게 시공한다.

① **무지벽지** : 안에서 밖으로 양방향으로 시공한다.

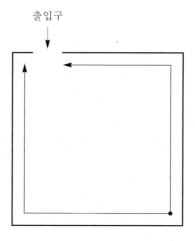

② **무늬벽지** : 안에서 밖으로 양방향으로 시공하거나 미미선(overlap)의 겹침을 무시하고 일방향으로 시공하기도 한다.

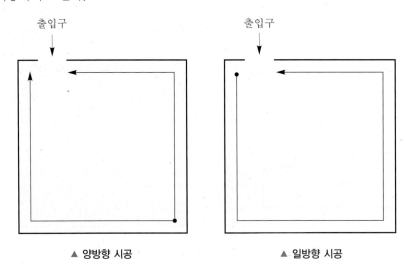

▲ 양방향 시공   ▲ 일방향 시공

(3) 겹침

겹침선은 미미선 넓이만큼 일정하게 3~5mm 겹친다.

(4) 도련

종이재질이라 지나치게 숨죽임하면 수분에 의해 지질이 풀어져 커팅선이 매끈하지 않게 된다.

(5) 이음매 마무리

겹침이음 부위는 주걱이나 롤러로 압착시킨다. 지나치게 압력이 가해지면 합지의 엠보층이 눌려서 이음매 불량이 발생한다. 배어 나온 풀과 벽지에 묻은 풀은 깨끗이 닦는다.

※ 특별한 작업지시에 의해 합지벽지를 맞물림 시공할 경우에는 된풀을 사용하고 겹쳐따기 한다.

14

전통 한지 시공

숟가락 공구

지구상의 허다한 민족들은 각기 고유의 식문화(食文化)를 가지고 있다. 식문화는 고유 문화 중에서도 가장 대표성을 갖는 으뜸이며, 타 민족의 침략과 지배 속에서도 습속(習俗)이 변하지 않는 지조 있는 민족성이다.

태초 우리나라의 설화에 바람과 비를 주관하는 농신(農神)으로 영등할미신이 있다. 지금은 산업 사회화되면서 농경문화의 자취가 많이 사라져 가지만 농사가 시작되는 음력 2월 2일 영등일에 지상에 강림하여 삼칠일, 즉 21일 동안 일 년 농사의 풍흉을 예시해주는 고마운 할미신이다. 이 영등할미가 하늘의 북두칠성과 당신의 은밀한 아랫도리를 살피시어 쌀로 지은 밥을 복 있게 떠 먹을 수 있도록 숟가락을 만들었다는 설화가 있다.

우리나라는 쌀을 주식으로 하고 식사도구로는 수저를 사용한다. 지금은 글로벌시대라 하여 혼인도 글로벌하게 국제결혼도 하고, 음식도 국적불명의 퓨전음식들이 쏟아져 나오고, 요즘 아이들 밥상머리를 보면 젓가락 사용을 가르치지 않아 포크처럼 찍어먹고, 심지어 숟가락·젓가락을 양손에 하나씩 들고 서양식 식사를 한다. 내가 어릴 적만 해도 밥은 반드시 숟가락으로만 떠서 먹고, 숟가락을 놓고 다시 젓가락을 집어 찬을 먹으며 국은 마시는 것이 아니라 숟가락으로 떠먹어야 바른 식사법이었다. 젓가락으로 찬을 흘리는 것은 용납되었으나, 숟가락에서 밥알을 흘리는 것은 복을 흘린다 하여 상머리에서 바로 야단을 맞았었다.

쌀로 지은 밥을 주식으로 하는 민족 중 상(箱)을 차리지 않고 맨바닥에서 맨손으로 주물러 집어 먹는 동남아시아의 남방민족, 한 손으로 밥그릇을 들고, 다른 한 손으로는 빠른 젓가락질을 하여 목구멍에 밥알을 긁어 붓는 중국과 일본. 주식은 아니지만 양념으로 버무린 밥을 포크에 붙여 떠

먹는 유럽의 나라들에 비해 우리 민족은 점잖게 수저를 사용하여 곡물의 씨알을 섭생(攝生)한다. 이렇듯 대표문화인 식문화를 들여다보면 민족 간의 우열(優劣)이 확연히 가름이 된다. 우리 민족에게서 밥은 복이다. 제사에서 맨 나중에 진설하는 것이 메(밥)이며 절정에서 메에 숟가락을 꽂는다. 그러므로 밥을 먹는 것은 복을 들이는 것이고, 복을 들이는 성물(聖物)로서의 숟가락이다.

도배에서 가장 많이 발생하는 하자가 '이음매 불량'이다. 이음매를 완벽하게 시공할 수 있는 공구가 없을까 고민했다.
'온고지신(溫故知新)' 옛것을 거울 삼아 새로운 것을 개발하고, '한화(韓化)' 우리 것이 세계적인 것이다라는 것처럼 뿌리부터 출발하기로 했다.

내가 처음 도배를 시작할 때만 해도 이름 있게 일 좀 한다는 도배사들은 꼭 숟가락을 가지고 다녔다. 롤러나 주걱칼이 없던 시절이라 숟가락의 볼록한 부분으로 이음매를 오목하게 하여 건조 후 감쪽같은 이음매를 얻어냈다. 작금에 이 귀한 숟가락에 착안하여 이음매 마무리용 롤러 4가지를 개발하였다. 수저는 최초 발명한 모양에서 궐 천 년 동안 진보된 내용이 없다. 그것은 최초 발명에 더 이상의 기능을 추가시킬 필요가 없는 완벽한 발명이었기 때문이다. 바라건대 숟가락 원리로 개발된 롤러가 궐 천 년이 흐르도록 완벽한 공구로 이어지기를 기대한다.

사람이 태어나서 삼시 세끼 먹거리와 함께하고, 빈부귀천을 가리지 않고 죽어서도 함께 묻히는 것이 숟가락의 인간애 정신이다. 숟가락에는 우리 민족 고유의 구복사상(求福思想)이 깃들어 있기 때문에 그 의미도 깊다. 이 숟가락이 천 년의 세월을 인고(忍苦)하고 21세기 대한민국 도배공구로 환생하였다. 우리 도배에는 우리 숟가락이 제격이다. 웰빙벽지, 친환경 시공에 드디어 신토불이 공구의 시대로 접어드는가 보다.

– 저자의 숟가락 공구 예찬

CHAPTER 14 | 전통 한지 시공

01 전통 한지 도배

1 장단점

(1) 장점

① 자체 습도조절능력이 있어서 적정한 실내습도를 유지하므로 보건·위생에 좋다.

② 통기성이 매우 좋아서 곰팡이 발생과 세균 증식이 억제된다.

③ 보온성이 있어서 피부 접촉에 거부감(찬 느낌)이 없다.

④ 화재 시 목재가 타는 연소와 같아 유독가스 배출이 적고 휘발성 유기물질(VOCs), 포름알데 히드가 발생하지 않는다.

⑤ 조명이나 주광을 반사하지 않고 흡수하여 실내가 아늑하며 정서적이다.

⑥ 특별한 바탕 정리, 퍼티, 초배가 생략되므로 공사비가 절감된다.

⑦ 자동풀바름기계, 이음매 롤러, 몰딩자 등 전문 공구 없이 기본 공구만으로도 시공이 가능 하다.

⑧ 부착력이 매우 좋아서 시공 후 들뜸, 벌어짐, 기포 등 하자 발생이 거의 없다.

⑨ 재시공 시 기존 한지를 뜯어내지 않고 덧붙일 수 있다(중첩 시공 가능).

⑩ 주로 묽은 풀을 사용하고 표면의 풀을 한지가 흡수하므로 건조 후 풀자국이 남지 않는다.

⑪ 시공성이 매우 좋다.

   ㉠ 1회 시공으로 초배이자 정배로 마감된다(상급 시공은 초배 1회, 정배 1회로 마감한다).

   ㉡ 낱장 시공이므로 별도로 재단하는 공정이 단축된다.

   ㉢ 수직, 수평, 직각이 아닌 어떠한 구조라도 싸고, 감고, 덧붙이고, 늘릴 수 있어 초보자라 도 시공이 가능하다.

   ㉣ 맞물림이음도 하지만 대개 가장자리 솔기만 겹치는 가로·세로 겹침이음이므로 이음매 의 마무리 시간이 단축된다.

   ㉤ 건조가 빠르므로 시공 후 즉시 후속작업 진행과 가구 배치가 가능하다.

(2) 단점

① 다양한 컬러와 패턴을 구할 수 없다.
② 모던한 느낌이 없어 실(室)의 성격(용도)에 따라 선택의 폭이 좁다.
③ 건조 후에는 질기나 시공 중 수분에 약해 지질이 풀어지므로 마감선의 커팅에 다소 애로가 있다.

▲ 전통 한옥

▲ 전통 한옥 내부의 구조미

2 한지의 조건

① 닥섬유가 많이 함유된 우량제품일 것
② 각 장의 규격이 동일할 것
③ 지질과 색상, 두께가 균일할 것
④ 닥섬유결 외에 잡티나 기타 불순물이 없을 것
⑤ 풀칠 후 지질이 쉽게 풀어지지 않고, 건조 후 강도가 좋을 것
⑥ 합지는 배접이 일어나지 않을 것
⑦ 시공 후 꺾임자국이 남지 않아야 할 것(내절도가 우수할 것)
※ 좋은 한지는 약간 쓴 풀냄새가 나고, 저급 한지는 맵고 시큼한 냄새가 난다.

3 바탕 정리

① 밖으로 비어져 나온 짚이나 보릿대 등의 결합재를 제거하고, 바탕면의 요철이 심하지 않다면 다소 거칠어도 무방하다.
② 훼손된 부분의 보수는 흙벽은 흙과 잘게 썬 짚을 섞어 개어 바르고, 소량이라면 짚 대신 한지를 찢어 사용해도 된다.
③ 회벽은 횟가루를 개어 바르거나 퍼티로 보수한다.
④ 흙벽이나 회벽의 표면 결합이 약해 부슬부슬 떨어지면 아주 묽은 풀을 발라 결합시킨다.
⑤ 바탕면이 과건조상태라면 스프레이를 사용하여 적당히 물을 뿌려준다.

🖌️ **참고 | 전통 가옥의 벽체구조**

① 간막이 기둥 사이에 대나무나 갈대, 싸릿대로 심을 박고 새끼줄이나 삼줄로 촘촘히 엮은 후 결합재를 섞어 갠 흙을 안팎으로 양면 맞벽치기한 흙바름벽이다. 상급으로는 초벌 흙바름벽 위에 회반죽으로 표면을 매끄럽게 덧바르는 회벽 마감이 있다.

② 전통 가옥의 흙벽과 회벽의 주재료와 결합재

㉠ 흙벽 : 논·밭이나 들의 흙은 이물질(거름, 비료성분, 기타 유기물)에 오염되어 있으므로 개간되지 않은 야산의 입자가 고운 순수 흙을 사용한다. 최상급은 백토(찰흙), 상급은 황토, 중급은 분토, 하급은 거친 흑토로 결합이 되지 않는 마사토는 사용할 수 없다. 채집한 흙을 마당에 널어 반건조시킨 후 거친 체로 나무뿌리, 잔자갈 등을 걸러낸 후 잘게 썰어 물에 적신 짚이나 보릿대를 적당히 섞어 개어서 사용한다.

㉡ 회벽 : 주로 흙으로 초벌을 바르고 회반죽으로 표면을 덧바른다. 횟가루를 반죽하여 짚이나 보릿대를 섞어 사용하지만 상급으로는 짐승의 털을 결합재로 사용한다. 현대에 맞게 개량된 제품으로는 콘크리트벽이나 석고보드 등에 바를 수 있는 석고 모르타르와 황토 모르타르제품이 있고, 결합재로는 고강도 합성수지 메시(섬유편)가 있다.

---

4 프라이머 도포

① 전통 공법으로는 흙벽, 회벽에 묽은 해초풀이 충분히 투습되도록 발라 건조 후 위에 바르는 한지의 부착력을 좋게 한다.

> **참고 | 바탕 도포용 해초풀 만드는 법**
>
> 가마솥에 물을 충분히 붓고 우뭇가사리나 미역을 넣고 해초가 뭉그러져 물이 걸쭉해질 때까지 끓인 다음 식힌다. 완전히 식은 다음 고운 체에 걸러서 풀물을 받아 물을 적당히 섞어 뜬물처럼 만들어서 사용한다.

② 해초풀 대용으로는 묽은 밀풀에 수용성 합성수지를 10%정도 희석한 다음 적당한 농도로 물을 섞어 사용한다.
③ 도배 전용 수용성 프라이머를 사용한다.
④ 시멘트 미장면이나 석고보드, 합판 등의 마감재 위에는 프라이머를 생략하기도 한다.

5 풀 쑤기

공장제품 풀이 판매되기 전에는 집에서 풀을 쑤어서 사용했다. 보통 밀가루풀을 사용하는데, 최상급 도배에는 방앗간에서 가루를 내어 쌀풀이나 찹쌀풀을 사용하기도 하고, 드물게는 바닷가지역에서 해초풀을 사용하기도 했다.

(1) 즉석에서 쑤는 법

찬물에 밀가루를 풀어 잘 저은 다음 약한 불로 서서히 끓인다. 끓이는 동안 쉬지 않고 저어주어야 바닥이 타지 않는다. 적당히 끓어 젓는 과정에서도 바닥에서 기포가 계속 올라오면 잘 쑤어진 상태이고, 주걱으로 떠서 떨어뜨렸을 때 쉽게 끊기지 않고 실처럼 가늘게 흘러내리면 찰기가 좋은 풀이다. 완전히 식은 다음 고운 체나 풀주머니로 걸러 물을 넣어가며 적당한 농도로 조정하여 사용한다.

(2) 숙성시켜 쑤는 법

찬물에 밀가루를 묽게 풀어 잘 저은 다음 한나절 정도 그대로 두어 앙금을 가라앉힌다. 맑은 윗물을 일부 따라 버리고 앙금을 끓인다. 풀덩어리가 없고 찰기가 좋은 풀을 얻을 수 있다.

참고 | 주의사항

① 쑤는 도중 뜨거운 풀이 튀어 화상을 입을 수 있으니 주의한다.

② 완전히 식지 않은 풀을 사용하면 농도를 조절하기가 어려우며, 한지나 벽지에 바르면 온기에 의해 흡수율이 높아 지질이 쉽게 풀어지며 배접이 일어난다.

③ 사용 가능한 풀온도는 5~10℃가 적당하다.

6 풀 배합

한지 도배풀의 배합은 재질, 바탕조건 등에 따라 풀농도를 달리한다. 보통 종이벽지 풀보다는 묽은 풀을 사용하며, 바탕조건에 따라 소량의 수용성 합성수지를 희석할 수 있다.

종류 \ 배합비	물	풀	합성수지
두꺼운 한지(장지류)	40	55	5 내외
창호지(운용지류)	50	45	5 내외
얇은 한지(미농지류)	70	25	5 내외

[기준 : 부피(공장제품 밀풀), 단위 : 백분율(%), 가감범위 : ±5%]

7 풀 도포

① 한지는 투습성이 좋기 때문에 풀판 위에 수십 장씩 깔고 풀칠을 하면 밑종이로 풀이 배어들어 한 장씩 떼어내는 데 어려움이 있다. 재질, 작업조건, 시공성 등을 감안하여 보통 10장 이하로 깔아 놓고, 2~3장 정도 풀칠하여 시공한다.

② 얇은 한지는 자동풀바름기계를 사용하면 롤러에 감겨 버리므로 손 풀칠을 한다.

③ 풀솔로 손 풀칠하면 즉시 지질이 풀어져 시공할 수 없을 정도의 얇은 한지는 바탕면에 풀칠을 하고, 한지에는 스프레이로 소량의 물을 뿌려 시공하거나 '살대걸침법'으로 시공한다.

참고 | 살대걸침법

① 풀판 위에 깔아 놓은 한지가 이동하지 않도록 한 손으로 가볍게 누르고 일방향이 아닌 양방향 왕복으로 균등한 힘을 주어 풀칠한다.

② 지질이 풀어져서 손으로 들면 찢어지므로 대나무 살대를 한지에 찍어 붙여 조심히 들고, 시공위치를 정확히 조정하여 아래에서 위로 붙여 나간다.

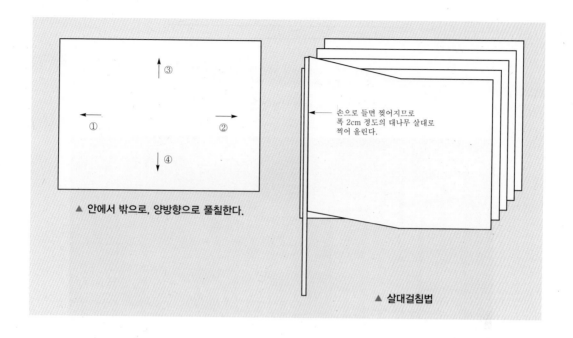

▲ 안에서 밖으로, 양방향으로 풀칠한다.

손으로 들면 찢어지므로
폭 2cm 정도의 대나무 살대로
찍어 올린다.

▲ 살대걸침법

8 바르기

한지 도배는 비교적 시공이 까다롭지 않고 하자 발생률도 적다. 몇 가지 기본 시공법만 적용하면 초보자라도 무난히 시공할 수 있다.

① 천장은 안에서 밖으로, 벽은 안에서 밖으로, 아래에서 위로 시공하여 이음매의 들뜸과 겹침 턱이 쉽게 보이지 않게 한다.

② 시공하는 한지의 가로·세로치수와 시공면의 치수에 따라 보기 좋고 시공하기 편하게 분할 계획을 세운다.

③ 한지는 가로방향(뉘어서)으로 시공하고, 맨 위 장은 조각이 아닌 온장이 되도록 한다. 특별한 주문에 따라 매 장마다 치수가 동일하도록 분할 재단하여 각 장 도배 시공을 하기도 한다.

④ 겹침이음은 각 장의 가로, 세로이음을 보통 1cm 정도로 겹쳐 시공하며, 매 장의 겹침이 균일할 때 한지 도배의 특징인 격자미를 얻을 수 있다.

⑤ 초배 1회, 정배 1회의 상급 시공은 초배는 솔기 부분만 약간 겹치는 맞물림이음이며, 정배는 1cm 겹침이음 혹은 솔기 부분만 겹치는 맞물림이음으로 한다.

⑥ 이음매의 솔기 부분은 주걱으로 눌러주고, 풀이 많이 배어나올 경우에는 물걸레로 가볍게 닦아준다.

솔기 부분(3~5mm)만 약간의 겹침이 있으나
맞물림이음과 같은 평면이 된다.

▲ 솔기 부분 겹침

▲ 한지 도배와 한지 창문

▲ 한지 도배

02 전통 한지 장판

한지 장판지는 한지를 여러 번 배접하여 들기름이나 건성유를 먹인 내구성과 방수성이 뛰어난 두꺼운 종이다. 전통 한지 장판지는 전라북도 전주의 전주지와 경상남도 의령의 의령지를 으뜸으로 쳤다. 배접횟수에 따라 4배지, 6배지, 8배지, 그 이상을 특각이라 하는데, 특각은 최상품이며 배접횟수가 많을수록 상품이다.

전통 한지 장판지는 이미 오래전부터 생산이 줄기 시작했고, 30여 년 전부터 시중제품은 모양만 비슷할 뿐 전통 장판지 제법이 아닌 양지(펄프)가 대부분인 기계 한지로 대체되었다. 요즈음 굳이 전통 한지 장판지를 구하려면 주문생산을 해야 하며 수요가 많지 않아 상당히 고가일 수밖에 없다. 그마저도 근래에는 다양한 PVC 바닥재와 목재마루에 밀려 한지 장판 시공은 거의 자취를 감추게 되었다.

한지 도배는 시공이 까다롭지 않아 초보자도 무난히 시공할 수 있지만, 한지 장판을 전통 방식으로 시공하는 것은 매우 까다로워 경험이 많고 기능도가 우수한 전문 도배사라야만 한다.

1 장단점

(1) 장점

① 친환경적이며 보건·위생에 좋다.
② 피부에 닿는 촉감이 좋고 거부감이 없다.
③ 관리를 잘하면 수명이 매우 길다.

(2) 단점

① 시공이 까다롭고 작업시간이 많이 소요된다.
② 고급 한지 장판지는 자재비, 시공비가 매우 비싸다.
③ 방바닥의 누수 하자가 크게 발생하면 더 이상 사용할 수 없다.

2 장판지의 조건

① 제조 후 충분히 양생기간을 거칠 것. 양생되지 않으면 배접, 변색 하자가 발생하고 내구성이 떨어진다.
② 닥섬유가 많이 함유된 우량제품일 것
③ 사변이 직각일 것

④ 표면이 매끄럽게 광택이 나고, 색상과 두께가 균일할 것

⑤ 닥섬유결 외에 잡티나 모래, 철분 등 불순물이 섞이지 않을 것(밝은 불빛에 비춰 분별함)

⑥ 유분이 충분히 흡수되어 표면에 남아 있지 않아야 하고, 끈적거림과 상한 냄새가 없을 것

⑦ 건조 후 꺾임자국이 남아 있지 않아야 할 것(내절도가 우수할 것)

⑧ 기타 저장, 적재, 운반과정에서 과습도, 눌림, 충격 등으로 시공 후 하자가 발생할 우려가 없는 제품일 것

③ 바탕 정리

전통 한지 장판지는 본래 구들장 위 흙바닥에 깔아야 제격인데, 지금은 시멘트 바닥 위에 시공된다. 구들장 위 흙바닥은 습도조절능력이 있어 장판지의 변색이나 곰팡이, 시멘트성분에 의한 이상반응 등이 발생하지 않지만, 시멘트 바닥의 한지 장판 시공은 사실 제격에 맞지 않고 여러 가지 시공상 문제점을 안고 있다.

① 신축이라면 바닥 모르타르의 시멘트성분과 수분이 충분히 제거될 수 있도록 최소 15일 이상 난방과 통풍을 하여야 한다.

② 바닥면의 균열, 홈은 크랙 보수제로 평활하게 매꾼다.

③ 시공할 바닥면은 요철이 없도록 쇠주걱이나 사포로 매끄럽게 정리한다.

④ 초배지의 접착력을 보강하고, 시멘트 유해성분을 차단하기 위해 프라이머(수용성 바인더용액)를 1~2회 도포한다.

    ㉠ 밀착 시공 : 바닥 전면 도포

    ㉡ 공간 시공 : 가장자리 폭 30cm 정도 도포

④ 풀 배합

장판지에 사용하는 풀은 자칫 곰팡이 발생률이 높기 때문에 제조 후 오래 경과된 풀은 절대 사용하지 않아야 한다. 가급적 최고급 풀로 갓 생산된 풀을 사용하여야 한다.

① **장판지의 풀 배합비**

장판지	물	풀	합성수지
4배지	40	65	5
6배지	30	65	5
8배지	20	75	5
특각	10	85	5

[기준 : 부피, 단위 : 백분율(%), 가감범위 : ±5%]

② 초배지의 풀 배합비

초배지	물	풀	합성수지
갓돌리기(힘받이) 초배	40	40	20
밀착 초배	50	40	10
공간 초배	30	60	10
덧초배(보양용)	90	10	0

[기준 : 부피, 단위 : 백분율(%), 가감범위 : ±5%]

5 초배

장판지 초배의 시공법은 초배의 재료, 초배의 방식에 따라 구분되며, 초배의 횟수를 증가하면 상급 시공이 된다. 원칙적인 시공법에서 크게 벗어나지 않는다면 각자 시공경험과 작업조건에 따라 절충과 응용이 가능하다.

(1) 초배의 방식에 의한 분류

구분		설명
갓돌리기 초배(힘받이)		공간 초배를 택할 때 방바닥 가장자리를 약 20cm 정도 밀착 초배하여 가운데 부분 공간 초배의 인장력에 힘을 받도록 하는 초배이다.
밀착 초배	낱장 초배	낱장 초배지를 한 장씩 붙이는 방식으로, 시공성이 매우 나쁘며 표면의 요철이 그대로 드러나 품질이 좋지 않다.
	두루마리 초배	롤식 두루마리 초배지를 길이방향으로 3~4장 바르는 방식으로, 시공성이 매우 좋다. 표면의 요철이 그대로 드러난다.
공간 초배	온장 초배	낱장 초배지를 온장으로 바르는 방식으로, 시공성과 경제성에서는 비교적 나쁘나 인장력을 분산, 해소시키므로 내구성과 품질에서는 비교적 좋다.
	반절 초배	낱장 초배지를 반절로 재단하여 바르는 방식으로, 시공성은 매우 나쁘나 내구성과 품질에서는 매우 좋다.
	각 초배	낱장 초배지를 반절로 재단하고, 다시 정사각형으로 재단하여 바르는 가장 전통적인 방식이다. 효과는 반절 초배와 비슷하며 최상급 초배방식이다.
	온통 초배	두루마리 초배지를 바닥길이만큼 띄워 중간 붙임 없이 온통으로 공간 초배하는 방식이다. 시공성은 매우 좋으나 내구성과 품질에서는 비교적 나쁘다. 주로 대량 생산이 요구되는 신축 아파트 현장에 적용하는 방식이다.

▲ 갓돌리기 초배(일명 뺑뺑이)

▲ 각 초배지 깔기(돌려깔기)

(2) 초배의 재료에 의한 분류

구분	설명
직물 초배	최상급 초배로 광목, 데드론 등의 직물을 사용
한지 초배	• 전통 한지 • 기계 한지 : 각 초배지, 낱장 운용지, 롤 운용지
양지 초배	하드롱지, 백상지
합성지 초배	부직포, 아이텍스
기능성 초배	숯, 황토, 녹차 초배지 등

(3) 초배의 횟수에 의한 분류

구분	설명
밀착 ( )회	• 1회 : 장판지와 엇결 • 2회 : 1회 장판지와 직결, 2회 장판지와 엇결 • 3회 : 1회 장판지와 엇결, 2회 장판지와 직결, 3회 장판지와 엇결
공간 ( )회	• 1회 : 장판지와 엇결 • 2회 : 1회 장판지와 직결, 2회 장판지와 엇결 • 3회 : 1회 장판지와 엇결, 2회 장판지와 직결, 3회 장판지와 엇결
밀착 ( )회+공간 ( )회 +밀착 ( )회의 병행	초배지의 방식을 병행하며 초배지의 결을 교차시키는 상급 시공법이다. 조건에 따라 응용이 가능하다.

6 물불림

한지 장판지는 기름을 먹인 두꺼운 지질이라 풀 바르기 전에 물을 뿌려 적당히 숨죽임 하여야 한다.

(1) 물불림방법

① 시공할 방의 장판지 수량에 1~2장 여유분을 더해 평활한 바닥에 비닐(파지)을 넓게 깔고 마르지 않도록 펼쳐 놓는다.

② 풀솔, 스프레이, 스펀지 등을 사용하여 맨 밑장부터 각 장의 사이에 물칠을 하며 위 장까지 물칠을 반복한다.

③ 바닥의 여분비닐(파지)로 물불림시간 동안 건조해지지 않도록 감싸고, 물이 잘 빠지도록 벽에 세워 놓는다.

(2) 물불림시간

① 4배지 : 10분   ② 6배지 : 30분

③ 8배지 : 40분   ④ 특각 : 60분

※ 4배지는 지질이 얇으므로 풀바름 후 숨죽임시간으로 물불림을 생략할 수 있으며, 장판지의 지질, 제조 후 양생기간, 물의 양과 온도, 풀농도, 계절에 따라 물불림시간을 조정할 수 있다.

▲ 물불림(숨죽이기)

7 재단

물불림하여 숨죽임 된 장판지를 평활한 바닥에 펼쳐 놓고 각장판(거북 장판) 산출치수대로 재단한다. 각장판이 아닌 온장 시공이라면 재단을 하지 않는다.

(1) 각장판

조각 시공이 없이 모든 장판의 가로, 세로치수가 같게 분할 재단하여 시공하는 장판이다. 상급 시공이나 시공이 까다롭고 장판지가 많이 소요되는 단점이 있다.

많은 도배사들이 각장판을 상급 시공이라고 생각하고 있지만 사실 바람직한 인식은 아니다. 장판지의 멋은 격자미다. 격자미는 가로·세로의 이상적인 비율이다. 일찍부터 서양건축사에서는 황금비율이라 하여 1 : 1.618의 비율을 추구하였다. 온장의 한지 장판지는 전통 가옥의 황금비율인데 굳이 방의 치수에 맞추어 산술적으로 바둑판처럼 짜맞추는 장판 시공은 고유한 한지 장판의 격조를 떨어뜨리는 무지의 소치다.

① **각장판 계산식**

  ㉠ 재단치수=실치수÷장수＋겹침치수

  ㉡ 가로 5m, 세로 4m의 방인 경우

    • 가로 재단치수 : 500÷6＋5＝88.333cm를 올림하여 89cm

    • 세로 재단치수 : 400÷6＋5＝71.666cm를 올림하여 72cm

    ※ 장판지의 규격이 가로 98cm, 세로 82cm이므로 가로 500cm는 6장이며, 세로 400cm
      도 6장이 소요된다.

    • 장판 소요량 : 가로 6장×세로 6장=36장에 굽도리분 1장 합하여 37장이 소요된다.

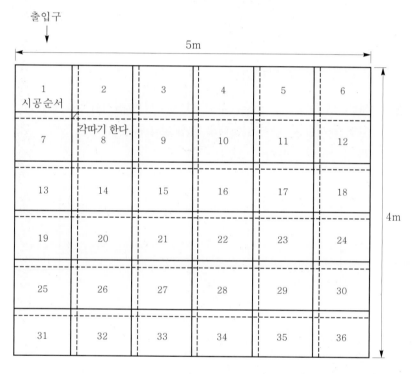

▲ 각장판 시공의 예

② **재단방법**

  ㉠ 1회 재단수량 : 보통 한 방 소요수량이 적당하나 도련의 숙련도에 따라 장판지수량을 더할
     수 있다.

  ㉡ 가로 2면 재단 : 먼저 맨 위 장만으로 A와 A1면이 일치하도록 반절로 접어 산출된 치수만큼
     칼집을 내거나 연필로 눈금을 표시한다. 다시 원상태로 펼친 다음 표시된 눈금대로 B와
     B1면을 전체 재단한다. 여유분으로 굽도리를 재단하여 사용할 수 있다.

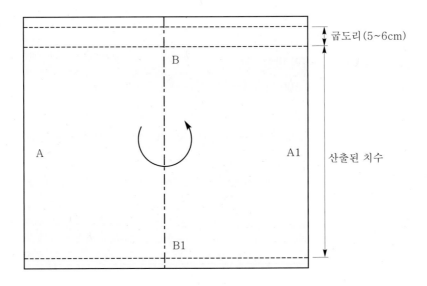

ⓒ 1세로 2면 재단 : 먼저 재단한 가로면 B와 B1이 정확히 일치하도록 반절로 접어 산출된 치수만큼 눈금을 표시한다. 다시 원상태로 펼친 다음 A와 A1면을 전체 재단한다. 여유분으로 굽도리를 재단하여 사용할 수 있다.

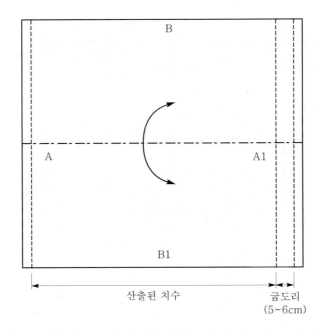

> 🖌 **참고 | 재단 시 주의사항**
>
> ① 힘주어 빠르게 도련하므로 안전에 특히 주의하며 재단자가 흔들리지 않아야 한다.
> ② 재단면의 각과 선이 일치하여 직각을 이루도록 정교하게 재단한다.

(2) 온장 장판

① 분할 재단을 하지 않고 온장을 그대로 사용하며, 가장자리는 조각으로 시공하는 장판이다.

② 시공이 용이하고 장판지가 적게 소요되며, 주로 신축 아파트 현장에서 시공하는 방식이다.

③ **온장 장판 계산식**

    ㉠ 시공장수＝가로 장수×세로 장수

    ㉡ 가로 장수＝가로 실치수÷(가로 장판치수－겹침치수)

    ㉢ 세로 장수＝세로 실치수÷(세로 장판치수－겹침치수)

    ㉣ 가로 4m, 세로 3m의 방에 장판규격 가로 98cm, 세로 82cm를 시공할 경우

      • 가로 장수 : 400÷(98－5)＝4.301장이므로 4.5장 소요

      • 세로 장수 : 300÷(82－5)＝3.896장이므로 4장 소요

      • 장판 소요량 : 가로 4.5장×세로 4장＝18장이므로 굽도리 1장을 합하여 19장이 소요된다.

    ※ 각장판 계산식에서는 겹침치수를 더해주고, 온장 장판 계산식에서는 겹침치수를 빼준다.

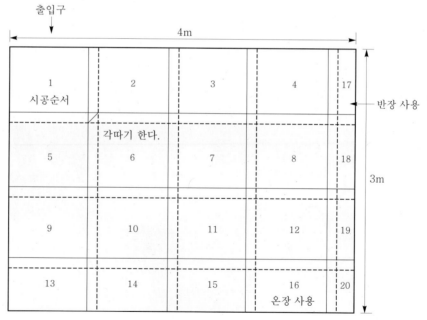

▲ 온장 장판 시공의 예

8 바르기

초배는 충분히 건조되어야 하며 초배 후에도 나타나는 요철이나 단차는 사포로 평활하게 다듬고 미세한 잡티나 먼지까지 깨끗이 쓸어낸다. 한지 장판 바르기는 경험이 많고 기능도 뛰어난 도배사가 시공하여야 한다.

① 미리 바닥난방을 조절하여 바닥온도는 약 10℃, 실내온도는 상온으로 유지시킨다. 고열난방 중에 시공하면 급히 건조되어 강한 인장력에 겹침이 들뜨거나 장판지가 터지는 하자가 발생한다.

② 출입문과 창문을 닫아 통풍을 차단한다. 통풍이 심하면 겹침이음매가 잘 붙지 않고 들뜬다.

③ 시공방향과 시공물량, 온장 시공 후 여분의 조각 시공치수나 위치 등을 파악한다.

④ 출입구 앞 첫 폭을 기준으로 장판지가 벽을 타고 1~2cm 올라가도록 가로, 세로 직각으로 분줄을 친다.

⑤ 초배지 위에 나타나는 분줄선대로 첫 칸을 가로 일방향으로 시공한다. 방의 치수와 장판지 규격에 따라 세로방향으로 시공하기도 하지만 한지 장판지 시공은 가급적 가로방향으로 시공해야 한다.

   ※ 시각적으로 가로방향일 때 안정감과 격자미가 돋보인다. 장판지 한 장의 규격은 웃어른이 아랫목에 양반다리로 좌정할 때의 넓이다.

⑥ 사변겹침은 작은 방은 5cm, 큰 방은 6cm가 적당하며, 겹치는 부분은 2번째와 3번째 장을 대각선으로 각따기하여 맞물림한다.

⑦ ⑤, ⑥과 동일한 방법으로 두 번째 칸에서 끝 칸까지 시공한다.

⑧ 온장이 아닌 귀퉁이 부분의 조각 시공은 겹침치수를 포함하여 약 5cm 이상으로 재단하여 시공 후 벽을 타고, 1~2cm만 남기고 일직선으로 도련한다.

⑨ 굽도리의 높이, 겹침위치, 겹침치수는 바닥 장판지 겹침과 동일 치수이며 동일 선상에 둔다.

▲ 분줄치기

⑩ 시공이 끝나면 겹침 부위의 들뜸과 발자국 등을 손보게 하고 장판지 조각, 떨어진 커터칼날 편을 깨끗이 수거한다.

⑪ 통풍은 3일 정도 차단(우기는 2일)하고, 난방은 3일 정도 차단(동절기는 기온에 따라 조절)하며, 시공 후 일주일 동안은 고온난방을 피한다.

▲ 장판지 시공

▲ 장판지 깔기, 이음매, 각따기, 풀닦기의 분업 시공

▲ 받침기둥 굽도리 시공의 예

9 보양(양생)

보양(양생)에는 현장조건, 장판지 시공방식, 입주일, 니스칠(콩댐) 예정일 등에 따라 다음 네 가지 방식 중 선택한다.

(1) 줄보양

각 초배지를 폭 5cm×초배지 길이대로 재단하여 보양풀로 장판지 겹침위치에 덧바른다. 간단한 약식 보양으로 작업자들의 출입이 통제되고 니스칠 예정일이 비교적 빠를 때 선택한다.

(2) 전면 보양

보양풀로 방바닥 전면에 롤 초배지(각 초배지)로 보양한다. 작업자들의 출입이 빈번하고 입주일, 니스칠 예정일이 상당히 여유가 있을 때 선택하거나, 반대로 즉시 입주하여 니스칠을 할 수 있는 기간 동안 오염 방지를 위해 선택하기도 한다.

(3) 뜬보양

롤 초배지를 보양풀로 붙이지 않고 방바닥 전면에 그대로 겹쳐 깔아 놓거나 겹침 부위만 풀이나 테이프로 임시 고정시킨다. 작업자들이 출입하면서 롤 초배지를 흩트려 놓지 않는다면 가장 효율적인 보양법이며, 통기성이 좋아 곰팡이 발생의 하자를 줄일 수 있다.

(4) 통제

창문은 환기가 되도록 약간만 열어두고, 출입문은 걸어 잠근다. 완벽한 출입통제만 가능하다면 본래의 시공상태에서 자연 양생되는 것이 가장 좋은 보양법(양생)이다.

10 장판칠

장판칠은 방바닥 시멘트 모르타르와 시공된 장판지가 충분히 건조되고 장판지 표면의 유분이 증발되어야 한다. 주로 편리성 때문에 니스칠(바니시)을 하는데, 천연재인 전통 한지 장판지 위에 합성 도료인 니스를 칠한다는 것은 비단옷 위에 거적을 뒤집어 씌우는 격이다. 한지 장판지의 전통 칠방식은 주로 콩댐과 들기름칠이며 쉽게 구할 수 있는 동백기름, 피마자유, 감칠도 했고 드물게 귀한 옻칠을 하기도 하였다. 수입품으로 외래 천연칠인 아마인유를 사용해도 좋다.

▲ 장판칠(결방향, 장단위로)

(1) 니스칠

① 보양지는 스펀지나 스프레이를 사용하여 물을 적셔 깨끗이 벗겨낸다.
② 방바닥 전면을 물걸레로 깨끗이 닦아내고 물기를 완전히 건조시킨다.
③ 바닥난방을 조절하여 바닥온도는 10℃, 실내온도는 상온을 유지한다.
④ 장판지의 가로결방향으로 얇게 니스칠을 한다. 초벌칠이 완전히 건조 후 고운 사포질을 하고 재벌을 한다. 이렇게 삼벌, 사벌 칠을 반복한다.

⑤ 통기성이 전혀 없어 곰팡이 발생이 쉽고 인체에 유해하다(숨을 쉬지 않는 장판지).

(2) 콩댐칠

불린 콩을 맷돌에 갈아 들기름이나 기타 식물기름에 개어 천에 묻혀 장판지에 문질러 바르는 방식이다. 콩의 단백질과 식물성 유성분이 결합해 엷은 도막을 형성하는 전통 장판칠공법으로, 도막의 마모 정도에 따라 기간을 두고 콩댐칠을 반복해 주어야 장판지의 수명이 길어진다.

(3) 들기름칠

들깨에서 짜낸 건성유로, 건조하며 생기는 도막이 단단하다. 방바닥을 뜨거울 정도로 달군 후 들기름을 여러 번 반복해서 칠한다. 유성분이 장판지 지질에 깊이 스며들어 지질의 강도와 방수성, 내구성을 좋게 한다.

(4) 피마자유칠

아프리카 열대지역에서 전래된 귀화식물로, 기름은 약용 및 미용, 재봉틀기름, 각종 철물에 사용하는 다용도 기름이다. 우리나라에서는 주로 온난한 남부에서 재배했고, 시골장터에서는 흔한 물품이며 값이 저렴하여 장판지칠로 많이 쓰였다.

(5) 동백기름칠

옛날 동백기름은 가정에서 미용으로 머리에 바르거나 분을 개어 발랐고 숯을 갈아 섞어 화상에 바르는 약용으로 상비하였는데 드물게 고급 장판지칠로 바르기도 하였다.

(6) 감칠

익지 않은 생감을 으깨어 천에 싸서 장판지에 문지르거나 생감의 일부를 잘라내어 그대로 문지르는 방식과, 즙을 내어 칠로 바르는 방식이 있다. 감의 성분 중 타닌(tannin)은 오늘날 산업용으로 가죽을 만들 때 방부제로 쓰이는데, 장판지에 감칠을 하여 도막을 형성하고 장판지가 썩지 않도록 방부 처리를 한 조상들의 지혜가 숨어있다.

(7) 옻칠

고대로부터 이어온 전통 천연 도료로, 야생의 생옻나무에 생채기를 내어 옻의 수액을 받아 도료로 사용한다. 장판지에 칠하는 전통 도료 중 가장 귀한 최상급칠이며 진한 광택의 고급스러움과 곰팡이가 슬지 않고 충과 좀이 기생하지 못하는 뛰어난 방부·방충효과가 있다.

옛날처럼 직접 옻나무 수액을 채취하지 못해 상용할 수 없고, 구입이 어려우며 고가라는 점이 아쉽다.

(8) 아마인유칠

근래에 전통 한지 장판 제조업체에서 우리나라의 전통 기름을 구하기 어렵고 값이 고가여서 대체품으로 수입하는 아마인유가 있다. 합성 도료에 비해 거의 5~7배의 고가라는 단점이 있지만 도막이 두텁고 광택이 좋아 품질은 매우 뛰어나다.

03 창호지 바르기

전통 가옥에서 환기와 조망을 위한 문은 창(窓)이라 하고, 사람이 출입하는 문은 호(戶)라고 한다. 이 창호에 바르는 종이가 창호지다. 과거에는 도배하면 으레 창호지가 따라왔는데, 지금은 전통 가옥이 모두 사라지고 아파트가 주거의 일반적인 기준이 되면서 도배에서 창호지 바르는 일이 자취를 감추었다. 창호지는 사라진 우리 것에 대한 회고, 옛날 도배에 대한 향수 같은 미련은 버리더라도 '창호지 바르는 일'이란 적어도 도배사에게는 대단히 가치 있는 일이다. 창호지는 전통 한지 도배의 완성이며, 다양한 도배 시공의 원리를 가장 함축적으로 제시하고 있기 때문이다.

1 창호지 바르기

(1) 창호 떼기

전통 가옥의 도배에서 가장 먼저 시작하는 작업이 창호를 떼어내 씻는 일이다. 그리고 중간쯤에 창호지를 발라 그늘에 세워 말리고 방 안 도배를 마친 가장 나중에 창호를 달면 도배가 완성된다. 일반 형태의 창호는 쩌귀(돌쩌귀)라는 철물로 문틀에 연결되어 있다. 문을 열고 망치로 가볍게 쩌귀의 밑부분을 치면 걸쳐진 문이 위로 들려 빠진다. 문을 떼지 않고 그대로 창호지를 바르기도 한다. 문살이나 문틀의 짜맞춤 부분이 틀어졌거나 창호 철물이 부실하면 보수한다.

(2) 창호문 씻기

떼어낸 문을 그늘에 세워놓고 물을 뿌려두면 기존 창호지가 물에 불어 쉽게 벗겨진다. 물을 조금씩 뿌려가며 붓이나 수세미로 문살 사이의 묵은 먼지를 깨끗이 씻어낸다. 깨끗이 씻은 문을 그늘에 세워두고 말린다. 강한 직사일광에서 말리면 문이 변형될 수 있다.

(3) 바르기

① 전체 창호에 바를 창호지 장수를 계산하여 준비하고, 풀은 지저분하지 않은 맑은 새 풀로 준비한다.

② 칠이 되어 있는 문은 문틀과 문살에 미리 아크졸, 수용성 본드를 엷게 발라둔다.

③ 얇은 한지는 한 장씩 풀칠하여 바르게 하고, 풀칠 후 지질이 쉽게 풀어지지 않는 두꺼운 창호지는 한 번에 여러 장씩 풀칠해 두고 바를 수 있다.

④ 가급적 한 장으로 문 한 짝을 바를 수 있는 규격이 큰 대발 장자지가 좋고, 2~3장을 겹쳐 바르는 소발 창호지는 겹침을 문의 하부 문살에 두어 겹침 표시가 나지 않게 한다.

⑤ 문틀 붙임의 치수는 문살두께의 1.5배가 확실한 접착력을 얻을 수 있고 보기에도 좋다. 심하게 늘려 붙이면 건조 후 갈라질 수 있기 때문에 가볍게 솔질하여야 한다.

⑥ 문고리 부분은 빈번하게 손이 스치는 부분이라 쉽게 찢어지지 않도록 사각, 꽃모양 등으로 오려 덧바르기도 한다.

※ 일본, 중국의 문은 창호지를 문의 바깥쪽에 바르고, 우리나라는 안쪽에 바른다. 이유는 심한 비의 들이침에도 창호지가 쉽게 젖지 않고 달 밝은 밤에는 창살의 실루엣과 뜰의 나뭇가지, 떨어지는 잎사귀까지도 투영되는 한 폭의 묵화(墨畵)를 감상할 수 있기 때문이다.

▲ 물 뿌림

▲ 한지 창호지 바르기

▲ 창호문 말리기

▲ 단조살문 위 점착제 도포

▲ 장지문 도배

▲ 조합된 살문

▲ 살문 공예

(4) 말리기

바르기를 마친 문은 바람이 불지 않는 서늘한 그늘에 한 짝씩 세워두거나 서너 짝씩 공간을 두고 겹겹이 세워 천천히 건조시킨다. 강한 바람과 직사일광은 문살 사이의 한지가 갈라지거나 급격한 인장력으로 가장자리가 들뜨게 된다.

(5) 달기

방 안 도배를 마친 후 잘 건조된 문을 조심히 돌쩌귀에 꽂아 부드럽게 열고 닫히는지 확인한다. 뻑뻑한 문은 망치로 돌쩌귀를 쳐서 조정하거나 대패로 문틀을 약간 깎아내기도 한다.

❷ 문풍지 바르기

문풍지란 겨울에 찬바람을 막기 위해 문틀과 문 사이의 틈을 창호지로 끼워 발라주는 것이다. 창호지를 바른 문을 문틀에 끼운 상태에서 문풍지를 바르는데, 창호지를 바르면서 동시에 문풍지를 바르기도 한다.

(1) 여닫이문의 문풍지

① 돌쩌귀면의 문풍지
- ㉠ 창호지를 길이대로 문 두께의 2배 넓이로 재단한다. 문 두께가 5cm라면 문풍지의 창호지는 10cm로 재단한다.
- ㉡ 재단한 창호지를 길이방향으로 반절로 접어 문을 최대로 열어 놓은 상태에서 문과 문틀에 각각 1~2cm 정도만 붙인다.

② 돌쩌귀면 외 3면의 문풍지
- ㉠ 창호지를 길이대로 문 두께의 2배 넓이로 재단한다.
- ㉡ 문의 방 안쪽 면에 1~2cm씩 붙여 나머지는 꺾어 그대로 나풀거리게 하는 방식
- ㉢ 문 안쪽과 바깥쪽에 각각 1~2cm씩 붙여 중간 부분에는 문에 붙지 않아 봉긋하게 하는 방식
- ㉣ 처음부터 창호지를 문보다 10cm 더 넓게 발라 창호지와 문풍지를 동시에 작업하는 방식

(2) 미닫이문의 문풍지

문틀에 닿는 문은 여닫이문과 같은 방식으로 바르고, 문과 문이 교차되는 부분은 각각의 문에 창호지를 문 두께의 2배 넓이로 재단하여 문의 마구리면에 1~2cm 붙이고 나머지는 나풀거

리게 하여 찬바람을 2중으로 차단하게 한다.

※ 이 단원은 저자가 처음 도배에 입문하여 짧은 기간 동안이었지만 심취하여 매진했던 분야이
다. 저자의 시공경험, 그리고 당시의 선배들의 실전 지도와 구전(口傳)을 토대로 개량된 시공
법을 조합하여 기술한 내용이다.

NATION of DOBAE

15

특수 벽지 시공

택리도배지(擇里志) Ⅰ

복거총론(卜居總論)

"푸른 소나무와 흰 구름으로 벗을 삼고, 돌을 베고 자면서 흐르는 물에 양치질하며, 아침 안개 속에 밭을 갈고 달빛을 받으며 물을 긷는다면 이 어찌 좋지 않으랴. 하지만 이것은 상고 때, 아직 예의가 확립되지 않고 온 세상 사람이 모두 민(民)이었을 때의 얘기이다. 만일 이런 것을 본보기로 따른다면, 관례(冠禮) 때에 빈상(儐相)을 모시지 않고, 혼인에도 친영(親迎)을 하지 않으며, 초상을 치르는 데 관곽(棺槨)을 쓰지 않고, 제사를 지내는 데 제기를 쓰지 않을 것이니 어찌 이런 일을 할 수 있으랴."　　　　－《택리지》의 〈복거총론(卜居總論) 생리(生利)편〉에서

《택리지》는 도가(道家)의 전통적 풍수사상(風水思想)을 수용하였지만 단순한 풍수지리서를 넘어 지리를 바탕으로 인문·사회·과학을 비중 있게 전개하였고, 후일 이용후생(利用厚生)의 실학(實學)에 적잖은 영향을 주었다.

청화산인(靑華山人, 이중환의 호)은 현실 정치세계로부터 철저히 배제되어 30여 년 전국을 유랑하는 늙고 궁핍한 처지였지만 해박한 지식, 뛰어난 통찰력, 혁신적 개혁의지, 기행적 풍류견문을 유일한 수단인 기록으로 남겼다.

이 책의 발문(跋文)에 "옛날에 내가 황산(黃山) 강가에 있을 때, 여름날에 할 일이 없어 팔괘정에 올라 더위를 식히면서 우연히 논저(論著)하였다."라고 했으니 유랑으로 건진 기록을 필생의 역작으로 남기면서도 마치 한가하여 엮은 것처럼 초연할 수 있는 역설적 풍류기행은 이 책의 압권이다. 시종일관 불운한 처지에 대한 사사로운 불평을 금했고 배타와 독단이 없는 서술적 기록은 그의 인격적 소양의 깊이를 충분히 헤아릴 수 있다. 《택리지》의 주제를 한마디로 압축하면 살아서는 '대체로 살 만한 곳', 죽어서는 '대체로 묻힐 만한 곳'을 말하고 있다.

'대체로 살 만한 곳'이란 오늘의 경제활동으로 보면 '대체로 일할 만한 곳'으로 연속된다. 농부가 농사 지을 만한 곳, 상인이 장사할 만한 곳이 있듯이 도배사가 도배할 만한 곳을 가려보자.

1. 지리(地理)

이중환은 복거총론의 지리를 다분히 풍수설에 근거한 지리로 기록했고, 오늘날 우리가 이해하는 보편적인 지리(교통)는 물산(物産)과 사람의 왕래가 빈번한 산업적 가치에 기준하여 두 번째 조건인 생리에 두었다. 당연히 범우주적(宇)인 관점에서 보면 땅(地)과 사람(人)은 동시에 생명력을 지닌 유기체로 공존한다. 사람에게 혈맥이 있듯이 땅에는 지맥(지혈)이 있고 그곳에서 천(天)의 기(氣)가 운기(運氣)하여 현상(福)으로 나타난다.

역학적(易學的) 풍수를 '잡탕' 같은 민간신앙이나 기묘한 방술(方術) 정도로만 이해한다면 수맥이 지나가는 자리를 피하며 혈맥을 찾아 침을 놓는 것도 역시 동일 선상에서 주술행위로 이해하여야 할 것이다. 대다수가 흉지(凶地)와 길지(吉地)가 있긴 있는데 쉽게 이해할 수 없고 정확히 맞추기가 어려우니 차라리 없는 것으로 살아간다.

필자 역시 간간이 풍수(風水)니 음양(陰陽)이니 택리(擇里)니 하면서도 어렴풋이 이해는 하지만 지식은 바닥이

다. 솔직히 '잡탕'이고 '선무당'이지만 직관(경험)만큼은 스스로 인정한다. 어떤 사상을 터부하기보다는 먼저 적당한 사고로 수용하고 거를 줄도 아는 비판적 수용을 좋아한다. 한 가지 직업으로 골수가 되면 나름대로 이력도 생긴다. 오로지 현상과 첨단으로만 지탱하는 요즘의 코스모폴리탄(cosmopolitan)에 갇혀 있어도 기질적으로 복고적 회귀를 좇다 보니 근원적, 생태적 혜안(慧眼)으로 진화된 것 같다. 이쯤 하고 도배의 흉지(凶地)를 정리한다.

도배의 흉지(凶地)

① 시공하는 집에 가는 도중 교통사고가 나거나 작업 중 크게 다치거나 기물(세간)을 파손시키는 집
② 목전에 두고도 진입로가 엉뚱하여 헤매는 집(미로)
③ 가까이 당도하여 볼 때 전체적으로 빛이 들지 않아 매우 어둡거나 습한 기운이 감도는 집
④ 대지가 장방형으로 반듯하지 않고 가옥구조가 일반 구조와 상당히 다른 묘한 집
⑤ 북향이면서 막다른 집
⑥ 단독주택이라면 내부에서 외부, 외부에서 내부가 전혀 조망되지 않는 집
⑦ 고사된 고목이나 폐우물이 있는 집
⑧ 대문이나 현관을 들어설 때 지나치게 위압감을 느끼거나 외관의 색상이 특별한 집
⑨ 여러 차례 조잡하게 증·개축, 보수한 집
⑩ 건물에 심한 균열이 있거나 철골 빔(beam)이나 기타 조치로 지탱하게 한 집
⑪ 방바닥에 물이 흐를 정도로 습하거나 바닥 수평이 상당히 기울어져 있는 집
⑫ 실내인테리어가 기괴한 집(가구, 소품 등)
⑬ 집주인의 인상이 밝지 않고 음성이 부서지는 듯 탁하거나 지나치게 고음인 집

이상의 내용을 전부 허무맹랑한 것으로 일축할 것은 아니다. 오랜 세월 도배작업을 하면서 익숙하게 길들여진 경험이다. 산짐승도 죽을 때에는 좋은 곳을 찾아 눕고, 공중의 새도 안전하고 좋은 곳을 찾아 둥지를 틀고, 사람이 길을 걷다가 잠시 쉬어 갈 때도 편하게 앉을 자리를 찾는다. 하물며 사람은 예의와 도리에 맞는 행실을 하여야 하며, 그 행실은 부(富)하지 않으면 행하지 못하고, 부는 업(業)으로 이룰 수 있으니 그 귀한 업의 지리에 거리낌이 있다면 마땅히 경계하고 삼가 나쁠 것이 없다고 본다.

2. 생리(生利)

생리편은 먼저 생리가 필요한 이유와 다음으로 농업의 생산성 향상으로 인한 소출의 증대와 각 지역의 풍토에 따른 재배종의 선택, 그 다음으로는 물자를 운반하는 지리적 요충과 교통수단을 언급하였다.

(1) 생리가 필요한 이유

첫 번째로 풍수의 지리를 언급했지만 지리는 생리를 얻기 위한 방법론적 접근이었고, 생리가 빈약하면 자연 인심(人心)도 황폐하며 산수(山水) 역시 "산수가 좋은 곳은 생리가 박한 곳이 많기 때문에 땅이 기름진 곳을 골라 살면서

십리나 또는 더 가까운 곳에 산수 좋은 곳을 보아 두었다가, 마음 내키는 대로 찾아가 시름을 풀고 돌아오는 것이 좋다." 하여 공명(空名)보다는 실용(實用)을 중시하는 실사구시(實事求是)의 의지를 나타냈다. 또 생리의 서두에 공자(孔子)를 인용하여 "공자의 가르침에도 살림이 넉넉해진 뒤에 가르친다고 했으니 헐벗고 굶주리면서 조상의 제사를 받들지 못하고 부모도 봉양하지 못하며 처자의 윤리도 모르는 자에게 어찌 앉아서 도덕(道德)과 인의(仁義)를 말하라 하겠는가." 하여 당시 유교적 행세만 좇아 빈곤을 운명으로 하는 선비와 백성들의 그릇됨을 지적했다.

(2) 기술 개발을 위한 구조의 개선

"나라 안에서 가장 비옥한 땅은 전라도의 남원·구례와, 경상도의 성주·진주 등 몇 곳이다. 이 지방은 논에 종자 한 말을 심어서 최상 140두(斗)를 수확하고, 다음은 100두를 수확하며, 최하는 80두를 수확하는데 다른 고을은 그렇지 못하다. (중략) 충청도는 내포와 차령 이남은 비옥한 곳과 척박한 곳이 반반인데 가장 비옥한 곳이라도 씨 한 말을 심어서 60두 내외를 수확하는 곳이 많다."

위의 원문(原文)은 소출의 많고 적음을 가렸지만 사실 당시의 곡물은 전라도나 충청도나 품질에 별반 차이가 없었을 것이다. 그러므로 정확한 생산성이란 품질을 수반하는 생산량을 말한다. 현재의 도배시장은 작업량(1명=실크 10평 기준)이 거의 정해져 있기 때문에 품질을 언급하겠다. 어디는 비옥한 땅이고, 어디는 척박한 땅이라서 소출의 차이가 거의 두 배가 된다고 기록한 것은 오늘날 도배시장에도 얼마든지 존재한다. 같은 서울 행정구역 안에서 어느 곳은 상급이고, 어느 곳은 하급인지 웬만한 경력 도배사라면 익히 알고 있다. 지역에 따른 기술의 차이도 있겠지만 그보다도 '척박한 땅', 즉 해당 지역 도배시장의 구조와 환경의 문제가 품질을 좌우한다고 본다. 당시 실학자들의 주장에는 사회, 경제적 문제를 해결하기 위해서는 생산성 향상 못지않게 관리의 부정부패 척결이 우선이라고 하였다.

→ 외세에 의한 정치적 혼란
→ 탐관오리의 과중한 세액, 시전관리의 뇌물
→ 경강상인(京江商人)의 매점매석, 육의전의 금난전권(禁難廛權)

위 내용들은 《택리지》 저술 당시보다는 약 100여 년 후의 시대상황이나 오늘날 도배시장의 구조적 문제들과 관련지어 선을 연결하라면 모두 맞아 떨어지는 내용들이다.

(3) 교통수단

"물건을 교역하는 것은 신농성인(神農聖人)이 만든 법이다. 이 법이 없으면 재물이 생길 수가 없다. 그러나 물건을 운반하는 데에는 말이 수레보다 못하고, 수레는 배보다 못하다. 우리나라에는 산이 많고 들이 적어서 상인들은 모두 말에 짐을 싣는다. 그러나 갈 길이 멀어 운송비가 많이 들어 소득이 적다."

도배사는 공구(풀기계 포함)와 자재를 싣고 이동하기 때문에 차량 이동이 필수며 웬만해서는 대중교통을 이용할 수 없다. 보통으로 활동하는 도배사의 한 달 차량 유지비는 약 50만 원 정도, 많이 활동하는 도배사는 약 100만

원, 2~3대의 차량으로 작업자들을 픽업하는 신축 아파트현장 작업반장인 경우는 약 200만 원 이상이 지출된다. 총수입의 거의 1/3이 차량 유지비로 허비된다. 비단 금전적 지출만이 아니라 도로에서 허비하는 시간, 도배작업과 운전으로 인한 피로의 가중치, 바쁠 때 조금 몸이 약한 도배사는 체력의 한계를 경험한다고 한다. 도배사는 집과 거래처(지물포)와 시공장소 이상 세 곳이 모두 가까이에서 연결되는 것이 가장 좋고, 그 다음은 세 곳 중에 두 곳이 인접해 있는 것이고, 가장 불리한 조건은 세 곳 모두가 멀리 떨어져 있는 것이다. 그러나 세 곳 위치가 매일 가까이 있다고 해서 절대 좋은 것만은 아니다. 다람쥐 쳇바퀴, 우물 안 개구리가 되기 십상이다. 필자는 거리상 가장 불리한 조건에서 도배를 하고 해가 갈수록 대책 없이 바빠지고만 있지만 그럭저럭 극복하고 있다. 남다른 체력, 그보다는 도배에 대한 의지, 또 그보다는 독특한 기질 때문인 것 같다.

3. 인심(人心)

옛것이 좋다. 과연 그럴까. 지금 삼국시대 옷만 입고 생활하라면, 고려시대 음식만 삼시세끼 먹으라면, 조선시대 집에서만 살라고 하면 좋을까.

사람은 진화하고 문명이 발달하기 때문에 절대 그렇지 않다. 그러나 단 한 가지 무조건 옛것이 좋은 것이 있으니 그것은 옛사람의 인심이다. 남을 돕는 것을 '공덕을 쌓는 일'이라고 했고, 대문 앞에 버린 아이를 '업둥이'라 하였다. '복을 가져오는 아이'라는 뜻이다. 버린 아이를 받아 기르는 것을 도리어 복으로 생각했다. 선행에 대해서는 개인이나 한 집안에 대한 칭송 이전에 그 고을의 칭송이 먼저였다.

우리나라는 타인(他人)에 대한 호칭이 발달하지 못했다. 길을 물어볼 때는 생면부지라도 아저씨, 아주머니다. 연세가 든 분이라면 할아버지, 할머니고, 동년배 같으면 형, 언니로 모두 친족 호칭으로 통용된다. 그러므로 우리에게 이웃은 친족이며, 전통적 이웃관은 친족관이다. 영어권에서 남자는 통칭 Mr., 여자는 Miss., Mrs., 막 부를 때는 hey, 군중을 싸잡아서 부를 때는 lady and gentleman이다. 일본에서는 아는 사이일 때는 ○○○상(さん)이고, 군중에게는 여러분이란 뜻으로 미나상(みなさん)이라 한다. 중국에서도 大兄, 叔(아재비 숙) 등의 호칭이 사용되지만 우리처럼 친족에 대한 항렬 호칭과는 의미가 다르다. 유독 우리나라는 친척이 아닌 이웃에게 씨족 항렬의 친족 호칭을 사용한다. 솔직히 이 부분에서는 자신이 없다. 다수를 공감시키기에는 논리가 빈약하여 비교, 전개하였지만 토종 한국인으로 정서상 그렇다는 것이다.

각설하고 도배, 그래 인심 좋던 시절은 다 갔다. 인심이 가면 의리도 간다. 필자가 열여섯 해에 도배에 입문하여 열일곱 해에 신축 아파트현장 작업반장을 했다. 지금으로 치면 도저히 불가능한 상황으로 내달렸지만 동료들이 큰형님, 아버지뻘이지만 의리로 헤쳐 나갔다. 30여 년 전 장안의 4대 지물포 경성, 한일, 종로, 종각의 전성기 시절 근처 다방에 모여 앉아 있다가 전화 호출에 따라 일을 나갔다. 한 사람이라도 더 데리고 가려고 했고 애경사는 물론 이사나 김장 같은 대소사를 함께 했으니, 소속팀의 우애는 거의 동기간이었다. 구역(소속)에 대한 경계가 분명했고, 조직에 대한 체계도 확실했다. 인심 좋은 사장님, 인심 좋은 소비자들도 많았다.

하루가 저물면 향수에 젖어 술타령하는 필자도 싫고, 손(기술)과 가슴(애착)이 안 따라주니 인터넷 검색에서 머리(잔머리)만 굴리는 요즘의 철새들도 싫다. 온고지신(溫故知新)을 되새겨 볼 때다. 간혹 알음 있는 도배사들이 요즘 도배세태를 하소연한다고 하여 "어디 읍(邑)단위라도 조용한 곳으로 이사 가서 한 뙈기 텃밭에 옥수수, 감자라도 심고 거기서 맘 편히 도배해라. 근처 노인네들 도배봉사도 해주고 그래라."라고 말한다.

"그러나 오히려 사대부가 살지 않는 곳을 선택하여 두문불출하며 홀로 착하게 산다면, 비록 농사짓고 물건 만들고 장사를 한다 해도 즐거움이 그 안에 있을 것이다. 이와 같이 한다면 인심이 좋으니 나쁘니 할 것도 없다."

이중환이 오늘날 도배세태를 본다면 우리에게 옛날과 똑같이 이렇게 말했을 것이다.

4. 산수(山水)

정상인이라도 도배를 한 5년쯤 하면 열에 아홉은 무식해진다. 필자뿐 아니라 의식 있는 도배사는 공감하는 말이다. 경력 도배사들의 공통된 특징을 더듬어 보자.

- 무식해진다. 책 한 권, 신문 한 쪽 보지 못한다. 시간도 없을 뿐 아니라 만사가 귀찮다.
- 난폭해진다. 행동이 거칠어지고 무의식중에 자주 상소리를 한다.
- 계산이 빨라진다. 적은 금액(일당)에 익숙해 있다 보니 큰 계산을 못하고 그릇이 작아진다.
- 술에 의존한다. 미래가 보이지 않기 때문에 현실도피의 방편으로 알코올 중독이 된다.
- 직업병을 호소한다. 과도한 육체노동과 잘못된 작업자세로 인해 대다수 근골격계 질환이 있다.
- 하자 발생빈도가 높다. 도배직업에 대해 비전을 갖지 못하기 때문에 기술연구가 부족하고 작업에 대해 진지함이 없어진다.
- 노예근성이 길러진다. 세(勢)에 눌리다 보니 저항정신이 없어진다.
- 우울증 초기 증세로 접어든다. 의미 없는 반복생활, 빈곤의 악순환으로 현실 극복의지마저 없어진다.
- 간혹 정신적 공황(panic)에 빠진다. 바른 사고를 하지 못하고 심한 경우 선악의 분별조차 둔해진다.
- 지나치게 명랑하거나 선한 사람으로 변한다. 필자가 보는 최악의 상태로, 허탈해지는 자신을 감추기 위한 비참한 위선으로 자아상실의 마지막 단계이다.
- 세상 살아가는 모든 기준이 도배가 된다. 근래 내 자신 스스로 느끼는 가장 최악의 상태로 도배가 모든 인간관계에서 진선미의 잣대가 되는 극단적인 크레이지 말기상태. 수십 년 도배하면서 이런 상태는 나 외에 다른 사람에게서 경험하지를 못했다. 벗어나고 싶다. 혹 승화될 수 있는 길이 없을까. 어느 도공(陶工)이 평생토록 제 맘에 드는 작품이 나오지 않아 자기(自己)를 자기(瓷器)로 만들기 위해 불 속 가마에 들어가 버리는 천형을 피하고 싶다.

이상의 내용들은 솔직히 필자뿐 아니라 경력 도배사나 도배사라면 누구나 한두 가지씩 해당 항목이 있을 것이다. 1,000여 세대 신축 아파트 도배공사는 공기(工期) 약 3개월에 일일 작업자 50여 명을 가동한다. 본사 점검에 입주자 점검까지 마치면 누구나 정신적, 육체적, 정서적으로 탈진하기 마련이다. 필자는 공사 끝나기가 무섭게 무작정 여행을 떠났다. 좀 무리다 싶은 현금을 챙겨서 맘 내키는 대로 가서 먹고, 마시고, 산천경계 두루 돌며 시름을 풀고 한 사나흘을 보내고 온다. 다음 공사 끝나면 또 그렇게 떠나고, 아마 필자가 지금도 버티고 사는 이유가 무작정 가는 여행에 있지 않은가 싶다.

'도배장이라 무식하겠지'라는 것이 싫어서 나름대로 노력했다. 쉬는 날 하루, 아침부터 대형문고에 가서 바닥에 차분히 앉아 두 권 정도는 속독으로 읽고, 평소 읽고, 싶었던 책 한 권은 사 들고 나와 짬짬이 읽었다. 본래 체질이 읽기 싫고, 쓰기 싫어하는 내가 그러는 것도 대견했다. 나이 탓인지 요즘은 그것도 귀찮다. 꼭 도배하는 사람들만 만나지 말고 사회 친구들도 간혹 만나 세상 돌아가는 이야기도 들으면서 술 한잔한다. 전혀 다른 분야의 식견도 설핏 주워 듣는다. 이 외의 여가로는 재래시장을 돌며 막걸리도 큰 사발하고 노상 리어카에서 싼 작업용 양말이라도 사 온다. 체질에 맞지 않지만 내키면 품위 있게 인사동 갤러리도 가고, 지나치면 대학로에 가서 홀딱 벗는 외설 시비 연극도 맨 앞자리 코앞에서 감상한다.

옛 사람들이 산수 좋은 곳을 봐 두었다가 시상을 떠올리며 풍류를 즐겼고 노류장화(路柳墻花) 기생집을 찾아 시름을 달랬듯이 시대와 장소만 다를 뿐 매 일반이라고 생각한다. 산수(山水)라는 것이 산 좋고 물 맑은 곳의 정자만이 아니라 오늘날로 치면 서점일 수도 있고 시장, 극장이라고 생각하고 풍류희락(風流喜樂) 어우러짐을 홀로 즐긴다.

"대체로 산수라는 것은 정신을 즐겁게 하고 성정(性情)을 맑게 해주는 것이다. 주거환경에 산수가 없으면 사람이 촌스러워진다. 그러나 산수가 좋은 곳은 생리가 적은 곳이 많다. 사람은 자라처럼 집을 짊어지고 살지 못하고 지렁이처럼 흙을 먹고 살지 못하기 때문에 산수만 바라보고 살 수는 없는 것이다. 그러니 비옥한 땅과 넓은 들에 지세가 아름다운 곳을 골라 집을 짓고 살아야 한다. 그리고 십 리 밖이나 혹은 반나절 거리쯤 되는 곳에 산수가 좋아, 한번 가보고 싶을 때 가끔 다니면서 시름을 풀거나 하루쯤 묵을 수 있는 곳이라면 자손에게 길이길이 물려줄 수 있을 것이다."

2006년 11월, 〈데코저널〉 칼럼
《택리지》의 〈복거총론(卜居總論)〉에서

CHAPTER 15 | 특수 벽지 시공

01 공구

고급 전용 공구를 사용한다. 기능에 다소 자신이 있다고 모든 도배지를 손기능에만 의존하는 근대적인 사고방식, 공법, 공구에서 벗어나지 못하는 도배사들이 의외로 많다. 특수 도배지를 일반 시공법으로 시공하지 않듯이 공구 역시 일반 공구 외에 별도의 전용 공구를 사용해야 한다.

① **정배솔** : 모(毛)의 길이가 1~2cm 내외의 매우 부드럽고 짧은 모의 정배솔을 사용하며 두꺼운 레자 도배지류에는 PVC 재질의 대형 주걱을 사용하여 미세한 기포와 주름이 발생하지 않도록 압착 시공한다.

② **롤러** : 압착용 롤러 외에 압입용, 마무리용 롤러를 사용하여 이음매와 굴절, 홈 부위를 매우 정교하게 시공한다.

③ **주걱** : 다양한 형상의 주걱을 용도에 맞게 사용한다.

④ **안전재단자, 밑판(알루미늄박판, PVC판)** : 생산제품을 그대로 맞물림 시공하는 것보다는 초배 위에 밑판을 대고 안전재단자를 사용하여 일직선으로 겹쳐따기 하는 것이 더욱 정교한 이음매를 얻을 수 있다.

⑤ **분줄, 다림추** : 실의 구조에 따라 분줄, 다림추를 사용하여 수평, 수직선을 그어 정확하게 시공한다.

⑥ **공업용 드라이기** : 동절기에는 냉온에 의해 도배지의 재질이 딱딱해지는 경화 및 내절도가 떨어진 상태이므로 코너, 문틀, 보, 마감 끝선 부분을 열풍시켜 부드럽게 하여 부착력을 확실하게 한다.

⑦ **분무기** : 도배지에 풀을 도포하지 않고 시공 바탕면에 풀을 도포할 때는 도배지 이면에 물을 분무하여 숨죽임 한다. 풀솔이나 스펀지(유리창 닦기), 페인팅롤러를 사용하면 벽지에 지나치게 많은 물이 흡수(포수상태)되어 건조 후 변색 하자가 발생할 수 있다.

⑧ **마른 융, 타월** : 이음매 부분에 묻은 풀은 젖은 타월로 1차 닦아내고, 마른 융이나 타월로 물기를 제거하여 이음매 간극 사이로 수분이 침투되어 건조되는 과정에서 이음매가 벌어지지 않도록 한다.

⑨ **주삿바늘** : 시공 후 기포나 주름 등의 하자를 방지하기 위해 도배지를 손상시키지 않고 손보기 할 때 사용한다.

▲ 나뭇잎 벽지

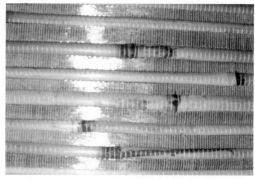

▲ 대나무 벽지

▲ 완포 벽지

▲ 삼, 갈포, 죽피 등으로 혼합된 벽지

▲ 비즈 벽지

▲ 홀로그램 벽지

02 접착제, 부자재

① **풀** : 접착력, 투명성, 밀림성 등이 우수하고 배합 후 입자가 고운 친환경 고급 풀을 사용한다.

② **투명 코킹(본드실)** : 일반 도배용 수성 백색 코킹은 여분의 코킹을 닦는 과정에서 도배지의 손상, 변색의 우려가 있으므로 건조 후 자국이 남지 않는 투명 코킹(본드실)을 사용한다.

③ **부직포** : 특수 도배지 공간 초배용으로는 $1m^2/40g$ 이상의 상급 부직포를 사용하여 강한 인장력에 대응할 수 있게 한다.

④ **초배지** : 백색도, 인장강도가 우수한 상급 초배지를 사용하며 초배지의 가장자리 단차가 나타나지 않도록 솔기로 가공된 제품이어야 한다.

⑤ **퍼티, 메시테이프** : 바탕면의 요철, 단차는 퍼티, 샌딩작업 후 프라이머를 도포하고, 내장재의 연결 부위는 쉽게 파열, 변형되는 틈막이 초배보다는 메시테이핑 후 퍼티작업으로 평활하게 마감하는 것이 강도상 유리하다.

03 시공방법

일반 도배 시공법을 기본으로 하고, 마감은 상급 시공이며 도배지의 재질과 특성에 맞게 시공한다.

▲ 비단 벽지 시공 직후 모습

공법\도배지	재단	배합비	바탕 처리, 초배	이음매 처리	풀 닦기(물 사용)	기타 주의사항
레자류	재단 순서대로 교차 시공을 원칙으로 한다.	도배지의 재질, 두께와 초배공법에 따라 된풀을 사용한다. 예 · 두께 - 두껍다: 이주 된풀	· 기존 초배 위 중첩 초배 시공을 금함 · 퍼티, 샌딩 ⇨ 프라이머 ⇨ 밀착 초배 2회	· 제품대로 맞물림 · 겹쳐따기 위 두 가지 중 적합한 방법을 선택한다.		· 냉온에서 시공하지 않는다. · 도배지가 중량일 경우에 천장 시공은 가급적 피한다. · 이음매를 강하게 닦지 않는다(스크래치).
섬유류			· 퍼티, 샌딩 ⇨ 프라이머 ⇨ 밀착 초배 2회 · 부분 퍼티, 샌딩 ⇨ 프라이머 ⇨ 공간 초배	· 제품대로 맞물림 · 겹쳐따기 위 두 가지 중 적합한 방법을 선택한다.	· 원칙적으로 물을 사용하여 닦지 않는다 (변색 하자).	· 제작의 올이 풀리지 않도록 주의하며 시공한다. · 표면으로 풀이 배어 나오지 않도록 시공한다.
초경류		· 풀 - 얇다: 된풀 · 투습성 - 크다: 이주 된풀 - 작다: 된풀 · 초배공법 - 공간 초배, 울바름: 이주 된풀 - 밀착 초배: 된풀	· 퍼티, 샌딩 ⇨ 프라이머 ⇨ 밀착 초배 2회 · 부분 퍼티, 샌딩 ⇨ 프라이머 ⇨ 공간 초배	· 제품대로 맞물림 · 겹쳐따기 위 두 가지 중 적합한 방법을 선택한다.	· 재질에 따라 가볍게 닦을 수 있다.	· 제품의 가장자리 상태가 좋지 않을 때는 겹쳐따기 시공한다. · 이색에 주의한다.
목질계			· 퍼티, 샌딩 ⇨ 프라이머 ⇨ 밀착 초배 2회 · 부분 퍼티, 샌딩 ⇨ 프라이머 ⇨ 공간 초배	· 제품대로 맞물림 · 겹쳐따기 위 두 가지 중 적합한 방법을 선택한다.	· 재질에 따라 가볍게 닦을 수 있다.	· 비교적 내절도가 약하므로 굴절 부위에 시공해 주의한다. · 재질이 두꺼울 때는 재단칼, 가위를 사용한다.
무기질계			· 퍼티, 샌딩 ⇨ 프라이머 ⇨ 밀착 초배 2회 · 부분 퍼티, 샌딩 ⇨ 프라이머 ⇨ 공간 초배	· 제품대로 맞물림 · 겹쳐따기 위 두 가지 중 적합한 방법을 선택한다.	· 재질에 따라 가볍게 닦을 수 있다.	· 금속박 도배지는 감전에 주의한다. · 질석입자가 떨어지지 않도록 시공한다. · 시공 후 2차로 페인팅을 하는 반가공 유리 섬유 도배지는 피부 마름을 피하고 마스크를 착용한다.
한지류	· 한지 벽지: 일반 재단 · 한지: 각장	· 한지 벽지: 된풀 · 한지: 보통 풀, 묽은 풀	· 밀착 초배 1회 · 초배 생략(한지 자체가 초배이자 정배)	· 한지 벽지: 맞물림 · 한지: 각장 겹침 시공(overlap 1cm 내외)	· 가볍게 닦거나 한지 재질의 풀을 흡수, 자국이 남지 않아 닦지 않아도 무방하다.	· 한지는 수분에 약하여 재질에 따라 바탕 도포 시공과 대발걸침 시공별, 묽은 풀을 분무기에 넣어 분사하며 시공한다.

▲ 대나무 패널 마름모 시공

▲ 낱장 단청 시공

▲ 수입벽지 부속 장식물(로고형)

▲ 수입벽지 부속 장식물(보석)

NATION of DOBAE

CHAPTER

16

벽화(Mural)벽지 시공

법성포 연가

법성포에 가면
바다는 늘 비어 있었다
드러난 갯벌 위엔 발이 잠긴 목선 두엇
서편제 가락으로 흔들리고
나는 잊혀진 이름 부르며
방파제 끄트머리에 앉아본다

바다는 변심한 애인처럼
흰 등을 보인 채 십 리나 물러나 있고
방파제 아래엔 미친 듯 바람이 불어
낙월도 앞 무인도에 치는
파도만 검게 부서질 뿐

팔월의 바다는 뜨거운 추상
거센 바람 속에 팔을 들어 손가락을 펴면

낱낱이 해체되는 슬픔의 세포들
위태로운 삶의 행간에 묻어 두었던
참을 수 없는 외침들도
바다에 가면 술이 되고 노래가 되는가

먼 해안의 경사진 모퉁이를 돌아
예감도 없이 문득 돌아오는 바다
유화 속 빛바랜 풍경보다
고립된 마을에 저녁이 오고
웅크린 지붕 아래 등불이 켜지면
저물어 숨죽인 바다에 배를 띄우리
수초처럼 발목을 휘어 감는
물안개 헤치며 헤치며
꿈도 없는 먼 곳으로 나 떠나간다

만신창이로 싸돌아다니다가 이윽고 바다에 다다르면 바다는 늘 無念無想, 덧없이 맞이한다.
먼 옛날, 소년 도배사가 지겹게 늙어 가면서도 어느 바닷속 깊은 심연에 도배의 비밀이 있다고 꿈꾸
며 살아간다.

프란시스 베이컨(Francis Bacon, 1561~1626)은 군상(群像)들의 편견을 네 가지의 우상(偶像)으로 지적했다.

하나, 인간 본위로 해석하려는 보편적 편견인 '종족(種族)의 우상'

둘, 개인의 환경, 습성으로 고착되는 우물 안 개구리 같은 '동굴(洞窟)의 우상'

셋, 언어, 문자의 개념적 오류인 '시장(市場)의 우상'

넷, 그릇된 학설, 교의, 전통을 무비판, 맹목적으로 인식하려는 '극장(劇場)의 우상'이 그것이다.

"인간은 사회적 동물이다." 이 말을 조금만 광의로 해석하자면 인간의 인식의 범위가 사회라는 제도권의 틀과 집합체의 확률에 한정되어 있다는 것이다. 결국 인간 스스로 만들어낸 문명의 극치인 '사회'에 인간의 인식이 사육되어지는 자가당착이라고 보면 맞다. 그러므로 다수가 공감한다고 진실은 아니다. 다수의 편견은 얼마든지 존재한다. 예로 천동설이다. 당시 지동설을 주장했던 갈릴레오는 황당한 편견에 사로잡힌 신성모독의 정신병자였다.

중세 유럽에서는 이성적 세계관의 대두, 종교에 대한 회의, 기근과 페스트로 인한 극도의 사회 불안을 마녀사냥으로 해소시켰다. 점이나 사마귀 같은 신체의 특징, 너무 밉거나 예쁜 여자, 똑똑한 여자, 과부가 주된 표적이었으며, 대상이 줄어들자 나중에는 단지 여자라는 이유만으로도 희생양의 조건으로 충분했다. 신학적 관점으로 볼 때 창세의 여자가 원죄로 각인되어 있으니 현세의 여자 역시 원죄의 동일 매개체로 보았던 종교적 편견의 산물이었다.

히틀러는 남근기(男根期)에 어머니가 유방암으로 유대인 의사에게 치료를 받았다. 유대인 의사는 어머니의 침실을 무단출입하였고 모성의 심벌(simbol)이자 성역인 유방을 만지며 검진하여 절제수술을 하였다. 사춘기 히틀러는 어머니에 대한 편집적인 애정만큼 유대인 의사에 대한 증오 또한 컸다. 후에 600만 유대인을 학살하는 지독한 오이디푸스 콤플렉스의 변종인자와 반유대주의의 인종 편견이 착상되는 시기였다. 그릇된 편견이 엄청난 결과를 야기하는 실례다.

… 중략 …

복잡하게 시공하면 고급 도배다.

필자는 약간 길치다. 고향인 지방에서 도배에 입문하여 단기간에 도배기술로 고향 근동을 평정했다. 서울을 접수하기 위해 '한양'에 입성하였다가 우물 안 개구리임을 깨닫고 엘리트 코스 도배 유학을 마쳤다. 다시 고향으로 내려가 도배사업을 하다가 날려 먹고 각 지방으로 주유천하(周遊天下) 방랑 도배생활을 하다가, 결혼 후 서울에 와서 16년째 재도전 중이다. 해서 촌놈이라 아직도 서울길이 어둡고 운전 중에 생각이 많아서다. 그러나 내비게이션은 달고 싶지 않다. 기억에 의존하고 싶고 차 안에 주렁주렁 다는 것과 인간미 없는 기계적인 것이 싫어서다. 그래서 공예에 가까운 핸드메이드 도배가 내게는 천직이다. 달고 다니는 입으로 물어보면 될 것 아닌가. 영화 「메디슨 카운티의 다리」의 클린트 이스트우드처럼 어눌한 길 물음이 인연이 될지 누가 아는가. 확실한 착각이다. 말이 비껴갔지만 차를 세우고 길을 물어보면 친절이 지나쳐 짜증 날 정도로 복잡하게 일러주는 사람이 있다. 도배 외에는 문외한이라 한 달에 한 번 짧은 글쓰기가 도배보다 훨씬 어렵다. 물 흐르듯 읽기 편해야 하는데 어렵게 써지고, 이해를 강요하며, 표현력이 부족해 수식어가 동원된다.

복잡하게 도배하는 사람들이 있다. 기술 좋다는 사람들이 더욱 그렇다. 필자도 한때는 어렵게 도배하는 것을 금과옥조(金科玉條)라고 착각했었다. 그러나 이치는 매일반, 가급적 간단명료한 공정을 택하며 불필요한 분할작업을 지양한다. 돌아가도 서울만 가면 되지만 지름길로 가면 빠르지 않겠는가. 복잡한 기계가 고장이 많다. 무언가를 생략했기에 하자가 발생하지만 불필요한 무언가를 추가했기 때문에 발생하는 하자 또한 많다. 사서 고생할 필요는 없다.

인체공학에서 인간 실수(human error) 5가지를 언급한다.

① 필요한 작업, 또는 절차를 수행하지 않는 데 기인한 실수

② 불필요한 작업, 또한 절차를 수행함으로써 기인한 실수

③ 필요한 작업, 또는 절차의 수행 지연으로 기인한 실수

④ 필요한 작업, 또는 절차의 불확실한 수행으로 기인한 실수

⑤ 필요한 작업, 또는 절차의 순서 착오로 기인한 연속, 반복의 실수

··· 후략 ···

2004년 11월, 〈데코저널〉 칼럼

'도배의 편견 Ⅰ – 도배의 인식, 기술에 관한 편견' 중에서

CHAPTER 16 | 벽화(Mural)벽지 시공

벽화는 여러 폭의 벽지를 이어서 하나의 큰 그림으로 완성하는 작업이다. 한 폭이라도 하자가 발생하면 전면을 재시공할 수밖에 없기 때문에 기능도가 우수한 도배사가 시공하여야 한다.

01 벽화의 종류

1 국산벽화

'전폭 벽지'로 제작되는 제품이다. 저렴한 PVC 벽지에 스크린 인쇄제품과 지사, 마직류와 고급품으로 인견(人絹)제품이 있다. 영세업체의 저급 제품인 패턴, 색상, 재질이 조악하니 이미지 사진으로만은 구입에 주의해야 한다. 벽지 폭은 주로 100cm이며 가장자리 솔기가 있어 겹쳐따기 시공을 한다. 겹쳐따기에 경험이 부족할 경우 이음매 하자가 발생하여 고품질을 기대하기가 어렵다.

2 수입벽화

벽지 폭 100cm와 46cm의 소폭제품으로 패턴이 연속되어 있다. 이중지로 특수 가공된 고급 지류제품이 있고 주로 부직포제품이다. 맞물림 시공이며 한 세트가 여러 장으로 구성되어 한 폭이라도 하자가 발생하면 전폭을 다시 구입해야 하기 때문에 시공에 신중을 기해야 한다. 가격은 국산 벽화와 비슷하며 패턴이 좋고 실의 성격에 따라 다양하게 선택할 수 있다는 장점이 있다.

3 주문벽화

소량 주문제품으로 동일 패턴이 대량으로 유통되는 제품에 비해 희소성이 있다. 호텔, 기업, 고급 빌라 등에서 지정 패턴으로 주문할 수 있어 고유의 브랜드 이미지를 얻을 수 있다는 장점이 있다.

　패턴, 색상, 재질이 다양하고 고급스러우며 시공문의 치수에 맞춰 패턴이 잘리지 않도록 제작이 가능하다. 가격은 국산 벽화, 수입 벽화와 비슷한 수준이다.

02 초배

　바탕면에 모르타르 균열 부위는 크랙(crack) 보수제로 충전시키고, 단차나 요철은 퍼티, 샌딩 작업 후 프라이머를 도포한다. 밀착 초배나 공간 초배는 상급으로 시공한다.

1 밀착 초배

- 바탕면이 전면 퍼티작업으로 마감되어 매우 평활할 때
- 내장 마감재(MDF, 석고보드)가 정밀 시공되었을 때에는 이음 부분은 틈막이 초배나 메시테이프(mesh tape) 처리 후 → 퍼티(putty) → 샌딩(sanding) → 프라이머(primer) 처리 후 밀착 초배한다.

① **두루마리 초배지 밀착 초배** : 종방향 맞물림 밀착 초배 후 인장력에 충분히 대응할 수 있도록 횡방향 맞물림 교차(엇결) 시공한다.

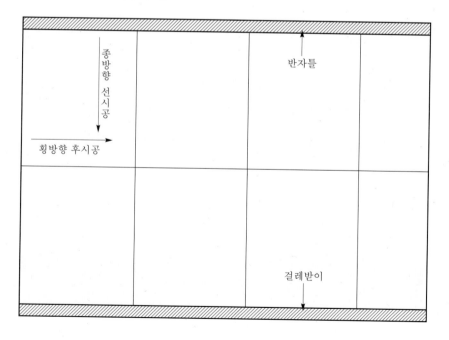

② 밀착 초배 3회를 하고자 할 때 : 횡방향 → 종방향 → 횡방향의 순서대로 초배한다.

③ 단지 시공으로 대체할 때 : 단지 시공 → 횡방향 밀착 시공한다.

2 공간 초배

- 바탕면이 모르타르 마감으로 요철이 나타날 우려가 있을 때
- 내장마감재의 시공이 정밀하지 않은 경우
- 상급 시공을 하고자 할 때

① **부직포 공간 초배** : 통부직포(횡방향, 자체 힘받이, 3·4면 접착 시공이 일반적임)

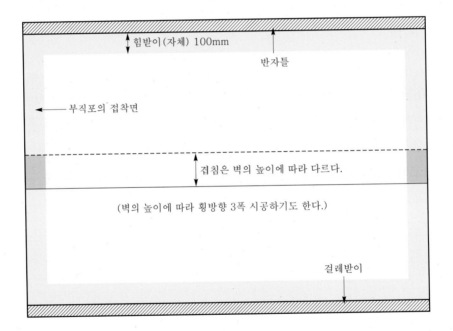

② 부직포 공간 초배 위에 두루마리 초배지(운용지)를 맞물림으로 2~3회 밀착 초배한다.

  ㉠ 1회 : 종방향

  ㉡ 2회 : 횡방향

  ㉢ 3회 : 종방향으로 교차(엇결) 시공한다.

03 정배

- 초배가 충분히 건조되어야 한다.
- 초배 건조 후에 나타나는 미세한 요철, 단차를 퍼티, 샌딩작업으로 재손보기 한다.

- 시공면과 벽화의 가로, 세로의 길이를 계산하여 최적의 분할계획을 한다.
- 정배의 풀 배합비는 '아주 된풀'(풀 : 물 : 합성수지 = 7 : 2.5 : 0.5)로 교반하고, 시공속도를 감안하여 1~2장씩 도포한다.
- 이음매 처리는 최상급으로 정교하게 마무리하며, 기타 공정도 상급 시공으로 한다.

좌우 시공법

비교적 폭 수가 많은 대형 벽화 시공에 적합하며, 정확한 분할을 구할 수 있다.

① 분줄을 사용하여 사면 모서리를 기준으로 X형으로 분금을 구한다.
② X형의 중심과 한쪽 면(가로너비의 1/2)까지의 치수를 재어 상단에 표시한다.
③ 벽화 전면 그림의 구도를 보고 상·하단의 분할계획에 의한 상단 여유분의 치수를 구한다.
④ 상단 여유분을 넘기고 상단 표시와 X형의 중심이 일직선이 되도록 1번 폭을 시공한다.
⑤ 1~6번의 순서대로 풀을 도포하여 좌우 시공법으로 전개한다.
⑥ 5, 6번 폭의 여유분을 마감선에서 깔끔하게 도련한다.

참고

벽화의 분할계획은 균등 분할보다 전면 그림의 주된 모티프(motif)가 우선한다.

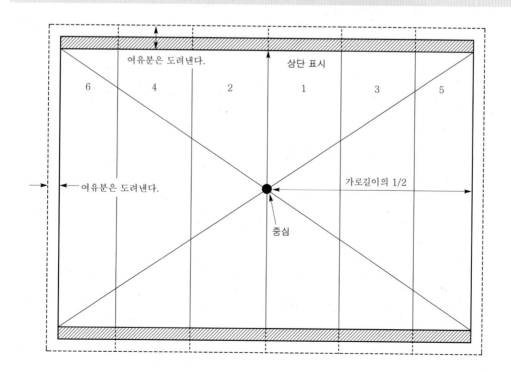

▲ 벽화 시공 후 가장자리 베이스 벽지 시공(중심→밖으로)

2 일방향 시공법

폭 수가 적은 소형 벽화 시공에 적합하다.

① 벽화 전면 그림의 구도를 보고 상·하단의 분할계획에 의한 상단 여유분의 치수를 구한다.

② 시공면의 가로너비를 재어 벽화의 가로방향 분할계획을 한다.

* 가로방향 분할계획공식 : {(1폭의 너비+α×폭 수−시공면 가로너비)}÷2

   예 폭의 너비 100cm, α(숨죽임으로 늘어난 너비) 5mm, 폭 수 4폭, 시공면 가로너비 380cm인 경우 {(100+0.5×4−380)}÷2=11cm

   1번 폭(시작 폭)에서 11cm를 마감선에서 제하고 시공한다.

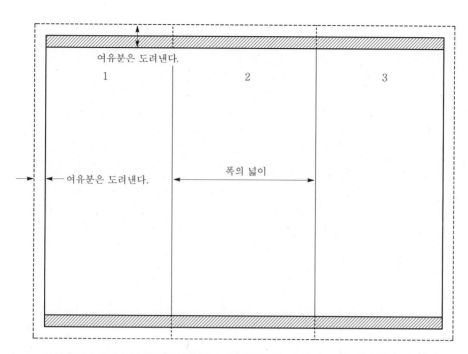

▲ 초대형 벽화 벽지(일방향 시공법)

③ 시공면 가로너비보다 벽화의 너비가 작을 때는 분위기에 맞게 다른 도배지, 패브릭으로 이어 붙이거나 내장 패널(art wall)을 설치한다.

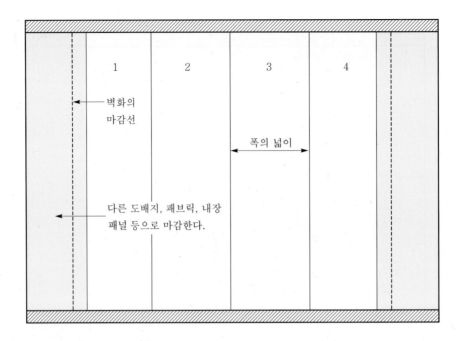

▲ 상·하 돌림띠 시공(돌림띠 재료는 비단)

▲ 패널벽화 1m×1.5m 규격

▲ 초대형 벽화 시공(두루마리로 감은 후 펴면서 시공)

▲ 벽화 시공, 건조 후 → 천연오일 도포(내구성과 퇴색미를 주기 위해)

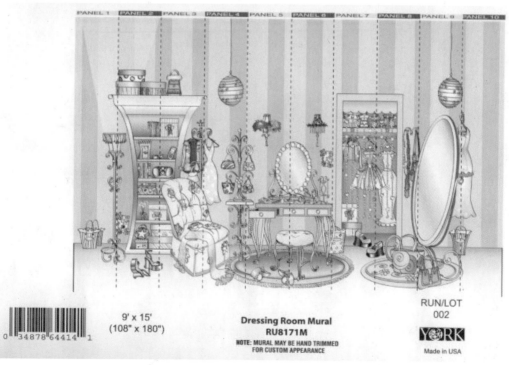

9' x 15'
(108" x 180")

Dressing Room Mural
RU8171M

NOTE: MURAL MAY BE HAND TRIMMED
FOR CUSTOM APPEARANCE

RUN/LOT
002

YORK
Made in USA

0 34878 64414 1

PANEL 1 PANEL 2 PANEL 3 PANEL 4 PANEL 5 PANEL 6 PANEL 7 PANEL 8 PANEL 9 PANEL 10

Paris Street Scene Mural
UR2118M
NOTE: MURAL MAY BE HAND TRIMMED
FOR CUSTOM APPEARANCE

RUN/LOT#
011

9' x 15'
(108" x 180")

PART 04

정배 시공

NATION of DOBAE

17

수입벽지 시공(DIY)

1851년 런던 만국박람회에 등장한 팩스턴, 서 조지프(Paxton, Sir Joseph)의 크리스털 팰리스(수정궁)는 철과 유리로만 지어진, 이른바 '벌거숭이 건축'으로 당시로서는 획기적인 공법을 시도했다. 많은 사람들이 햇빛에 반사되는 아름다운 건축물에 감탄을 하였으나 이 건축물의 투명성과 조립성에 착안하여 공장 사무실에 응용되어 결국 노동자를 감시하는 통제수단이 되었고, 방사상(放射狀) 건물의 감시시설로 고안되어 모든 형무소에 도입되었다.

1859년 윌리엄 모리스(William Morris)는 친구 필립 웨브(Philip Webb)에게 자신의 신혼집 설계, 시공을 의뢰했다. 그래서 지은 집이 그 유명한 '붉은 집'(red house)이다. 당시 벽돌은 구조재일 뿐 마감으로 돌출될 수 없는 재료였는데, 벽돌 위에 회벽을 바르던 관습에서 과감히 탈피하여 구조재인 붉은 벽돌을 그대로 정직하게 표현하는 기발한 발상을 시도했다. 일설에는 공사비가 바닥이 나서 회벽을 바르지 못하고 그대로 일반에게 공개되었다고 한다. 이후로는 붉은 벽돌이 구조재를 겸한 마감, 치장재로 오늘에 이르고 있다.

"예술이냐, 공업이냐?" 파리 에펠탑은 건설 전부터 시비가 많았다. 예술의 도시 파리에 이 무슨 흉측한 철 덩어리냐. 에펠탑을 혐오한 어느 예술가는 매일 식사를 에펠탑에서 하였다. 이유인즉 그곳이 에펠탑이 보이지 않는 유일한 곳이라며 참으로 프랑스인답고 예술가다운 시위를 하였단다. 전형적인 데카당스(decadence)의 모델이 된 에펠탑이 이제는 에펠탑 없는 파리도 없는 상징물이 되었다.

며칠 전 청계천에 갔었다. 오랜만에 심신이 한가했고, 일상의 권태를 떨쳐 버리기에는 청계천만 한 곳도 없다. 황학동 벼룩시장, 발 디딜 틈조차 없이 북적대는 좁은 인도, 온갖 잡동사니를 이것저것 골라보고 흥정하는 사람들, 곱창볶음에 소주 한잔. 시계를 거꾸로 돌려놓은 듯한 빛바랜 흑백사진 같은 풍경이다. 청계천 고가와 복개를 헐고 원래 명칭대로 열린 개천(開川)을 회복하여 서울을 환경 도시로 만든다고 한다. 고가는 완전히 헐렸고 복개도 드문드문 제거된 모습이었다. 이상한 것은 고

가가 없어졌으니 시원한 기분이 들어야 하는데 낯선 곳에 와 있는 기분이 들었다. 헐리기 전에 도시 미관상 좋지 않다는 고가도 민감하게 싫지는 않았다. 매연으로 수십 년 찌들은 콘크리트 난간, 군데 군데 떨어져 나간 교각 사이로 빈약하게 드러난 녹슨 철근, 유별난 취향인지는 몰라도 술 한 잔 마시고 쳐다보면 유구한 도시 조경물 같은 느낌도 들었었다. 왜 시골길을 가다가 오랫동안 통행이 금지되어 잡풀이 무성한 다리를 발견하고 차에서 내려 한참을 감상했던 그런 감정이었다.

크리스탈 팰리스의 유리와 철제 프레임, 붉은 집의 자유의지, 고딕을 능가하는 에펠의 첨두 기계미학, 모두 미래를 궤적한 창작이었다. 이제 새삼스럽게 대한민국, 서울이 청계천을 환원하는 패러다임(paradigm)을 시도한다. 발 디딜 틈도 없는 황학동 골목에서 뒤통수를 맞았다. 이유가 많기 때문에 독자의 풍부한 상상에 맡기고 이쯤하기로 하자.

… 후략 …

2003년 12월, 〈데코저널〉 칼럼
'창작도배' 중에서

CHAPTER 17 | 수입벽지 시공(DIY)

01 시공공구

① **준비공구** : 정배솔, 풀솔, 줄자, 커터칼, 칼받이(주걱), 코킹건, 타월(융), 작업대(의자 대용)

② **부자재** : 풀, 부직포 초배지, 백상지 초배지(운용지), 합성수지 본드, 수성 코킹, 바탕 처리제
(바인더용액, 아크졸 등)

③ **기타** : 보양재(비닐 커버링), 코너비드(corner bead), 퍼티(putty), 기타 도배에 필요한 용구

02 풀 배합비 및 풀 도포

1 풀 배합

① **초배용** : 풀 : 물 : 합성수지 접착제 = 5 : 4.5 : 0.5

② **공간 초배용** : 풀 : 물 : 합성수지 접착제 = 5 : 2 : 3

③ **정배용** : 풀 : 물 : 합성수지 접착제 = 6 : 3.5 : 0.5

④ **띠벽지용**

　㉠ 바탕벽지가 종이벽지일 경우(무광) : 풀 : 물 : 합성수지 접착제 = 7 : 2 : 1

　㉡ 종이벽지의 표면이 약하게 코팅되어 있을 때 : 풀 : 물 : 합성수지 접착제 = 3 : 3 : 4

　㉢ 바탕벽지가 고광택 코팅, PVC 재질일 경우 : 합성수지 접착제 = 10

2 풀 도포

• 접착력이 우수하고 친환경 방부제가 첨가된 고급 도배용 풀을 사용하여 풀 알갱이가 남지 않
도록 충분히 교반한다.

• 깨끗한 풀판(파지, 하드롱지)을 넓게 깔아 도포작업 중 모래, 잡티 등의 이물질이 벽지에 묻지

않도록 한다.

- 풀 도포는 가장자리, 중앙 부분 등 빠짐없이 고르게 한다.
- 도포 후 꺾이지 않도록 바르게 접고 가로방향 꺾임자국이 생기지 않도록 상부의 하중이 작용하지 않게 하며 평활한 바닥에 놓아 숨죽임 한다.

① 숨죽임시간(soaking time, 불림)

ㄱ. 종이벽지 : 3분

ㄴ. 금속박, 벽화, 부직포 : 5분

ㄷ. PVC, 직물, 지사, 초경류 : 7분

ㄹ. 레자, 목질류 : 10분

② 작업시간(tack time) : 숨죽임시간의 1.5~2배 정도

예 벽지의 재질에 따라 다르지만 통상 1폭당 최장 종이벽지는 5분, 금속박 벽지, 특수 벽지류는 8분 정도를 소요하여 시공을 마쳐야 한다. 시간이 길어지면 가장자리의 풀이 건조되어 다음 폭과의 이음매가 불량해지기 때문이다.

3 도포량(풀 두께)

① 종이벽지류 : 약 0.3mm
② 두꺼운 벽지, 특수 벽지류 : 약 0.5mm

> **참고**
>
> 공법, 기능도, 벽지의 재질, 바탕상태 등에 따라 배합비, 도포량을 증감할 수 있다. 바탕면에 풀을 도포하여 시공할 경우에도 배합비, 도포량은 거의 동일하다.

03 바탕 처리 및 초배 시공

1 석고보드, MDF, 합판 부위

① 각 부재 간 연결 부위의 홈과 단차를 퍼티작업 또는 틈막이 초배 시공으로 평활하게 한다.
② 백상지 초배를 1~2회 밀착 시공(전면 도포)한다.
③ 초배 건조 후 요철, 단차 부위를 샌딩(sanding)작업한다.
④ 바탕상태가 평활하지 않을 경우에는 공간 초배한다.

2 시멘트, 모르타르 부위

① 요철, 단차가 있는 곳은 퍼티, 샌딩작업한다.
② 부직포 초배지를 횡방향(가로 시공은 종방향)으로 공간 초배한다.
③ 부직포 공간 초배 위에 백상지 초배를 1~2회 엇결(교차)이 되도록 밀착 시공한다.
④ 부직포 공간 초배는 기능적인 난이도가 있으므로 전문시공자에게 의뢰하는 편이 유리하다.

3 페인트, 하이그로시, 타일, PVC 등의 이질재면

① 요철, 단차에 대한 바탕 처리는 동일하다.
② 수성페인트, 단열재 등 흡수성이 있는 재질은 바인더용액 2회 도포 후 밀착(공간) 초배하며, 타일 및 PVC류의 흡수성이 없는 재질은 아크졸(표면중화제)을 2회 도포 후 밀착(공간) 초배한다.

04 재단

① **정미치수** : 시공 부위의 실치수
② **재단치수** : 정미치수의 여유분을 더한 치수(정미치수+여유분(리피트))
③ **리피트(repeat)** : 연속되는 무늬의 간격
④ **정무늬(straight across match)** : 임의 점을 기준하면 이음매에서 연속 무늬로 이어지는 무늬
⑤ **엇무늬(drop match)** : 일명 '지그재그 무늬'라고 하며 무늬의 1/2(half drop), 1/4(quarter drop) 간격으로 순차적인 배치에 의해 이어지는 무늬
⑥ 정미치수에 무지 벽지는 5~10cm를 더하고, 무늬 벽지는 다음 리피트를 더하여 재단한다.
⑦ 상단 임의 점은 무늬 위에 여유분을 더하여 시공 시 무늬가 잘리지 않도록 재단한다.
⑧ 정무늬와 엇무늬를 구별하여 재단한다.

05 정배

① 시공면의 무늬 배치와 폭 간 분할계획의 우선순위를 결정한다.
  • 우선순위 : 정시야 〉측시야, 상단 〉하단, 주출입구 〉창문 등
② 적당히 숨죽임 된 도배지를 찢김에 주의하며, 무늬를 조정하여 시공면에 붙인다.

③ 주름이나 기포가 생기지 않도록 정배솔로 빠짐없이 솔질한다.

④ 연결 폭은 상단 무늬의 핀트와 이음매를 정확히 맞춘 후 하단으로 쓸어내린다.

⑤ 문틀, 반자돌림, 걸레받이 부위의 여분 도배지는 칼받이(주걱, 문구용 자)를 받히고 깔끔하게 커팅한다.

⑥ 이음매 처리는 도배의 품질을 좌우하는 가장 중요한 공정이다. 이음매 처리에서 주걱 사용은 이음매의 스크래치 하자가 발생할 우려가 많으므로 가급적 삼가며, 벽지의 재질에 맞는 롤러를 사용하되 이음매가 손상되지 않도록 특별히 주의한다.

▲ 2인 시공(폭이 넓은 벽지)

PART **04**

정벽 시공

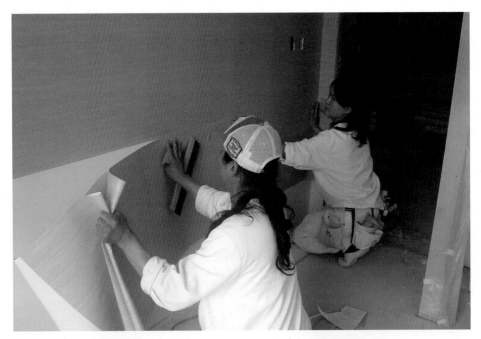

▲ 가로 시공

▲ 사각라인 패턴(수평, 수직의 정확도)

▲ 비즈벽지 시공

06 닦기

① 젖은 타월이나 융을 사용하여 깔끔하게 닦아낸다. 지나치게 닦아내면 이음매가 탈색, 훼손이 되므로 최소한의 닦기로 최대의 효과를 얻어야 한다.

② 검정, 빨강, 자주, 군청 등 짙은 색상의 벽지는 약간의 물기에도 쉽게 변색이 되는 경우가 있으므로 각별히 주의하여 닦는다.

   ㉠ 물을 사용하여 닦을 수 없는 도배지 : 섬유 벽지, 비닐 플로킹(vinyl flocking) 도배지(벨벳), 워싱(washing) 처리가 되지 않은 도배지

   ㉡ 약간의 물기는 가능한 도배지 : 워싱 처리된 일반 종이 도배지, 얇은 비닐수지 코팅 도배지

   ㉢ 물을 사용하여 닦을 수 있는 도배지 : PVC류, 두꺼운 비닐수지 코팅 도배지

참고

물 사용에 대해 판단이 어려울 경우에는 정배 시공 전에 벽지를 재단(벽지 폭×약 50cm)하여 다음 그림과 같이 테스트를 한다. 건조 후 이상 유무를 확인하고 시공을 하면 확실한 품질을 얻을 수 있다.

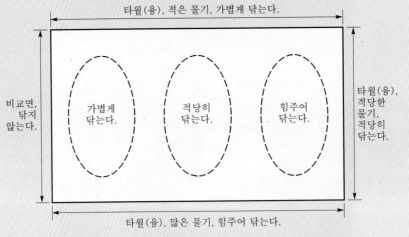

참고 | 이음매 처리에 대한 테스트

풀 도포 후 가장자리를 정교히 맞물림하고 롤러를 사용하여 지질, 내스크래치성, 이음매상태 등을 테스트한다.

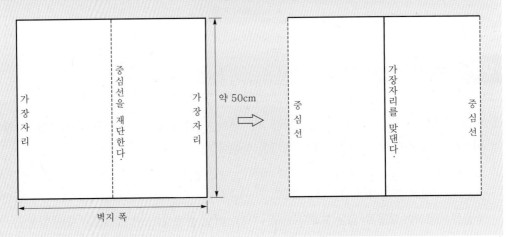

---

07 보양

① 시공 후 1~2일 동안 고열난방, 심한 통풍을 금한다.

② 충분히 건조되기 전에는 벽지가 젖어 있기 때문에 쉽게 찢기거나 훼손이 되므로 각별히 주의한다.

③ 시공 직후에는 가구를 벽면에 밀착하여 붙이지 않는다.

08 수입벽지의 종류와 시공사례

18

도배 시공의 응용
(데코레이션 도배)

NATION of DOBAE

풀칠

열심히 살아야지
일편단심 한 일(一)자로 칠하다가
빌어먹을 세상
갈 지(之)자로 칠하는 작업

맨날 종이떼기에 풀칠을 하면서도
제 목구녕에는 풀칠도 못하는 직업

CHAPTER 18 | 도배 시공의 응용(데코레이션 도배)

01 응용의 의미

- 천장은 고명도 무지(백색, 일명 모래알 벽지)
- 벽은 중명도 무늬 또는 무지
- 거실 벽은 무지, 방 벽은 무늬
- 포인트는 침대 헤드와 주방 한 면, TV 벽면과 콘솔자리에 시공하고
- 띠벽지는 중·하단에 붙인다.

이상은 우리나라 주거공간의 도배 시공 매뉴얼로 정형화된 조건 중 하나이다.

이러한 이유는
첫째, 소비자(클라이언트)들은 대부분 전통적인 도배 시공(벽지 선택)에 익숙한 취향을 갖고 있고,
둘째, 디자이너들은 절대적으로 소비자 취향에만 길들여져 응용이나 연출은 모험이라 기피
　　　하며,
셋째, 도배사는 도배사대로 간편하고 하자 우려가 없는 시공 편의주의만 원하기 때문이다.

근대 도배의 시작부터 현재까지 '패턴의 남발'에 묻혀 있다 최근에는 무지(solid) 매치의 도배로 변하고 있지만 그 기법이 역시 너무 획일적이고 모방적이라 곧바로 식상해지는 도배의 한계를 벗어나지 못하고 있다.

우리나라의 도배가 서구 유럽의 도배처럼 '문화'로써 인정받지 못하고 '산업'으로써 발전하지 못하는 이유가 생산자, 판매자, 시공자, 소비자 모두 도배의 가치에 대한 무감각 문화에 길들여져 있기 때문이다.

도배란 실내 마감재로써의 기능성과 거주자의 정서에 영향을 주는 심미성의 두 가지 조건을 충족해야 한다. 그동안 약간의 응용으로 상당한 효과를 얻었던 시공법을 소개한다.

02 응용의 예

🖌 참고 | **황금비율(황금분할)**

고대 그리스의 건축, 미술, 공예 등에 적용했던 이상적인 비율로 어떤 두 부분을 나누었을 때 심리적으로 가장 아름답고 편안하게 느껴지는 비율을 말한다. 두 비의 값은 1 : 0.618이다.

▲ 벽면 중앙에 포인트벽지, 양옆은 베이스벽지를 시공한다. 포인트벽지 못지않게 베이스벽지가 잘 어울리도록 벽지 선택이 중요하며 포인트벽지를 정중앙에 두면 자칫 구성상 리듬이 없어 단조롭고 획일적인 시공이 된다. 베이스벽지의 비율을 약간 다르게 하거나 출입구에서 볼 때 자연스럽게 시선이 가는 부분에 포인트를 둔다.

▲ 두 폭의 포인트벽지 사이에 베이스벽지를 좁게 두고 나머지는 베이스벽지로 마감한다. 정형화 된 포인트벽지 시공에 식상해 있다면 얼마든지 다양한 응용이 가능하다. 단, 벽지 선택과 비율을 잘 조절하여 복잡해지는 구성이 되지 않도록 주의해야 한다.

▲ 베이스벽지를 2종으로 선택하여 틀을 짜고 가운데에 포인트벽지가 들어가게 한다. 시각상 입체감
이 생길 수 있도록 벽지 선택을 하는 것이 좋다. 먼저 포인트벽지의 패턴간격을 계산하여 베이스
벽지 틀의 가로, 세로위치를 정해야 하며 겹쳐따기가 많아 시공이 매우 까다롭지만 정성이 들어
있는 고급스러운 효과를 기대할 수 있다.

▲ 벽면의 일부를 몰딩으로 구획을 나누고 매치가 되는 각
각의 벽지를 시공한다. 단조로운 벽면이 재미있게 연출
된다.

▲ 무지벽지를 벽 상단 일부까지 내려오게 하고 중·하단은 패턴벽지로 시공하며, 만나는 곳은 띠벽
지로 마감한다. 일반 도배에 비해 천장고가 낮은 느낌으로 방 안이 아늑해지는 효과가 있다.

▲ 띠벽지를 세로로 시공하고 양옆은 각기 다른 벽지로 시
공한다. 큰 방일 경우 침대 벽면, 책상 벽면 등 용도에
따라 구분이 되는 기능성 도배기법이다.

◀ 나뭇잎이나 넝쿨, 열매 패턴의 띠벽지라면 띠벽지의 상단 2~3cm만 벽면에 접착시키고, 나머지는 그대로 벽면에 매달려 출렁거리게 하여 자연미를 얻는 비접착기법이다. 또 띠벽지를 벽의 4면에 돌리지 않고 출입구나 창문 근처의 적당한 부분에서 패턴대로 오려 자연스럽게 마감시키는 방법도 있다.

▲ 줄무늬벽지는 벽지 중 가장 다양한 연출이 가능한 소재이다. 조금만 응용을 한다면 일반적인 세로 시공과 조금 변형한 가로 시공에서 얻을 수 없는 구성이 가능하다. 줄무늬와 단색 벽지, 세로와 가로의 조합, 대각선 시공 등 아이템의 전개가 무궁무진하다.

◀ 주로 아동방에 시공하는 기
법으로 여분의 띠벽지 패턴
을 오려 상단 벽지에 보기
좋게 붙여준다. 벽지와 띠벽
지가 세팅이 되는 효과를 얻
을 수 있다.

◀ 붙박이장이나 신발장 등의
가구 문을 어울리는 벽지
로 시공하면 유일한 DIY 리
폼가구가 된다. 가구의 재
질이 목재가 아닌 합성수지
성형판이라면 벽지의 접착
을 위해 바탕 처리제를 사
용해야 한다.

◀ 인테리어 시공에서부터 곡선의 시공면을 제작하여 도배를 하면 센스 있는 포인트가 된다. 일반 평면의 벽면에서는 베이스벽지와 패턴벽지가 교차되는 부분 또는 2종의 벽지가 교차되는 부분을 벽면의 인코너에 두지 않고 벽면에 두어 자연스럽게 오려주는 시공으로 랜덤한 감각을 얻을 수 있어 좋다.

◀ 동일한 벽지지만 패턴이 같고 색상이 다른 벽지를 이어 붙인다. 패턴과 질감이 같으면서도 색상차가 있어 흥미롭게 연출할 수 있다.

▲ 벽지의 마감선을 수직이나 수평으로 커팅하지 않고 패턴대로 자연스럽게 오려 입체감과 생동감 있게 한다.

▲ 2종의 패턴을 반복 시공

▲ MDF 패널을 직물벽지로 시공하여 실리콘이나 타커로 벽면에 견고히 부착시킨다. 고급스러운 도배 마감이 된다.

▲ 다양한 벽지와 패브릭 조각을 모아 매치되는 작은 액자에 넣어 벽면을 장식한다. 데코레이션 도배기법 중 가장 압권이다.

위에서 소개한 응용기법 외에도 다음과 같이 다양한 도배의 응용기법이 있다.

① 침대 헤드가 위치하는 벽면의 포인트 벽지를 천장까지 이어지게 시공한다. 침실의 아늑한 분위기를 얻는 효과가 있다.

② 일반적으로 천장은 무지 단색, 벽은 패턴으로 시공하는 것을 반대로 천장을 패턴 벽지, 벽은 무지 단색으로 시공한다. 또는 천장과 한쪽 벽면을 패턴으로 시공하고, 나머지 3면을 무지 단색으로 시공한다. 감각 있는 도배 시공으로 권하고 싶은 아이템이다.

③ 가끔 어린이집이나 놀이방에 시공했다. 스티로폼으로 구조물이나 도형을 만들어 원색의 도배지로 감싸 천장이나 벽면에 돌출되도록 붙여주는 기법이다. 별도의 목공작업비를 들이지 않고도 동일한 입체효과를 얻을 수 있다.

④ 창문틀을 띠벽지로 돌려 시공한다. 창문이 예뻐지고 감각이 돋보이는 도배가 된다.

⑤ 벨벳류의 원단을 도배지로 선택할 경우에 일반 시공으로 평활하게 밀착으로 붙이지 않고 천장은 구김을 주고, 벽면의 일부는 주름을 잡아 시공한다. 가끔 상업공간 도배에 사용하는 기법이다.

⑥ 천장을 진한 원색, 벽은 밝은 단색으로 선택한다. 개성이 돋보이는 시공법으로 다소 파격적이지만 취향에 따라 시도하여도 좋다.

⑦ 2종의 벽지를 적당한 간격으로 병치시켜 시공한다. 벽 길이와 패턴에 따라 벽지 폭을 등분하여 겹쳐따기 시공이 되면 다소 까다롭지만 유일한 맞춤 도배가 된다.

NATION of DOBAE

19

특수 시공법

나는 도배사다(나도사)

나는 도배사다
농부가 농한기에 구들장을 질 때
나는 힘차게 벽지를 진다
소금장수가 하늬바람에도 지게를 들일 때
나는 바람 덕에 땀을 식힌다
우산장수가 마른하늘을 원망할 때
나의 도배는 작품으로 말려진다

나는 하늘의 복을 홀로 받아
사시사철 일복이 터졌고
사방천지 나를 청하니
눈이 오나 비가 오나
놀고 먹지를 않는다
흥부 낯짝 밥풀을 빌어서라도
모기 오줌을 걸러서라도 풀을 개고
반딧불로 밝히고 사주단자라도 바르고
손오공 구름을 훔쳐 타고서라도
나의 도배는 멈추지 않는다

나의 도배는 혼이라
흉화를 쫓고 길복을 들이니
만고 충신 따로 없고
머리로 짜내든
입으로 풀어먹든
손으로 하는 일이나
발로 가는 곳이나
만사형통하고
나의 도배는 힐링도배라
솔향기 흙냄새가 나고
정신이 맑고
눈이 밝아지고
머리털이 검어지고
숨통이 시원해지고
아토피가 젖살 되고
사지관절 부드럽고
오장육부 편해지니
나의 도배는 백약 중 으뜸이다

청와대도 내 도배 뒤에 주인이 들고
피카소도 내 도배 뒤에 걸리고
종이와 친해 제자백가(諸子百家)와 통하고
마상무예로 현장을 호령해도
머슴의 마음으로 바닥 소제를 하니
빈부귀천도 벽지 한 장 차이

비단이든 신문지든 내 집처럼 바르고
하자에 통곡하고 수작(秀作)에 건배하고
벽지를 세어도 노임은 세지 않고
풀처럼 끈끈한 정으로 살아가니
나의 심성은
백지(白紙)처럼 깨끗하고
벽지처럼 아름답고
자처럼 반듯하고
솔처럼 부드럽고
칼처럼 예리하다

도배사는 오직 붙이는 사람
도시에 자연을 붙여 조화롭게 하고
사람과 사람을 붙여 우리가 되게 하고
가는 세월도 붙여 청년으로 살아간다

도배사는 오직 바르는 사람
바르고 또 발라서
세상을 밝게 하고
죽어서도 밝은 곳으로 가는
하늘이 허락한 천직(天職)
나는 도배사다

CHAPTER 19 | 특수 시공법

01 코너비드 시공

도배 시공 전 각이나 면이 일정하지 않은 경우 그대로 도배를 시공하게 되면 도배지 특성상 모서리각이 불규칙한 모습으로 마르게 된다. 때문에 도배 시공 전 코너비드를 사용함으로써 더 정확한 모서리각을 나타낼 수 있다. 외부 코너뿐 아니라 내부 안쪽 인코너에 대한 각도를 나타낼 수 있기에 도배 시공 시 많이 사용되고 있다. 알루미늄 코너비드는 내·외부각을 만드는 용도보다는 코너를 기준으로 도배지의 색깔이나 종류 또는 시공자재가 다를 경우 깔끔하게 구분, 분리시켜 주는 용도로 사용된다.

1 PVC 코너비드(22mm, 44mm)

① 길이만큼 잘라서 실리콘으로 접착 시공한다.
② 실리콘으로 접착 후 테이핑으로 고정한다(종이테이프 및 스카치 비닐테이프 사용).
③ PVC 코너비드를 인코너에 사용할 경우 퍼티를 이용하여 접착 시공한다(단차퍼티 시공 추가).
④ 실리콘 접착 후 부분으로 순간접착제를 사용하며 더욱 견고한 접착력을 얻을 수 있다.

2 플렉시블 코너비드(자유각 코너비드, 50~52mm)

아웃코너 및 인코너에 바로 알루미늄 부분이 안쪽으로 들어가도록 접은 후 부착한다. 그리고 테이핑이나 순간접착제로 강하게 접착한다.

3 알루미늄 코너비드(10mm, 15mm, 20mm, 25mm, 30mm)

실리콘이나 순간접착제로 시공하며 퍼티작업으로 고정한다.

우물천장(등박스) 라운드구조 시공

등박스 안쪽의 사각이 직각이 아닌 라운드형 구조인 경우, 또는 아치문 안쪽까지 도배하는 경우에 조금 더 특별한 시공법이 요구된다. 보통의 경우 3가지 안이 제안되지만, 각 시공법에 따라 시간과 인력이 투입되는 양이 다르기에 곧 시공비용과 연결된다.

1 초급 시공

① 평면을 도배 후 아치 안쪽 면은 3~5cm 정도의 길이로 톱니바퀴 모양으로 잘라가며 붙여준다.
② 네바리로 톱니 모양의 단차를 없애기 위해 시공한다.
③ 아치 안쪽은 실리콘과 본드로 띠를 만들어 시공하되 아치넓이보다 넓게 붙인다.
④ 띠를 커팅할 때는 풀이 발린 뒷부분에서 아치 굴곡 안쪽 방향 45도로 잘라낸다.

2 중급 시공

① 기초는 초급 시공과 같으나 띠를 시공할 때 띠를 아치면 폭넓이에 정확히 맞춰서 재단한다. 그리고 양쪽 사이드면 2~3cm 정도만 길게, 물로 숨죽임을 시킨다(대략 5분 정도).
② 그 이후 젖은 테두리 양쪽 부분 속지를 분리시켜 제거한다. 그리고 아치면 양쪽 테두리 5mm 부분에 아크졸을 도포 후 바로 맞추어서 시공한다.
③ 시공 후 양쪽 테두리 부분에 아크졸을 한번 더 도포해주어도 무방하다(순간접착제도 가능). 다만, 젖은 걸레가 아닌 수분 침투를 막기 위해 마른 걸레를 사용하여 닦아준다.

3 고급 시공

중급 시공과 같으나 중급 시공 시 띠의 속지를 분리시키는 공정 후에 남은 양쪽의 얇은 부분은 사포(80~100방)로 갈아서 더 얇게 만들어준다. 면은 약간의 톱니바퀴 모양이 되도록 갈아준다. 접착면은 본드나 아크졸로 도포 후 강하게 접착한다. 라운드 안쪽 면에서 이중따기를 하는 방법도 있지만, 벽지의 인장력이 강해지는 부분이기 때문에 이음부의 접착면 시공에 따라 하자의 위험성이 높다.

퍼티 시공

도배에서 퍼티작업은 시공면의 단차와 요철면, 훼손 부분을 평활하게 만들어 고품질의 도배 시공결과물을 만드는 매우 중요한 공정이다. 원칙적으로는 초배작업 전 공정에 들어가나 상황에 따라 초배 후에 하는 경우도 있다. 퍼티는 1차 퍼티 후 건조, 샌딩과 2차 퍼티 후 샌딩, 프라이머 도포, 그 외 경우에 따라서는 3차, 4차까지 가는 다공정이 될 수도 있다. 체력소모가 많고 시간이 많이 소모되며 분진에 취약하기 때문에 보건, 위생적인 면에서는 작업환경이 좋지 않은 단점도 있다. 원칙적으로 퍼티공정은 도배공정에 포함되지 않기에 별도의 공정으로 해석하여 그것에 상응하는 공사견적을 받는 것이 바람직하다.

1 퍼티의 종류

① **경질제품** : 건조시간이 긴 대신 단단한 면을 얻을 수 있다.
② **연질제품** : 속건성이며 부드럽고 가벼운 성질을 가지므로 샌딩작업이 수월하다. 도배공정에는 속건성제품이 여러모로 유리하다.
③ 퍼티에 백시멘트를 섞어 혼합하면 건조시간이 단축된다.

2 퍼티의 시공종류

올퍼티(전면퍼티)와 줄퍼티 중에 작업조건에 따라 선택하여 시공한다.

① **올퍼티**
　㉠ 도배 시공면의 전체 면적에 퍼티를 도포하는 방식이다.
　㉡ 1차로 부분 메꿈작업을 하고 줄퍼티를 시공한다.
　㉢ 건조 후 샌딩하고 2차로 전면 퍼티를 시공하다.
　㉣ 건조 후 샌딩하고 부분적으로 미진한 부분이 있으면 3차로 마감한다.
　㉤ 상급 시공이나 공사기간이 길어지며 공사비가 많이 발생하는 단점이 있다.

② **줄퍼티**
　㉠ 공간 초배 시 벽지가 밀착되는 가장자리 또는 석고보드 이음매, 콘센트 주변이 기타 평활도를 잡아야 하는 면에 시공한다.
　㉡ 부직포나 텍스 초배 시 줄퍼티 시공만으로도 충분한 결과물을 얻을 수 있다.

3 퍼티의 시공방법

① **퍼티 도포 후 샌딩 생략** : 굉장히 높은 수준의 퍼티 미장실력이 요구되며 매끈한 평활도를 얻을 수 없다.
② **퍼티 도포 후 샌딩 마감** : 샌딩 후 프라이머 도포가 필수로 요구된다.

③ **퍼티 + 백시멘트 혼합** : 퍼티가 경화되는 시간을 단축시키기 위해서 퍼티에 백시멘트를 혼합하여 사용하기도 한다. 백시멘트 양은 전체 부피의 10% 정도로 제한한다. 시멘트가 첨가되기에 입자가 고르지 않은 점이 단점이다.

④ 실내온도는 가급적 고온으로 유지하고, 따뜻한 날씨일 경우에는 통풍이 원활하도록 개구부를 모두 개방하여 건조를 빠르게 한다.

⑤ 바탕면은 건조상태여야 하며 돌출된 이물질이나 모르타르 부스러기, 모래알을 제거하고 먼지를 털어 면을 정리해준다.

⑥ 사용목적에 따라 퍼티의 점도를 다르게 한다.
  ㉠ **메꿈용** : 아주 되게(물을 혼합하지 않는다.)
  ㉡ **초벌용** : 되게(퍼티용적 대비 물 5~10% 정도)
  ㉢ **재벌용** : 묽게(퍼티용적 대비 물 10~15% 정도)

⑦ 바닥과 가구는 빈틈없이 보양하고, 예민한 도장칠로 마감한 반자틀, 걸레받이, 문틀은 마스킹테이프나 비닐 커버링으로 보양한다.

4 샌딩작업

① 가급적 모든 개구부를 개방하여 통풍을 원활히 한다.

② 샌딩작업 중 비산되는 퍼티 분진으로 인해 바닥재, 가구 등이 오염되지 않도록 골판지(파지), 비닐 커버링으로 보양한다.

③ 방진마스크를 착용하고 반드시 오른손은 장갑을 착용하며, 왼손은 장갑을 벗고 샌딩 부위의 요철과 단차를 확인하며 작업한다.

④ 사포의 거칠기는 초벌용과 재벌용으로 구분하여 사용하는 것이 좋다.
  ㉠ **초벌용** : 50~60방 사포
  ㉡ **재벌용** : 80~100방 사포

⑤ 수동샌딩기, 전동샌딩기(진동형, 회전형)를 사용하고, 전동샌딩기를 사용할 경우 비산되는 분진을 포집하기 위해 집진 커버와 집진기를 사용하는 것이 좋다.

⑥ 샌딩기가 닿지 않는 구석진 부분이나 타 마감재와의 경계 부위 등은 주위를 요하기 때문에 손으로 샌딩한다.

⑦ 1차 샌딩 마감 후 2차로 확인하며 부분적으로 재작업한다.

⑧ 샌딩의 평활도는 시공하는 도배지의 재질에 따라 달라진다.

04 텍스 초배

도배에서 초배는 굉장히 중요한 역할을 한다. 초배는 도배 시공결과물의 가장 큰 영향력을 미치는 만큼 초배 시공능력에 따라 도배 시공품질에 차이가 날 수 있다. 초배지의 종류에는 운용지, 틈막이 초배지, 부직포, 텍스, 삼중지 등 여러 가지가 있으며, 상황에 따라 가장 적절한 방법과 자재로 초배작업을 진행한다. 그중에 텍스 초배(롤(roll)식 초배지)는 신축 도배현장에서 널리 사용하는 제품이다.

1 벽 초배

① 텍스 초배 마감

ㄱ 일반적으로 신축현장에서 가장 많이 사용되는 시공법이다.

ㄴ 롤식으로 제작되어 시공시간을 크게 단축시킬 수 있다.

ㄷ 연속작업이 가능하며 벽면을 횡방향으로 상단과 하단으로 작업한다.

ㄹ 천장고가 높은 경우에는 3단, 4단으로 작업하기도 한다.

② 텍스 초배 후 운용지 추가 시공마감

ㄱ 텍스 시공 시 운용지를 추가 시공함으로써 더 견고한 초배면을 만들 수 있다.

ㄴ 운용지는 벽지 이음매자리마다 상단 끝에서 하단 끝까지 시공한다.

ㄷ 텍스 초배 시에 상단과 하단을 띄운 경우는 띄운 상하단 벽면에 반드시 터치본드를 주고 운용지를 시공한다.

2 벽 초배 시공

① 초배는 사면 접착, 삼면 접착, 이면 접착이 있다.

ㄱ 사면 접착은 상하좌우 테두리를 터치본드로 시공하여 초배한다.

ㄴ 삼면 접착은 하단을 5~8cm 정도 띄우고 상단과 좌우를 접착하거나, 하단을 걸레받이까지 접착하고, 상단을 5~8cm 정도 띄운 후 좌우를 접착한다.

ㄷ 이면 접착은 상단과 하단 전부 5~8cm 정도를 띄우고 좌우를 접착한다.

② 이질재가 연결된 벽면일 경우는 터치본드를 이중으로 접착하여 당겨지는 힘을 분산시킨다.

ㄱ 벽면에 단열재 등 이질재가 같은 면에 있는 경우 위 시공법과 같으나 좌우를 접착 후에 벽면에서 이질재 부위가 시작되는 바로 앞에서 위아래로 한 줄 더 터치본드를 시공하여 이질재 쪽은 11자 모양으로 터치본드접착을 한다.

ⓛ 이 같은 경우는 텍스 시공 및 정배 후에 건조되는 과정에서 벽지가 당겨지는 힘이 이질재에 붙어 있는 텍스의 힘보다 더 커지는 경우가 많아 하자로 이어질 수 있기 때문에 텍스의 접착면을 추가하여 텍스가 벽지가 당기는 힘을 분산시켜 접착면을 유지하기 위함이다.

3 천장 초배 시공

① 천장 초배는 보수 초배와 띄움 시공이 있다.
  ㉠ 보수 초배는 틈막이 초배지로 부분 초배하는 방법 및 석고보드 경계면 등 천장면의 틈을 막아주는 초배가 있다.
  ㉡ 습도가 높은 날씨에는 틈막이 초배지 또한 습도로 인해 늘어나기 때문에 초배지 부분이 비틀리거나 부풀어 오르는 현상이 일어날 수도 있다.
  ㉢ 천장의 면이 좋지 않거나 틈막이 초배지의 자국이 보이지 않게 하기 위해서는 천장 전체 띄움 시공으로 시공한다. 띄움 시공은 텍스띄움 시공과 부직포띄움 시공이 있다.
  ㉣ 텍스 천장띄움 시공은 천장 테두리에 터치본드를 도포하고 벽지 시공하는 방향의 반대 결 방향으로 시공한다.
  ㉤ 텍스는 양쪽 끝에 접착이 되어야 밑으로 처짐현상을 방지하므로 텍스폭에 맞추어 터치본드나 실리콘을 접착한다.
  ㉥ 텍스를 붙이고 다음 장 텍스를 시공 시에는 첫 번째 텍스 양쪽 끝에 있는 접착면을 넘겨서 시공해야 하기에 두 번째 텍스는 20cm 정도 겹쳐서 시공한다.
  ㉦ 두 번째 텍스도 마찬가지로 양쪽 끝에 터치본드나 실리콘을 도포한다.
  ㉧ 터치본드는 수분 때문에 텍스주름이 생길 수 있고, 실리콘은 수분이 적어서 텍스에 영향을 적게 미친다.
  ㉨ 텍스 시공 시 편의를 위해 핸드타커를 사용할 수도 있다.

② 텍스띄움 시공은 건식 시공과 습식 시공이 있다.
  ㉠ 건식 시공은 롤로 된 마른 상태에서 터치본드만을 가지고 시공한다. 건식상태이기 때문에 텍스의 주성분인 펄프가 경화된 상황이므로 능숙한 시공능력이 요구된다.
  ㉡ 습식 시공은 텍스 시공 후에 스프레이로 물을 뿌려주어 텍스를 젖게 하는 시공법이다. 텍스가 마르면서 주성분인 펄프도 펴지기에 상당히 팽팽한 텍스 시공결과를 얻을 수 있다. 하지만 이미 한번 마르면서 장력이 높아진 상태이기 때문에 그 위에 벽지를 시공 시 벽지가 마르는 장력을 한번 더 버텨야 하는 만큼 하자에 대한 위험부담도 커지게 된다.
  ㉢ 물을 스프레이로 뿌릴 때는 살짝만 뿌려주는 것이 좋다.

05 부직포 초배

부직포란 직조해서 만든 천이 아니라 그 이름대로 "짜여지지 않은 천"이란 뜻이다. 화학수지를 화학반응 또는 열을 가하여 화학섬유를 추출하여 집합, 결속하여 만들어진다. 천에 비해 값이 저렴하면서도 우수한 내구물성을 갖춘 제품이다. 특히 인장강도가 매우 뛰어나 벽지가 파열되는 하자가 거의 발생하지 않아 발생하지 않는 장점이 있으나, 화재 시 치명적인 유독가스 발생과 친환경제품이 아니라는 단점이 크다.

1 부직포 벽 초배

① 부직포 초배 마감

ㄱ 일반적으로 신축현장보다는 지물일에서 상대적으로 많이 사용되는 시공재료이다.

ㄴ 텍스보다 수분에 강해 초보자라도 시공이 용이하다.

ㄷ 실크벽지 시공 시에는 운용지를 이음매위치에 반드시 시공해야 한다.

ㄹ 운용지 정배 후 신축성이 적어 하자 발생 가능성이 낮다.

② 부직포 초배 후 운용지 추가 시공마감

ㄱ 운용지는 벽지 이음매자리마다 상단 끝에서 하단 끝까지 시공한다.

ㄴ 부직포 초배 시 상단과 하단을 띄운 경우 띄운 상하단 벽면에 반드시 터치본드를 주고 운용지를 시공한다.

ㄷ 합지 정배 시공 시에는 운용지를 생략해도 무방하나, 합지 벽지의 재질에 따라 운용지를 추가 시공함으로써 더 견고한 초배면을 만들 수 있다.

ㄹ 부직포 위에 합지 시공 시에는 합지 미미선 겹침을 조금 더 겹치게 하는 것이 좋다.

2 부직포 초배 시공

① 초배는 사면 접착, 삼면 접착, 이면 접착이 있다.

ㄱ 사면 접착은 상하좌우 테두리를 터치본드 시공하여 초배한다.

ㄴ 삼면 접착은 하단을 5~8cm 정도 띄우고 상단과 좌우를 접착하거나, 하단을 걸레받이까지 접착하고, 상단을 5~8cm 정도 띄운 후 좌우를 접착한다.

ㄷ 이면 접착은 상단과 하단 전부 5~8cm 정도를 띄우고 좌우를 접착한다.

② 이질재가 연결된 벽면일 경우는 터치본드를 추가로 접착하여 당겨지는 힘을 분산시킨다.

ㄱ 벽면에 단열재 등 이질재가 같은 면에 있는 경우 위 시공법과 같으나, 좌우를 접착 후에

벽면에서 이질재 부위가 시작되는 바로 앞에서 위아래로 한 줄 더 터치본드를 시공하여 이질재 쪽은 11자 모양으로 터치본드접착을 한다.

ⓒ 이 같은 경우는 부직포 시공 및 정배 후에 건조되는 과정에서 벽의 인장력이 이질재에 붙어 있는 부직포의 힘보다 더 커지는 경우가 많아 하자로 이어질 수 있기에 부직포의 접착면을 추가하여 벽지의 인장력을 축소시키기 위함이다.

3 부직포 천장 초배 시공

① 부직포 천장 초배는 띄움 시공에 목적이 있다.

ⓐ 천장의 면이 좋지 않거나 틈막이 초배지의 자국이 보이지 않게 하기 위해서는 전면 띄움 시공으로 시공한다.

ⓑ 부직포 천장띄움 시공은 천장 테두리에 터치본드를 도포하고 벽지 시공하는 방향의 직결 방향으로 시공한다.

ⓒ 부직포는 양쪽 끝에 접착이 되어야 밑으로 처짐현상을 방지하므로 부직포의 폭에 맞추어 터치본드나 실리콘을 도포한다.

ⓓ 부직포를 붙이고 다음 장 부직포를 시공 시에는 첫 번째 부직포 양쪽 끝에 있는 접착면을 넘겨서 시공해야 하기에 두 번째 부직포는 20cm 정도 겹쳐서 시공한다.

ⓔ 두 번째 부직포도 마찬가지로 양쪽 끝에 터치본드나 실리콘을 도포한다.

ⓕ 부직포는 도배재단기계로 재단할 수 있다. 기계 중간에 미스바리용 재단판을 고정시킨 후에 점도가 높은 풀로 재단을 하면 부직포 양쪽 5~7cm 정도만 풀이 묻어서 재단이 된다. 이런 방법을 사용하게 되면 천장 부직포 시공에 상당한 시간을 절약할 수 있다. 하지만 부직포의 마찰로 인해 생기는 정전기로 인해 도배기계의 전기적 부품에 손상을 가져올 수 있는 위험도 있다. 그럴 경우에는 반드시 기계로부터 접지선을 연결하여 전기적 충격을 제거해주어야 한다.

ⓖ 부직포 시공 시 편의를 위해 핸드타커를 사용할 수 있다.

② 부직포는 인장강도는 뛰어나지만, 투습률이 높다(최근에는 밀도가 높은 부직포도 생산되고 있다).

ⓐ 투습률이 높다는 것은 벽으로부터 나오는 곰팡이나 포름알데히드와 같은 환경물질이 부직포 초배지를 통과해서 벽지에까지 영향을 줄 수 있다.

ⓑ 텍스 초배지도 투습률이 있지만, 최근에는 코팅된 텍스가 생산되어 방수 수준의 밀도로 환경물질을 막아주는 초배지로 시공하는 공사가 늘어나는 추세이다.

06 곰팡이 처리 및 시공

곰팡이는 결로나 높은 습도로 인한 환경에서 공기의 흐름이 적을 경우에 생긴다. 도배로 근본적인 곰팡이 발생원인을 해결할 수는 없지만 특수 시공법으로 곰팡이 발생의 지연·차단·축소는 어느 정도 가능하다.

1 곰팡이 제거방법

① 곰팡이 포자가 공기 중에 있으므로 반드시 마스크를 착용한다.
② 곰팡이 포자가 날리지 않고 기존 벽지 제거가 용이하도록 분무기를 사용하여 물기가 충분히 흡수될 수 있게 여러 차례에 걸쳐 물을 분사해준다.
③ 칼, 스틸헤라, 스틸브러시 등을 사용하여 곰팡이 부위보다 충분히 넓게 벗겨낸다.
④ 자연건조(시간이 오래 걸림) 내지는 공업용 드라이기, 선풍기 등을 이용하여 건조시킨다.

2 곰팡이 포자를 살균하는 방법

① 탄화법
　㉠ 토치(torch)를 사용하여 포자를 태우는 방법으로 신뢰성이 매우 좋다.
　㉡ 화기 취급에 주의를 요한다.
　㉢ 화재 발생위험이 있는 벽 재질은 절대 금지한다(예 석고보드).

② 약물 세척법
　㉠ 염산(15% 용액), 포르말린(20% 용액), 기타 세정용 락스를 모르타르에 충분히 침투되도록 도포하고 스틸브러시로 긁으면서 세척한다.
　㉡ 전용 곰팡이 제거·방지제품을 사용한다.
　㉢ 신뢰성이 비교적 좋으나 약품냄새가 오래가는 단점이 있다.
　㉣ 반드시 마스크를 착용하고 밀폐공간에서는 작업하지 말아야 한다.

③ 도막법
　㉠ 곰팡이 발생이 경미하거나 부분적일 때 선택한다.
　㉡ 스프레이형의 곰팡이를 살균, 차단하는 제품이 있으며 중화제 아크졸, 바인더, 프라이머 등을 곰팡이 발생 부위에 수회 도포하여 도막을 형성시킴으로써 곰팡이의 외부확산을 차단한다.

④ 곰팡이 차단 단열페인트 및 퍼티작업
  ㉠ 단열페인트로 결로의 효과를 높여주고 곰팡이가 확산되지 않도록 한다.
  ㉡ 곰팡이 차단 퍼티는 주성분이 곰팡이가 서식할 수 없는 물질로 되어 있어 곰팡이 발생 부위에 퍼티 시공처럼 시공하면 곰팡이 발생을 예방할 수 있다
⑤ 락스 : 락스를 희석하여 도포하면 효과는 제한적으로 있지만 냄새가 지속되고 다른 부위에 튀길 시 벽지나 필름 등 변색을 유발할 수 있는 위험이 있다.

07 겹쳐따기(double cutting)

수입벽지나 뮤럴벽지 등 특수한 상황에서 시공되는 벽지는 모든 이음매를 맞춤 시공이 아닌 겹친 후 커팅하는 방식을 사용하는 경우가 많다.

1 코너비드를 이용하는 겹쳐따기

① 첫 번째 벽지를 붙이고 코너비드를 반으로 자른 후 다음 폭을 붙일 방향의 가장 끝에 벽지 끝과 코너비드를 맞추어 코너비드를 벽지 안쪽에 넣는다.
② 다음 폭을 붙이기 전에 다음 폭 이음매 첫 부분에 3~5cm 정도 간격으로 위에서 아래로 테이핑이나 초배지를 붙여준다(이 작업은 벽지가 겹쳤을 때 첫 번째 폭에 풀이 묻는 것을 방지하기 위함이다).
③ 테이핑이나 초배지가 붙은 부분을 넘겨서 먼저 붙인 폭 위로 붙인다.
④ 전반대를 사용하여 코너비드를 넣은 자리 위에서 잘라낸다(이 경우 한번 칼질이 시작되면 그 폭을 다 자를 때까지 절대 칼을 빼면 안 된다. 전반대가 움직일 경우에도 칼을 빼지 않는다. 칼을 빼서 다시 자를 경우 칼선이 일정하고 깔끔하게 나오기가 힘들다).
⑤ 걸레받이가 있는 경우 코너비드를 걸레받이 바닥까지 대주면 커팅 시에 칼이 바닥에 걸려 깔끔하지 않게 커팅이 되는 현상을 최소화할 수 있다.

2 벽지 접어서 겹쳐따기

① 코너비드를 이용하는 방법은 첫 번째 방법과 동일하나 다음 폭을 테이핑이나 초배지로 붙이는 방법이 아닌 벽지 자체를 접는 방법이다.
② 다음 폭을 붙일 때 3~5cm 정도의 간격으로 위에서 아래까지 다음 폭의 첫 번째 이음매 부위를 안쪽으로 접어준다.

③ 접은 면을 코너비드를 넘겨서 붙인 후 코너비드 위에서 커팅한다.

3 대각선 겹쳐따기

① 시공방법은 위 두 방법의 어느 것으로 해도 무방하다.
② 자를 때 일반적으로 벽면과 수직으로 칼날을 세우는 것이 아니라 45도 각도로 눕혀서 자른다.
③ 잘라지는 벽지 면이 대각선이기 때문에 벽지 이음매 간의 붙는 면적도 넓어져 내구성도 좋아질 뿐 아니라 수축에 의한 이음매 벌어짐에도 간극이 노출되지 않는다.

08 무몰딩 시공

천장의 몰딩을 없애고 천장벽지와 벽지가 직접적으로 만나게 하는 방법으로 공간의 극대화적인 시야 확보와 깔끔한 공간을 나타낼 수 있는 시공법이다. 면 처리에 대한 숙련도뿐 아니라 벽지 재단할 때의 숙련도가 높게 요구되기에 고급 시공법에 해당한다.

1 천장몰딩 제거 시 면 처리

① 보통 천장몰딩을 제거한 후에는 벽면의 콘크리트상태가 험한 경우가 많기에 그에 따른 면 처리기술이 요구된다.
② 그라인더에 블록날을 사용하여 단차가 큰 돌출면을 갈아서 1차 평면화를 한다.
③ 블록날 사용 시에는 그라인더에 집진커버를 장착하고 집진기를 사용하여 분진을 최대한 줄이면서 작업한다. 안전고글과 긴팔 옷, 안전모를 반드시 착용한다.

2 코너각잡기(인코너비드 사용)

① 무몰딩도배는 각이 생명이기 때문에 아웃코너각은 물론이고, 인코너각도 좋은 품질을 위하여 인코너비드를 사용할 수도 있다.
② 호퍼(hopper)를 사용하여 인코너비드의 바깥쪽에 퍼티를 도포한다.
③ 인코너롤러로 코너비드를 눌러주며 코너에 빈틈없이 붙도록 시공한다.

3 퍼티로 면 처리

① 인코너비드를 덮어가며 1차 퍼티로 면을 잡아준다. 이때 천장과 벽이 만나는 모든 곳을 퍼티

시공한다.

② 1차 퍼티가 마른 후 2차 퍼티로 면을 잡아준다.

③ 인코너 쪽은 인코너헤라로 퍼티를 시공하면 더 효율적이다.

④ 2차 퍼티 후 샌딩으로 평탄한 면을 만들고 초배지를 시공한다.

09 간접조명 부위 시공

초배 후 도배를 하는 과정이나 도배 완료 후 벽지가 마르는 과정에서도 수많은 수축과 팽창이 일어난다. 그러한 시간이 지난 후에도 우리 눈에는 보이지 않는 수축 팽창의 결과가 벽지 안쪽에서 겉으로 노출되지 않고 생기기 마련이다. 하지만 이러한 여러 현상에 대한 흔적들이 직접조명이나 확산조명에서는 일반적으로 보이지 않지만, 측광조명에서는 그 흔적이 나타나는 경우도 많다.

깨끗한 바닥 위에 측면에서 빛을 비추면 보이지 않던 아주 작은 먼지가 보이는 것과 같은 원리이다. 근래에는 간접등에 의한 측광조명이 늘어나는 만큼 더 많은 시간을 들여 면을 처리한다. 물론 이 또한 고급 시공이기에 더 많은 비용과 공사일정이 소요된다.

1 면 평탄화작업

① 벽면 전체 퍼티 시공

㉠ 초배 시에 텍스나 부직포를 사용하며 건식 시공을 원칙으로 한다.

㉡ 전체 면을 평탄화할 수 있는 장점이 있고 띄움 시공수준의 면을 만들 수가 있다.

㉢ 퍼티에 대한 높은 기술 숙련도가 요구된다.

② 상하좌우 퍼티 후 초배 시 띄움 시공

㉠ 초배 시에 텍스를 사용하며 습식텍스 시공을 한다.

㉡ 텍스 시공 후 텍스에 물을 뿌려주면 건조되면서 텍스 주성분의 펄프로 인한 팽창으로 텍스가 팽팽하게 펴지게 된다. 이때 물은 많이 뿌리지 않는다.

㉢ 텍스 자체를 기계에 걸어서 풀통에 물을 넣고 재단하는 방법도 있다(시공성에 용이함은 있지만, 마르면서 이미 한번 팽창한 텍스 위에 벽지가 시공되고 한번 더 마르면서 추가로 팽창이 되기에 초배지로 인한 하자에 대한 위험성이 높다).

㉣ 텍스 시공 후 심 초배지를 시공해도 좋으나 얇고 예민한 벽지는 심 초배지의 자국이 나타날 수 있다.

③ 벽 전체를 롤 운용지로 시공

    ㉠ 롤 운용지로 벽 전체를 시공한다.

    ㉡ 무늬가 있거나 어두운 벽지라면 5~10mm 정도 겹쳐도 되지만, 밝고 예민한 벽지라면
1~2mm 정도 맞추다시피 붙여 나간다.

    ㉢ 벽면상태와 벽지의 종류에 따라 2겹으로 시공하기도 한다.

10 벽지 재단 시 이음매 부분 풀마름 방지

벽지를 재단 후 벽지 이음매 부위는 공기와 접촉되는 부위가 높다. 재단 후에 벽지봉투에 밀봉하든, 안하든 시간의 차이일 뿐 이음매 부분이 가장 빠르게 건조될 수밖에 없다.

1 재단 전 풀마름 방지하기

① 풀마름을 완벽히 방지하는 것이 아니라 그 시간을 최대한으로 늦추는 방법이다.

② 벽지를 포장 제거한 후 재단기계에 걸기 전에 벽지의 양옆 이음매 부분을 물통에 살짝 찍어
준 후에 기계에 걸고 재단한다.

③ 같은 환경과 조건이라면 풀칠한 벽지가 공기에 노출되는 시간이 짧을수록 이음매 시공에 큰
효과를 얻을 수 있다.

④ 작업시간이 길어질 경우에는 중간중간에 물을 뿌려 풀마름을 방지한다.

11 아웃코너 들뜸 방지

도배 시공 시 아웃코너의 각은 대단히 중요하다. 집 전체의 도배면 중에 얼마 안 되는 부분이지만, 이 코너각의 위치가 눈에 가장 잘 보이는 곳이기에 고품질 시공이어야 한다.

1 아웃코너 들뜸 방지 시공

① 코너비드 시공

    ㉠ 아웃코너에 코너비드를 시공한다. 코너비드는 하나를 붙이고, 모자라는 부분은 잘라서
이어붙인다.

    ㉡ 코너비드 안쪽에 실리콘을 도포하여 접착시킨다.

ⓒ 실리콘을 접착시킨 후 다시 이탈되는 것을 방지하기 위해 2~3군데 정도 스카치테이프나 종이테이프로 고정시킨다.

ⓔ 접착 후에는 코너비드와 면의 단차를 잡아주기 위하여 퍼티, 틈막이 초배(네바리), 텍스 시공, 부직포 등을 시공하여 초배를 선시공한다.

② 롤러 시공

ⓐ 벽지를 시공 후 인장력을 주기 위해 코너를 중심으로 양쪽 바깥방향으로 롤러질을 해서 당겨준다.

ⓑ 손으로 당겨서 인장력을 주는 것보다 롤러를 이용하여 당겨주는 것이 훨씬 더 수월하고 큰 효과를 볼 수 있다.

12 진한 색 벽지 이음매 처리

색상이 짙은 벽지는 시공 시 풀을 제대로 닦아내지 않으면 마른 후 풀자국이 뚜렷해지는 하자가 발생한다.

1 풀농도와 도포량

① 평소보다 풀농도를 높게 믹싱한다.

② 풀농도가 높은 만큼 도포하는 양은 적어야 한다. 이는 시공 후 닦아내는 풀의 양을 최소화하기 위함이다.

2 벽지 시공하며 풀 제거

① 숨죽임시간은 최대한 짧게 한다.

② 벽지는 가급적 빠른 속도로 시공하여야 한다.

③ 풀을 닦는 걸레의 종류는 여러 가지가 있으나, 풀 제거에는 스펀지가 우수하며, 벽지 표면의 수분흡수는 극세사종류의 타월이 좋다.

④ 용도에 맞는 걸레를 사용하며 이음매 부분의 풀을 닦아낼 때는 물의 양을 넉넉히 축이고 닦아내되 수시로 빨아줘야 한다.

⑤ 걸레를 빨 때는 깨끗한 물에 빨아야 한다.

13 흡음텍스판 시공

천장이 흡음텍스판으로 시공된 곳에 도배를 해야 하는 경우가 있다. 내구성을 생각한다면 석고보드를 시공하는 것이 좋으나 비용과 시간문제로 텍스판 위에 도배를 해야 하는 경우이다. 흡음텍스판의 구조상 밀착도배는 흡음주름이 다 드러나기에 추천하지 않으며, 띄움 시공하는 것이 좋다.

1 흡음텍스판 초배

① **흡음텍스판 퍼티**
- ㉠ 흡음텍스판의 주름구멍은 벽지가 밀착될 시 그 모양이 그대로 드러난다. 때문에 천장 전체를 띄움 시공해야 한다.
- ㉡ 천장면의 테두리는 천장공간 초배 시 밀착되는 부분이기 때문에 붙는 면보다 조금 더 넓게 퍼티를 시공하여야 한다.
- ㉢ 1차 퍼티로 주름구멍과 연결 부위를 메꾸어준다. 건조 후 2차 퍼티를 통해 면 평탄화작업을 한다.
- ㉣ 2차 퍼티 건조 후 샌딩을 통하여 매끈하게 면을 만들어준다.

② **흡음텍스판 초배**
- ㉠ 퍼티면에 터치본드를 통해 부직포 또는 텍스를 사용하여 공간 초배 시공한다.
- ㉡ 부직포 시공 후 운용지를 시공하며, 텍스로 시공했을 경우에도 운용지를 시공하면 조금 더 견고한 내구성으로 도배를 할 수 있다(텍스 시공 시 운용지가 없어도 무방함).

2 흡음텍스판 도배 시공

① 일반 도배 시공과 동일하게 시공한다. 다만, 너무 강한 롤러질과 솔질을 하면 흡음텍스판이 손상될 수도 있기에 주의하여 시공한다.
② 흡음텍스판 위에 도배를 할 경우에는 천장면의 테두리에 있는 텍스판들이 견고하게 붙어 있는지 반드시 확인해야 한다.
③ 텍스판이 견고히 붙어 있지 않고 손상이 있는 경우에는 도배 하자로 이어질 수 있는 위험이 있다.

14 단열재 부위 들뜸 방지

최근에 지어지는 신축아파트의 경우 새시 외벽 쪽은 결로현상을 막기 위해 열교현상이 없는 자재로 시공한다. 이 부분은 많은 종류가 있는데, 공간 초배 시 습도가 높을 경우 본드칠을 한 테두리 부분이 접착력이 약해져 떨어지게 되는데, 이런 경우 텍스나 부직포의 장력을 분산시켜 하자를 방지하여야 한다.

1 바탕면 처리

① 시멘트와 퍼티처럼 내구성이 높은 재질과는 달리, 이 부분은 내구성이 약해 본드칠을 한다 해도 벽지의 장력을 버티지 못한다.
② 초배장력을 분산시키기 이전에 바탕면의 내구성을 높이기 위해 선처리작업이 중요하다.
③ 바탕면 여러 곳에 본드와 물을 혼합하여 주사기로 주입하고 붓으로 표면이 충분히 흡수되도록 도포한다.
④ 건조 후 본드물이 굳게 되면 바탕면이 단단하게 굳어져서 내구성이 높아지게 된다.

2 초배작업

① 바탕면 경도를 높인 후 요철이 있다면 퍼티작업을 한다.
② 초배 본드터치는 일반적으로 양 끝 쪽만 하지만, 위와 같은 이질재구간은 이질재 끝 퍼티면과 이질재가 끝나는 내장 쪽 끝부분에 11자 모양으로 이중본드터치를 해준다.
③ 위 시공으로 하게 되면 벽 전체의 장력이 아닌, 이질재구간 안에서만 장력이 작용하기 때문에 이질재 바탕면에 의한 하자를 크게 줄일 수 있다.

15 필름 위에서 칼질방법

인테리어공사현장에서는 필름을 새로 시공한 후에 도배를 하는 경우가 많다. 그런 경우 칼질에 조금만 힘이 들어가도 필름이 같이 잘려질 수 있다. 물론 잘려도 필름, 도배대로 몰딩에 잘 붙어 있어야 하지만, 그 이전에 필름이 잘려지지 않게 도배지만 자를 수 있는 힘 조절이 필요하다.

1 필름 손상 없이 칼질하기

① 한 겹 접어 칼질하기

ㄱ 칼질하는 면의 벽지를 안쪽으로 한 겹 접어서 칼질을 한다. 이중칼질을 간편하게 응용한 방법이다. 벽지 한 겹이 받치고 있으므로 필름까지 잘려질 위험이 현저하게 줄어들지만 추가 시공비가 발생한다.

ㄴ 칼질의 힘 조절을 잘 해야 한다. 많은 훈련이 필요하며 벽지 한 겹을 85~90% 정도의 힘으로 자른 후 장판 바닥 테두리 자르는 방향으로 잘라낸다.

ㄷ 선시공한 필름이나 노후된 필름이 들떠있는 조건에서는 '후시공 도배'를 주의하여 시공해도 필름 손상의 일부 하자는 발생한다.

※ 사후 필름 손상의 분쟁이 발생하면 필름과 도배팀, 시공업체(소비자)가 공통으로 분담하는 게 바람직하다.

② 짧게 잘라 맞추기

ㄱ 칼질을 태우는 방식이 아닌 최소한으로 잘라서 밀어 맞추는 방법이다.

ㄴ 1mm 칼받이로 몰딩을 태우는 반대위치에서 자른다.

ㄷ 자른 후 밀어서 몰딩에 붙인다.

16 실크이음매 하자 보수

실크는 겹침방식이 아닌 이음매맞춤방식이다. 때문에 벽지 건조 후 여러 가지 상황에 따라 이음매가 벌어지는 하자가 생기게 되는데, 그런 하자를 줄이기 위해서는 하자 보수방법과 더불어 하자가 나지 않게 원인을 점검하는 것이 중요하다.

1 이음매 하자(들뜸, 겹침, 벌어짐)의 원인

① 시공 미숙
② 표면이 예민한 도배지에 단순히 주걱만을 사용하여 이음매를 처리하였을 때
③ 시간을 두고 2차 이음매 손보기를 생략했을 때
④ 묽은 풀을 사용하였거나 물기가 많은 타월로 닦아 이음매로 물기가 스며들었을 때
⑤ 숨죽임시간이 아주 짧거나 지나치게 길 때
⑥ 작업 중, 직후 고열난방 및 과도한 통풍으로 인해 급격한 건조 시
⑦ 초배상태 불량, 초배공법이 부적절했을 때

⑧ 도배지 불량(수축성이 강한 도배지, 이면지와 접착 불량인 제품, 도배지 서두재단 불량)

⑨ 이음매 처리가 매우 까다로운 도배지(예민한 도배지, 횡방향 줄무늬 엠보)

2 이음매 하자 보수 시공방법

① 미세한 들뜸은 롤러로 강하게 눌러주고, 들뜸이 심한 경우는 재시공한다.

② 이음매 겹침 부위는 자를 대고 겹침만큼 칼로 정교하게 따내기 하는데, 초배지에 칼날이 닿지 않도록 한다.

③ 이음매 벌어진 상태가 넓을 경우(약 2mm 이상)에는 동일 벽체 전면 재시공 내지 폭갈이를 한다.

④ 이음매 벌어진 상태가 2mm 이하일 경우에는 벌어진 모양대로 가장자리 테이핑을 한 후 같은 색의 코킹, 인테리어 코크로 메꿔주고 테이프를 제거한다. 벽지의 엠보가 클 경우 머리빗을 사용하여 보수 부위에 엠보를 만들어준다.

⑤ 이음매 벌어진 상태가 아주 경미한 경우(0.5mm 이하)에는 백색 벽지는 문서용 화이트(수정액)나 자동차 흠집 보수용 붓펜으로 처리하고, 색상이 있는 벽지는 같은 색의 수성사인펜으로 그어준다.

⑥ 실크벽지의 PVC층을 훼손되지 않게 이면지와 박리시킨 후 늘려 붙임방식으로 맞물림 보수한다.

⑦ 같은 색의 코킹, 인테리어 코크를 구할 수 없을 때에는 수성페인트, 유화용 물감으로 조합하여 색상을 맞춘 후 튜브에 넣어 사용한다.

⑧ 벽지에 따라 코킹의 번들거림과 변색의 문제는 치약에 코킹용 충전캡을 사용하거나 퍼티를 약간 묽게 하여 튜브에 넣어 사용하면 된다.

17 기시공 초배 살리기

도배 시공 중 기시공된 초배가 튼튼한 경우는 그 초배를 다시 사용하는 경우가 있다. 초배지를 완전히 제거하면 접착 부위의 제거된 면이나 퍼티면이 같이 뜯겨져 면 처리가 불량하게 된다. 다시 면 처리를 위해 퍼티작업을 하는 경우 많은 시간과 비용이 추가되기에 현장상황에 따라 기시공된 초배지를 살려 시공하기도 한다.

1 벽지 제거방법

① 벽면 테두리 벽지를 30~40cm 정도 남기고 안쪽 벽지는 제거한다(벽과 밀착되어서 붙는 면보다 더 많이 남겨야 한다).

② 이 작업 중에 칼날로 뜯어서 잘 뜯어지는 경우가 있다면 그 면은 초배까지 다 뜯어내고 초배를 새로 시공하여야 한다.

2 기초배 접착면 처리방법

① 205본드+풀을 1 : 1 비율로 섞은 후 물로 농도를 맞추어 주사기에 주입한다. 이 경우에 주사기와 바늘은 가장 큰 것을 사용하는 것이 좋다.
② 벽에 남아 있는 벽지 안쪽으로 30cm 간격으로 본드풀을 주입하여 준다.
③ 본드헤라를 사용하여 45도 각도로 바깥쪽 방향을 향하여 본드풀을 펴준다.
④ 그렇게 되면 기존에 미진하게 붙어 있던 곳까지 본드로 다시 한번 잡아주기 때문에 하자가 발생할 확률을 현저히 낮춰준다.

18 이보드 단열재 위에 시공

최근에는 결로공사를 위해 이보드나 아이소핑크 등 단열재를 사용하여 벽면을 시공한다. 그 위해 바로 도배하는 경우도 있지만, 단열재의 종류에 따라 벽지가 제대로 붙지 않는 경우가 많고 면 처리가 제대로 안 되는 경우가 많기에 초배작업을 해 주어야 높은 품질의 시공물을 얻을 수 있다.

1 이보드 바탕면 처리

① 이보드는 도배용 이보드일 경우에는 밀착 시공하여도 무방하나, 그렇지 않은 경우에는 일반 벽지 시공이 용이하지 않기 때문에 초배를 하는 것이 유리하다.
② 이보드와 이보드가 연결되는 부위는 단차를 없애기 위해 네바리를 시공하거나 운용지를 사용하여 테두리를 전부 본드로 붙여준다.

2 이보드 초배 및 도배 시공

① 부직포 시공일 경우 위아래를 띄우지 말고 전부 상하좌우 전부 본드를 사용하여 시공한다.
② 텍스 시공일 경우에도 같지만 부득이 위아래를 띄워야 하는 경우라면 정배 전, 띄어준 위아래 벽면 부위에 터치본드를 해 주어야 하자가 나지 않는다.

19 풀 도포 후 적정한 숨죽임시간

풀의 도포공정은 작업환경의 실내온도, 습도, 기후, 풀의 종류, 작업자의 숙련도, 바탕면의 상황에 따라 다를 수 있다. 또한 난방, 냉방, 우기 유무, 비가 내리는 날이나 벽지의 재질에 따라서 달라질 수 있기에 재단과 도포공정의 작업자는 많은 경험을 가지고 상황에 맞게 풀을 도포하여야 한다.

1 도포공정

① 손풀칠과 기계풀칠
  ㉠ 접착력이 우수하고 친환경 방부제가 첨가된 고급 도배용 풀을 사용하여 풀 알갱이가 남지 않도록 충분히 교반한다.
  ㉡ 기계풀칠은 지나치게 속도를 높이지 않는다.
  ㉢ 깨끗한 풀판(파지, 하드롱지)을 넓게 깔아 도포작업 중 모래, 잡티 등의 이물질이 벽지에 묻지 않도록 한다.
  ㉣ 풀 도포는 가장자리, 중앙 부분 등 빠짐없이 고르게 한다.
  ㉤ 도포 후 꺾이지 않도록 바르게 접고 가로방향 꺾임자국이 생기지 않도록 상부의 하중이 작용하지 않게 하고 평활한 바닥에 놓아 숨죽임 한다.

② 극한기의 풀 배합과 도포
  ㉠ 풀은 뜨거운 물로 배합하여 미지근한 풀이 되도록 조정한다.
  ㉡ 접착력을 높이기 위해 허용하는 비율 내에서 최대치의 수성본드를 희석하고 일반적인 풀 농도에 비해 된풀을 사용한다.
  ㉢ 초기 접착력을 높이기 위해 초배지와 정배지의 도포량은 가급적 적게 하여 빠른 건조로 동해의 하자를 방지한다.
  ㉣ 풀 도포는 한꺼번에 많이 하지 않고 3~4폭 정도의 여유분만 유지한다.
  ㉤ 풀 도포한 도배지를 찬 바닥에 그대로 놓지 않고 비닐로 싸서 스티로폼이나 골판지를 깔고 놓는다.

③ 도포량(풀 두께)
  ㉠ 종이벽지류 : 약 0.3mm
  ㉡ 두꺼운 벽지류, 특수 벽지류 : 약 0.5mm

2 숨죽임시간(soaking time, 불림)

① 벽지의 종류

  ㉠ 종이벽지 : 3분   ㉡ 금속박, 벽화, 부직포 : 5분

  ㉢ PVC, 직물, 지사, 초경류 : 7분   ㉣ 레자, 목질류 : 10분

② 작업시간(tack time)은 숨죽임시간의 1.5~2배 정도이다.

  벽지의 재질에 따라 다르지만 통상 1폭당 최장 종이벽지는 3분, 실크벽지는 7분, 금속박 벽지와 특수 벽지류는 10분 정도를 소요하여 시공을 마쳐야 한다. 시간이 길어지면 가장자리의 풀이 건조되어 다음 폭과의 이음매가 불량해지기 때문이다.

20 걸레받이 후시공 초배방법

실내공사 시공공정상 도배 후에 걸레받이가 시공되는 경우가 있다. 이런 경우에는 조금 더 효율적으로 초배를 시공할 수 있다. 띄움 시공 시 초배방법은 다음과 같다.

① **상단** : 상황에 맞게 붙여주거나 약간의 간격을 띄우는 것에는 기존 초배와 다르지 않다.

② **하단** : 바닥까지 초배를 하고 본드 시공은 바닥에서부터 걸레받이높이 내외로 한다.

③ 본드가 도포되는 부분은 걸레받이가 부착되는 부분이기에 퍼티를 생략해도 되며, 그로 인해 시간과 비용이 절약될 수 있다.

④ 걸레받이 높이가 낮은 자재를 사용할 경우에는 본드 도포면이 노출될 수 있기에 퍼티나 삼중지 시공이 추가될 수 있다.

⑤ 운용지 시공은 반드시 해주어야 한다.

⑥ 몰딩도 같은 방법으로 시공하며 걸레받이와 몰딩 시공 후에는 실리콘으로 마감해준다.

21 공간 초배 시 콘센트나 장애물 시공

공간 초배 시 콘센트 주위나 여러 스위치 주위에 주름이 생기는 경우가 있는데, 상황에 따라 접착 시공법이 다르다.

1 접착하지 않는 방법

① 부직포와 텍스 초배를 콘센트모양대로 잘라내고 정배 시공 직전에 심지를 콘센트크기보다

1.5배 정도 크게 사각재단 후 밀착하여 붙여준다.

② 콘센트 주위에 접착하지 않고 도배하는 경우가 있다. 이러한 경우에는 초배지를 시공하고 콘센트 주위를 잘라낼 때 테두리를 라운드형으로 칼질하거나, 초배지가 잘라낸 크기보다 더 잘라지지 않도록 주의해야 한다.

③ 칼날이 잘라낸 부위보다 더 먹으면 벽지가 마르고 수축하면서 그곳부터 벽지가 터지기 시작한다.

2 시공하며 접착하는 방법

① 시공 전에 접착할 경우 초배지가 마르면서 당겨질 때 초배지가 주름지는 경우가 있다. 이런 경우에는 다시 그 부분은 뜯어내서 다시 접착하거나 틈막이 초배지로 보수한다.

② 그러한 일들을 예방하려면 초배지가 마르고 정배 전에 실리콘이나 본드로 스위치나 콘센트 안쪽 테두리에 도포 후 정배를 진행한다.

3 초배 시에 얇게 본드를 도포하는 방법

① 튜브나 실리콘으로 콘센트 주위를 2~3cm 강하게 접착시킨다.

② 너무 넓은 넓이로 도포하면 정배 후 본드 도포 부위가 드러나므로 하자의 원인이 될 수 있다.

③ 오래된 석고면일 경우에는 5~7cm까지 도포할 수 있는데, 그런 경우에는 요철을 없애주기 위해 정배 시공 직전에 네바리로 시공한다.

22 삼중지 시공

도배를 띄움 시공할 경우 초배지나 벽지는 좌우 양옆, 즉 사면 끝 쪽에 붙게 되는데, 이때 붙는 면의 평활도가 불량하면 도배 후에도 그 면의 요철이 그대로 드러난다. 퍼티를 시공하여 그 면의 평활도를 만들어주는 방법도 있으나 비용이나 시간적으로 많은 부분을 투자해야 한다. 그래서 최근에는 삼중지를 사용하여 면을 다시 한번 띄우는 시공을 하는데, 퍼티만큼의 고품질은 아니지만 퍼티 대용으로 효과를 볼 수 있기에 많이 사용하는 자재이다.

1 삼중지 시공 후 초배지작업

① 삼중지 시공방법

　㉠ 삼중지는 합지농도의 풀로 뽑는다.

   ⓛ 벽면의 사면을 붙일 때 풀만으로는 접착력이 약하므로 터치본드를 이용하여 붙여주게 되면 인장강도를 크게 높여줄 수 있다

   ⓒ 벽 끝이나 몰딩으로부터 약 1~2cm 정도 띄워서 시공한다. 끝까지 붙는 것보다 벽지나 초배지가 직접적으로 붙을 수 있는 공간을 만들어주면 정배 후 인장력에 의한 하자를 크게 줄일 수 있다.

   ⓔ 삼중지가 완전히 마른 후 초배를 한다.

② **초배지 시공방법**

   ㉠ 완전히 마른 삼중지에 본드를 도포하여 초배를 한다.

   ⓛ 본드는 풀과 본드를 5 : 5의 비율로 섞어 튜브주머니를 이용하여 도포한다.

   ⓒ 좌우벽 쪽에 붙은 삼중지에 본드를 도포할 때는 삼중지 양쪽 끝(띄워지지 않는 부분)에 실리콘을 도포하듯이 세로로 도포한다.

   ⓔ 상하 몰딩과 걸레받이 쪽은 띄워져 있는 부분에 본드를 도포하고, 텍스는 삼중지를 절반 정도 덮으며 시공한다.

   ⓜ 초배 후 본드헤라를 사용하여 도포했던 본드를 바깥쪽 45도 방향으로 밀어내어 본드가 뭉치지 않게 잘 펴준다.

2 초배지 시공 후 삼중지작업

① **삼중지 시공방법**

   ㉠ 상하 몰딩과 걸레받이 쪽 삼중지는 초배 시공 전 삼중지작업과 동일하다.

   ⓛ 상하 부분 삼중지만 먼저 시공 후 초배지작업을 한다.

   ⓒ 이때 초배지로 삼중지를 덮을 때도 초배 시공 전 삼중지작업과 동일하다.

② **초배지 시공 후 삼중지 시공방법**

   ㉠ 삼중지는 합지농도의 풀로 뽑는다.

   ⓛ 초배지 시공 후 좌우 양옆 쪽은 삼중지가 붙을 면에 본드를 도포한다(본드와 풀은 5:5 비율로 배합한다).

   ⓒ 좌우 삼중지 시공할 때에 벽으로부터 1~2cm 정도 띄워서 시공한다.

   ⓔ 삼중지 하자를 줄일 수 있으며 띄운 만큼 벽지의 장력을 버틸 수 있는 힘이 커지기에 하자의 위험성을 현저히 감소시킨다.

   ⓜ 삼중지가 완전히 마르고 정배한다.

   ※ 삼중지 시공 시 가장자리의 접착력을 높이기 위해 과도한 본드풀을 도포하면 결로나 습기에 의해 곰팡이 발생 가능성이 매우 높아지므로 최소한의 본드풀을 도포하여야 한다.

   ※ 평탄한 면과 요철이 심한 면을 구별하여 부분적으로 삼중지 시공을 하는 것도 좋다.

하자 보수

도배의 편견 Ⅱ

구약의 창세기에는 건축에 관한 내용이 많이 등장한다.

맨 처음 에덴동산이다. 무오(無誤)한 창조주의 종합 건축물로 생태계의 자연 질서를 그대로 옮겨 놓은 완벽한 작품이었다. 그러나 관리자로 임명된 아담과 하와는 성실한 관리의무를 다하지 못하고 쫓겨났다. 두 번째는 노아의 방주로 건축사에서 문헌에 등장하는 최초의 시방서(示方書 : 재료, 공법, 규모 등을 명시한 작업지시서)라는 데 이견이 없다. 도급자 노아는 발주자 창조주로부터 지시받은 시방에 준해서 방주를 지었고, 결국 가족과 선택된 짐승들이 대홍수로부터 생명을 보존하였으니 당시 노아의 방주는 하자나 결함이 없었다. 세 번째는 바벨탑에 관한 내용이며 대역사(役事)를 중단하는 부실공사로 기록되어 있다. 양해를 구할 것은 역사적 사실과 믿음은 별개이며, '사실은 가설의 전제에서부터' 시작된다. 선입견을 버리고 순전히 건축업에 종사하는 입장으로 보면 앞서 언급한 에덴동산은 관리상의 문제였고, 노아의 방주는 시방을 준행한 우량공사이며, 바벨탑은 공사 시작부터 심각한 문제들을 안고 있었다.

기록된 바벨탑공사의 과정을 살펴보면

첫째, 꼼꼼히 계획된 작업이 아니라 즉흥적이었다. "동방으로 옮기다가 시날 평지를 만나 거기 거하고 서로 말하되 …."

둘째, 적합한 자재를 사용하지 않고 부실한 자재로 대체했다. "벽돌로 돌을 대신하며 역청으로 진흙을 대신하고 …."

셋째, 건축법상 공사 규모를 초과하였다. 벽돌구조의 건축물은 풍압, 지진 등의 횡력에 약해 특별한 보강 없이는 구조 역학상 초고층으로 건축할 수 없다. "성과 대를 쌓아 대 꼭대기를 하늘에 닿게 하여 …."

넷째, 공익과 도덕적 의식이 결여된 인간의 교만을 드러내고자 하는 건축동기가 불량했다. "우리 이름을 내고 …."

다섯째, 결국 의사소통이 되지 않아 중도에 공사를 포기할 수 밖에 없었다. "언어를 혼잡케 하여 그 들로 서로 알아듣지 못하게 하자 … 그들이 성 쌓기를 그쳤더라." – 창세기 11장 1~8절

이상 바벨탑의 다섯 가지 하자의 요소들은 필자가 오랜 기간 도배작업을 하면서 수없이 경험했고, 순간순간 유혹을 받았던 내용들이다.

··· 중략 ···

풀칠은 많이 해두고 발라야 좋다.

지물포도 그렇고, 특히 현장은 도배지를 한꺼번에 많이 풀칠해서 숨죽임 해 두어야 품질과 시공성이 좋다고 안타깝게도 아주 뇌리에 각인이 되어 있다. 그것은 맹목적인 답습으로 세뇌된 작업방식일 뿐 실제 결과는 정반대다.

장점
• 시공성의 여러 제 요소 중 한 가지 작업을 장시간 하는 지속성과 동일한 작업을 반복하는 단순성 에서만 유리할 뿐, 그 외에 특별한 장점은 없다.

단점
• 장시간 숨죽임으로 PVC층과 이면지가 풀어져 이음매가 정교하지 않게 된다.
• 장시간 숨죽임으로 수분에 의해 도배지가 심하게 늘어나 시공 후 건조과정에서 원상태로 수축하 려는 응력이 강해 이음매가 벌어진다.

• 장시간 접혀 있었기 때문에 도배지의 지질이 꺾여 경질의 도배지는 가로주름 하자가 발생하기 쉽다.

• 장시간 도배지가 접혀 압착된 상태로 있었기 때문에 시공 중 접힌 도배지를 쉽게 떼기가 힘들고 자칫 찢어질 수 있는 가능성이 높아진다.

• 도포된 풀의 수분은 이면지에 거의 흡수되고 미세 풀입자가 응고되어 뭉쳐서 표면이 예민한 도배지는 풀주름(풀꽃) 하자가 발생할 가능성이 높아진다.

• 도배지의 염료층까지 수분이 침투해 한두 번의 걸레질과 롤러 사용에도 쉽게 염료가 탈색된다.

• 도배지 표면에 풀이 많이 묻고 미세 풀입자가 엠보에 흡착되어 말끔하게 닦아내기가 쉽지 않다.

• 지질이 지나치게 풀어지면 가벼운 솔질에도 도배지가 늘어져 무늬 핀트가 일정하지 않게 된다.

• 도배지의 PVC층까지 수분이 침투해 가벼운 주걱, 롤러 사용에도 엠보가 눌러져 건조 후 자국이 남는다.

• 건조 시 과도한 인장력이 작용하여 가장자리 들뜸, 가운데 부분이 파열되는 하자 발생 가능성이 높아진다.

한꺼번에 많이 먹는 폭식보다 조금씩 자주 먹는 것이 건강에 좋다.
건강한 도배를 위해 조금씩 자주 풀칠해서 시공하는 습관으로 바뀌길 바란다.

… 후략 …

2004년 11월, 〈데코저널〉 칼럼
'도배의 편견 Ⅱ – 도배의 인식, 기술에 관한 편견' 중에서

도배 하자의 원인

1. 시공 미숙
2. 자재 불량
3. 건축물의 구조, 타 공종 시공의 결함, 훼손
4. 건축물의 노후
5. 벽지 선택의 불만
6. 현장측(발주자)의 무리한 작업계획 및 지시
7. 기타 실내환경, 관리 부족 등

··· 후략 ···

2004년 1월, 〈데코저널〉 칼럼
'도배 하자의 원인과 종류' 중에서

CHAPTER
20 | 하자 보수

▲ 주사기를 이용하여 들뜸 부위 보수

01 | 도배 하자에 대한 바른 이해

1 허용오차가 없다.

기계분야에는 공히 허용오차가 있다. 건축에 있어서도 마찬가지로 허용하중, 허용강도, 허용편차 등이 있다. 그러나 모든 공종에서 허용되지 않고 주로 설계, 구조에 적용되며 실내의 마감, 치장재, 특히 손기능의 의존도가 높은 도배, 바닥재, 페인트, 견출 등에는 정량적인 수치기준 없이 정성적인 만족도에 적용되고 있다. 손기능은 시공의 전 과정에 걸쳐 수치화할 수 없다는 한계가 있다.

예 • 지층바닥 콘크리트 철근 배근 : 직교하는 철근의 #20의 결속철선으로 결속하고, 중요 부분품은 2~3선 묶음이다. 다만 철근간격이 30cm 미만인 부분은 하나 엇걸림 결속할 수 있다.

- 도배
  - 바탕면 : 요철이나 단차가 없도록 평활하게 정리한다.
  - 이음매 : 주걱이나 롤러를 사용하여 정교히 시공한다.
  - 도련 : 마감선은 깔끔하게 커팅한다.

2 건축 관계자들이 도배를 너무 모른다.

전공과정에서 구조역학, 공정, 적산 등은 구체적으로 심도 있게 배우지만 주로 마감공사, 특히 도배에 대한 교육은 상식 수준 이상을 기대할 수가 없다. 초임현장에 근무하면서부터 비로서 도배의 실무를 경험하기 시작한다. 그러므로 신축현장 도배가 도배의 전부인 줄로만 알고 간다. 천편일률적인 시공방법, 숙련도 낮은 도배사, 단순한 재질의 도배지, 공정대로 진행할 수밖에 없는 현장조건 등으로 현장경험 역시 한계가 있다. 도배를 모르는 관리자(기사, 협력업체 직원 등)는 하자를 열심히 만들어간다.

3 객관적이지 않다.

도배 하자에 대한 결정은 소비자(시공자) 1명과 도배사 10명이 있어도 10명의 도배사를 무시하고 소비자 1명이 하자라고 단정하면 그만이다. 소비자는 왕(王)이 아니라 소비자일 뿐이다. 도배 하자에 대한 긴 생각을 하였다. 장차 협회나 조정기구가 발족하여 소비자 2명, 건축 전문가 2명, 도배사 2명으로 총 6명의 심의를 거쳐 4명 이상의 결정이나 조정에 따른다면 어떤가? 충분히 객관성이 있다고 본다.

4 부분을 전체로 단정한다.

도배의 품질을 판단하는 여러 요소를 객관적으로 적용하여 보편적으로 양호 혹은 우수한데, 한 가지 요소(부위)가 부실하면 모든 제 요소가 무시되는 경우가 있다.

작업조건인 공법, 공기, 공사비, 재료 등을 두고 작업계획을 결정할 때에는 늘 선택의 고민에 빠진다. 공법의 장점을 취하고 단점을 감수하는, 품질 중 무엇을 얻고 무엇을 버리는, 전부 수용할 수 없는 현실적인 한계가 있다.

결론은 늘 던지는 주사위, 공통분모다.

5 하자 보수기간이 불공정하다.

A 건설사로부터 B 도급회사가 1억 원에 도배공사를 수주하여 C 도배반장에게 노임 3천만

원에 시공을 맡겼다. 통상 A와 B의 계약내용에는 총공사비가 1억 원일뿐 C에 대한 노임금액, 지급방법 등 별도의 언급이 없다. 원칙적으로 재하도급이 불법이기 때문이다.

A와 계약한 B의 하자 보수기간이 1년이라 가정하면 B의 이윤이 3천만 원이고 C의 이윤이 3백만 원이지만 하자 보수기간은 A와 B가 체결한 1년으로 C에게 그대로 적용되는 경우가 많다. 자유계약원칙에 따라 거절하면 되지 않는가?

천만에 C는 불공정하지만 거절할 의지가 없거나 심지어 불공정한 줄도 모른다. 이전의 공사관계가 정산되지 않았고, 또 한두 번 거절하면 B와 인연을 끊어야 하기 때문이다. 이윤에 비례한 보수기간이 공정하다. 속을 들여다보면 조삼모사(朝三暮四)이다. 감동시키는 업체도 있다. 자재비의 이윤을 보태 경비를 지원해주거나 하자 보수기간을 최소한으로 단축시켜주려고 애쓰는 업체에 대한민국 도배사는 박수를 보낸다.

6 하자는 가치의 차이에서 발생한다.

소비자는 최상의 품질을 얻고자 하고, 도배사는 최선의 품질을 내고자 한다. 추구하는 가치가 다르다. 때로는 가치의 차이를 무시하고 시공에 대한 자존심에 비중을 둘 수도 있다. 도배는 지극히 정직한 작업이다. 하자를 별종으로 보지 않아야 한다. 가치의 차이에서 시공되는 "제3의 품질"이다.

02 하자 보수 전에 읽고 가기

① 전면 재시공이 제일 좋은 방법이다.
② 하자 보수는 하자에 대해 경험이 풍부한 우수한 기능의 도배사가 보수하여야 한다.
③ 명백한 시공 미숙이 아닌 복합요인으로 발생한 하자라면 적절한 하자 보수비는 청구한다.
④ 하자 발생범위가 넓거나 정밀 시공이 요구될 때는 재시공을 선택하는 편이 경제적이다.
⑤ 보수방법과 보수 전·후의 품질상태를 소비자에게 충분히 설명하여 보수 후의 불만을 잠식시킨다.
⑥ 하자 보수용 전문공구를 사용하고 보수용 접착제는 접착력과 투명도 등이 우수한 제품을 사용한다.
⑦ 보수방법을 선택할 때는 시공성, 경제성, 난이도, 품질 등 제 요소를 고려하여 최선의 보수방법을 선택하고 견본(실험) 시공 후 결정한다.
⑧ 부분 보수라도 인내를 갖고 정밀 시공하며 보수범위를 필요 이상으로 넓히지 말아야 한다.
⑨ 조명의 밝기, 입사각도, 주·야간, 각 실의 용도 등에 따라 보수 부분의 품질이 주관적으로

달라질 수 있다.

⑩ 하자 보수는 1회로 끝낸다.

⑪ 하자에 감사하라. 하자만큼 값진 경험은 없다.

03 이음매 마감이 까다로운 도배지의 시공방법

① 풀농도와 도포량을 조절한다.
　　㉠ 도배지는 시공 직후부터 완전건조과정까지 이음매가 들뜨려고 하는 성질이 있다.
　　㉡ 접착력은 산수(算數)이기 때문에 이음매가 들뜨려고 하는 응력이 2라면 풀의 농도와 접착력을 3~4로 상향 조정하면 된다.
　　㉢ 풀의 도포량은 롤러질을 하면 이음매에서 풀이 약간 베어 나오는 정도가 적당하다.

② 숨죽임시간을 짧게 한다.
　　숨죽임시간이 지나치게 길면 가장자리 풀이 마르고 이면지와 PVC층이 풀어진다.

③ 도배지 운반 시 주의가 필요하다.
　　숨죽임 한 도배지를 시공장소로 운반할 때 적층하거나 접어지지 않도록 하고 가장자리에 충격을 받지 않도록 주의한다.

④ 최적의 작업환경을 조성한다.
　　㉠ 도배 시공에 적절한 온·습도를 유지하고 통풍을 차단하며 작업장은 깨끗이 청소 마감한 상태여야 한다.
　　㉡ 실내온도는 10~15℃, 표면습도는 전자습도계 측정치 7~12%가 최적의 조건이며 시공 후 3~4일 동안 상온을 유지하여야 하고, 현장조건이 맞지 않을 경우에는 적절한 조치로 대처한다.

⑤ 사전에 샘플 시공을 한다.
　　㉠ 다양한 시공방법을 검토해서 사전에 샘플 시공을 하고 이상 유무에 따라 숨죽임시간, 풀 농도와 도포량, 이음매 처리와 닦는 방법 등 시공방법을 수정하고 필요시 경험이 풍부한 숙련된 도배사로 교체한다.
　　㉡ 초배방식을 변경하거나 보강한다.
　　㉢ 아이텍스에서 부직포로 변경하거나, 이음매의 단지(심)를 1회에서 2회로 보강할 수도 있다.

⑥ 각 도배지 폭의 이음매와 엠보는 정교히 맞춰 시공한다.
　　도배지의 이음매를 맞춰 시공할 때 이음매가 벌어지지 않고 꽉 끼워 맞추는 느낌으로 시공한다. 예민한 도배지는 작은 패턴까지 정교히 맞춰야 쉽게 이음매가 식별되지 않는다.

⑦ 이음매 부분에 주걱 사용은 절대 금물이다.

　㉠ 주걱은 롤러와는 달리 도배지에 직압력이 아닌 횡압력으로 작용한다.

　㉡ 잦은 횡압력은 이음매 부분의 이면지와 PVC층이 풀어지며 건조 후 이음매가 벌어지는 하자를 발생시킨다.

⑧ 바른 롤러 사용법을 숙지한다.

　㉠ 지나친 롤러 사용을 삼가고 최소의 롤러 사용으로 최대의 효과를 얻도록 한다.

　㉡ 잦은 횟수의 롤러질과 품질은 비례하지 않는다.

⑨ 물기가 많은 목욕타월이나 하자 발생 가능성이 많은 부직포걸레를 사용하지 않아야 한다.

　㉠ 물기가 많은 소재(걸레)는 이음매 틈새로 물기가 스며들어, 결국 묽은 풀의 접착력으로 변해 건조하면서 이음매가 들뜨는 하자가 발생한다.

　㉡ 부직포걸레는 풀이 잘 닦이지 않고 물기가 많아 이음매가 벌어지는 하자 발생 가능성이 매우 높다.

⑩ 반복하여 이음매를 확인하고 마무리한다.

　서너 폭을 시공하여 나가다가 다시 첫 폭으로 돌아와 이음매를 확인하고 재차 손보기 하거나, 한 면을 시공하고 약 20분 경과 후에 이음매의 풀이 약간 건조상태에서 마감 손보기를 하기도 한다.

⑪ 평소 작업량보다 하향 조정한다.

　㉠ 이음매가 까다로운 도배지는 작업시간이 초과 발생한다.

　㉡ 작업량보다는 품질을 우선순위에 둔다.

⑫ 경험이 풍부하고 기능도가 우수한 도배사를 선별하여 시공하게 한다.

　이음매가 까다로운 도배지는 작업자 중 특별히 뛰어난 손감각(손맛)을 지니고 결과에 대한 예측 시공이 가능한 도배사에게 전담하여 시공하게 한다.

04 　극한기의 도배 시공

　겨울철 영하의 날씨에 난방이 가동되지 않는 현장은 일반적인 상온의 도배 시공조건과는 그 방법이 조금 다르다. 영하의 악조건을 극복하고 고품질의 도배 시공이 가능한 방법을 제시한다.

1 실내온도 조절

① 작업시간은 일조량이 풍부한 시간대에 작업 개시하고 일찍 마감한다(일반적으로 오전 10시 작업 개시, 오후 3시 작업 마감이 적당하다).
② 모든 개구부를 닫고, 아직 도어가 설치되지 않았다면 비닐로 대신 막는다.
③ 열풍기나 난로를 가동한다. 열풍기를 가동하여 바탕작업과 초배를 하고, 정배 시에는 열풍기의 방향이 정배하는 시공벽면을 향하지 않게 하며, 20~30분 간격으로 간헐적으로 가동과 정지를 반복하며 상온을 유지시킨다. 난로는 계속 가동하여도 좋으나, 천장 정배 시 열기가 직접 닿지 않도록 정배 미시공 부분으로 이동시켜 가며 작업하며 벽면 가까이에 두지 않는다. 간헐적으로 개구부를 개방하여 환기시킨다.

2 풀 배합과 도포

① 풀은 뜨거운 물로 배합하여 미지근한 풀이 되도록 조정한다.
② 접착력을 높이기 위해 허용하는 비율 내에서 최대치의 수성본드를 희석하고 일반적인 풀농도에 비해 된풀을 사용한다.
③ 초기 접착력을 높이기 위해 초배지와 정배지의 도포량은 가급적 적게 하여 빠른 건조로 동해의 하자를 방지한다.
④ 풀 도포는 한꺼번에 많이 하지 않고, 3~4폭 정도의 여유분만 유지한다.
⑤ 풀 도포한 도배지를 찬 바닥에 그대로 놓지 않고 비닐로 싸서 스티로폼이나 골판지를 깔고 놓는다.

3 정배

① 냉기가 심한 외벽과 모르타르 마감면은 별도로 일조량이 가장 풍부한 정오부터 오후 2시 사이에 시공한다.
② 이음매의 롤러 사용은 평소보다 힘을 주어 강하게 압착시키며 시간차를 두고 반복, 확인하면서 마감한다.
③ 된풀에 도포량이 적으므로 배접과 이음매 건조 가능성이 높으므로 매 폭마다 신속하게 시공한다.
④ 솔질 후 도배지의 가장자리는 PVC주걱으로 넓게 1차 압착시켜 초기 접착력을 높인다.
⑤ 풀자국을 닦는 소재(걸레)는 물을 따뜻하게 데워서 사용하고, 이음매의 물기는 마른 수건으로 닦는다.

⑥ 정배 시공을 마감하고도 일정 시간 동안 외기를 차단하고 도배의 품질에 지장을 초래하지 않는 한도 내에서 열기구를 가동한다.

4 도배작업장 기온에 따른 영향

기온(℃)	인체의 영향	도배작업의 영향	작업 가부
35	지각이 둔해지고 탈수증세를 일으킨다.	• 활동이 매우 힘듦 • 최적의 기온에 비해 약 1/3의 능률	작업 불가
30	직장온도가 내려가고 착오를 일으킨다.	• 사지의 움직임이 둔해지고 작업순서의 착오 • 최적의 기온에 비해 약 1/2의 능률	작업이 매우 어려움
25	피부온도가 상승하고 태만해진다.	• 불쾌감을 느끼며 작업에 대한 집중력이 떨어짐	작업이 다소 어려움
20℃	활동 중에는 약간의 땀이 분비된다.	• 쾌적한 상태로 능률적인 작업 가능 • 하절기 최적 기온	작업 원활
15	신진대사가 원활하며 지각이 명료하다.	• 쾌적한 상태로 능률적인 작업 가능 • 동절기 최적 기온	작업 원활
10	신체가 냉해지며 한기를 느낀다.	• 저온에 의해 도배지의 경화상태, 지절도의 저하로 코너 부위, 마감선의 들뜸 하자 발생	작업이 다소 어려움
5	피부온도가 하강하여 근육이 경직되며 손, 발의 관절운동이 둔해진다.	• 추위로 사지의 움직임이 둔해지며 솔질, 칼질의 기능도가 떨어짐 • 도배지가 저온에 의해 경화되며 이음매가 정교하지 않게 됨	작업이 매우 어려움
0	소름이 돋고 사지가 떨리며 근육과 관절의 움직임이 어렵다.	• 동해로 도배지의 부착력이 현저히 떨어지며 이음매가 매우 불량 • 다발성 하자 발생 • 작업의지 상실	작업 불가
-5	심한 추위에 수십 분 이상 유지할 수 없는 상태로 동상의 위험이 있다.	• 도배지의 냉동경화상태로 작업 불가 • 재해 발생가능성이 매우 높음	작업 불가

※ 작업자의 체질, 건강상태, 기능도 및 기타 작업조건에 따라 약간의 개인차가 있다.

연번	내용	원인	보수방법
1	무몰딩 칼질	• 천장 정배 후 벽 정배 시 상단 여분의 벽지를 커팅하면서 강하게 힘을 주었을 때 • 천장 정배 시공 시 주걱 등으로 각을 잡아주지 않아 천장지가 들떠있는 상태에서 벽 정배 커팅하였을 때 • 천장과 벽의 맞닿는 꺾임 부분의 틈새를 처리하지 않았을 때	• 정교한 손감각의 칼질로 천장지를 자르지 않고 벽지만 커팅해야 한다. • 천장지 마감 시 주걱으로 직각을 강하게 잡아주어 공간이 없도록 시공한다. • 석고보드, 합판 등의 마감재 틈새가 없도록 정교히 시공하고 틈새는 퍼티나 폼으로 메꿈한다.
2	곰팡이	• 초배, 정배 시 도배풀을 필요 이상으로 많이 도포하여 시공하였을 때 • 장마철 시공으로 도배풀이 건조되지 않았을 때 • 건축물의 구조, 방위, 결로(환경적인 원인) • 벽체, 바닥의 모르타르가 충분히 건조되기 전에 도배 시공하였을 때 • 누수, 설비 하자 • 겨울철에 도배 시공을 하고 입주 때까지 장기간 거주하지 않는 신축 아파트세대 • 거주자의 실내환경적인 문제	**1) 곰팡이 제거** • 마스크를 착용한다. • 곰팡이 발생 부위에 곰팡이 포자가 날리지 않고 기존 벽지 제거가 용이하도록 분무기를 사용하여 물기가 충분히 흡수하도록 여러 차례 나누어 분사해 준다. • 칼, 스틸헤라, 스틸브러시 등을 사용하여 곰팡이 부위보다 충분히 넓게 벗겨낸다. • 자연건조 내지는 드라이기, 선풍기 등을 이용하여 건조시킨다. **2) 곰팡이 포자를 살균하는 방법** • 탄화법 : 토치(torch)를 사용하여 포자를 태우는 방법으로 신뢰성이 매우 좋다. 　※ 화기 취급에 주의를 요함 • 약물 세척법 : 염산(15% 용액), 포르말린(20% 용액) 기타 세정용 락스를 모르타르에 충분히 침투하도록 도포하고, 스틸브러시로 긁으면서 세척한다. 신뢰성이 비교적 좋으나 약품냄새가 오래가는 단점이 있다. 　[참고] 마스크를 착용하고 통풍을 시키면서 작업한다. 밀폐공간에서는 선택하지 말 것 • 도막법 : 곰팡이 발생이 경미하거나 부분적일 때 선택한다. 중화제 아크졸(arkzoll), 바인더(binder), 프라이머(primer) 등을 곰팡이 발생 부위에 수회 도포하여 도막을 형성시킴으로써 곰팡이의 외부 확산을 차단한다. 재발생 가능성이 있으므로 신뢰성이 다소 떨어진다. • 방습 초배지 시공 : 곰팡이를 제거한 후 방부액을 희석시키거나 방부제가 첨가된 풀과 합성본드를 사용하여 초배한다. 신뢰성이 적고 초배지와 도배지의 접착력을 신뢰할 수 없다.

연번	내용	원인	보수방법
2	곰팡이		[참고] 위의 네 가지 시공법을 중복하여 작업하면 신뢰성이 완벽해진다. 例 • 기존 곰팡이 제거 → 약물 세척법 → 탄화법 → 도막법 • 기본 곰팡이 제거 → 탄화법 → 방습초배지 시공 곰팡이 하자 보수를 마친 후에도 자주 환기를 시켜줌으로써 사후 재발 방지관리가 필요하다.
3	찢김	• 시공 미숙으로 작업 중 찢김 • 돌관공사 시 여러 공종과 중복되는 현장 • 가구 설치 중 부주의 • 입주 이사 • 훼손	**1) 찢긴 부분이 붙어 있는 경우** • 찢긴 부분의 안팎으로 물을 바르고 5분 정도 숨죽임시킨다. • PVC층이 떨어지지 않도록 조심스럽게 이면지를 벗겨낸다(이면지가 보이지 않게 하며 접착제의 두께를 고려하여). • 보수용 풀로 원상태대로 붙이고 주걱과 롤러를 사용하여 정교하게 마감한 후 풀자국을 깨끗이 닦아낸다. **2) 찢긴 부분이 없어진 경우** • 동일한 로트의 벽지를 찢긴 부위에 대고 무늬와 엠보를 맞추고 연필로 겹쳐따기 라인을 체크하여 표시한다. • 보수용 풀을 도포하여 찢긴 부위에 붙이고 자를 대고 자와 칼이 흔들리지 않게 겹쳐따기한 후 주걱과 롤러를 사용하여 정교하게 마감한 후 풀자국을 깨끗이 닦아낸다. **3) 공간 초배 위에서 찢긴 경우** 찢긴 부분이 붙어 있으면 1)과 같이 보수하고, 찢긴 부분이 없어진 경우에는 2)와 같은 방식으로 보수하되 겹쳐따기 부분보다 가로·세로 2~3cm 넓게 부직포와 운용지를 덧댄 속지를 공간 초배 안으로 밀어넣어 보강한다.
4	들뜸	• 시공 미숙 • 풀농도가 적합하지 않을 때 • 극한기 시공 • 풀 도포 후 지나치게 장시간 경과 후 시공할 때 • 바탕상태 불량(laitance, 시멘트, 풀가루) • 바탕 처리 불량(단열재, 퍼티 부위의 프라이머 도포를 미흡하게 도포했거나 생략했을 때) • 초배지 접착 불량 • 고열난방, 과도한 통풍	**1) 가장자리가 들뜬 경우** • 들뜬 부위를 조심스럽게 들쳐서 분무기를 사용하여 안팎으로 물을 충분히 분사한 후 10분 정도 숨죽임시킨다(상태에 따라 반복한다). • 보수용 풀을 들뜬 부위 혹은 바탕에 바르고 주걱이나 롤러를 사용하여 마무리한다. • 도배지가 건조하여 수축된 만큼 적당한 힘을 가하여 밀어붙이고 수축 이격이 있다면 도배지와 동일한 색의 코킹이나 가늘게 재단한 동일 벽지로 덧대어준다.

연번	내용	원인	보수방법
4	들뜸		**2) 가장자리 외 부분에서 들뜬 경우** • 50cc의 주사기에 구경이 큰 주사바늘을 사용하여 들뜬 부위에 보수용 풀을 소량 주입시킨다. • 주걱과 롤러를 사용하여 평활하게 마무리한다. • 커터칼날을 눕혀서 들뜬 부위의 가장자리를 1~2cm 정도 베어준다. • 베어낸 부분이 찢기지 않도록 조심스럽게 보수용 풀을 주입한 후 주걱과 롤러로 평활하게 마무리한다. • 아주 작은 들뜸은 표면에 물을 분사시키고 롤러로 마무리하고 건조상태를 지켜본다. • 도배지와 초배지는 접착되었는데 바탕면이 들떠 있는 것과 바탕면과 초배지는 접착되어 있는데 도배지만 들떠 있는 것에 주의한다.
5	풀자국	• 과다한 풀 도포 • 시공 시 깨끗이 닦지 않았을 때 • 풀이 도포된 도배지의 접는 방식이 옳지 않은 경우 • 작업자의 풀 묻은 손자국 • 표면이 풀자국에 민감한 도배지	• 가벼운 풀자국은 도배지의 재질에 따라 스펀지, 타월, 융 등으로 닦아낸다. • 초벌닦기는 물기를 많이 적셔 닦고, 마무리 닦기는 물기를 짜서 닦아낸다. • 심한 풀자국은 온수로 거친 목욕타월을 사용하고, 이때 무리하게 닦아내면 건조 후 스크래치 하자가 발생한다. • 문틀, 반자돌림, 걸레받이 홈에 낀 마른풀 덩어리는 거친 브러시로 털어낸 후 젖은 타월로 닦아낸다. • 표면이 예민한 수입벽지류나 특수 벽지는 풀자국을 닦아내기가 매우 어렵고 특별한 주의가 필요하다.
6	풀주름	• 도배풀을 필요 이상으로 많이 도포하였을 때 • 지나치게 장시간 접힌 채로 숨죽임하였을 때 • 예민한 정배지에 된풀을 많이 도포하였을 때 • 극한기의 동결건조 • 정배솔질을 너무 가볍게 하였을 때 • 제품 불량의 풀을 사용하였을 때	• 재시공한다(현재 보수방법 없음). • 아주 예민한 도배지는 점액밀도가 우수한 가루풀 사용을 권장하며 엠보가 큰 도배지를 선택한다. • 대형 현장일 경우에는 풀주름 하자의 우려가 있는 예민한 도배지의 선택을 신중하게 고려한다.
7	얼룩 (변색)	• 시공면의 마감재로 인한 변색 • 풀 도포 후 장기간 보관하여 시공하였을 때 • 이음매의 풀을 닦으면서 과다하게 물을 사용했을 때(특수 벽지 시공에서 주로 발생됨) • 충분히 건조되지 않은 모르타르면 • 누수, 포화 실내습도(결로) • 초배 생략, 저급 초배지 시공 • 석고보드의 황화현상 • 벽체의 백화현상 • 아주 밝고 얇은 백색 도배지를 시공했을 때	• 재시공한다. • 작은 범위의 얼룩은 부분 보수, 폭갈이 한다. • 보수 후 재차 얼룩 하자가 발생할 수 있으므로 얼룩 발생의 원인을 제거한다. • 벽지의 이면지에 특수 코팅되어 시공면의 얼룩이 베어나오지 않는 얼룩 방지벽지를 선택하는 것이 최선의 방법이다. • 얼룩 부위에 코팅 프라이머 도포 후 벽지를 재시공한다.

연번	내용	원인	보수방법
8	녹물	• 방청제 사용 누락 및 불량 • 타커의 제품 불량(아연도금이 안 된 제품) • 방화문 프레임 부분의 칼자국	• 백색 계열의 도배지에 발생한 못자국, 타커 녹물은 문서용 화이트용액, 치약, 백색 코킹으로 찍어준다. • 색상이 있는 벽지는 페인트, 유화용 물감을 조합하여 동일한 도배지에 찍어 건조 후 색상을 확인하고 녹물 부위에 찍어준다.
9	이색 (異色)	• 도배지 제품 불량 • 생산일자 및 로트번호를 구분하지 않고 시공하였을 때 • 교차 시공을 무시하였을 때 • 부분적인 하자 보수(폭갈이)	• 재시공한다. • 가장자리 폭이 이색이라면 동일 로트제품으로 폭갈이 한다.
10	필름칼질 (칼금 벌어짐)	• 필름 위에 벽지 마감커팅 시 강하게 힘을 주었을 때 • 필름 시공면이 매끄럽게 면 처리하지 않거나 프라이머 도포가 부족하여 필름이 들떠 있을 때	• 가벼운 칼금은 동일 색상의 코킹메꿈재나 페인트를 새 붓으로 발라 커버한다. • 상당한 범위의 하자는 벽지 재시공 시 오버랩을 넓게 하여 칼금을 감춘다. • 칼금이 넓게 벌어져 있고 길 경우에는 필름을 재시공한다.
11	주름, 가로주름	• 시공 미숙(숨죽임시간이 너무 길거나 짧았을 때) • 도배지 재질의 특성(신축성이 거의 없는 매우 두꺼운 도배지의 접힘주의, 아주 얇은 도배지) • 극한기 시공 • 풀농도 및 도포 불량 • 초배 주름으로 인한 정배 주름	• 시공 직후에 발생한 주름(기포)은 칼끝이나 바늘 끝으로 찔러준 후 롤러로 압착 마무리한다. • 작은 주름은 주사기를 사용하여 소량의 물을 주입한 후 롤러로 압착 마무리한다. • 큰 주름은 주사기를 사용하여 보수용 풀을 주입한 후 롤러로 마무리한다. • 직물류, 천연소재 벽지는 도배지 표면에 분무기를 사용하여 물을 분사시켜 이면으로 수분을 침투시킨 후 롤러로 압착 마무리한다. • 전면에 미세하게 나타나는 주름은 표면에 물을 분사시킨 후 건조상태를 지켜본다. • 광범위한 가로주름(접힘주름)은 현재 하자 보수방법이 없다.
12	기포	• 시공 미숙(숨죽임시간이 너무 짧았을 때) • 초배 불량 • 도배지 재질의 특성(아주 얇고 표면이 매끄러운 도배지) • 풀농도 및 도포 불량 • 정배솔질을 너무 가볍게 하였을 때	• 11의 '주름' 보수방법과 동일하다.
13	전사 (비침)	• 바탕면의 얼룩, 낙서, 도료오염 • 프라이머 도포 불량 • 저급 초배지 사용(황초배지) • 석고보드를 제품 표기면으로 뒤집어 시공하였을 때 • 바탕면의 이질재료의 색상 차이	• 부분 보수, 폭갈이, 재시공한다. • 바탕면의 수성필기구 낙서, 도료오염 등으로 베어 나오는 전사는 아크졸, 바인더용액을 2회가량 도포하여 도막 처리 후 보수한다. • 도배지에 투명도가 있어 비치는 경우는 운용지 초배한다.

연번	내용	원인	보수방법
13	전사 (비침)	• 밝고 투명성이 있는 도배지를 선택하였을 때 • 습도가 높을 때 • 부직포나 텍스 초배를 끝선까지 전체 시공하지 않고 10cm 정도 간격을 주었을 때	• 기존 도배지를 제거하고 재시공할 때 PVC층만 고루 박리되지 않고 이면지까지 부분적으로 벗겨져 바탕면이 드러나는 상태는 운용지 초배 후 정배한다. • 몰딩, 걸레받이 끝선까지 초배하여 비침을 최소화한다. • 습도가 높은 현장은 풀 도포량을 적게 하고 시공 후 선풍기 등으로 건조를 빨리 시킨다. • 벽지의 이면지에 특수 코팅 처리한 비침 방지 특수 벽지를 선택한다.
14	단차	• 바탕면 불량 • 석고보드, 단열재 연결 부위 퍼티작업, 공간 초배 생략 • 내장 마감재 시공 불량 • 초배 시공 불량 • 초배지로 인한 단차(도배지 재질에 맞지 않게 사용) • 도배지의 이어붙임 • 미장, 석고보드 보수 후 퍼티작업 미흡, 생략	• 하자 부분의 도배지를 제거한 후 퍼티, 샌딩작업 후 폭갈이, 재시공한다. • 단차가 심하거나 여러 곳이면 전면 공간 초배 후 재시공한다. • 경미한 단차 부분은 정배솔질을 건너 쓸기하여 시공면과 압착시키지 않고 부분적으로 공간을 형성한다. • 부직포나 초배지를 문틀, 반자돌림, 걸레받이 끝선까지 시공하지 않아서 발생하는 단차는 퍼티 대신 수성 코킹으로 간단하게 면을 잡은 후 재시공할 수 있다.
15	공간 초배 터짐	• 충분한 인장력에 대응하지 못하는 저급 부직포 초배지 사용 • 부직포와 단지(심)와의 접착 불량 • 고열난방 • 횡방향 단지 시공 생략 • 초배지의 엇결 시공을 무시하였을 때 • 극한기 시공으로 정배지와 초배지의 접착 불량 및 벽체의 동결 • 초배지의 시공횟수 미달(재배 생략)	• 부분 보수방법보다는 전면 재시공하는 편이 낫다. • 이음매에서 발생한 하자는 2폭을 폭갈이하고, 1폭 안에서 발생한 하자는 1폭 폭갈이로 가능하다. • 하자 부분 도배지를 제거한 후 터진 부분을 단차 없이 2~3겹 운용지를 엇결 시공한다. • 제거한 도배지의 이음매 부분 이면지는 물을 적셔 깔끔하게 2~3cm 정도 벗겨낸다. • 제거한 도배지의 폭넓이 이상이 되도록 충분히 숨죽임 시킨 후 폭갈이 이음매를 롤러로 정교하게 압착, 마무리한다. • 폭갈이 도배지의 이색에 주의한다.
16	공간 초배 들뜸	• 시공 미숙 • 가장자리 접착 불량 • 단열재, 퍼티 시공면의 프라이머 도포 불량 • 스팬(span)에 대응하는 가장자리 접착면이 좁을 때 • 긴 스팬의 인장력에 대응할 수 있도록 가장자리 2중 접착을 하지 않았을 때 • 과다한 실내습도 및 누수 • 고열난방 • 장시간 숨죽임된 도배지를 시공했을 때	• 하자 부위가 넓다면 전면 재시공한다. • 하자 발생빈도가 높은 단열재 부위는 가장자리 부직포 접착면을 넓게(15~20cm) 하거나 단열재와 석고보드(미장면)면의 단차를 건너서 이중접착 시공한다. • 하자 보수가 가능하다고 판단되면 4의 '들뜸' 하자와 동일하게 보수한다.

연번	내용	원인	보수방법
17	문상, 창하, 커튼박스, 등박스 부위 불량	• 시공 미숙 • 관련 공종 마무리 불량(내장목공, 미장 등) • 도배지의 분할계획, 재단 불량 • 틈새의 퍼티작업 불량	• 들뜸은 코킹, 보수용 풀을 사용하여 접착한다. • 틈새는 코킹, 퍼티로 충전시키고, 도련 하자는 주걱을 대고 깔끔하게 직각으로 도련한다. • 상태가 매우 불량하면 기시공한 도배지를 제거하고 재시공한다.
18	요철	• 견출작업 불량 • 퍼티, 그라인딩(grinding)작업 등 선행작업 미흡 • 시공 미숙(정배솔의 강약, 각도 조절) • 바탕면에 예민한 도배지 시공 • 초배지를 몰딩, 걸레받이, 프레임, 끝선까지 시공하지 않았을 때	• 작은 요철(톱밥, 모래 등)이라면 가볍게 망치로 쳐 준다. • 요철이 많고 범위가 넓은 경우 예민한 도배지는 재시공한다. • 도배지를 제거한 후 가벼운 요철은 사포를 사용하여 샌딩한 후 재시공한다. • 요철이 심하고 범위가 넓은 경우에는 퍼티 → 샌딩 → 프라이머 도포(바인더용액) → 재시공 순으로 작업한다. • 전체적으로 요철이 있는 바탕면은 공간 초배 시공을 하거나 엠보가 크고 두꺼운 도배지를 선택하는 것이 좋다.
19	코너 부위 들뜸	1) out corner • 시공 미숙(정배솔의 감아쓸기가 약했거나 생략) • 수직, 마감상태 불량 • 코너비드 생략 • 틈막이 초배 시공 불량 및 생략 • 지절도가 적은 경성의 두꺼운 도배지 • 묽은 풀을 도포했을 경우 • 숨죽임시간이 짧은 경우 2) in corner • 접착보강제품(수성실리콘, 본드)를 미흡하게 사용했거나 생략했을 때 • out corner 들뜸의 조건과 거의 동일함	• 가벼운 모서리 들뜸은 주사기를 사용하여 접착제를 주입하고 주걱, 롤러로 마무리한다. • 코너 부위의 공간 초배 안으로 주사기를 사용하여 충분하게 물을 주입하고 건조시킨다. • 재시공을 선택하였으면 도배지를 제거하고 코너비드를 시공한 후 공간 초배(밀착 초배) 후 마무리한다. • 인코너의 도배지 겹침 부위에 충분히 물을 적신 후에 겹침 부위를 주의하여 약간 벌린 후 접착제를 도포하고 공간층 없이 압착, 마무리한다.
20	틈막이 초배 불량 (네바리) 비틀림, 들뜸, 파열	• 틈막이 초배 시공 불량 • 응력을 충분히 대응하지 못하는 반자재료를 선택하거나 내장의 시공 불량 • 반자를 구성하는 석고보드, 각재, 몰딩의 건조로 인한 신축 변형 • 석고보드 연결 부위의 퍼티작업으로 인한 틈막이 초배의 접착 불량 • 극한기 시공 • 지역에 따라 매우 다습한 현장, 장마철 시공, 기타 건축환경적인 요인	1) 비틀림 • 주사기를 사용하여 틈막이 초배 안으로 물을 주입시키고 분무기로 표면에 물을 분사시킨 후 건조시킨다. 비틀린 쪽의 방향으로 주걱과 롤러로 잡아준다. 2) 들뜸 • 주사기를 사용하여 틈막이 초배 안으로 물을 주입시키고 분무기로 표면에 물을 분사시킨 후 건조시킨다.

연번	내용	원인	보수방법
20	틈막이 초배 불량 (네바리) 비틀림, 들뜸, 파열		**3) 파열** • 파열 부위가 경미할 때는 정교히 접착시키거나 부분 보수(땜방)를 한다. • 파열 부위가 클 경우에는 폭갈이, 전면 재시공한다. ※ 틈막이 초배 불량으로 인한 정배의 하자는 보수가 까다롭다.
21	문틀, 반자돌림, 걸레받이 틈새 들뜸, 노출	• 내장의 시공 불량 • 문틀 설치 불량(벽체와 프레임의 간극) • 접착보강제품의 미흡, 누락하였을 때(백업제, 코킹 충전, 퍼티 메꿈) • 문과 문틀의 잦은 충격으로 벽체와의 이격 • 고열난방 • 두꺼운 경성의 도배지를 시공할 때 오버랩 부위를 강하게 꺾어서 시공하지 않았을 때 • 적절한 칼받이두께를 선택하지 않아 틈새에 비해 오버랩이 충분하지 않았을 때 • 내장재의 수축, 변형과 건축물의 노후	**1) 들뜸** • 3~5mm의 오버랩 들뜸 부위에 물을 적셔 숨죽임시킨 후 코킹, 보수용 풀로 재접착시킨다. **2) 노출** • 경미한 경우는 코킹으로 충전시키고 색상이 있는 도배지는 코킹으로 충전, 건조시킨 후 같은 색의 수성사인펜이나 유화용 물감으로 색상을 맞춘다. • 노출이 심할 경우에는 같은 로트의 도배지를 3~5mm의 오버랩넓이대로 가늘게 재단하여 노출 부위에 코킹 충전 후 정교하게 덧대준다. • 노출이 심할 경우 재시공한다.
22	이음매 긁힘	• 이음매에 주걱이나 롤러를 지나치게 문질렀을 때 • 거친 목욕타월을 사용하여 이음매의 풀자국을 닦아낼 때 • 워싱 처리되지 않은 종이벽지의 이음매에 물을 사용하여 무리하게 닦아낼 때	• 재시공한다(전면 재시공과 부분 폭갈이).
23	이음매 불량 (들뜸, 겹침, 벌어짐)	• 시공 미숙 • 표면이 예민한 도배지에 단순히 주걱만을 사용하여 이음매를 처리하였을 때 • 시간을 두고 2차 이음매 손보기를 생략했을 때 • 묽은 풀을 사용하였거나 물기가 많은 타월로 닦아 이음매로 물기가 스며들었을 때 • 숨죽임시간이 아주 짧거나 지나치게 길 때 • 작업 중, 직후 고열난방 및 과도한 통풍으로 인해 급격한 건조 시 • 초배상태 불량, 초배공법이 부적절했을 때	• 미세한 들뜸은 롤러로 강하게 눌러주고 들뜸이 심한 경우는 재시공한다. • 이음매 겹침 부위는 자를 대고 겹침만큼 칼로 정교하게 따내기 하는데 초배지에 칼날이 닿지 않도록 한다. • 이음매 벌어진 상태가 넓을 경우(약 2mm 이상), 동일 벽체 전면 재시공 내지 폭갈이를 한다. • 이음매 벌어진 상태가 2mm 이하일 경우에는 벌어진 모양대로 가장자리 테이핑을 한 후 같은 색의 코킹, 인테리어 코크로 메꿔주고 테이프를 제거한다. 벽지의 엠보가 클 경우 머리빗을 사용하여 보수 부위에 엠보를 만들어준다. • 이음매 벌어진 상태가 아주 경미한(0.5mm 이하) 경우에는 백색 벽지는 문서용 화이트(수정액)나 자동차 흠집 보수용 붓펜으로 처리하고, 색상이 있는 벽지는 같은 색의 수성사인펜으로 그어준다.

정벽 시공

연번	내용	원인	보수방법
23	이음매 불량 (들뜸, 겹침, 벌어짐)	• 도배지 불량(수축성이 강한 도배지, 이면지와 접착 불량인 제품, 도배지 서두재단 불량) • 이음매 처리가 매우 까다로운 도배지(예민한 도배지, 횡방향 줄무늬 엠보)	• 실크벽지의 PVC층을 훼손되지 않게 이면지와 박리시킨 후 늘려 붙임방식으로 맞물림 보수한다. • 같은 색의 코킹, 인테리어 코크를 구할 수 없을 때에는 수성페인트, 유화용 물감으로 조합하여 색상을 맞춘 후 튜브에 넣어 사용한다. 벽지에 따라 코킹의 번들거림과 변색의 문제는 치약에 코킹용 충전캡을 사용하거나 퍼티를 약간 묽게 하여 튜브에 넣어 사용하면 된다.
24	단열재 부위 들뜸	• 시공 미숙(부직포 가장자리의 이중접착을 생략하였거나 인장력에 대응하도록 홈을 두지 않았을 때) • 프라이머를 누락하였거나 미흡할 때 • 결로 및 과다한 실내습도 • 단열재의 바탕상태 불량(훼손)	• 하자 발생범위가 넓거나 예민한 도배지는 재시공한다. • 들뜸 부위의 단열재 면에 프라이머(바인더)를 2회 도포한 후 1시간 정도 건조시킨다. • 들뜸 부위의 안팎으로 분무기를 사용하여 물을 분사하여 숨죽임시킨 후 보수용 풀로 재접착시킨다. • 단열재 부위에 인장력에 대응할 수 있도록 여러 곳의 홈을 찍고 퍼티 → 샌딩 → 프라이머 도포 → 접착, 마무리한다. • 보수 후 2일 정도 난방이나 통풍을 금한다.
25	전기구 주위 불량 (노출, 찢김)	• 시공 미숙(절개선이 깔끔하게 도련되지 않았을 때) • 전기구 설치 시 훼손 • 전기구 주위 초배, 정배지의 접착 불량 • 건조, 수축으로 인한 파열	• 전기구 커버를 벗겨낸 후 들뜸이나 찢김 부위를 깔끔하게 접착시킨다. • 노출이 경미할 경우 코킹이나 동일한 도배지로 정교하게 마무리한다. • 찢겨져 없어진 부위는 정교하게 겹쳐따기 마무리한다. • 건조, 수축으로 인해 파열 부위가 클 경우에는 재시공한다.
26	전기배선 구멍	• 전선배선위치 설계 불량 • 전선배선위치를 필요 이상으로 넓게 뚫었을 때 • 전기구 설치 불량	• 부위가 경미하거나 수량이 적을 때는 겹쳐따기(땜방)한다. • 겹쳐따기할 때 자를 사용하여 사면을 도련하면 칼선이 흔들릴 우려가 있으므로 적당한 크기의 알루미늄 사각봉을 대고 도련하면 정교한 마무리를 할 수 있다. • 부위가 크거나 작더라도 수량이 많을 때 예민한 도배지는 전면 재시공한다. • 전기구를 재설치 조정한다.
27	문틀 쐐기 (구사비)	• 문틀 시공 불량 • 현장측의 무리한 작업계획(선·후공정이 뒤바뀔 때)	• 쐐기를 가릴 수 있는 최소한의 크기로 정교히 겹쳐따기한다. • 수량이 많을 경우에는 문틀 쪽 1폭을 폭갈이한다. • 이색 주의한다.
28	시멘트 모르타르 레이턴스 (laitance)	• 모르타르 배합 불량 • 극한기 시공 • 프라이머 도포 미흡, 생략	• 밀도가 좋지 않은 모르타르의 공극 사이로 침투할 수 있도록 묽은 프라이머(바인더 : 물=7 : 3)를 충분히 도포하고, 최소 1시간 정도 건조시킨다.

연번	내용	원인	보수방법
28	시멘트 모르타르 레이턴스 (laitance)		• 장판지 들뜬 부위의 안팎으로 분무기를 사용하여 물을 충분히 분사하여 숨죽임시킨 후 보수용 풀로 재접착시킨다. • 보수 후 2~3일간 난방이나 통풍을 금한다.
29	띠벽지 들뜸	• 접착제의 농도, 배합 불량 • 압착 시공 불량 • 피착재인 바탕 도배지가 고광택, 코팅 도배지일 경우	• 바탕 도배지가 찢어지지 않도록 주의하며 띠벽지 안팎으로 분무기를 사용하여 물을 분사한 후 10분 정도 숨죽임한다. • 접착력이 우수한 수용성 본드로 재접착시킨다. • 바탕 도배지의 표면이 고광택, 코팅재질일 경우에는 수용성 본드에 바인더, 아크졸을 소량(10% 이내) 혼합하여 접착한다. • 바인더, 아크졸을 과다하게 혼합하면 재질에 따라 변색의 우려가 있고 쉽게 닦이지 않는다. • 주걱과 롤러를 사용하여 압착시키고 표면의 풀은 깨끗이 닦아 마무리한다.
30	이면지 탈락 (배접)	• 풀 도포 불량 • 숨죽임시간이 너무 길었을 때 • 본드를 과다하게 희석하였거나 도포가 고르지 않았을 때 • 이면지와 PVC층의 접착 불량(도배지 불량, 원지 불량) • 작업자의 기능도가 낮을 경우(적정 작업시간을 초과하여 시공) • 작업환경적 요인(작업 중 고온난방, 심한 통풍)	• 건조 후 도배지의 표면에 비치는 배접 하자는 묽은 풀과 백색 수성페인트를 혼합하여 주사기에 넣어 배접 부위에 소량 주입시킨 후 롤러로 조정한다. • 이음매 부위의 배접이 박리되어 들떠 있는 경우에는 된풀을 사용하여 접착시킨 후 롤러로 손보기 한다. • 배접 하자의 범위가 넓거나 여러 군데일 경우에는 똑같이 전면 재시공한다.
31	도련 미숙	• 도배사의 도련기능 미숙 • 미장, 내장목공 등 타 공종 시공이 깔끔하지 않을 때 • 장시간 숨죽임으로 인해 도배지의 밀도가 풀어진 상태 • 지나치게 예민한 도배지 재질	• 경미한 경우에는 건조 후 마무리 도련하여 보수하거나 같은 색의 실리콘, 사인펜, 유화용 물감으로 커버하지만 완벽한 보수를 기대할 수 없다. • 도련상태가 상당히 불량한 경우 동일한 로트의 도배지를 가늘게 재단하여 덧대주거나 상태가 심할 경우에는 폭갈이한다.
32	석고보드 부분 교체 (미장 보수)	• 도배 시공 후 석고보드 부분 교체 • 자재, 내장 시공 불량 • 석고보드의 곰팡이 발생 및 물먹음	• 석고보드 교체, 미장 땜방 부위의 도배지를 제거한 후 퍼티작업 → 샌딩작업 → 프라이머 도포 후 폭갈이, 전면 재시공한다. • 부분 보수가 가능하다면 정교히 겹쳐따기하여 마무리한다.
33	타커 돌출	• 타커 시공 불량 • 도배 시공 시 돌출타커 손보기 미흡 • 하중에 의한 수축 변형으로 반자틀, 석고보드의 변형	• 돌출면에 도배지를 찢어 덧대고 망치로 가볍게 쳐 준다. • 돌출타커핀 자국이 훼손되었으면 코킹, 문서용 화이트, 같은 색의 유화물감으로 찍어서 마무리한다. • 돌출타커 부위가 많을 경우 재시공한다.

연번	내용	원인	보수방법
34	시멘트 페이스트 (시멘트 풀가루)	• 미장 마감 불량 • 프라이머 도포 미흡, 생략	• 28의 '레이턴스'로 인한 하자 보수방법과 동일하게 마무리한다.
35	다른 벽지 시공	• 작업지시 전달 착오 • 작업자의 착오	• 재시공한다
36	페인트 오염	• 페인트 시공 시 보양 생략(비닐 커버링, 보양테이프 미시공)	• 경미한 경우에는 커버용제인 코킹, 문서용 화이트, 유화물감으로 깔끔하게 마무리한다. • 동일 도배지에 신나를 묻혀 닦아주어 변색이 발생하지 않는다면 칫솔이나 타월에 묻혀 페인트를 제거한다. • 범위가 크거나 예민한 도배지는 폭갈이 전면 재시공한다.
37	이물질 (풀덩어리, 모래, 톱밥 등)	• 각 공종 간 중복작업 • 바탕 정리작업 미흡 • 매우 예민한 도배지인 경우	• 경미한 이물질은 고무망치로 가볍게 쳐 준다. • 보수 부위의 도배용 커터칼을 눕혀서 이물질 부위를 L, U자형으로 베어낸다. 베어낸 부분을 들춰서 이물질을 제거하고 수성본드로 정교하게 붙인다. • 이물질 하자의 범위가 클 경우 재시공한다.
38	무늬 맞춤 불량	• 시공 미숙 • 리피트간격 불량(자재로 인한 하자)	• 숨죽임, 시공속도의 시간차, 도배지의 재질, 정배솔질의 강약과 쓸기방향에 의해 발생하는 아주 경미한 핀트오차(1~2mm 이내)는 같은 색의 수성사인펜, 유화물감으로 정교하게 그려서 마무리한다. • 허용오차 이상의 무늬 맞춤 불량이라면 폭갈이 전면 재시공한다.
39	합지 겹침 불량	• 시공 미숙(겹침간격 불량)	• 한두 폭의 겹침상태가 일정치 않다면 해당 폭을 폭갈이하고, 대부분 일정치 않으면 전면 재시공한다.
40	직물벽지, 올풀림	• 이음매 주걱 사용으로 인한 시공 미숙 • 정교한 겹칩따기, 서두재단의 도련 미숙 • 직물벽지 자재의 재직상태 불량	• 아주 경미한 올풀림은 직물의 섬유조직대로 한 올을 정교하게 덧대준다. • 풀어진 올 끝은 칼끝, 대바늘을 사용하여 투명도가 우수한 보수용 풀로 정교하게 접착시키고 건조 후 올과 같은 색의 사인펜으로 그려낸다. • 폭갈이가 매우 까다로워 전면 재시공하는 편이 유리하다.
41	직물벽지 변색, 얼룩	• 시공 미숙 • 합성수지 접착제의 희석비율이 과다했을 때 • 접착제 도포 불량 • 시공면의 수분, 과도한 실내습도	• 재시공한다. • 작은 범위의 얼룩은 부분 보수, 폭갈이할 수도 있지만 보수가 매우 까다롭다.

연번	내용	원인	보수방법
42	코킹 노출	• 과다한 코킹 충전으로 인한 노출 • 여분의 코킹을 깔끔하게 닦지 않았을 때	• 여분의 경화된 코킹은 충분히 물불림한 후 도배지나 마감재가 훼손되지 않도록 칼끝이나 날선 주걱으로 제거하고 거친 타월로 깔끔하게 닦아낸다. 도배지가 훼손되지 않도록 특히 주의한다. • 코킹의 두께로 인해 문틀 마감선에서 보이는 자국은 문틀과 같은 색의 사인펜으로 그어서 마감한다.
43	동결	• 극한기 공사(무리한 공정) • 난방 가동, 보양 생략으로 인한 동결 • 극한기에 창문, 출입문 등을 선행작업(설치)하지 않아 실내가 외기에 직접 노출될 때	• 극한기 낮은 실내온도에서 시공하여 주로 봄철 해동기에서 발생하는 결빙으로 인한 들뜸 이음매 벌어짐, 가장자리 터짐 등의 하자는 해당 보수방법대로 보수하거나 재시공한다.
44	누수	• 설비(배관, 수전) 하자로 인해 발생 • 동파 • 상층부의 누수로 인해 하층부 침수	• 누수된 부분의 바닥재를 젖히고 통풍, 난방 가동으로 건조시킨다. • 석고보드면에 누수, 침수가 되었다면 석고보드를 전체, 부분 교체한다. • 건조 후 들뜬 부위는 재접착시키고 얼룩, 변색 하자 발생 시에는 폭갈이, 전면 재시공한다. • 완전 건조 후 곰팡이 방지용액을 도포하거나 방습지를 바르고 도배 시공한다.
45	보양 불량	• 보양작업 미흡, 생략 • 타 공정과 중복작업으로 인해 도배지 오염, 훼손 • 도배작업 후 충분히 양생(건조)되지 않은 상태에서 입주 • 잦은 출입 등으로 인한 외적요인	• 보양 불량으로 인해 발생한 훼손(주로 모서리 부위)은 부분 보수 폭갈이, 전면 재시공하고 재보양한다. • 가벼운 훼손은 보수하고 오염 부위는 닦아낸다.
46	페인트 부위 들뜸	• 페인트 바탕에 프라이머 도포 미흡, 생략 • 도배풀 배합 시 접착강화제(본드, 바인더) 혼합 미흡, 생략 • 유성페인트면의 가장자리 샌딩작업, 아크졸(표면중화제)작업 생략	• 바탕 처리 후 재시공한다. • 부분 보수가 가능한 상태라면 4의 '들뜸' 하자 보수방법을 참고한다.
47	금속박 도배지의 포일 (foil) 표면의 꺾임, 스크래치	• 풀 도포 후 접어진 상태에서 압력이 가해졌거나 도포된 도배지를 이동하는 과정에서 발생(지절도가 약해서) • 시공과정에서 도배지가 꺾이거나 공구로 인해 긁혔을 때 • 전기구나 구조물의 부위를 어렵게 도련하는 과정에서 발생	• 아주 경미한 경우에는 보수용 볼록롤러를 사용하여 꺾인 부위를 평활하게 조정한다. • 부분 보수나 폭갈이가 극히 까다로워 전면 재시공하는 편이 유리하다.

연번	내용	원인	보수방법
48	걸레받이 들뜸	**1) 한지 장판의 걸레받이** • 합성수지 본드 배합 미흡, 생략 • 압착 시공 불량 • 바닥의 습기로 인해 접착력 저하 • 접지면 모르타르의 요철 및 먼지 등으로 초기 접착력이 부족했을 때 **2) PVC 걸레받이** • 접지면의 요철 및 먼지 등으로 초기 접착력이 부족했을 때 • 바닥의 습기, 노후에 의한 접착력 저하 • 동절기의 낮은 실내온도에서 시공하였을 때	**1) 한지 장판 걸레받이** • 들뜬 부위를 물불림 한 후 합성수지 접착제를 도포하여 재접착한다. **2) PVC 걸레받이** • 경미할 경우 들뜬 부위에 유성본드(고무볼트), 순간접착제 등으로 재접착한다. • 들뜬 부위가 많을 경우 재시공한다.
49	한지 장판 하자	**1) 들뜸** • 합성수지 배합비의 부배합 • 압착 시공 불량 • 숨죽임이 너무 짧았을 때 • 장판지의 유성으로 인한 접착 불량 • 고열난방, 통풍 **2) 시공 직후의 터짐** • 초배지와 장판지의 강도가 건조 수축되어 가는 과정에서 인장력에 대응하지 못할 때 • 풀 도포, 배합비, 압착 시공 불량 • 장판지의 겹침이음 부위를 압착 시공하지 않았을 때 • 시공 직후 고열난방, 통풍 **3) 배접** • 장판지 생산과정에서 배접 접착력 불량 • 충분히 양생되지 않은 장판지를 시공하였을 때 • 장시간 물불림, 숨죽임을 하였을 때 **4) 얼룩** • 바닥 미장이 충분히 양생되지 않아 습기와 시멘트성분으로 인해 발생 • 합성수지접착제의 배합비가 과다할 때(바인더) • 시공 직후 고열난방	• 해당 항목의 도배 하자와 유사하게 보수한다.

연번	내용	원인	보수방법

50	수직,
	수평
	불량
		• 실내구조의 각도, 마감재의 수직,
		수평 시공 불량
		• 다림추(수직), 분줄(수평) 사용 생략
		• 시공 미숙
			• 작업계획에서 도배사는 무늬, 주출입구, 정시야 우선
			등의 조건에서 ① 수직을 버리고 수평을 얻거나, ②
			수평을 버리고 수직을 얻거나, ③ 수직, 수평 모두 일
			부는 버리고 일부는 얻는 절충의 세 가지 중에서 선택
			한다. 그러므로 위의 3가지 모두 오차를 허용한다.
			[참고] 도배기능사 출제기준
			  • 무지 도배지의 수직, 수평 허용오차는
			    h, w=2,100mm 기준에서 허용오차 ±30mm
			  • 무늬 도배지의 수직, 수평 허용오차는
			    h, w=2,100mm 기준 ±20mm 이내

51	바닥재, 가구, 조명등 훼손	• 무리한 공정으로 선행, 후속작업이 뒤바뀔 때 • 보양 누락, 불량 • 바닥재 및 도배작업대(우마)의 모서 리, 다리 부분 보양 불량 • 도배작업 시 부주의	• 해당 공종의 A/S를 의뢰한다.
52	분할계획 불량	• 시공도배지물량이 분할계획 시공하 기에 부족했을 때 • 난해한 실내구조로 인해 스타트지점 을 결정하기 어려울 때 • 패턴을 고려하여 시공하지 못하는 시공 및 경험 미숙	• 여러 구역에서 분할계획이 잘못됐다면 재시공한다. • 분할계획에 대한 도배사의 주관적인 원칙, 경험과 작 업조건인 안정성, 시공성, 심미성, 경제성 등 다양한 조건에서 공통 분모를 찾아 우선순위를 결정하기 때 문에 객관적인 하자의 범위로 단정하기에는 기준이 명확하지 않다. • 분할계획의 우선순위 : 정시야 〉측시야, 상단 〉하 단, 주출입구 〉창문
53	부분 하자 보수 후 하자 재발생	• 하자 보수 시공, 경험 미숙 • 다양한 외적 원인	• 가급적 전면 재시공한다. • 경험이 풍부하고 기능이 뛰어난 작업자에게 별도로 의 뢰한다.
54	복합적인 하자 예 누수 후 곰팡이 발생과 들뜸	• 타 공종 하자인 누수로 인해 누수 부 위의 수분으로 곰팡이가 발생하고 접착력 저하로 들뜸 하자 발생	• 곰팡이를 제거하고 누수 부위를 보수하거나 건조시키 고 곰팡이가 다시 발생하지 않도록 조치한 후 폭갈이, 전면 재시공한다. • 모든 복합원인으로 발생한 하자는 해당 보수방법을 참 고하여 보수한다.

▲ 베란다 확장 부위 바탕면 처리 불량

▲ 선시공 마감 불량

▲ 매우 심한 곰팡이

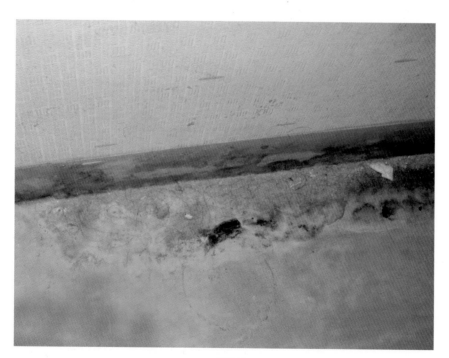

▲ 곰팡이

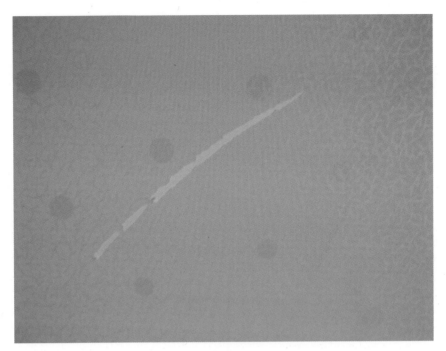

▲ 긁힘

▲ 탈색

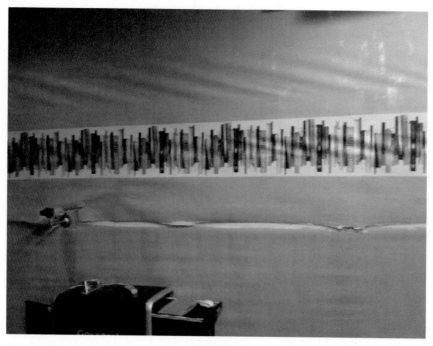

▲ 가로 터짐

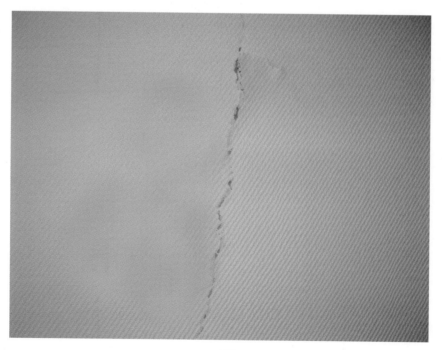

▲ 터짐

▲ 들뜸, 이음매 벌어짐

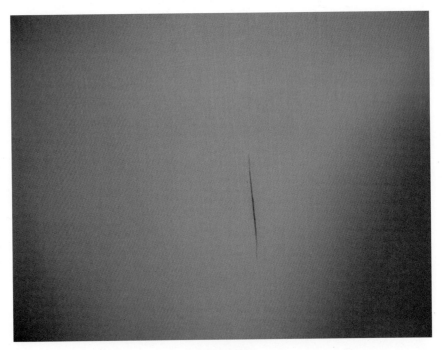

▲ 이음매 불량

▲ 도련 미숙

▲ 인코너 부위 무늬 맞춤 불량

▲ 오염

▲ 누수로 인한 얼룩

NATION of DOBAE

PART

5.

견적 및 산업안전

NATION of DOBAE

21

견적

벽제리 설경(벽지리 설경)

다시
눈 내리는 벽제리에 서면
산야는 적막
나무들은 저마다 흔들림 없는 비목이 되고
오래 전 태워 보낸 사연이
회색 눈발로 날린다.

빈 들판
가득 떠나버린 너의 목소리
미리 세상에 부재 중임을 알고 오는 발걸음은
오히려 가벼웠었다.
겨울새 한 마리
언 하늘의 빗장을 풀며
낮게 비상하는 산 언저리
잔설이 운무하듯
인적마을에서는 날아온 소식이 반짝이고
그 눈 높이 쯤에서

시리게 웃고 있는 추억과 만난다.
과수원 사잇길로 자전거를 달려
한 다발 엽서를 부치러 오던 너
서툰 휘파람 소리
그래 내친김에 송추계곡까지
통일로 끝이라도 걸어가자며
멋쩍게 웃던 눈 내리는 하루
아직 떠남의 실체를 몰랐으므로
옛날 이야기 같은
조촐한 사랑과 자유

다시
눈 내리는 벽제리에 서면
세상은 넉넉한 외로움으로 눈에 덮여 있고
내밀한 바람의 손짓 하나에도
가벼이 낙화하는 눈꽃의 비명

주) 주거지가 벽제라서 늘 불만이었다. 매일 도배하기 위해 강을 건너 남쪽으로 간다. 지독히 먼 출퇴근 거리
    와 화장터의 소재지라는 님비(NIMBY) 때문이다. 내 스스로도 비웃는 벽제리를 그래도 연민으로 한편의 시
    를 적어봤다. 다음에 누가 어디 사냐고 물으면 도배장이라 '벽지리'에 산다고 말할 참이다.

CHAPTER
21 | 견적

01 견적(見積)의 이해

공종(工種)을 떠나 어떤 작업이라도 맨 처음 시행하는 것이 견적이다. 그러나 해당 공종에 익숙하지 않은 초보자나 일반인이 작업조건, 자재, 노임, 관리비, 이윤 등을 합산하여 정확하게 견적하기란 쉽지 않다. 그래서 견적은 실무 경험과 관리능력이 충분히 갖춰져야 가능하다.

견적(見積)은 볼 견(見)에 쌓을 적(積)으로, 보고 합산한다는 뜻이다. 견적 보는 방법에는 다음의 네 가지 방법이 있다.

① 현장을 방문하여 실측하는 것
② 현장 방문 없이 도면으로 계산하는 것
③ 의뢰인의 구두 설명으로 보는 것처럼 이해하는 것
④ 과거 비슷하거나 동일한 조건의 익숙한 시공경험에 의해 저장된 자료나 기억을 사용하는 것

02 기본 용어 해설

① **시공의 목표** : 구조, 기능, 미의 가치를 얻기 위해 최단 기간에 최저 공사비로 최대의 이윤을 추구하는 건축술을 적용하는 행위

② **공사 관계자**

　㉠ **건축주** : 기업주 또는 시행주로 공사비를 투자하며 공사의 포괄적 책임과 권리의 주체

　㉡ **감리자** : 일정한 감리자격자로 기업주와 공사관리자 또는 도급자의 중간에서 건실한 시공이 진행을 감독하는 자

　㉢ **공사관리자** : 도급자 소속으로 시공업무를 담당하며 시공의 진행에 관한 일체의 책임을 맡는 자

② 도급자 : 기업주로부터 공사도급을 맡은 계약자
- 원도급자 : 건축주와 직접 계약을 한 시공업자
- 재도급자 : 공사의 전체를 건축주와 관계없이 원도급자와 계약을 한 시공업자
- 하도급자 : 원도급자로부터 공사(공종)를 분할하여 도급받은 시공업자
- 재하도급자 : 하도급자로부터 공사의 이윤을 분할하여 도급받은 시공업자
  ※ 건설산업기본법은 재도급과 재하도급을 법으로 금지하고 있다.
⑩ 노무자 : 공사현장에서 기술, 기능, 육체노동에 종사하며 보수로 임금을 받는 자
- 직용노무자 : 원도급자에게 직접 고용되어 임금을 받는 노무자
- 정용노무자 : 전문 건설업체나 하도급업체에 소속된 기능노무자
- 임시고용노무자 : 보조노무자로 임금이 저렴함.

③ **임금** : 공사현장에서 정신적, 육체적 노동을 제공하고 받는 보수
  ⊙ **정액임금** : 출역에 따라 작업성과에는 관계없이 지불되는 임금(일급)
  ⓛ **기성임금** : 작업성과에 따라 지급되는 임금
- 돈내기 방식 : 목표작업량을 정하고 출력인원과 작업시간에 관계없이 지불하는 임금
- 1일 표준 작업량방식 : 목표작업량을 정하고 작업시간과 관계없이 1일 지급되는 임금

④ **도급방식**
  ⊙ **공사 실시방식에 따라**
- 일식도급 : 한 도급자에게 전체 공사의 시공업무를 맡기는 도급방식
- 분할도급 : 공사를 공종별로 분류하여 전문업자에게 맡기는 도급방식
- 공동도급 : 2명 이상의 도급자가 자본, 시공, 관리 등을 분할하거나 연합하는 도급방식
  ⓛ **공사금액 결정방법에 따라**
- 정액도급 : 공사비를 정액으로 결정하여 계약하는 방식
- 단가도급 : 단위공사 부분의 단가계약을 결정하고, 총공사의 시공수량에 의해 정산하는 방식
- 실비정산 보수가산식 : 공사실비를 건축주와 도급자가 지불하고, 미리 정한 보수나 성과급에 따라 정산하는 방식
- 턴키도급(turn-key contract) : 주문자의 모든 요소를 조달하여 주문자에게 인도하는 도급방식

⑤ **입찰방식**
  ⊙ **특명입찰(수의계약)** : 건축주가 일반 경쟁입찰방식으로는 불가능하거나 불리 또는 불필요하다고 판단하여 시공능력, 자산, 기술 등을 고려하여 특정 업자를 선정하여 발주하는 방식

ⓒ 일반 공개입찰 : 입찰참가를 공모하여 해당 공사입찰의 자격자는 모두 참여시키는 방식

ⓒ 지명 경쟁입찰 : 등록된 여러 도급업체를 선정하여 경쟁입찰시키는 방식

⑥ **시방서** : 설계도면에 표현할 수 없는 공사의 전반적인 내용을 지시하는 공사지침서

⑦ **견적도면** : 견적을 위해 건축주(의뢰인)가 시공자에게 주는 도면

⑧ **견적서** : 시공자가 공사를 하는데 필요한 제반 비용을 계산하여 도급을 목적으로 작성한 서류

⑨ **실행원가** : 총공사비 중 이윤을 제한 공사원가

⑩ **정미량** : 실제 시공면적의 물량

⑪ **시공량** : 정미량에 여유분을 더해 시공을 완료할 수 있는 물량

03 견적의 단위

① **자(尺)**

ⓐ 척관법(尺貫法)으로 1자＝30.303cm

ⓑ 미터법과 혼용으로 사용했던 과거의 단위

② **평(坪)**

ⓐ 적의 단위로 1평(坪)＝181.818cm×181.818cm

ⓑ 사람이 편하게 누울 수 있는 인본적(人本的) 단위로 현재도 상용하고 있음

③ **야드(yard)**

ⓐ 유럽에서 사용하며 우리나라에서는 주로 직물 원단에 적용

ⓑ 1야드＝0.9144m

④ **미터(m, m², m³)** : 세계 공용으로 사용하는 미터법

04 물량 산출

견적의 기본이 되는 정미량(면적) 산출에는 다양한 시공면에 따라 다음과 같이 계산한다.

① 사각형 = 가로×세로

$= 4m \times 2.7m$

$= 10.8m^2$

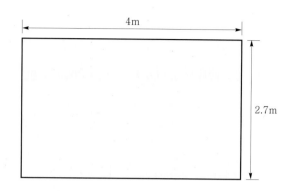

② 사다리꼴 = [(윗변+밑변)×높이]÷2

$= [(2m+3.5m) \times 3m] \div 2$

$= 8.25m^2$

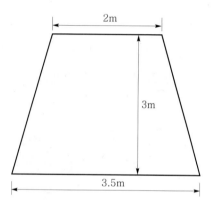

③ 삼각형 = (밑변×높이)÷2

$= (3m \times 2.5m) \div 2$

$= 3.75m^2$

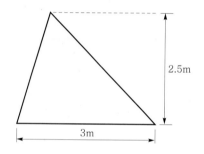

④ 마름모 = (한 대각선×다른 대각선)÷2

$= (3.5m \times 2m) \div 2$

$= 3.5m^2$

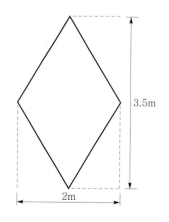

⑤ **원**

　㉠ 원둘레 = 지름 × 3.14 = 3m × 3.14 = 9.42m

　㉡ 원넓이 = 반지름 × 반지름 × 3.14 = 1.5m × 1.5m × 3.14 = 7.065m²

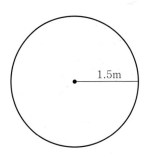

⑥ **원기둥** : 원기둥 옆넓이의 윗변은 원의 둘레이므로

　옆넓이 = 0.6m × 3.14 × 3m = 5.652m²

⑦ **불규칙한 원(타원)**

　㉠ 가로 × 세로의 전면적으로 산출하는 대략적인 방식 : 6m × 3m = 18m²로 산출하고, 나머지는 여
　　유분으로 한다.

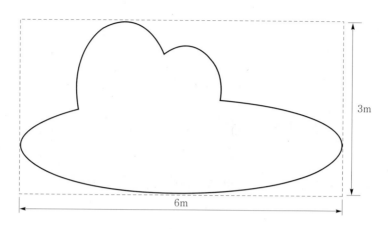

ⓒ 도면의 스케일단위로 정사각형의 눈금을 그린 트래싱페이퍼를 대고 칸을 세어 온전한 칸은 1로 하고 걸리는 칸은 $\frac{1}{2}$로 하여 합산하여 면적을 구한다. 눈금의 칸이 적을수록 정미량에 가깝다.

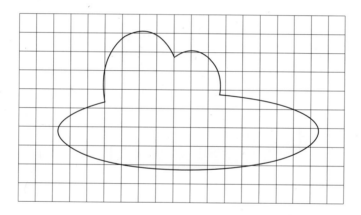

⑧ **벽면** : 전면적에서 출입문과 창의 면적을 제한다.

$$5m \times 2.5m - (1m \times 2m + 1m \times 2m) = 8.5m^2$$

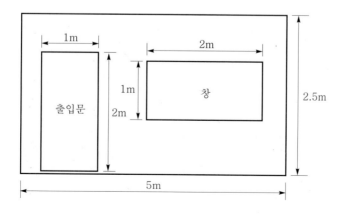

⑨ **거실 천장** : 그림에서 ①, ②, ③의 각 구획을 나누어서 면적을 구한 다음 합산한다.

①$= 3\text{m} \times 3\text{m} = 12\text{m}^2$

②$= 1.8\text{m} \times 9\text{m} = 16.2\text{m}^2$

③$= 4\text{m} \times 4\text{m} = 16\text{m}^2$

∴ 합산$= 12\text{m}^2 + 16.2\text{m}^2 + 16\text{m}^2 = 44.2\text{m}^2$

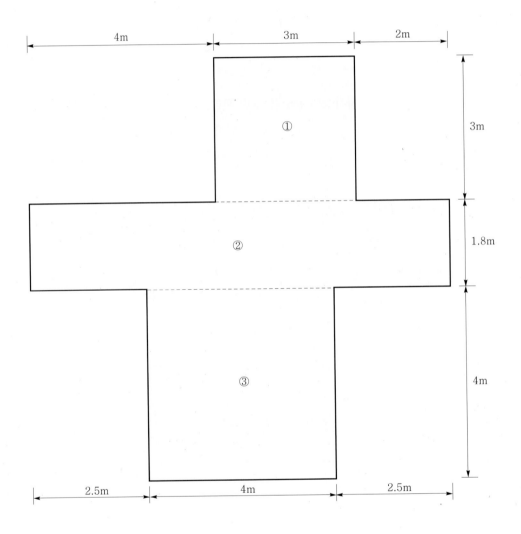

⑩ 계단실 벽면

　㉠ 상쇄면적으로 구하는 법 : A면과 B면은 동일 면적으로 상쇄되므로

　　　$4m \times 2.5m = 10m^2$

　㉡ 평균치수로 구하는 법 1 : 평균치수가 4m이므로

　　　$4m \times 2.5m = 10m^2$

　※ 상쇄면적으로 구하는 법과 평균치수로 구하는 법은 계산상 동일하다.

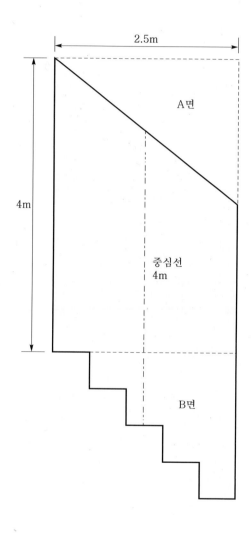

ⓒ 평균치수로 구하는 법 2 : 5m × 2.5m = 12.5m²

　　A면과 B면을 합한 전면적에서 ①, ②, ③, ④의 면적을 각각 감한 면적이 정미면적이지만, 실제 시공에서는 계산상 번거로우므로 '상쇄면적으로 구하는 법'과 '평균치수로 구하는 법'과 '벽지길이로 구하는 법' 중에 선택하여 산출한다.

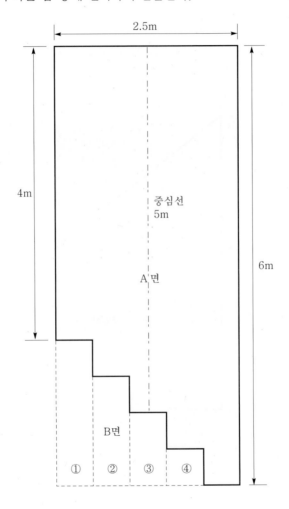

ⓔ 벽지길이로 구하는 법 : 그림에서 ①, ②, ③, ④ 폭의 벽지길이를 합산하여 구한다.

　　계단의 단넓이와 단높이가 각각 0.5m이므로

　　① 폭 = 6m　　　　　　　　② 폭 = 5.5m

　　③ 폭 = 5m　　　　　　　　④ 폭 = 4.5m

　　∴ 합산 = 6m + 5.5m + 5m + 4.5m = 21m

　　※ 견적 시 주의사항 : 벽지 폭, 패턴간격, 판매단위(1roll의 길이), 분할계획, 기타 작업조건에 따라 가감된다.

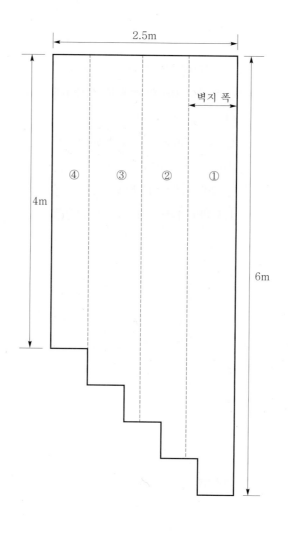

05 도배 견적의 산출방식

(1) 지방산법(地房算法)

과거 도배사들 사이에서 널리 사용되다가 붙여진 이름의 산출방식으로 바닥으로 방 전체를 어림잡아 견적하는 방식으로 주로 시중 지물포에서 시공량이 적을 때 적용한다.

바닥면적에 창이 많을 경우 2.5배, 창이 적을 경우 3배로 한다.

예 바닥면적 $10m^2$의 방인 경우
- 창이 많을 경우 $10m^2 \times 2.5 = 25m^2$
- 창이 적을 경우 $10m^2 \times 3 = 30m^2$의 도배지가 소요된다.

(2) DONA법

① 정미량에 통상적인 여유분을 포함하여 산출하는 방식(정미량+통상의 여유분)

② 무지 벽지 10%, 잔무늬 20%, 큰 무늬 30%의 여유분이 적당하다.

③ 도배 시공면의 구조에 따라 여유분을 가감한다.

④ 가로 5m, 세로 2.3m의 벽면일 경우 $5m \times 2.3m = 11.5m^2$이므로

　㉠ 무지벽지 : $5m \times 2.3m \times 1.1(10\% \ 가산) = 12.65m^2$

　㉡ 잔무늬벽지 : $5m \times 2.3m \times 1.2(20\% \ 가산) = 13.8m^2$

　㉢ 큰 무늬벽지 : $5m \times 2.3m \times 1.3(30\% \ 가산) = 14.95m^2$가 소요된다.

(3) 시공량 산출

정미량에 여유분이 있는 시공물량(정미량+벽지의 패턴간격 포함)

　예 가로 3m, 세로 2.3m의 벽면에 벽지 폭 106cm, 패턴간격 52cm의 경우

　　시공량은 $300 \div 106 = 2.83$이므로 3폭이 소요되며

　　230(벽높이)$\div 52$(패턴간격)$= 4.42$이므로

　　5개의 패턴간격으로 $52 \times 5 = 260cm$(한 폭의 길이)

　　$3폭 \times 260cm = 7.8m$가 소요된다.

(4) 통계도표로 견적

통상 시공물량의 통계도표로 대입하여 산출하는 방식으로 인터넷 판매에서 시공물량의 검색을 위해 매뉴얼한 데이터나 시중 지물포에서 시공량이 적을 때 적용한다.

(5) 평형(m^2)별 벽지 시공량

① **천장지를 한 패턴으로 통일하여 시공할 경우** : 대략 총량의 1/3이 천장지며, 2/3가 벽지 시공량이다.

② **분양평형으로 천장지를 산출할 경우** : 분양평형의 85%가 천장지 시공량이며, 베란다 확장세대에는 분양평형의 90~95%까지 시공된다.

③ 단독주택은 10% 가산한다.

④ 아트 월(art wall)이나 별도의 마감재료를 사용한 면적은 적절히 감산한다.

평(m²)	부분 시공량	평	비고
5(17)	L 20(66)	20	평형×2+10
10(33)	L 10(33), R 110(33), R 210(33)	30	평형×2+10
15(50)	L 15(50), R 115(50), R 210(33)	40	평형×2+10
20(66)	L 20(66), R 115(50), R 210(33)	50	평형×2+10
25(83)	L 20(66), R 115(50), R 210(33), R 310(33)	60	평형×2+10
30(99)	L 30(99), R 115(50), R 215(50), R 310(33)	70	평형×2+10
35(116)	L 35(116), R 120(66), R 215(50), R 310(33)	80	평형×2+10
40(132)	L 35(116), R 120(66), R 215(50), R 310(33), R 410(33)	90	평형×2+10
45(149)	L 40(132), R 120(66), R 215(50), R 315(50), R 410(33)	100	평형×2+10
50(165)	L 45(149), R 120(66), R 215(50), R 315(50), R 410(33)	105	평형×2+5
55(182)	L 50(165), R 120(66), R 215(50), R 315(50), R 410(33)	115	평형×2+5
60(198)	L 55(182), R 120(66), R 215(50), R 315(50), R 410(33), R 510(33)	125	평형×2+5
65(215)	L 60(198), R 120(66), R 220(66), R 315(50), R 410(33), R 510(33)	135	평형×2+5
70(231)	L 65(215), R 125(83), R 220(66), R 315(50), R 410(33), R 510(33)	145	평형×2+5
75(248)	L 65(215), R 125(83), R 220(66), R 315(50), R 410(33), R 510(33), R 610(33)	155	평형×2+5
80(264)	L 70(231), R 125(83), R 220(66), R 315(50), R 415(50), R 510(33), R 610(33)	165	평형×2+5

[L : 거실(living room), R : 방(room), 단위 : 평(m²)]

(6) 평형(m²), 재료, 조건별 작업인원

평(m²) ＼ 재료(조건)	신축 → 합지 합지 → 합지 (밀착 초배)	합지 → 실크 실크 → 실크 (밀착 초배)	신축 → 실크 합지 → 실크 실크 → 실크 (공간 초배, 물바름공법)	신축 → 실크 합지 → 실크 실크 → 실크 (상급 공간 초배, 줄퍼티작업)	특수 벽지 수입벽지 (상급 시공)
5(17)	0.5	1	1.5	2	3
10(33)	1	1.5	2	3	4.5
15(50)	1.5	2	2.5	4	6
20(66)	2	2.5	3	5	7.5
25(83)	2.5	3	3.5	6	9
30(99)	3	3.5	4	7	10.5
35(116)	3.5	4	4.5	8	12
40(132)	4	4.5	5	9	13.5

재료 (조건) 평(m²)	신축 → 합지 합지 → 합지 (밀착 초배)	합지 → 실크 실크 → 실크 (밀착 초배)	신축 → 실크 합지 → 실크 실크 → 실크 (공간 초배, 물바름공법)	신축 → 실크 합지 → 실크 실크 → 실크 (상급 공간 초배, 줄퍼티작업)	특수 벽지 수입벽지 (상급 시공)
45(149)	4.5	5	5.5	10	15
50(165)	5	5.5	6	11	16.5
55(182)	5.5	6	6.5	12	18
60(198)	6	6.5	7	13	19.5
65(215)	6.5	7	7.5	14	21
70(231)	7	7.5	8	15	22.5
75(248)	7.5	8	8.5	16	24
80(264)	8	8.5	9	17	25.5

(7) 통상 작업에 대한 예외조건(작업인원, 임금)

가산비율	조건
10%	가벼운 보수(목공, 전기구 등)
20%	단독주택, 가구가 있을 경우, 다소 복잡한 구조, 타 공종과 중복되는 작업, 원거리 공사(수일 작업), 약간 위험한 작업(천장고 4m 정도), 연장 작업(2시간 연장)
40%	한옥, 바닥 보양 및 고급 가구가 많을 경우, 넓은 면적의 곰팡이 제거 후 방부·방습 처리, 특수 시공, 부분 보수, 돌관작업, 최고가의 수입벽지 시공, 연장 작업(3시간 연장)
60%	내벽 단열재 시공, 방음 시공, 상당한 보수, 위험한 작업(천장고 6m 정도), 연장 작업(4시간 연장)
80%	매우 복잡한 작업(박물관, 전시실, 데코레이션 시공 등), 원거리 공사(1일 작업), 연장 작업(5시간 연장)
100% 이상	매우 위험한 공사(천장고 6m 이상), 연장 작업(6시간 연장)
상호 협의	예측하지 못한 작업 중단, 예정된 시공면적에 상당한 가감이 있을 때, 작업조건이 변경되었을 때(공법·공기·재료 등)

※ 위의 통계도표는 저자의 시공경험을 기준으로 작성한 것이다. 초보자라도 즉시 산출이 가능하며 오차범위가 극히 적으므로 안심하고 적용하여도 무방하다. 의뢰인과 시공자의 상호 협의에 따라 조정될 수 있다.

22

도배의 산업심리와 산업안전

"신(臣)에게는 아직도 전함이 12척이나 있습니다. 전함이 비록 적다해도 제가 죽지 않고 살아 있는 한 적(敵)은 감히 우리를 깔보지 못할 것입니다."

이 충무공(忠武公)이 명량결전을 앞두고 조정에 보낸 결연한 장계(狀啓)의 내용이다.

··· 중략 ···

10. 소의(少義)보다는 대의(大義)

우리가 흔히 이순신 장군의 이미지를 떠올리자면 자애롭고, 약간은 근엄한 아버지 같은 모습만을 연상하는 선입견이 있다. 이순신 전기도 초등학생이 읽는 전기와 성인이 읽는 전기와는 상당한 차이가 있다. 사실 접근이 명확치 않거나 누락, 적용하는 용어가 다르므로 뉘앙스는 더욱 다르다. 《난중일기》를 주의 깊게 살펴보면 인격적인(?) 이순신과는 거리가 멀다. 적어도 필자의 소견으로는 그렇다. 결과는 덮어두고 과정만 보면 그렇다.

《난중일기》에 이순신이

- 도배하였다는 기록이 4번(당시에도 도배가 중요한 작업이었던 것 같다)
- 활쏘기 하였다는 기록이 220번
- 술 마신 날이 127번
- 어머니에 대한 내용이 105번
- 부하들의 군기 위반에 대해 곤장을 치거나 문초하였다는 내용이 74번
- 탈영이나 불복종 등으로 처형한 경우가 21번이며 그것도 대부분 즉결 처형이었다(책장을 빨리 넘기면서 헤아려 본 수치이므로 오차가 있을 수 있음).

그러나 ···

(1) 즉결 처형

한 번에 두세 명씩 즉결 처형할 때도 있었다. 임진왜란, 정유재란 7년 동안 난중일기가 기록됐지만 누락된 날짜와 또 그 날 처형하고도 기록하지 않은 것도 있겠고, 중복된 부분, 지워진 부분까지 감안 하여 추산해보면 즉결 처형한 장졸이 150여 명은 되지 않았을까(순전히 필자의 상상력임).

심지어 몇 명을 처형하고도 곧바로 "길가의 들꽃이 아름답고", "맑고 화창한 봄날이라 졸음이 오고", "술을 마시면서 회포를" 풀 수가 있겠는가. 왜군에게 주살당한 아들 면의 죽음은 꿈에도 나타나는, 사무치는 아픔을 알면서도 남의 자식 귀한 줄은 몰랐던가. 혹 처형당한 장졸들 중에는 평소 먼발치 에서나마 관심이 있었거나 호의적인, 한두 번 말을 건네 가족관계까지 알고 있었던 부하들도 있었을 텐데…. 우리 같은 인간은 닭 한 마리 잡고서도 잠자리가 편하지 않은데…. 그러니까 필부(匹夫)겠지 만….

필자의 요지는 이순신 장군이 그랬기 때문에 한산, 명랑, 노량대첩이 가능했다는 것이다. 오너는 그 래야 한다. 마땅히 소의보다는 대의를 택해야 한다.

… 후략 …

2003년 12월, 〈데코저널〉 칼럼
'불황을 극복하는 지물, 장식업의 경쟁력 소개' 중에서

CHAPTER 22 | 도배의 산업심리와 산업안전

도배작업은 재해율이 높은 '위험한 작업'으로 분류되지는 않는다. 그러나 이러한 '위험불감증'으로 인해 뜻하지 않는 안전사고가 종종 발생하는 경우가 있고, 또 작업의 특성상 과도한 중량물의 운반은 아니지만 지속적인 반복작업으로 인한 신경계의 근육통을 호소하는 작업자들이 의외로 많다.

노동의 강도를 기준하는 조건에 중량과 횟수를 동일 등급의 기준으로 설정한다. 도배처럼 경량이지만 연속 작업이라면 노동의 강도는 상향으로 기준되는 것이다. 흔히 '위험하지 않은 작업'으로 분류되는 여러 작업군(群)에서 발생하는 재해의 특성이 작업자가 통증을 호소하기 전에 이미 근골격계의 질환이 상당히 진행되어 있는 경우가 많다.

▲ 분진이 심한 작업장의 강제 환기 모습

신축 아파트 도배공사현장은 한두 세대가 아니라 적게는 몇 백 세대에서 많게는 천여 세대가 넘어간다. 그래서 바탕 정리, 초배, 정배가 일단 작업 개시하면 다수의 인력이 동원되어 천편일률, 일사천리로 신속하게 진행된다. 그러므로 작업 개시점에서 잘못된 공법이 수백 세대로 확산되는 것은 불과 며칠 사이에 벌어진다.

사소한 하자라 할지라도 수백 세대가 이미 시공을 마쳤다면 대형 하자가 된다. 사후에 분석해보면 다양한 원인이 밝혀진다.

■ 사례 1) 전달 불량

시공하는 신축 아파트 현장에서 대형 도배 하자가 발생했다.

직접 시공에 참여하며 시공의 결과에 책임이 있는 도배반장에게 "어찌된 일이냐, 작업지시는 정확히 했느냐?"고 물으니 작업지시는 정확히 했다고 하는데, 정작 도배사들의 상당수는 금시초문이라는 표정들이다.

■ 사례 2) 기능 부족

도배반장이 작업지시를 정확히 했고 역시 도배사들도 작업지시사항을 정확히 이해했다. 그런데 다발성 하자가 발생했다. 이유인즉 아직 작업지시사항의 시공을 수행할 만한 기능이 부족한 초보자들에게 시공을 전담시켰던 것이다. 이러한 초보기능 수준의 도배사들에게 다시 시도해서 정확히 작업지시를 하고 역시 작업지시사항을 모두 정확히 이해한들 결과는 반복될 것이 뻔하다. 기능은 이해의 수준을 넘어가는 숙련이기 때문이다.

■ 사례 3) 의지 부족(통제력 상실)

정확한 작업지시의 전달과 이해 및 우수한 기능을 갖추고도 도배사들이 도배반장을 전인격적으로 불신하거나 도배반장의 대·내외적 능력과 기능이 수하 도배사들에 비해 현저히 부족할 때와 도배공사를 도급받은 협력업체의 고질적 임금체불, 무리한 작업량 등으로 인해 성실 시공의 의지가 결여되었을 때 주로 발생하는 케이스다.

■ 사례 4) 작업환경 불량

여러 가지 작업능률과 고품질을 낼 수 있는 조건이 두루 갖춰졌지만 공사기간이 너무 짧고 다공종을 동시에 투입하는 돌관작업이었기 때문에 최선을 다했지만 결과는 평균 이하의 능률과 품질이었다.

일반 산업에서 생산성(고품질)을 위한 조건으로 흔히 7M이 이론화되어 있는데, 이를 도배작업에 반영해보니 중요한 몇 가지가 빠져 있어 3M을 더해 10M으로 정리했다.

① Man : 우수한 기능공 ② Money : 넉넉한 공사비

③ Management : 효율적인 관리 ④ Machine : 능률적인 공구, 기계

⑤ Memory : 시공경험, 기억 ⑥ Mind : 적극적인 의지

⑦ Membership : 협조적인 구성원 ⑧ Mound : 좋은 작업환경

⑨ Material : 시공이 쉬운 재료 ⑩ Motion : 작업자들의 자세, 복장, 말씨 등

위에서 언급한 네 가지의 하자의 원인사례만 보더라도 도배가 몇 사람의 우수한 기능공과 넉넉한 시공비, 의지와 열정만으로 고품질을 확신할 수는 없다.

생산성(고품질)을 위한 10M의 모든 조건을 갖추기는 매우 어렵다. 작업계획을 하면서 한 가지씩 조목조목 신중히 검토하여야 하며, 불리한 조건은 유리한 조건으로 만회하고 보완해 나가야 한다.

1 의사소통(communication)

의사소통은 사람과 사람 간의 감정, 생각, 행동 등을 상호 전달하는 총체적인 행위로 구어(口語, oral language)와 문어(文語, written language)의 언어적 요소와 제스처(gesture), 자세, 표정, 억양 등과 같은 비언어적 요소를 포함한다.

개인과 개인, 개인과 조직, 조직과 조직은 목표 달성을 위한 협동체제이므로 의사소통은 행동의 발단이 되는 기초가 된다. 인체로 말하면 혈관과 같아서 혈액의 공급이 원활치 않으면 모든 장기가 제 기능을 발휘하지 못하는 것과 같이 직무수행의 가장 중요한 역할을 한다. 의사소통의 구성요소는 송신자, 수신자, 메시지, 매체이며 상호작용으로 피드백이 있다.

(1) 토의

횡적(수평적) 의사소통으로 계층 간의 규칙이나 형식, 제약 없이 여러 사람의 각기 다른 경험과 사고를 유도해 가장 좋은 결론에 가깝게 도달하는 집단 커뮤니케이션이다. 조건이 다양하고 유동적인 작업현장에서 디테일한 부분까지 명문화된 시공방법이 없는 경우가 많다. 전혀 새로운 작업조건에 부딪혔을 때 다양한 의견 제시를 통해 합리적인 시공방법을 얻어낼 수 있다.

(2) 작업지시

종적(수직적) 의사소통으로 송신자(작업지시자)의 주관적 의견이나 토의를 통해 도출된 결론을 수신자(작업자)에게 일방적으로 전달하는 의사소통방식이다. 단, 송신자로부터 피드백을 유도해 재검토, 수정하기도 한다.

① **작업지시의 조건**

  ㉠ 합리적 : 불합리한 수단이나 방법을 배제한다.

  ㉡ 구체적 : 추상적으로 애매모호한 내용이나 용어를 사용하지 않고 요점이 분명해야 한다.

  ㉢ 집중적 : 지시내용이 산만하지 않고 확실히 전달되도록 반복, 억양, 표정 등으로 강조하여
     야 한다.

  ㉣ 실행성 : 작업지시내용이 현실적으로 실행 가능하여야 한다.

  ㉤ 목적성 : 작업지시내용의 목적(목표)이 뚜렷해야 한다.

② **작업지시가 수행되지 않는 여러 가지 원인**

  ㉠ 의사소통의 불확실

  ㉡ 망각, 건망증

  ㉢ 능력 부족

  ㉣ 불합리한 작업지시(직무수행흐름의 급변)

  ㉤ 목적(목표)의 부재

  ㉥ 보상에 대한 불만

  ㉦ 작업환경 불량

  ㉧ 구성원 간의 비협조

  ㉨ 자재 공급의 차질

  ㉩ 외부로부터의 작업 중단 및 공정의 조정지침

  ㉪ 안전사고

(3) 피드백(feedback)

송신자의 전달을 받은 수신자의 반응, 작업지시를 받은 작업자의 반응을 말한다.

① **직접적 피드백** : 수신자의 반응이 송신자에게 직접 전달되는 반응으로 단기적으로 신뢰성은
   높지만 여과, 절충의 과정이 부족하다는 단점이 있음

② **간접적 피드백** : 수신자의 반응이 제3의 대상과 매체를 통해 송신자에게 우회적으로 전달되는
   경우

③ **누적적 피드백** : 피드백이 자유롭지 않은 통제, 권위적인 조직에서 장기간에 걸쳐 누적된 음성
   피드백이 변이, 조합되어 다양한 형태로 표출되는 피드백

④ **대표적 피드백** : 일부 대표격인 수신자에게서 포집된 반응

⑤ **제도적 피드백** : 복합적인 조직에 의해 갤럽, 리서치 등을 동원하는 통계적 반응

　　작업현장은 초기 작업 개시점의 상황이 지속적이지 않고 작업과정 중에서 다양한 변수로 작용하기 때문에 작업지시 후 단계별(공정별)로 피드백을 수용하여 초기의 작업지시를 재검토, 수정하여야 한다.

❷ 동기부여

　　좋은 조건과 능력을 갖추고 직무 수행에 성과를 올리지 못하는 사람이 있는 반면, 보잘 것 없는 조건과 능력으로도 최대치의 성과를 올리고 또 자신의 직무에 만족해 하는 사람이 있다. 이렇게 상이하게 다른 차이점을 나타내는 근거가 되는 것이 동기부여이다. 동기부여는 대상자가 자발적으로 직무에 참여하고 능력을 발휘할 수 있도록 개발하는 과정이다.

- 외재적 동기부여 : 임금, 작업조건, 승진 및 복지혜택, 직장의 인지도 등의 물리적 조건에 의한 동기부여
- 내재적 동기부여 : 성취감, 긍지, 흥미 등의 심리적 조건에 의한 동기부여

(1) 동기부여의 단계

① 심리학자 매슬로(미, Abraham H. Maslow, 1908~1970)는 인간의 욕구를 다섯 단계로 구분해 단계별로 동기부여의 과정을 설명했다.
② 일반적으로는 대다수가 단계별로 진입하지만 역사의 성인과 영웅들이 보여주는 사례로 한두 단계를 건너뛰는 경우도 있다.

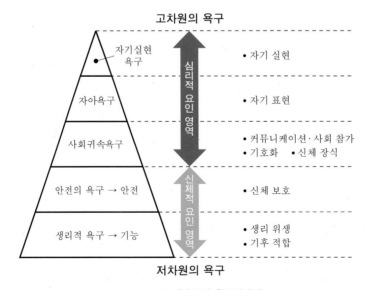

▲ 매슬로의 욕구단계설

③ 배고픈(생리적 욕구) 자가 빵을 먹고 나면 다음에는 편안해(안전의 욕구)지기를 원한다.

④ 결핍된 단계가 충족되면 다음 단계를 제시해주는 것이 바람직한 동기부여이다.

⑤ 그러므로 배고픈 자는 빵을 원하지 차상위의 단계인 자아의 욕구나 자기 실현의 욕구에는 관심이 없다.

⑥ 고임금을 원하는 작업자에게 단축된 노동시간은 의미가 없고, 단축된 노동시간을 원하는 작업자에게 직책을 제시한들 그다지 욕구가 생기지 않는다.

(2) 동기부여의 기능

① 지시기능

㉠ 대상자(구성원)를 소정의 훈련코스나 인턴과정을 통해 능력을 개발시키고 직무에 참여하는 시점에서 직무지침과 방향을 정확하게 전달하는 기능이다.

㉡ 지시기능은 지시자가 우선 확신에 찬 어투와 행동을 보여주어야 한다.

㉢ 지나치게 겸양적인 자세와 극존칭, 부자연스러운 태도, 불확실한 발음, 모호한 결론 등을 삼가야 한다.

② 격려기능

심리학자 드라이커스(Dreikurs)는 '식물에게 물이 필요하듯, 인간에게는 격려가 필요하다'고 했다. 직접적인 격려의 방법은 포상, 휴가, 승진, 급여인상, 상여금 등이 있고, 간접적인 격려로는 경청, 신뢰, 공감, 협조, 스킨십, 친목모임 등이 있다.

그러나 인간의 행동은 인식의 발로이기 때문에 바람직한 행동을 이끌어내기 위해서는 무엇보다도 자기인식이 불가피하다. 그러므로 격려의 기능을 일방적인 칭찬과 낙관 위주로만 진행한다면 자칫 부정적 결과를 초래한다. 바람직한 격려는 칭찬과 충고가 병행되어야 한다. 칭찬은 고래를 춤추게 하지만 사자로 만들지는 못한다.

③ 행동유지기능

㉠ 생리적으로 인간은 혈액, 체온, 자극, 주위 환경의 변화에도 불구하고 일정 기간 동안은 표준 능력을 유지하려는 경향이 있다. 이를 항상성(恒常性)이라 하는데 일정 기간이 지나면 급속하게 하향하는 이중적인 생리현상 또한 존재한다.

㉡ 대상자의 직무능력이 하향되지 않고 지속적으로 유지되도록 주기적으로 지도한다.

④ 향상기능

㉠ 행동유지기능을 지속적으로 유지하는 모범대상을 선별하여 상위 직무기능을 습득케 하여 직무에 대한 기능과 만족도를 끌어올린다. 상위 직무에 대해 심적, 기능적으로 과부하가 걸리지 않도록 단계적인 학습이나 사례, 시범 등으로 자연스럽게 유도한다.

ⓛ 작업현장에서는 초급 중에서 중급을 선별하고, 중급 중에서 숙련 기능공으로 단계를 높여 가는 기능이다.

(3) 동기부여의 한계

① **동기부여와 능력** : 어떠한 대상자에게 최상의 동기를 부여해 열정적으로 직무에 참여시켰다 하더라도 결정적으로 직무에 관한 경험, 이론, 기술, 체력 등이 부족하면 원하는 직무능력을 얻지 못한다. 동기부여의 성과와 직무능력은 비례하지 않는다.

② **동기의 개인차** : 여러 사람에게 동일한 동기부여를 하여도 각각 동기부여의 성과에 차이가 있다. 예를 들면, 관리자가 "배가 고프니 빵을 만들어 먹자."는 동기부여를 하고 이를 실행하는데 집단 속에는 많이 배고픈 자와 조금 배고픈 자, 또 배부른 자도 있기 때문에 동일한 동기부여에도 불구하고 직무능력에는 차이가 난다.

③ **동기부여의 변이성** : '열정은 시간이 지나면 식는다.' 처음 동기부여의 성과는 시간이 흐를수록 저하되고(상승되는 경우도 있다), 인간의 심리는 늘 새로운 것에 흥미를 느낀다.

④ **동기부여의 불측정성** : 생산성은 정량적으로 측정이 가능하지만 동기부여는 정성적인 심리상태를 나타내기 때문에 동기부여의 성과에 대한 측정은 추론과 반응에 따를 수밖에 없다는 한계가 있다.

3 직업교육(훈련)

- 직업교육이란 대상자가 특정 직업에 종사할 수 있도록 직무에 필요한 지식, 기능, 습관을 개발하는 교육을 말한다.
- 지금까지 직업교육은 실업교육, 기능교육, 직업훈련, 산업훈련 등으로 용어가 구별 없이 사용되어 왔는데 점차 직업교육으로 단일화되어 사용되고 있는 추세이다.
- 우리나라 직업교육의 도입은 1960년대 산업화시대에서부터 시작되었고, 현재는 산업체, 학교, 시·구립 복지관, 직업학교와 사설학원 등 각기 다양한 성격으로 수많은 직업교육기관이 생겼다.
- 직업교육은 학교를 중심으로 실시하는 학교교육과 학교 밖의 사회교육으로 구분되며, 사회교육에는 산업체교육, 학원교육(직업학교, 복지관, 사설학원 등), 현장교육으로 나누어진다.
- 성격상 현장교육만 언급한다.

(1) 현장교육

해당 직업교육과정을 수료하였거나, 직업교육과정을 전혀 경험하지 않은 대상자가 일선 현장에 투입되어 구체적인 이론과 실무의 직무교육을 받는 것을 말한다.

(2) 현장교육의 종류

① 멘토링(mentoring)

㉠ 그리스 신화의 영웅 오디세우스가 트로이 전쟁에 출정하면서 가장 절친한 친구 멘토에게 아들 텔리마커스를 장차 통치자로써 손색이 없게 이끌어 줄 것을 부탁했던 것에서 유래되었다.

㉡ 멘토링은 조직에서 연장자나 상관이 하급자나 초급자에게 직무에 관한 경험과 이론·실무 및 조직의 구조와 정보, 인간관계, 태도 등을 가르쳐 직무에 원활히 적용할 수 있도록 교육하는 것을 말한다. 그러므로 멘토링은 직무에 관한 광범위한 교육이지만 구체적인 실무 기능교육면에서는 조금 한계가 있다.

② 코칭(coaching)

㉠ 코칭은 구성원의 다수를 위한 성격이 있어 개인보다는 팀워크를 중시한다.

㉡ 선임자나 숙련공이 직접 구성원들과 훈련에 참여하면서 개개인의 능력과 자질을 파악하여 개발시킨다. 관료적, 지배적이지 않고 리더십을 발휘할 수 있다는 장점이 있다.

③ 인턴십(internship)

직무에 정식 고용 전의 참여단계로, 대상자 중 직무에 적합 여부를 판단하여 선별하는 방식이다. 고용자는 직업교육의 성과가 현장교육의 성과와 일치하는지 확인할 수 있고 임금의 부담을 줄이면서 다수 중에서 특정인을 선택할 수 있다는 장점이 있다.

④ 도제교육(徒弟敎育)

㉠ 도제교육은 10세기 수공업조합인 길드(guild)에서부터 발달하여 16세기 산업혁명으로 쇠퇴하였지만 현재까지도 그 형태가 사라지지 않고 유지되는 가장 고전적인 직업교육이다.

㉡ 도제교육이란 장인(匠人)의 공방에 문화수련생으로 입문하여 약 5~7년의 긴 수련기간과 경쟁과정을 거치면서 각각 소정의 과정에 합격하여야 하고 장인의 인격적인 면과 공방의 전통까지 고루 전수받아야만 비로소 대·내외적으로 공인(工人) 인정을 받는 제도이다.

㉢ 도제교육은 규모는 작지만 위에 언급한 멘토링, 코칭, 인턴십의 모든 성격을 포함하고 있다.

㉣ 장점
- 교육내용이 구체적이며 지속적이다.
- 비법을 전수받는 전문성이 있다.
- 해당 장인(공방)의 출신으로 전통성과 정통성이 있다.

㉤ 단점
- 교육기간이 길고 훈련강도가 높다.

- 개인 대 개인, 개인 대 소수의 교육이라 주관적일 수 있다.
- 당사자 간의 도제계약으로 불평등 고용계약 가능성이 있다.
- 장인에게만 절대 의존적이라 지배적 성향이 짙다.

4 도배작업의 강도

작업별 강도를 결정하는 작업하중의 기준 여섯 가지가 있다.
- 작업역
- 지속시간
- 작업속도
- 재료의 중량
- 이동성
- 위치 선정의 정확성

(1) 작업역

도배는 천장, 벽, 바닥으로 팔을 곧게 뻗어 최대 작업력을 거치는 광범위한 수평, 수직, 입체 작업력이며 반복적으로 관절을 굴신하는 작업이다.

(2) 지속시간

도배는 대부분이 공사기간이 촉박한 마감공사로서 당일 마감에서 길어야 2~3일 내에 마감하는 단기작업권에 들기 때문에 '작업 준비 → 시공 → 정리'까지가 당일이거나 수일에 불과하다. 또한 타 공종의 중·장기작업권인 골조, 목공, 설비작업 등에 비해 노동의 시간이 길며 습식공사이기 때문에 휴식으로 인한 재료의 건조가 품질과 직결됨으로 간헐적인 타 공종의 건식공사에 비해 휴식시간이 배제되는 경우가 흔하다.

(3) 작업속도

도배작업은 내부공사이며 남녀노소 누구나 수행할 수 있는 특성으로 인해 공급인력의 과잉현상이 두드러져 매우 경쟁적인 작업속도를 부추기는 이상현상의 작업특성이 심하게 나타난다. '과잉 수요 → 저가 공사비 → 초과작업량 → 품질 불량'으로 이어진다.

(4) 재료의 중량

흔히 '도배' 하면 가벼운 벽지 한 장 붙이는 아주 쉬운 작업이라는 인식이 강한데, 사실 작업대에 풀칠한 벽지 한 다발에 물통, 공구 및 기타 부재료를 동시에 들고 각 방과 계단을 오르내린다. 또 본 작업을 마감하고도 연이어 무거운 가구 배치, 마무리 청소 등 따지고 보면 중작업으로 분류되어야 한다.

(5) 이동성

도배는 협소한 실내작업이긴 하나 천장과 벽, 바닥까지 고저를 오르내림을 무수히 반복하는 이동성을 갖고 있는 작업이며 일반 평지작업이 아니라 불안전한 작업대 위의 작업으로 이동반경에 비해 작업강도는 배가 된다.

(6) 위치 선정의 정확성

동일한 중량물이라도 흐트러지게 쌓는 것과 정확히 쌓는 것은 노동의 강도는 다르다. 위치 선정이 정확할수록 정적인 근육활동이 증가하며, 그만큼 에너지대사율이 높아진다. 시공하는 재료의 정확한 위치 선정, 정밀작업 측면에서 도배의 작업강도는 모든 건축공종의 평균치를 상회한다.

02　안전사고

1　작업장 바닥에 묻은 풀에 미끄러지는 전도사고

■ 대책
- 쉽게 미끄러지지 않도록 바닥을 골판지 등으로 보양한다.
- 작업장을 깨끗이 정리 정돈한다.
- 슬리퍼나 밑창이 매끄러운 신발을 신지 않는다.

2　도배용 칼이나 기타 예리한 공구에 의한 자상사고

■ 대책
- 안전성능을 갖춘 재단자를 사용한다.
- 작업반경, 동선 확보, 주위 작업자 의식 등 안전작업에 주의를 한다.
- 작업시간에 쫓겨 성급하게 작업하지 않는다.

3　도배작업 중 감전사고

■ 대책
- 젖은 바닥은 건조시키고 공구, 장갑 등은 잘 말려서 사용한다.
- 풀기계, 풀 배합용 드릴, 기타 전동공구는 안전수칙을 준수한다.

- 콘센트, 배전반 부위 작업 시 전원을 차단시킨다.

4 풀 배합용 전동드릴에 의한 손가락 골절사고

■ 대책
- 장갑을 느슨하게 착용하지 않는다.
- 드릴전선이 드릴봉에 감기지 않도록 정리한다.
- 드릴봉에 감기지 않도록 반경 내 수건이나 기타 물체를 정리한다.

5 작업대(우마)에서 전도(넘어짐), 추락(실족)사고

작업대는 가벼워야 하나, 특히 안전에 적합한 기준을 갖춘 제품이어야 한다. 높이 조절용 다리가 견고하게 고정되어야 하며, 높은 곳 도배에서 긴 다리를 끼워 사용할 때는 안전에 특히 유의해야 한다. 규격은 폭이 넓은 것과 좁은 것이 있으며 길이도 4자, 6자, 8자 등이 있다. 발판의 폭이 넓은 제품이 안전상 유리하다.

(1) 전도(넘어짐)

원인	대책
작업대가 바닥에 미끄러져 넘어졌다.	• 설치장소는 수평을 유지하고 안정된 장소로 한다. • 다리 부분이 박힐 우려가 있는 연약지반 등의 장소에서는 사용하지 않는다.
작업대 발판 위에서 미끄러져 넘어졌다.	발판 위에 묻은 풀을 제거하고, 물체를 치운다.
작업대의 재료 및 구조 불량 또는 안전사용수칙을 지키지 않아 넘어졌다.	구조가 조악하지 않고, 강성의 재질로 제작된 제품을 사용하며, 안전사용수칙을 준수한다.
작업동작이 불안전했다.	무리한 작업동작을 수행하지 않는다.

(2) 추락(실족)

원인	대책
작업대 발판의 길이가 작업반경에 비해 짧아서 실족했다.	작업반경에 적합한 길이의 작업대를 사용한다.
작업대를 이어서 작업할 때 각 작업대의 간격이 길어서 건너는 중 실족했다.	작업대를 이어서 사용할 때는 각 작업대의 간격이 건너가기에 무리가 없도록 최장 30cm 이내로 한다.

원인	대책
작업대를 이어서 사용할 때 남자와 여자, 또는 신장의 차이로 인해 작업대의 높이 조절이 맞지 않아 건너는 중 실족했다.	동일한 공정에서는 동성(同性), 신장의 차이가 엇비슷한 작업자로 작업팀을 구성한다.
작업대 발판의 폭이 좁아서 실족했다.	작업대의 폭은 30cm 이상이어야 하며, 바닥면에서 작업대 발판까지의 높이가 1.3m 이상일 때는 안전난간대와 별도의 안전장치를 갖추어야 한다.
작업대를 시공벽체에 너무 가깝게 붙여서 실족했다.	벽체에서 30~50cm 떨어진 지점에 위치하고, 거실의 베란다 창이나 외부에 접한 창문, 기타 위험물에 근접한 지점에서 작업할 때는 작업대의 위치 선정에 특별히 주의한다.
한 대의 작업대 위에서 두 명의 작업자가 작업 중 부딪쳐서 실족했다.	한 대의 작업대 위에서 두 명의 작업자가 교행하며 작업할 때는 특히 주의하며, 두 명 중 한 명만 내려갈 때는 다른 작업자에게 의사를 미리 알려야 한다.

(3) 작업대 관리

① 작업용 발판의 점검을 수시로 철저하게 실시한다(볼트·너트 풀림, 버팀와이어로프 긴장상태 등).
② 장기간 사용하여 녹슨 다리 부분은 교체하여 사용한다.
③ 발판 위의 굳은 풀은 깨끗이 닦아서 사용한다.

🖌 참고 | 관련 법규

다음은 '산업안전보건기준에 관한 규칙(시행 2023.7.1.)' 중 추락재해예방 관련 조항이다.

제42조(추락의 방지)

① 사업주는 근로자가 추락하거나 넘어질 위험이 있는 장소(작업발판의 끝·개구부 등을 제외한다)또는 기계·설비·선박블록 등에서 작업을 할 때에 근로자가 위험해질 우려가 있는 경우 비계를 조립하는 등의 방법으로 작업발판을 설치하여야 한다.

② 사업주는 제1항에 따른 작업발판을 설치하기 곤란한 경우 다음 각 호의 기준에 맞는 추락방호망을 설치해야 한다. 다만, 추락방호망을 설치하기 곤란한 경우에는 근로자에게 안전대를 착용하도록 하는 등 추락위험을 방지하기 위해 필요한 조치를 해야 한다.

  1. 추락방호망의 설치위치는 가능하면 작업면으로부터 가까운 지점에 설치하여야 하며, 작업면으로부터 망의 설치지점까지의 수직거리는 10m를 초과하지 아니할 것

  2. 추락방호망은 수평으로 설치하고, 망의 처짐은 짧은 변 길이의 12% 이상이 되도록 할 것

  3. 건축물 등의 바깥쪽으로 설치하는 경우 추락방호망의 내민 길이는 벽면으로부터 3m 이상 되도록 할 것. 다만, 그물코가 20mm 이하인 추락방호망을 사용한 경우에는 제14조 제3항에 따른 낙하물방지망을 설치한 것으로 본다.

③ 사업주는 추락방호망을 설치하는 경우에는 한국산업표준에서 정하는 성능기준에 적합한 추락방호망을 사용하여야 한다.

제49조(조명의 유지)

사업주는 근로자가 높이 2m 이상에서 작업을 하는 경우 그 작업을 안전하게 하는 데에 필요한 조명을 유지하여야 한다.

제54조(비계의 재료)

① 사업주는 비계의 재료로 변형·부식 또는 심하게 손상된 것을 사용해서는 아니 된다.

② 사업주는 강관비계(鋼管飛階)의 재료로 한국산업표준에서 정하는 기준 이상의 것을 사용해야 한다.

제56조(작업발판의 구조)

사업주는 비계(달비계, 달대비계 및 말비계는 제외한다)의 높이가 2m 이상인 작업장소에 다음 각 호의 기준에 맞는 작업발판을 설치하여야 한다.

1. 발판재료는 작업할 때의 하중을 견딜 수 있도록 견고한 것으로 할 것
2. 작업발판의 폭은 40cm 이상으로 하고, 발판재료 간의 틈은 3cm 이하로 할 것. 다만, 외줄비계의 경우에는 고용노동부장관이 별도로 정하는 기준에 따른다.
3. 제2호에도 불구하고 선박 및 보트 건조작업의 경우 선박블록 또는 엔진실 등의 좁은 작업공간에 작업발판을 설치하기 위하여 필요하면 작업발판의 폭을 30cm 이상으로 할 수 있고, 걸침비계의 경우 강관기둥 때문에 발판재료 간의 틈을 3cm 이하로 유지하기 곤란하면 5cm 이하로 할 수 있다. 이 경우 그 틈 사이로 물체 등이 떨어질 우려가 있는 곳에는 출입금지 등의 조치를 하여야 한다.
4. 추락의 위험이 있는 장소에는 안전난간을 설치할 것. 다만, 작업의 성질상 안전난간을 설치하는 것이 곤란한 경우 작업의 필요상 임시로 안전난간을 해체할 때에 추락방호망을 설치하거나 근로자로 하여금 안전대를 사용하도록 하는 등 추락위험방지조치를 한 경우에는 그러하지 아니하다.
5. 작업발판의 지지물은 하중에 의하여 파괴될 우려가 없는 것을 사용할 것
6. 작업발판재료는 뒤집히거나 떨어지지 않도록 둘 이상의 지지물에 연결하거나 고정시킬 것
7. 작업발판을 작업에 따라 이동시킬 경우에는 위험 방지에 필요한 조치를 할 것

제68조(이동식 비계)

사업주는 이동식 비계를 조립하여 작업을 하는 경우에는 다음 각 호의 사항을 준수하여야 한다.

1. 이동식 비계의 바퀴에는 뜻밖의 갑작스러운 이동 또는 전도를 방지하기 위하여 브레이크·쐐기 등으로 바퀴를 고정시킨 다음 비계의 일부를 견고한 시설물에 고정하거나 아웃트리거(outrigger, 전도 방지용 지지대)를 설치하는 등 필요한 조치를 할 것
2. 승강용 사다리는 견고하게 설치할 것
3. 비계의 최상부에서 작업을 하는 경우에는 안전난간을 설치할 것
4. 작업발판은 항상 수평을 유지하고 작업발판 위에서 안전난간을 딛고 작업을 하거나 받침대 또는 사다리를 사용하여 작업하지 않도록 할 것
5. 작업발판의 최대 적재하중은 250kg을 초과하지 않도록 할 것

1 작업 후유증으로 인한 근골격계 질환

(1) 정의

근골격계 질환이란 신경과 힘줄(건), 근육 또는 이들이 구성하거나 지지하는 구조에 이상이 생긴 질환은 말한다. 즉 특정 신체 부위에 피로와 통증, 고통으로 잘 움직이지 못하는 등의 증상을 느끼면 근골격계 질환을 의심해 봐야 한다.

작업과 관련해 발생하는 근골격계 질환은 목, 어깨, 팔, 허리, 다리 등 국소적인 신체 부위에 발생하여 이상 및 통증을 일으키는 특징이 있으며 '적어도 1주일 이상 또는 과거 1년간 적어도 한 달에 한 번 이상 지속되는 상지의 관절 부위(목, 어깨, 팔목 및 손목)에서 하나 이상의 증상(통증, 쑤시는 느낌, 뻣뻣함, 뜨거운 느낌, 무감각 또는 찌릿찌릿한 느낌)이 존재하는 경우'를 근골격계 질환의 누적 외상장해로 정의하고 있다.

(2) 근골격계 질환을 일으키는 위험요인

일반적으로 근골격계 질환은 장기간에 걸친 단순 반복작업이나 무리한 힘이 가해지는 작업, 잘못된 자세로 작업을 수행하는 경우 등에서 발생할 수 있다.

이 중 단순 반복작업에 의해 발생하는 누적 외상성 장해가 근골격계 질환의 대부분을 차지하고 있다고 할 수 있으며, 무리한 힘이나 나쁜 작업자세 등으로 발생하는 요통도 근골격계 질환이다.

(3) 근골격계 질환의 주요 증상

허리나 다리에 발생하는 근골격계 질환은 처음부터 심하게 발생할 수도 있으나 대부분의 반복성 작업에 의하여 발생하는 근골격계 질환은 피로감이나 통증, 민감함, 쇠약함, 힘이 없음, 부어오름, 밤에 통증이나 화끈거림, 무감각 등이 먼저 발생한다. 근골격계 질환의 증상들은 3단계로 구분하면 다음과 같다.

구분	주요 증상
질환의 1단계	• 작업시간 동안에 통증이나 피로감이 나타난다. • 보통 하룻밤이 지난 아침이면 증상은 나타나지 않는다. • 작업능력의 감소가 없다. • 몇 주, 몇 달이 지속될 수 있으며, 악화와 회복을 반복한다.

구분	주요 증상
질환의 2단계	• 작업시간의 초기부터 통증이 발생한다. • 보통 하룻밤이 지나도 통증이 지속된다. • 밤에 화끈거림 때문에 잠을 깨거나 통증 때문에 잠을 못 이루는 경우가 있다. • 작업능력이 감소된다. • 몇 주, 몇 달이 지속될 수 있으며, 악화와 회복을 반복한다.
질환의 3단계	• 휴식시간에도 통증이 발생한다. • 하루 종일 통증을 느낀다. • 통증 때문에 잠을 못 이룬다. • 작업을 수행할 수 없을 정도로 움직이기 힘들다. • 다른 일을 하는 데도 어려움과 통증이 동반된다.

(4) 근골격계 질환을 유발할 수 있는 잘못된 자세 및 동작

잘못된 자세나 동작으로 작업을 하는 경우 근골격계 질환을 일으킬 수 있다. 다음과 같은 부적절한 작업자세나 동작으로 작업을 하지 않도록 유의해야 한다.

① 장시간 불편하게 지속되는 고정된 자세

② 손으로 잡기에 너무 작거나 큰 물건을 장시간 잡는 자세나 동작

③ 손목을 과도하게 굽히는 자세나 동작

④ 팔 또는 팔꿈치가 과도하게 비틀리게 되는 자세나 동작

⑤ 팔꿈치를 어깨높이 이상으로 장시간 들고 있는 자세나 동작

⑥ 팔을 옆이나 뒤로 너무 뻗치는 자세나 동작

⑦ 머리와 목을 과도하게 앞으로 굽힘, 뒤로 젖힘, 옆으로 기울임, 비트는 자세나 동작

(5) 근골격계 질환의 예방

① **단순 반복작업에 의한 질환과 장해 예방** : 사람은 손과 손목을 이용해 다양하고 복잡한 작업을 할 수 있다. 이 손과 손목은 신경과 건(腱), 인대, 뼈, 혈관 등 복잡한 조직으로 되어 있는데, 이들 조직 중 어떤 부분은 다음과 같은 것들에 의해 자극과 긴장을 받을 수 있다.

㉠ 진동공구나 장비

㉡ 반복적으로 비틀림이 있는 손운동

㉢ 불편한 자세로 손과 손목에 힘을 주어야 하는 작업

㉣ 상기 요인들이 결합된 상태로 힘을 씀

② **손목의 비틀림과 장애**

㉠ 장시간 반복적으로 비틀림이 있는 손운동

㉡ 장시간 불편한 자세로 손과 손목에 힘을 주어야 하는 작업

ⓒ 상기의 요인들이 결합된 상태로 힘을 씀

③ **예방방법**

　㉠ 연속적 작업이 아닌 단속적 작업으로 전환

　㉡ 작업 중 다른 작업과 순환교대작업

　㉢ 작업순서의 변경과 작업방식 개선

　㉣ 불편한 자세가 나오지 않도록 작업공구와 작업대 개선(인간공학적 작업분석 후 세부적 방안

　　수립)

(6) 단순 반복작업에 의한 질환과 장해

① 손과 팔에 입을 수 있는 장해

화이트 핑거 (레이놀드현상)	• 원인 　-해머, 체인톱, 로터리 그라인더, 연삭기와 같은 진동기구의 반복 사용 　-손의 혈관에 산소가 공급되지 못하여 혈관이 막힘 • 증상 　-손과 손가락의 통제능력이 상실되고 마비, 쑤심 　-피부가 하얗게 변함 　-열이나 차가움에 대한 감각을 잃고 통증 발생 • 조치 : 증상을 유발하는 작업을 중지하는 것 이외에는 효과적인 조치가 없음
트리거 핑거	• 원인 : 힘을 주어 손가락을 반복해 구부림. 예를 들어 방아쇠형 수동기구와 압축공기기구 사용 • 증상 : 손가락과 손의 통증, 부어오름, 약화 • 조치 　-원인 제거 　-휴식 　-찜질과 의사의 처방에 따른 치료
해머증후군	• 원인 : 손을 사용해 물체를 반복하여 타격하는 경우에 발생 • 증상 　-엄지손가락과 기저 부분의 손끝에 통증이 많음 　-손가락이 마비되며, 차가움에 대한 감각이 상실됨 • 조치 　-원인 제거 　-휴식 　-찜질과 의사의 처방에 따른 치료
브러시증후군	• 원인 : 반복적으로 솔을 사용하는 도배와 페인트작업자에게 주로 발생 • 증상 　-솔을 잡은 팔을 어깨 위로 올리기가 어려움 　-솔을 잡은 손과 손가락이 마비되거나 심하게 저리는 통증을 느낌 　-손목 → 팔꿈치 → 어깨 → 목 → 허리 순으로 증상이 전이, 악화됨 • 조치 　-원인 제거 　-휴식 　-가벼운 증상은 찜질, 스트레칭운동요법 　-의사의 처방에 따른 치료

② 팔에 올 수 있는 장해 예방

　㉠ 팔을 팔꿈치보다 더 높게 올려서 작업하지 않도록 함

　㉡ 팔꿈치는 몸 가까이, 팔을 낮게 유지할 수 있도록 함

　㉢ 장시간 반복적인 동작이 필요한 작업의 축소

　㉣ 힘을 주어서 물건을 잡아야 할 때 손이나 다른 근육의 힘을 경감시킬 수 있도록 인체공학
　　적으로 디자인이 잘된 전용 공구나 지렛대, 로프 등을 이용

　㉤ 근육이나 관절, 건의 굴신각도가 과도하지 않는 위치와 자세로 작업

　　예 꺾임, 비틀림 등의 무리한 동작 최소화

　㉥ 키가 큰 작업자를 위한 충분한 공간과 작은 작업자를 위한 발 받침대와 적당한 의자 등의
　　보조물 제공

2 요통

　요통은 작업 불능을 유발할 수 있는 매우 위험한 장해로 부적절한 물체의 취급과 불량한 자세, 그리고 적합하지 못한 장비의 사용은 척추에 긴장을 유발할 수 있다. 요통은 일반적으로 척추를 굽히거나 비튼 상태로 물체를 들어 올리거나 그러한 자세를 유발하는 동작을 함으로써 발생할 수 있다.

　따라서 작업장의 디자인은 작업자가 등을 똑바로 펴거나 적당한 지레장치로 작업을 할 수 있도록 만들어져야 한다. 또한 등을 굽혀 작업을 하게 만들기보다는 작업대 표면의 각도를 조절할 수 있도록 해야 한다. 물체를 들어 올리는 올바른 자세는 중량물 취급으로 인한 요통을 예방할 수 있으며 다음과 같은 요령으로 물체를 들어 올리거나 운반하면 작업으로 인한 요통을 예방할 수 있다.

① 어떻게 들 것인가를 판단하라.

　㉠ 물체를 들기 쉽게 놓고 관찰한다.

　㉡ 물체가 혼자 들기에 너무 크거나 다루기 불편하고 무거우면 도움을 요청한다.

　㉢ 물체 표면에 박힌 못이나 날카로운 모서리 등을 점검한다.

② 물체를 들어 올리는 올바른 자세

　㉠ 발디딤이 견고한지 확인한다.

　㉡ 몸을 발 중심에 오게 한다.

　㉢ 물체를 잘 잡고, 몸 가까이 끌어당긴다.

　㉣ 물체를 들어 올릴 때는 허리를 굽히거나 비틀지 않아야 하며 허리, 복부, 다리, 팔로 물체
　　의 중량을 분산시킨다.

ⓜ 유연하게 들어 올리고, 급히 들지 않도록 한다.

③ 물체 운반요령

　㉠ 어디로 들고 갈 것인지를 미리 파악한다.

　㉡ 운반통로를 확인하고, 최단거리로 운반한다.

　㉢ 안전작업범위 내에서 진행되도록 취급물체를 가까이 잡는다.

> 🖌 **참고 | 주의**
>
> 너무 무겁거나, 잡기 힘들거나, 들었을 때 시야를 가리는 물체는 운반하지 않는다. 그 대신 손수레나 이동운반기구를 사용하여 운반한다.

④ 회전요령

　㉠ 허리에 힘이 가해지기 전에 복부근육에 힘을 준다.

　㉡ 물체를 몸 앞의 안전작업범위로 유지한다.

　㉢ 허리는 비틀지 말고 발을 내딛는 방향으로 회전한다.

　㉣ 물체를 들고 운반할 때의 방향 전환은 유연한 각도와 동선으로 이동한다.

> 🖌 **참고 | 주의**
>
> 발을 내딛는 동작 없이 회전하지 말고 발을 내딛고 난 후에 몸을 돌린다. 허리가 비틀리면 안전작업범위에서 벗어나게 된다.

⑤ 적재요령

　㉠ 작업범위를 미리 설정한다.

　㉡ 사다리 같은 안전하고 견고한 장비를 사용한다.

　㉢ 물체의 모서리 부분을 잡고 들어 올릴 때에는 나의 안전작업범위를 벗어나지 않도록 손을 고쳐 잡은 후 가장자리 쪽부터 밀어 넣는다.

> 🖌 **참고 | 주의**
>
> 위험작업범위까지 팔을 뻗지 않도록 한다. 물체를 몸 가까이 하거나, 자기 몸을 이동하여 접근시켜 작업한다.

③ 안전작업범위

① 안전작업범위의 중요성

　개미나 곤충이 자기 몸보다 10~50배까지 더 무거운 물건을 나르는 것이나 사람이 냉장고와 같이 자신의 체중보다 더 무거운 물건을 운반할 수 있는데, 이는 작업자세와 작업요령에 따라 들 수 있는 중량이 달라지기 때문이다. 그러나 물체 운반작업 시에 부적절한 자세와 행동은 허리에 장애를 가져올 수 있어 이를 예방하기 위하여 팔의 이동범위를 중심으로 작업하는 것이 바람직하다.

② **가장 안전한 작업범위**

  ㉠ 몸의 무게중심에 가장 가까워야 한다.

  ㉡ 팔의 몸체 주위에 붙이고 손목만 위, 아래로 움직일 수 있는 범위이어야 한다.

③ **안전한 작업범위** : 팔꿈치를 몸의 측면에 붙이고 손을 어깨높이에서 허벅지 부위까지 닿을 수 있는 범위

④ **주의작업범위** : 몸으로부터 조금 더 떨어진 구역으로 팔을 완전히 뻗쳐서 손을 어깨까지 올리고 허벅지까지 내리는 범위

⑤ **위험작업범위** : 몸의 안전작업범위 밖

4 작업환경의 개선에 대한 실천적 방안

자동화된 사업장이 아닌 노동집약적인 일반 건축현장에서는 직업성 근골격계 질환을 예방하기 위한 작업환경의 개선은 쉽지 않다. 산재로 인한 보상비용보다는 개선비용이 훨씬 높기 때문이다.

작업환경 개선의 관계자는 해당기관, 사업주, 작업자로 구분한다. 해당기관은 관리·감독의 소임을 갖고 있으며, 사업주는 작업환경 개선에 소요되는 비용의 원칙적인 부담과 작업환경 개선 못지않게 작업자에 대한 전반적인 의식 개선으로 안전교육 지도의 의무를 갖고, 재해에 직접 노출되는 작업자는 작업환경 개선에 대한 권리를 갖는다. 그러나 모두가 근력노동을 기본으로 하는 건축현장이라는 방관적 특성과 작업현장의 이동성, 관계자 상호 간의 이해관계 및 근골격계 질환을 흔히 나이 탓으로 치부하려는 몰이해로 인해 작업환경 개선에는 무관심한 현실이다.

작업환경 개선에 대한 수혜의 주체는 작업자이지만 권리를 요구할 수 있는 구조적, 행정적인 난제와 무엇보다 경제적인 환경으로 인해 주체로서의 적극적인 역할을 기대하기는 어렵다. 그러므로 해당기관은 이미 명문화되어 있는 법률을 예외 없이 적용하고, 미흡한 부분은 시급히 개선하여야 하며, 사업주에게는 작업환경 개선에 소요되는 비용의 부담과 안전교육 지도의 의무, 그리고 재해에 직접적 인과관계를 갖고 작업자에게 격심한 노동이 강요되는 불평등한 하도급 구조의 개선이 선행되어야 마땅하다. 작업자 역시 열악한 작업환경 개선에 대한 요구를 게을리하지 말아야 하며, 선진화된 인체(인본)공학적 작업환경 개선이 전 작업장에서 이루어질 수 있도록 단체협약의 역할을 수행할 수 있는 건설노동조합의 참여와 협회의 구성이 절실히 필요하다고 생각한다.

속어	풀이	속어	풀이
가꾸부찌	문선	마이가리	가불
가다	틀, 본, 꼴	메지	줄눈
가다로꾸	견본책(sample book)	미즈바리	물바름
가도	모서리	바라시	철거, 제거
가베	벽	베다	찰붙임, 밀착
가이당	계단	보루방	전동 드릴
간죠	지불, 계산	분빠이	나누기
고구찌	마구리	빠데	퍼티(putty)
고야	창고	사꾸	공구집
곰방	운반, 배달	스기	겹쳐따기, 맞댐이음
공구리	콘크리트	스미끼리	잔액
구배	물매, 경사	시마이	끝내기
기리까이	바꾸기	시다지	바탕
기레바시	조각	시아게	잔손보기
노가다	토공(土工), 현장노동자	싱	끝선
노리비끼	시멘트 풀칠	아시바	비계
나리바끼	정배솔	야리끼리	도급주기
네바리	틈막이 초배지	오사마리	마감
노바시	숨죽임	오야지	우두머리, 반장
다데구	창호(窓戶)	와꾸	틀, 문틀
다이	대, 받침	우마	작업대
다이루	타일	우께도리	도급
단도리	준비	쟈바라	돌림띠
데나오시	보수	쿠사비	쐐기
데마찌	대기, 휴업	하리	보
데모도	조력공, 견습공	하바	폭
데즈라	출역(出役)	하바끼	걸레받이
덴죠오	천장	한바	현장 식당, 가처소
도끼다시	인조석 깔기	헤라	주걱
마끼	두루마리	후꾸로	봉투바름, 공간 초배
마끼자	줄자	히로시	표시, 눈금

PART 05 견적 및 산업안전

PART

6.

실내건축

NATION of DOBAE

23

단열과 결로

도배 선언문(도배 지편전 선언문)

도배의 기원은 궁실(宮室)이나 사묘(祠廟)·관청·사원(寺院) 등에서 권위를 상징하는 치장으로, 기둥이나 보 등에 비단이나 천을 감아서 장식했고, 2세기 초엽에 발명된 종이를 벽에 걸거나 붙이는 것에서 그 시원을 찾을 수 있다.

종이의 발명이 학계에서는 서기 105년경 중국 후한(後漢)의 채륜(蔡倫)에 의해 시작되었다는 것을 정설로 보는데, 채륜보다 이미 500여 년 이전의 낙랑 분묘에서 닥나무계통의 식물섬유 편이 출토됨으로써 중국보다 한참 이전에 이미 한반도에 고유한 제지술이 존재하였다는 설에 무게가 실린다.

우리나라 문헌의 기록을 살펴보면, 삼국시대에 활발한 제지업의 발달로 한지를 이용한 도배가 궁중과 상류층에서 시작되었다고 알려져 있는데, 그 근거로 《조선왕조실록(朝鮮王朝實錄)》 초기에 이미 오래전의 도배를 언급했고, 외에도 여러 대목에서 도배에 대한 언급이 반복되었으며, 영·정조시대에는 벽지를 찍어내는 목판을 사용하여 문양을 넣고 채색한 한지 벽지가 왕실과 반가에 사용되었고, 이 충무공이 기록한 《난중일기(亂中日記)》에도 도배의 역사가 기록되어 있으며, 《하멜표류기》와 조선 후기 판소리계 소설 《흥부전》에도 그 기록이 있다

이후 한옥의 주거형태가 완성되면서 도배가 반가는 물론 일반 평민가옥까지 확대되었으며 따라서 한지의 기술과 원료가 다양해졌고 공급도 활발해졌다.

능화판(菱花板 : 마름꽃의 무늬를 박아내는 목판)이나 보판(褓板)처럼 압인(押印)·날염(捺染) 등의 여러 가지 기법을 응용하여 무늬와 색채가 있는 벽지를 생산하여 벽장이나 두껍닫이에 붙일 그림을 인쇄하거나 수제로 그려서 다량으로 공급하였고, 도배가 살림집 치장으로 일반화되면서 도배지를 취급하는 지전(紙廛)은 호황을 누리게 되었다.

오늘날의 도배는 안방 도배에 각장지(角壯紙)를 쓸 수 있는 부잣집이면 몰라도 기름을 먹인 장판지를 살 형편이 아니거나 뛰노는 아이들의 거친 발끝에 견디기 어렵다고 생각하는 집에서는 베(麻布)를 발라서 기름을 먹이거나 콩댐을 하였고, 1900년대 이후 광목이 나오면서는 그것으로 장판을 바르는 집이 많았다. 또 호사스러운 것을 좋아하는 주인이나, 곰살궂게 자기 손으로 무엇인가 하기를 즐기는 사람은 장판지 대신에 아직 푸른 기가 있는 솔방울을 따다가 방바닥에 깔고 백토, 황토를 개어 바르고 건조 후 표면을 매끄럽게 갈고 각종 식물유를 발라 채색 감을 즐기기도 하였고 그 색조가 마치 밀화나 호박 같아서 보기에 좋고 윤기가 뛰어나서 귀중하게 여겼으며 집안의 자랑거리였다.

벽에 도배하는 벽지는 두꺼운 맹장지(盲障紙)를 썼다. 이것은 여러 겹의 종이를 덧붙여서 만드는데, 여러 가지 무늬를 찍거나 날염 또는 색을 넣어 다양하게 꾸몄다. 그 밖에도 백수백복(壽·福자를 백가지로 변형해가며 꾸민 무늬)을 인쇄하거나 그린 벽지도 등장하여 인기를 끌었고 근·현대까지 벽지디자인의 단골 아이템이었다. 창호

(窓戸)에 쓰였던 장자지(將者紙)는 외기(外氣)를 차단하며, 창호를 닫으면 벽체와 마찬가지의 감각을 느끼게 하며, 창문에서 들어오는 광선을 차단하여 아늑한 느낌을 주는 기능성 한지였다. 반자에 바르는 종이는 무늬나 색조에서 벽지와 다르게 하는 수도 있어, 종이반자나 고미반자에서 색색의 종이를 엇갈리게 붙이는 방법도 있었으니 이는 부부애가 각별한 반가 규방(閨房)의 은밀한 치장법이었다.

또 선비의 사랑방에는 담백하게 바르거나, 다 본 책을 해체하여 도배하기도 하고, 연습한 붓글씨 쓴 종이를 바르기도 하였고, 잘 사는 집에서는 미닫이 밖에 띠살의 덧문을 달고 덧문에도 창호지를 바른다. 손재주 있는 사람들은 창호지에 색지를 오려 바르거나 꽃·잎 등을 발라 장식하였다. 장자지와 더불어 갑사(甲紗)·모시 등을 바른 사창(紗窓)을 달기도 하여 여름철에 모기의 침입을 막고 시원한 바람이 통하도록 하려는 쾌적함과 더불어 고급스러운 도배에 속하였다.

더욱 우리 도배가 우수한 점은 명절이나 혼례, 이사 때 방 안을 깨끗하고 격조 있게 발라 흉화(凶禍)를 쫓고 길복(吉卜)을 기원하며 조상과 어른을 공경하는 미풍양속의 정신문화가 베어 있다는 것이다. 우리 국민이 일정 수준 도배에 대한 재해석, 역사인식이 계몽된다면 당장이라도 유네스코 세계문화유산 등재를 서둘러 추진해야 할 것이다.

외국의 방 안 치장문화의 예를 살펴보자. 우리나라는 댓돌에 가지런히 신발 벗고 깨끗한 버선발로 입실하는 동방예의지국문화인데, 미주, 유럽의 페인팅문화는 부츠 신은 채로 그대로 방 안에 들어가는 예의 불손한 침략문화의 산물이고, 아프리카, 동남아시아 및 세계 각국에 퍼져 있는 짚풀이나 갈대 등의 초목 마감문화는 우리로 치면 가축우리 수준이라 미개하고, 지중해 연안과 아랍문화권의 회벽 마감은 우리로 치면 사자(死者)의 널 주위로 습기와 충해를 막기 위해 횟가루를 덮어 씌우는 영락없는 매장문화요, 선진국이라 자처하는 일본은 다다미를 깔아 좀체 소제가 불가라 밑바닥은 세균의 온상이고 화지(和紙) 또한 한지처럼 포근하고 질기지 못한 미완의 저급 종이다. 중국이야 같은 한지문화의 맥락이라서 일부 도배문화가 이어져 오긴 하지만 우리처럼 슬기롭고 멋스럽지 않은 단순 치장에다 투박하기가 이를 데 없고 대다수가 회벽에 붉은 칠을 하는 것이 살생을 다반시 하여 방벽에 피가 튀어도 상관없는 야만전통에서 비롯되었다고도 한다.

이렇듯 선진문화 도배는 우리 민족의 문화유산 중 진수요, 선조의 지혜와 끈끈한 장인 정신이 깃들어 있는 '도배 마감' 그 자체로도 예술작품이다.

도배는 어림 800년을 이어온 면면한 전통과 5,000만 전 국민 모든 주거지의 공통 방 안 치장문화이며 그 어느 문헌에서도 유사 유추한 전래설이 없는, 단언컨대 유일무이한 고유 자생문화다. 몽골족의 전투식량에서 비롯된 된장, 임진왜란 때 왜적이 남긴 노획물 고춧가루로 개량된 김치, 반만년 역사의 각 시대마다 변형하였던 복식, 지금의 한복보다도 가장 한국적이라서 도배 종주국으로 이견이 있을 수 없다.

이렇듯 도배업이 우리 역사와 생활에 아주 소중하고 경건한 작업임에도 그 일을 하는 장인을 잡역부로 비하하는 일들이 허다하여 우리 도배사들의 긍지를 심고, 자부심을 갖기 위하여 도배의 독립을 선언하며 도배사의 거래와

업무에 소홀함을 경계하여 약속 12계를 지정하고 도배사의 고고한 근본에 따른 도배의 오행(五行)을 밝혀 도배 선언문(지편전 선언문)을 알리고자 한다.

선언
도배사는 오늘 우리나라가 세계 만국 중 유일한 도배 독립 종주국임을 선언한다.
도배사는 우리의 가장 품격 있는 인본 도배문화를 세계 만국에 전파하는 주인으로 인류 문명의 진보에 이바지하고 우리 후손이 대대로 도배 전통을 이어갈 정당한 권리를 영원히 누리게 할 것이다.

약속
하나, 우리는 건설사, 수장업체 등의 불법 재하도급, 거간적 중간 마진, 불로소득 폭리를 배척한다.

둘, 성실·건전한 거래처는 동업자 입장으로 최대한 이해와 공존을 모색하여 상생·발전을 꾀한다.

셋, 우량한 도배협회를 발족하여 도배사의 권리와 품격을 향상시키고 대외적 교섭단체로 발전하여 공동구매, 공동공사 수주, 해외시장 진출로써 국가적 실업 경제난 극복에 일익한다.

넷, 오프라인 및 온라인사이트, 밴드, 유튜브 등 정보매체를 적극 활용하여 도배 관련 업체와 소비자에게 도배와 도배사에 대한 재해석과 재인식을 도모하고 현장조건, 시공비, 공사기간 등을 적용하는 인본적 품질기준을 제시한다.

다섯, 장구한 역사의 도배 종주국 위상과 학술적 정립, 산업 발전을 위해 도배박물관 설립을 모두 힘 모아 추진한다.

여섯, 도배사는 국민의 보건, 위생 증진에 일익을 하는 고도의 전문 기능인으로 인체에 해로운 유해물질을 차단하는 친환경 시공을 기본 시방으로 한다.

일곱, 벽지제조업체, 부자재업체 등 유관업체와 긍정적 동류관계로써 도배산업 발전을 지향한다.

여덟, 초보 입문자에 대한 인격적·금전적 배려와 가능한 진로의 장을 열어 생업을 이어갈 수 있도록 노력한다.

아홉, 동료 간 거래처를 편취하는 행위는 도덕적 비난의 대상으로 규정하여 절대 상종하지 않는다.

열, 전문 기능인으로 존중받을 수 있도록 품질인증서, 등급 자격증, 하자 발생으로 인한 피해 구제, 하자 진단위원회를 구성하고 노임 체불 등에 대처할 수 있는 방안을 모색한다.

열하나, 노동 집약적이고 낙후된 시공법에서 탈피하기 위해 신기술, 신공법을 장려하고 편견 없이 현장 활용한다.

열둘, 도배자격증 취득만을 위한 단순 반복, 초하급 수준의 일선 기능교육을 혁파하여 적응력 있는 현장 실무기능과 합당한 노임을 당당히 받을 수 있는 실사구시, 이용후생적 기능교육으로 전환한다.

근본
건축의 모든 직종 중 유일하게 도배사에게만 선비 사(士) 호칭이 붙는다.
도배사의 호칭 유래가 본래 지필묵(紙筆墨)을 익숙히 다룰 줄 아는 선비에게 도배 일을 의뢰했었고, 또 도배 일이 조지소(造紙所) 등 제지관청의 생산책임자로 임명받은 지장(紙匠)이 수행하는 유관업무였기 때문이다.
현재의 우리가 도배사 호칭에 조금도 의아함 없이 익숙한 연유이다.

도배사의 오행 덕목

몸소 더러움을 감싸 깨끗함을 보여주는 인(仁)과,

건축재료에서 발산되는 유해물질의 공격을 막아주는 의(義)와,

두께가 얇아 자신을 드러내지 않고 가구며 소품으로부터 물러서는 예(禮)와

모든 것으로부터 양보하되 결국 실(室)의 정서를 좌우하는 주인이 되는 지(智)와

맨살을 비벼대도 거리낌이 없는 신(信)이 있으니

이 '仁義禮智信'을 시공하는 도배사는 가히 선비가 아니겠는가!

CHAPTER 23 | 단열과 결로

01 단열

건축물의 실내 열손실을 차단하여 효율적인 건축환경으로 주거를 쾌적하게 하고 건축물의 수명과 구조재와 실내 마감재의 사용연한을 연장하며 유지·관리비용을 절감하는 데 그 목적이 있다.

1 단열재의 종류

(1) 무기질 단열재

① **광물질류** : 석면(asbestos), 암면(rock wool), 펄라이트(perlite)
② **유리질류** : 글라스울(glass wool), 기포유리(foam glass), 유리블록(glass block)
③ **금속박류** : 알루미늄펠트(aluminium felt), 알루미늄포일(aluminium foil)

(2) 유기질 단열재

① 동·식물성 섬유
② 목질재

(3) 화학합성 단열재

① **발포 폴리스티렌**(foam polystyrene) : 스티로폼, 아이소핑크
② **발포 폴리우레탄**(foam polyurethane) : 우레아폼, 우레아판
③ **발포 폴리에틸렌**(foam polyethylene) : 파이프 보온재, 테이핑 보온재

2 단열재의 조건

① 내화성, 내부식성이 우수할 것

② 열전도율과 투습률이 낮을 것

③ 비중이 낮아 가볍고 현장 가공이 용이할 것

④ 사용연한이 길고 시공 후 변형이 없을 것

⑤ 보건, 위생적이며 연소 시 유독가스가 발생하지 않을 것

⑥ 가격이 저렴하고 품질이 균질할 것

3 시공

(1) 보관 및 운반

① 운반, 취급 시 규정 이상의 적재로 인한 변형과 파손에 주의한다.

② 재질과 용도별로 분리하여 보관한다.

③ 합성수지 단열재는 직사일광 노출을 차단한다.

④ 화재 예방에 상당한 주의가 필요하다.

(2) 시공 시 주의사항

① 방화, 내화 요구성능에 적합한 단열재를 선정한다.

② 단열재 이음은 원칙적으로 겹침이음과 반턱이음으로 시공하며, 이음 부위를 밀실하게 한다.

③ 맞물림이음제품일 경우에는 이음 부위에 지정 테이핑, 모르타르 등 단열성능을 저하시키지 않는 적합한 보강작업을 한다.

④ 개구부 주위는 이음 부위에 유격이 생기지 않도록 특히 밀실하게 시공한다.

4 단열공법

(1) 벽체

① **외단열공법** : 건물의 외측에 단열재를 시공하는 공법으로 시공규모가 크나 건물 내부면적을 감소시키지 않고 결로 방지와 단열효과가 우수하다.

② **중공벽공법** : 조적공사에서 50mm 스티로폼이나 암면 등의 단열재를 공간에 채우고 공간벽 쌓기를 하고, 내벽은 석고보드로 마감한다. 단열효과가 우수하다.

③ **내벽 석고보드 마감공법**

 ㉠ 콘크리트나 조적벽체에 각목틀을 짜고 스티로폼을 대고 석고보드로 덧대 마감하는 내벽 벽단열공법으로 단열효과가 비교적 우수하다.

 ㉡ 스티로폼과 석고보드 중 한 가지만 선택하여 시공한 경우에는 시공은 간편하나 단열효과

는 현저히 떨어진다.

④ **단열시트붙임공법** : 판형(板形)제품이나 두루마리 시트재를 지정 접착제를 사용하여 벽체에 부착시키는 벽단열공법으로 시공은 가장 간편하고 공사비용이 절감되지만, 우수한 단열효과는 기대하기 어렵다.

(2) 천장

① **슬래브(slab) 단열공법** : 지붕 콘크리트 위에 단열재를 시공하고 방수펠트를 깔은 후 그 위에 경량콘크리트와 누름모르타르로 마감하는 공법이다.
② **단열판재 설치** : 내단열공법으로 통칭 텍스라고 하는 경질 보온판재를 설치하거나, 석고보드를 2play 시공하고 천장의 공간층에 우레탄폼을 뿜칠하여 고르게 채워 경화시키며 암면이나 석면재를 깔기도 한다.
   ※ 근래에는 단열재 중 발암물질 검출, 환경 폐기물 등의 규제로 재료 선택에 신중을 기해야 한다.

(3) 바닥

건물 내부에서 지반으로 허비되는 열손실을 줄이기 위한 공법으로 방습층과 단열층을 시공하여 바닥의 동결 방지와 습기 침투를 차단한다.

02 결로

1 결로의 개요

건축물의 실내는 습공기를 포함하고 있는데 내·외부의 온도차(온도구배)가 클 경우 외기에 직접 접한 차가운 벽면으로 습공기가 집중되어 물방울이 맺히는 것을 결로라 한다. 여름철에 지하실 벽에 물이 흐르는 것, 차가운 음료를 채운 유리컵의 표면에 물방울이 맺히는 것, 겨울철 유리창에 성애가 생기는 현상도 결로와 같은 이치이다.

겨울철 도배 시공 직후에 벽체에 물이 흐르듯 심한 결로가 발생하는 것은 습공사인 도배로 인해 실내습도가 포화습도상태가 되었기 때문이다.

(1) 결로의 원인

① 단열 시공 누락, 불량

② 내·외부의 온도차

③ 환기 부족

④ 거주자의 생활환경(가습기, 조리, 세탁물 건조 등으로 인한 실내가 포화습도상태)

(2) 결로의 피해

① 거주자의 건강 침해, 실내 쾌적성 저하

② 습윤, 결빙, 동해 등으로 건축자재와 가구의 변형

③ 마감재의 조기 노후

④ 결로로 인한 도배의 하자 발생

　　㉠ 도배지의 변색, 얼룩

　　㉡ 곰팡이 발생

　　㉢ 장기간 수분침투로 인한 접착력 저하로 가장자리 들뜸, 이음매 벌어짐, 파열 등

　　㉣ 결로 부위의 마감재 변형으로 인한 도배의 변형(뒤틀림)

(3) 결로가 주로 발생하는 위치

① 외기에 직접 접한 벽체　　　　　　② 북향의 벽체

③ 창·문틀 주위　　　　　　　　　　④ 현관 방화문 주위

⑤ 상부층의 천장　　　　　　　　　　⑥ 다락방, 지하실

2 결로의 종류

(1) 일반 결로

정상적인 결로로 냉난방으로 인한 실내습도의 변화로 인한 간헐적 결로이다.

(2) 표면결로

단열재의 성능이 실내환경에 비해 낮거나 결로 부위의 표면온도가 실내공기의 노점온도보다 낮을 때 발생하며 계절에 따라 지속적으로 발생하는 가장 흔한 결로이다.

(3) 내부결로

눈으로 보이지는 않지만 건물구조체의 내부에 온도와 습도의 불균형으로 발생하는 결로로 건물의 수명을 단축시키며 표면결로로 이어진다.

3 결로의 대책(방지)

(1) 단열대책

단열 시공을 보강하고 이중창을 설치하며 개구부 주위의 기밀성을 충족시킨다.

(2) 난방대책

수증기가 발생하는 난방기기 사용을 억제하고 낮은 온도로 장시간 난방하는 것이 효율적이다.

(3) 환기대책

① 환기시설을 갖추거나 환기를 자주한다.
② 외출 시 창문을 조금 열어둔다.
③ 욕실이나 주방 등 다량의 습기가 발생하는 곳은 집중적인 강제 환기를 시킨다.

(4) 생활습관

① 생활환경을 조절하여 실내습도를 낮춘다.
② 따뜻한 낮에는 창문을 열어두는 개방형 생활습관을 갖는다.
③ 북향이나 외벽 쪽에는 붙박이장이나 가구를 설치하여 공기순환을 차단시키지 않도록 한다.

24

도배와 색채

도배 36道(36計)

1. 일당과 일거리를 쫓기보다 동료를 더 쫓아가라.
   일당과 일거리에 집착하면 더 소중한 동료를 잃는다.
   삼가 인간관계를 우선하니
   – 이를 仁이라 한다.

2. 불의한 공사를 수주하지 마라.
   "네 이웃의 재물을 탐내지 마라."
   동료 거래처를 탐내지 말고 수입을 독식하지 않고
   도배판의 질서에 엄격하니
   – 이를 義라 한다.

3. 동료에 인색할 바엔 차라리 가족에게 인색하라.
   적자공사일지라도 궁색하지 않은 밥과 술로 대접하고
   작업이 끝나면 미소를 지으며 지갑을 열어 후한 일당으로 답례하니
   – 이를 禮라 한다.

4. 무식은 도배사에게 제1의 적이다.
   "배우고 때로 익히면 미쁘지 아니한가."
   문무를 겸비하니 바로 선비 도배사라.
   – 이를 知라 한다.

5. 동료는 한 배를 타고 있는 아군이다.
   경력과 기술의 차이는 인정하되 인격적인 신뢰는 동등하다.
   작업 중 불쑥 화를 냈다면 즉시 작업을 중단하고 화해의 제스처를 취하라.
   작업 중에는 일심동체로 믿고 의지하며 최선의 작품에 몰두하니
   – 이를 信이라 한다.

6. 도배작업은 면벽수행(面壁修行)이다.
   작업의 자세가 무아의 경지에 몰입하는 진지함으로 임하면 사람도 절로 진지해진다.
   – 이를 眞이라 한다.

7. 도배의 가장 기초적인 밑작업은 선을 품는 것이다.
  심성에 선함이 없다면 풀칠도, 솔질도, 칼질도 모두 헛되고 헛되니
  도배사는 모두가 선남선녀(善男善女)라.
  – 이를 善이라 한다.

8. 몸과 마음이 단정하니 절색이로다.
  공구와 복장이 정결하고 적은 돈일지라도 정확하고 여유롭게 계산하는 마음씨를 보이니
  – 이를 美라 한다.

9. 저질 도배사를 만나면 이를 단호히 응징한다.
  그들의 언행을 개나 소를 보듯 무시하고 잔머리 잔재주는 잔인하게 제압하되
  바로 돌려보내거나 작업을 마친 후에는
  일당에 웃돈을 얹어주는 배포로 막판까지 제압하니
  – 이를 强이라 한다.

10. 품질의 결과, 작업의 난이도, 결제의 가부 등에 두려움을 갖지 말라.
  요즘 도배판이 그야말로 전쟁 같은 도배라 의뢰인, 현장관리자, 작업환경 등에
  주저함이 없이 거침없이 작업하니
  – 이를 勇이라 한다.

11. 동료의 입방정과 여자 도배사의 앙탈은 풀 바른 한지 다루듯 한다.
  알면서 속아주고 속아주면서 다시 속이고, 결국 제대로 된 도배로 마감하니
  – 이를 賢이라 한다.

12. 일당만 벌지 말고 동료의 마음도 벌어라.
  작업이 끝나면 모두가 형님, 아우이다.
  고된 작업으로 얻은 전리품을 흡족하게 나눠주고
  내 일당을 털어 김치에 막걸리 한 사발을 놓고도 화기애애한 회식을 베푸니
  – 이를 愛라 한다.

13. 인간에게는 종족 번식 본능이, 도배사에게는 문하수련(門下修鍊)의 본능이 있다.
  옛말에 재주를 두고

십 년이면 입문이요,

이십 년이면 견줄 수 있고,

삼십 년이면 문파를 이루어 비로소 가르칠 수 있다고 하였다.

이제 시대가 시대이니 만큼 어느 정도 숙련된 도배사라면

수하에 가르침의 문하생을 두어야 한다.

도배기술을 가르쳐 기르고 그 도배기술로 가정의 양육이 이루어진다면

이 또한 바람직한 짓거리니

— 이를 養이라 한다.

14. 삼라만상 모든 자연의 이치에 깨달음이 있으라.

바람 불면 풍속에 하자를

비가 오면 습도에 건조를

눈이 오면 동결에 접착을

넓은 대로는 긴 장폭 천장

좁은 골목은 각진 모서리

예쁜 여자는 꽃벽지

술을 마시면 풀과 물의 비율

잠을 자면 양생기간

다시 해가 뜨면 기초작업….

오감(五感)으로 접하는 모든 것을 내 도배기술로 적용하니

— 이를 覺이라 한다.

15. 나부터 살어리랏다.

유해물질을 발산하는 자재는 소비자 이전에 먼저 도배사의 건강을 해치니

사람을 살리는 도배만 하겠소.

— 이를 活이라 한다.

16. 도배사는 밝음의 자식이라.

도배는 어두움을 몰아내는 밝음의 작업이다.

술수와 농간의 어두운 성품을 경계하여 밝은 낯빛, 밝은 마음으로 즐겁게 도배하니

— 이를 明이라 한다.

17. 진보가 있으라.

어제와 오늘, 작년과 올해를 그 나물에 그 밥으로 산다면

도배는 헛된 노동일 뿐,

목표를 정해 꾸준히 정진하니
- 이를 成이라 한다.

18. 도배 건달(乾達)이 되거라.
   도배사가 쪽팔리면 양아치.
   차라리 부러져라. 공사 수주에, 하자에 읍소하지 말라.
   1원만 깎자 해도 일도양단 자르고, 하자는 돈으로 막아라.
   쾌남 도배사로 기억되니
   - 이를 快라 한다.

19. 통하였느냐.
   도배에 통하고 자연의 이치에 통하려면
   음양의 이치에도 통해야 하느니
   지 세상에 빠져나온 근본도 모르면서
   어찌 도배를 알려 하느냐.
   - 이를 通이라 한다.

20. 성(聖)과 속(俗)은 매일반.
   위선의 백면서생으로 너무 고고한 척,
   껍데기 도배사로 살지 말라.
   도배사는 도배로 말한다.
   원효가 썩은 해골물을 마시고도 해탈하였으니
   - 이를 俗이라 한다.

21. 보리밥에 나물 먹고 물 마시니 세상이 이리 족하누나.
   대들보로 쓰일 나무, 서까래로 쓰일 나무가 따로 있다.
   서까래로 대들보를 세우니 집이 무너진다.(기술이 기준이 아니라 그릇이 기준이다)
   도배판도 나는 나대로 너는 너대로….
   - 이를 足이라 한다.

22. 다르다고 틀린 것이 아니다.
   남이 하고, 선배가 하고, 선생이 하고, 모두가 하고
   나도 그렇게 하다가 나무아미타불
   다 틀려버린 도배판이 되었구나.
   도배기술은 다수결원칙이 아니올시다.

나는 나다.
– 이를 殺이라 한다.

23. 취중진담이니 취중진품이다.
명품은 취함에서 나온다.
고독에 취하고, 일념에 취하고, 가난에 취하고, 술과 여자에 취하고
멀쩡한 정신으로 무슨 도배?
멀쩡한 정신을 스스로 망가뜨려 취하니
– 이를 醉라 한다.

24. 상념에 빠지면 현실이 극복된다.
아침에 현장 가다가 문득 새로운 시공방법에 빠져 앞차를 들이받은 적도 있고
엉뚱한 길로 들어가 한참을 헤맨 적이 수없이 많다.
그래도 득실을 따지니 얻은 것이 훨씬 많다.
이쯤에서 지루할 것 같아 천기누설 한 가지 공개한다.
내가 처음 도배에 입문하여 구식 전화기통을 수없이 도배하였다.
각과 돌출, 급한 라운드 등 도배에 가장 어려운 조건들을 모두 갖추었는데
애초 공장에서 제품으로 나온 것처럼 감쪽같이 도배하였다.
내가 도배판에서 은퇴하기 전, 죽기 전에 꼭 한 번 해보고 싶은 것은
여자(남자)의 알몸을 상처 하나 없이 완벽하게 도배하고 싶다.
왜냐고, 살아있는 짐승도 도배가 가능한지…
하여 요즘 간혹 망중한에 상상으로 연습하고 있다.
아주 은밀한 부분까지…
– 이를 念이라 한다.

25. 침 뱉은 우물을 다시 찾으니 인연을 끊지 말라.
도배는 붙이는 작업
천장지를 함께 붙이고
벽지를 이어 붙이고
창호지를 걸쳐 붙이고
장판지를 겹쳐 붙이고
떨어지는 벽지도 다시 붙이니
– 이를 緣이라 한다.

26. 일하지 않는 자는 먹지도 말라.
   학문이 깊어 천 편의 시를 외운들
   힘써 바르지 않고
   벽지 한 롤 옮기려 하지 않는다면 무엇에 쓰겠는가.
   궂은 일 먼저 하니
   – 이를 勞라 한다.

27. 나누어 공덕을 쌓으라.
   항아리 곡식이 넘치면 쥐가 들끓고
   일거리 넘치면 하자만 접수되니
   넘치기 전에 나누고 또 나누어도
   타고 난 그릇대로 제 몫은 그대로니
   – 이를 分이라 한다.

28. 거칠게 살아야 도배가 고와진다.
   "오랑캐 땅에 살아도 군자가 사는 곳은 누추함이 없다."고 공자가 말했다.
   스티로폼을 온돌 삼고 벽지를 이불 삼아
   풀방도, 컨테이너도 특급호텔로 여기고 편히 쉬라.
   풍찬노숙(風餐露宿)도 도배수련의 필수 과정
   – 이를 野라 한다.

29. 도배를 가볍게
   도배는 우마타고 칼 휘두르는 마상무예라
   둔한 몸뚱이를 경계하라.
   장수가 허벅지 비육을 개탄하듯
   날랜 몸으로 작업에 출전하라.
   – 이를 輕이라 한다.

30. 바람과 함께
   도배와 바람은 상극이 아닌 상생이다.
   초배는 적당한 바람으로 말리고, 정배는 바람을 막는다.
   바람을 일으키고 바람을 막는 도배사
   언제나 풍운 도배사가 나와 도배독립이 되려나
   – 이를 風이라 한다.

31. 도배판이 천하장사 씨름판

　　여자와 노인 도배사는 힘쓸 일이 없구나.

　　변강쇠 도배사가 벽지고, 풀이고, 기계고 번쩍 들어 옮기니

　　옹녀들 까무러치겠네.

　　– 이를 力이라 한다.

32. 통 큰 도배

　　자세도 크게, 연장도 크게, 목소리도 크게….

　　크게 놀다 보면 큰일도 나지만 크게 성공도 하리

　　모름지기 도배사는 선비라 대인의 풍모가 잡혀야

　　– 이를 巨라 한다.

33. 고이면 썩는다.

　　거래처도 그대로, 기술도 그대로, 만나는 사람도 그대로, 꿈도 그대로….

　　둥지를 떠나라.

　　팔도가 도배판이니 도배사여 나가 놀아라!

　　– 이를 出이라 한다.

34. 잡념을 버려라.

　　"도를 행함을 즐거워하여 근심도 잊고 늙어가는 것도 모른다."

　　공자 왈이다.

　　도배하면서 쓸데없는 염려하면 몸 다치고 하자만 나니

　　다 잊고 도배만 생각해라.

　　– 이를 忘이라 한다.

35. 비우고 비워야 참 나(我)를 만난다.

　　공사비도 주고, 기술도 주고, 연장도 주고, 자존심도 주어라.

　　도배 인생무상하여 공수래 공수거.

　　모두 주고 떠나 도배사로만 남으리.

　　– 이를 空이라 한다.

36. 고수의 야망도 버리고, 원대한 이상도 버리고 본래대로 공(空)으로 돌아갈지니

　　도배는 나를 극복하는 해탈의 경지.

　　힘들게 작업하고도 얼굴이 밝고

　　대형 하자로 큰 돈이 나가도

관계자와 대판 시비로 열불이 나도
집에 가서는 오늘 정말 대단했다고, 역시 신이 내린 손이라고 뻥을 친다.
드디어 지극한 풍류도배의 경지에 이르니
– 이를 道라 한다.

CHAPTER 24 | 도배와 색채

01 도배

▲ 'Eijffinger'가 뜨면 디자이너와 마니아층에서는 전체 콘셉트를 수정할 수밖에는 없다. 컬러의 강렬함이 절충의 여지가 없기 때문이다. 일반적으로 벽지의 퀄리티를 평론하자면 패턴, 컬러, 질감, 소재, 그리고 가장 중요한 시공이 있겠다. 아이핑거 벽지를 평론하자면 컬러 부분만큼 은 색채의 귀재들이 작업했을까? 컬러 자체로도 스토리가 되는 유일한 벽지이다.

▲ '근대 건축의 아버지'로 불리는 윌리엄 모리스(영. William Morris, 1834~1896)의 벽지디자인 '핑크 앤 로즈'이다. 짙은 노란색 꽃문양과 바탕색인 청자색의 보색대비와 병치혼합으로 색채 심리학적으로 묘한 여운을 풍기는 걸작이다.

◀ 윌리엄 모리스의 벽지디
자인 작품이다. 신비감
이 감도는 아라베스크한
색감과 패턴이다. 식물
의 줄기와 꽃이 다소 무
질서하면서도 '정돈된 화
려함'의 극치를 보여준
다. 1972년 프린트되어
제품으로 시판되었다.

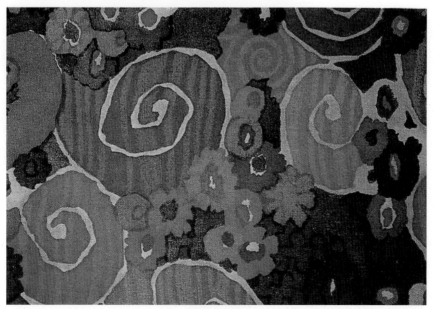

▲ 잭 르노아 라슨의 실크스크린 벨벳벽지이다. 분명 무질서한 디자인임에도 동색대비로 인해 질서
화된 차분함으로 '발상의 전환'을 증명해주는 작품이다.

◀ 1850년경 블록프린트로 인쇄된 프랑스벽지이다. 패턴의 기교와 배경색으로 금방 튀어나올 것 같은 입체적인 역동감이 강하게 느껴지는 작품이다.

PART **06**

실내건축

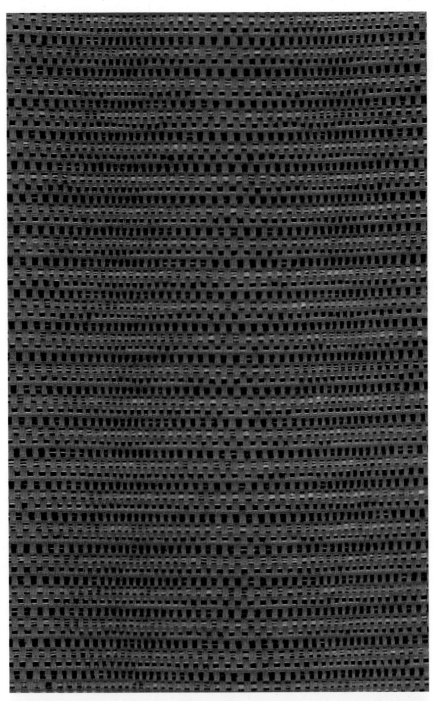

▲ 1888년 '인류의 지리지식 확장을 위하여'라는 슬로건으로 출발한 미국의 내셔널 지오그래픽협회 (National Geographic Society)는 학술지에 가까운 사진잡지사로 시작했고 점차 다양한 생활기구아이템까지 확장하여 현재는 글로벌브랜드로 이미지를 굳혔다. 내셔널 지오그래픽의 벽지는 디자인의 소재를 자연에서 얻는다.　　　　　　　　　　　　　　　　－ inspired by nature
소개하는 벽지는 아마존 브라운톤의 진한 갈색계열로 디자인되어 있다. '문명의 거부' 원시적인 영감을 불러일으키는 제품이다.

▲ 자하 하디드(Zaha Hadid)는 1950년 이라크 바그다드 출생으로 여성 최초로 건축 최고상인 프리
츠커상을 수상한 현대 건축의 거장이다. 하버드, 콜롬비아, 예일, 빈 응용예술대학에서 강의하였
으며 주요 작품은 '비트라 소방서', '파에노 사이언스센터', 'BMW빌딩' 등이며, 우리나라에는 현
재 공사 중인 동대문역사 설계공모에 당선되어 잘 알려져 있다. 자하 하디드의 디자이너벽지인
Art Boaders사의 제품이다. 그라데이션기법에 짙은 음영을 가미하여 평면의 벽지를 입체화시켜
유연하면서도 역동적인 벽체의 미학을 보여주는 기발한 디자인이 압권이며 이미 추종을 불허하
는 제품들이다.

Racsh사의 벽지디자인이다. 이미 1861년부터 벽지와 커튼을 주아이템으로 하는 독일브랜드로, 소개하는 제품은 회화기법의 디자인이다. 기계로 찍어낸 벽지라기보다 벽지를 바르고 직접 손으로 빠르게 그린 크로키로 느껴진다.

PART 06

실내건축

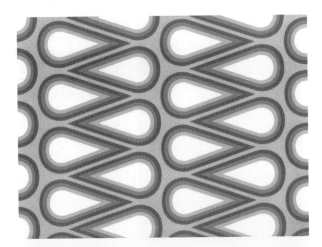

독일 Marburg사의 벽지는 펄프와 부직포가 혼합된 원단에 디지털디자인기법을 가미한 벽지가 주종이다. 시각적 쾌감을 주는 매우 판타스틱한 패턴이지만 우리나라의 정서상 베이직스타일층에서는 망설이는 제품이다.

▲ '1974년 전신이 설립되어 초기에는 벽지와 커튼 위주로만 주력하다가 1996년 본격적으로 'CASADECO'라는 브랜드로 출발하면서 다양한 생활기구, 소품까지 생산하였다. 우리나라에서는 대중적으로 익히 알려진 브랜드이다. 주로 까사 데 코의 벽지디자인은 꽃과 식물을 소재로 프로방스한 느낌과 구도적 디자인을 절충한 프랑스다운 제품이 주를 이룬다.

02 색채학

건축의 모든 공종 중에 색 이해를 가장 많이 필요로 하는 공종이 도배이다. 도배에서 색을 무시한다면 도배는 한갓 반복적으로 종이를 붙이는 단순 무지한 작업이 될 것이다. 도배는 색을 통해 지각을 나타내고 에너지를 얻으며 의사소통을 하는 작업이다.

1 색지각

(1) 빛

① 인간의 눈으로 지각할 수 있는 전자파 중 가시광선은 380~780nm까지의 범위이다.
② 자외선, X선은 380nm보다 짧은 파장이다.
③ 적외선, 전파는 780nm보다 긴 파장이다.

(2) 빛과 색

① **뉴턴(영국, 1642~1727)**

　　㉠ 빛의 직진성을 입자의 흐름이라 주장하는 스펙트럼 입자설이다.

　　㉡ 프리즘을 통해 빛의 굴절을 백광시켜서 스펙트럼을 발견한다.

　　㉢ 파장이 길면 굴절률이 작고, 파장이 짧을수록 굴절률은 커진다.

② **하위헌스(네덜란드, 1629~1695)** : 빛의 진동에 의해 색감각이 생긴다는 파동설을 주장하였다.

(3) 색각

① **헤링의 4원색설, 반대색설** : 빛에 의해 분해와 합성의 반대작용이 동시에 일어나고, 그 반대의 비율에 의해 색지각이 이루어진다.

② **영–헬름홀츠의 3원색설** : 망막조직의 적, 녹, 청의 색광을 감지하는 시신경세포가 있고, 시신경세포의 흥분과 혼합에 의해 색지각이 이루어진다.

(4) 연색성

　　같은 색이라도 조명에 따라 색이 달라 보이는 성질이다.

(5) 색순응

　　사람의 눈이 조명에 의해 익숙해지면서 순응하는 성질이다.

① **명수능** : 밝은 곳에서 눈의 추상체가 시야의 밝기에 순응하는 성질이다.

② **암수능** : 어두운 곳에서 눈의 간상체가 시야의 어두움에 순응하는 성질이다.

2 색의 분류

(1) 유채색과 무채색

① **유채색** : 순수한 물체색을 제외한 색기가 있는 모든 색이다.

② **무채색** : 채도가 없는 색으로 명도만 가지고 있는 모든 색(백색, 회색, 검정색)이다.

(2) 색의 3속성

① **색상**(H : hue)

　　㉠ 빨강, 노랑, 파랑과 같은 색이름을 말한다.

　　㉡ 비슷한 색을 순차적으로 나열한 것이 색상환이다.

ⓒ 색생환의 가까운 색은 유사색, 반대색은 보색이다.

ⓔ 보색을 혼합하면 무채색이 된다.

② **명도(V : Value)**

ⓐ 밝기의 정도를 말한다.

ⓑ 1. 2. 3. 4. 5. 6. 7. 8. 9. 10.
　└ 저명도 ┘ └ 중명도 ┘ └ 고명도 ┘

③ **채도(C : chroma) : 선명도의 강약을 말한다.**

ⓐ 순색 : 채도가 높은 색

ⓑ 탁색 : 무채색이 포함되어 선명하지 못한 색

3 색상환

(1) 뉴턴의 색상환

① 최초의 색상환이다.

② 스펙트럼을 휘어서 조성, 물리적인 관점으로 보면 과학적이지 못하다.

(2) 먼셀의 색상환

① 같은 간격으로 구성된 색상환이다.

② 적(R), 황(Y), 녹(G), 청(B), 자(P)의 다섯 가지 주요 색과 사이의 중간색인 주황(RY), 황녹(YG), 청녹(BG), 청자(PB), 적자(RP)를 포함한 10색상을 각각 10단계로 나누어 100색상환을 만들었다.

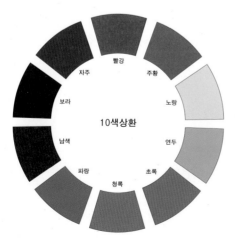

▲ 먼셀의 10색상환

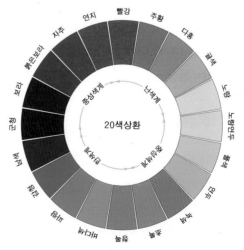

▲ 먼셀의 20색상환

(3) 오스트발트의 색상환

① 적(R), 황(Y), 녹(G), 청(B)의 4가지 색상의 각각의 중간색인 주황, 자주, 청녹, 황녹을 합한 8색상을 3등분 하여 24색상이 되게 하였다.
② 24색상환의 반대편 색은 보색이 되며, 인접색은 동색이 된다.

4 색혼합

(1) 가산혼합

① 빛의 혼합이며, 보색의 혼합은 백색이다.
② 빛의 3색인 적(R), 녹(G), 청(B)의 색광을 혼합하면 혼합할수록 명도가 높아진다.
③ 보색끼리의 혼합은 흰색이다.
④ 적(Red)+녹(Green)=황(Yellow), 청자(Blue)+적(Red)=자주(Magenta), 청자(Blue)+녹(Green)=청(Cyan), 청자(Blue)+적(Red)+녹(Green)=백색(White)

(2) 감산혼합

① 물감의 혼합이며, 혼합할수록 명도가 낮아진다.
② 보색끼리의 혼합은 검정에 가까운 색이 된다.

(3) 중간혼합

① **병치혼합**
  ㉠ 각기 다른 색을 조밀하게 병치하면 혼색으로 보이는 현상
  ㉡ 색의 혼합이 아닌 시각적 혼합
② **회전혼합** : 각기 다른 색을 인접하게 하여 회전시키면 면적에 비례하여 중간색으로 혼합되어 보이는 현상

5 색대비

① **색상대비** : 각기 다른 두 색을 놓고 볼 때 본래 색상보다 색상의 차이가 뚜렷하게 느껴지는 대비
② **명도대비** : 명도가 다른 두 가지 색을 놓고 볼 때 밝은 색은 더욱 밝게, 어두운 색은 더욱 어둡게 느껴지는 대비
③ **채도대비** : 채도가 다른 두 가지 색을 놓고 볼 때 채도가 높은 색은 더욱 진하게, 채도가 낮은 색은 더욱 연하게 보이는 대비

④ **동시대비** : 각기 다른 두 가지 이상의 색을 동시에 볼 때 일어나는 대비

⑤ **보색대비** : 색상이 보색인 두 색을 놓고 보면 서로 돋보이게 느껴지는 대비

⑥ **면적대비** : 같은 색상이라도 면적이 넓을수록 명도와 채도가 높아보이는 대비

⑦ **계시대비** : 먼저 본 색의 영향이 나중에 보는 색에 계시적으로 혼색되어 보이는 대비

⑧ **연변대비** : 각기 다른 두 색이 붙어 있을 때 경계 부분에서 색상, 명도, 채도의 대비가 뚜렷하게 느껴지는 대비

⑨ **한난대비** : 차가운 색과 따뜻한 색이 붙어 있을 때 차가운 색은 더욱 차갑게, 따뜻한 색은 더욱 따뜻하게 느껴지는 대비

⑩ **색의 동화** : 인접한 색으로 동화되게 느껴지는 대비

⑪ **명시성** : 각기 다른 색이 같은 거리에 같은 면적이어도 한 색이 여러 가지 대비의 요인으로 먼저 눈에 들어오는 현상

⑫ **잔상** : 망막이 색자극으로 흥분(피로)되어 있을 때는 그 자극이 사라져도 잔상으로 남아있는 현상

6 색의 효과

(1) 중량감

고명도는 가볍게 느껴지고, 저명도는 무겁게 느껴진다.

(2) 온도감

색상에 따라 한색, 난색, 중성색으로 느껴진다.

① **한색** : 청색, 청녹색, 남색

② **난색** : 적색, 주황색, 보라색

③ **중성색** : 연두색, 초록색, 보라색, 자주색

(3) 흥분(진정)색

난색, 고채도는 흥분색이며, 한색, 저채도는 진정색이다.

(4) 진출(후퇴)색

① **진출색** : 난색, 고명도, 고채도의 색상

② **후퇴색** : 한색, 저명도, 저채도의 색상

(5) 강약감

고채도의 색은 강하게, 저채도의 색은 약하게 느껴진다.

7 색상과 도배

- 실내의 가구 배치가 물리적인 구도인 반면, 도배는 시각적인 구도이다.
- 다소 무질서한 실내라도 질서를 부여하고 밋밋한 분위기, 공간의 폐쇄성, 거주자의 감정, 가치의 변화까지 주도하는 것이 도배의 범위이다.

(1) 균형

① 사과는 아래로 떨어진다.
② 가구는 바닥에 놓인다.
③ 큰 것 위에 작은 것들로 장식한다.
④ 아래로 향할수록 저명도, 위로 향할수록 고명도를 선택한다.
⑤ 사실 자세히 들여다보면 우리가 거주하는 실내공간은 '중력의 법칙'에 중독되어 있다.
⑥ 그리스신전의 주두(capital, 柱頭)의 조각은 상부에 집중되어 있고, 비잔틴양식의 성당은 천장이 둥근 돔형으로 매우 장식적이며, 고딕의 건축물은 첨두아치로 최상부에 포인트를 두었다. 이 모두가 균형의 이치에 맞는 기법이다.
⑦ 물리적으로도 무거운 침대가 놓인 벽면에 무거운 배경의 포인트벽지를 시공하니 방은 무너지고 있다.
⑧ 베란다 창 쪽에 접한 벽체에 후퇴색의 도배지를 시공하면 시원한 베란다 창의 심리적 작용은 반감될 것이며, 색에 민감한 사람은 극단적인 상황에서 자살충동을 느낄 수도 있을 것이다.
⑨ 우리나라 도배문화의 가장 큰 걸림돌은 천장은 따지지 않고 너 나 할 것 없이 백색으로 가는 단조로움에 있다. 밋밋한 천장은 과감한 패턴으로 시도하여 고정관념을 탈피하는 도배가 절실히 필요하다. 무거운 가구와 복잡한 장식물이 놓인 벽면은 심플한 무지도배지를 선택하여 배경과 구분되게 한다.
⑩ 도배는 실내의 마감재에 불과한 작업이 아니라 지각된 요소를 균형 있게 분배하고 실내의 기능을 돋보이게 하여야 한다.

(2) 질서

① 가구 배치의 레이아웃이 용도에 맞게 제 위치에 놓여졌다 하더라도, 정확한 이론에 근거하여 색상과 패턴을 선택한 도배라도 어딘가 한 부분에 '질서의 모호성'은 불가피하게 존재한

다. 그대로 받아들이면 된다.

② 본래 사람이 거주하는 실내공간은 규칙적일 수 없고, 또 기계적으로 규칙되게 하여서도 안된다. 우주라는 대단히 큰 공간도 '혼돈 속의 질서'이다.

③ 많은 실내디자이너들이 도배지를 선택하면서 산수화된 '규칙'을 디자인의 '질서'라고 강요한다. 도배지의 색상과 패턴은 대단히 주관적이다. 예로, 빨간색은 흥분색인데 진정색으로 느끼며 편안해 하는 사람이 있다. 해골바가지 패턴을 흉칙스럽다 하지 않고 멋지다고 한다.

④ 사실 차원 높은 디자인의 원리에서는 색상과 패턴은 정답이 없다.

⑤ 자세히 살펴보면 사람에게 도배지를 맞춰야 하는데 도배지에 사람을 맞춘다. 그러면서 자기 취향이라고들 한다. 좀 더 가식적으로, 좀 더 교양 있게….

(3) 척도

① 키가 작은 사람이 킬힐을 신는 것보다 오히려 캔버스 운동화를 신는 것이 물리적 치수로는 분명 작지만 심리적 치수로는 커 보인다는 사실, 의식하지 않는 자유로움, 우리나라는 도배를 할 때 제일 먼저 몇 평이냐에서부터 출발한다.

② 클라이언트, 실내디자이너, 지물포, 도배사 모두가 그렇다. 출발에서부터 구속되어 있는데 자유로운 도배가 가능한가.

③ 우리 조상들은 초가삼간을 지으면서도 우주를 담았고 무릉도원을 꾸미지 않았는가.

④ 흔히 집이 협소하니 전체를 확장되어 보이게 한다며 백색 한 가지 도배지로 선택하는 경우가 있다. 확장성은 얻을 수 있지만 그 외 조화, 통일, 강조 등 나머지 모든 제 요소를 놓치는 우를 범한다.

⑤ 도배로서 디자인의 모든 요소를 얻을 수는 없다. 극대의 효율성을 선택하는 것이 좋다.

(4) 통일

① 부분과 전체가 하나로 완성되는 콘셉트가 있어야 한다. 부분은 자유로워야 하는데 모든 부분이 전체의 콘셉트에 구속당하는 짜맞추기식의 의식적인 도배는 이젠 알만한 사람은 다 아는 그 나물에 그 밥이다. 따라서 다양하게 구색을 맞춘다는 것이 중구난방이 된다.

② 각 실은 은근히 자유롭되, 전체 세대로 볼 때에는 흐트러지지 않는 통일감이 있게 콘셉트를 잡는 것이 도배 컨설팅의 백미이다.

③ 색상, 명도, 채도, 패턴, 재질 5가지 조건 중 3가지 이상 일치하는 것이 좋다.

(5) 조화

① 상호 의사소통이 되지 않는 도배가 있다. 다시 말해 배척하는 충돌성이다.

② 어느 하나의 도배지가 절대 단독적일 수는 없다.

③ 전통 한지와 체크, 프로방스한 베이스에 메탈릭 포인트벽지가 그렇다.

④ 시각적인 부조화는 감성의 인격장애를 일으키는 바이러스가 될 수 있다.

⑤ 도배지의 소재와 질감의 부조화도 극복해야 할 숙제이다.

⑥ 여러 가지 도배지가 서로 찰떡궁합일 때 도배는 하모니가 된다.

⑦ 주로 같은 재질의 도배지를 선택하되 고명도, 보색의 도배지는 일반적으로 피하는 것이 유리하다.

⑧ 시골은 넓은 자연의 수평선이 있고, 도시는 높은 건물의 수직선을 강요한다. 수직에 지친 심신이 휴식할 수 있도록 줄무늬패턴을 가로 시공하여 수평적 안정감을 얻는 것이 바람직하다.

⑨ 조화에 엣지를 주고 싶다면 동색의 점층 시공인 그라데이션기법이나 포인트는 단색 무지, 베이스를 패턴으로 시도해보는 것도 좋다.

⑩ 색채가 조화를 이루는 다섯 가지 원리가 있다.

   ㉠ 질서의 원리 : 보는 사람이 의식하고 감성의 반응이 일어나도록 색채 구성이 질서가 있어야 한다.

   ㉡ 유사의 원리 : 구성된 색채가 서로 유사한 속성을 지녀야 한다.

   ㉢ 동류의 원리 : 인접 색끼리의 배색은 거부감 없이 친밀감을 준다.

   ㉣ 대비의 원리 : 구성된 색채의 속성이 서로 다르면서도 다른 원리의 영향으로 조화가 이루어져야 한다.

   ㉤ 비모호성의 원리 : 여러 색채의 배색 중에도 명료한 배색에서 감성이 반응한다.

(6) 강조

① 소심한 어머니는 흔히 자기 스타일대로 자녀방을 소심한 색상과 패턴의 도배지로 시공한다. 자녀가 착하게 자랄 수는 있겠지만, 꿈이 있는 아이로 자라기는 어렵겠다. 이를 두고 전문가들끼리는 '위험한 도배'라고 한다. 소심함보다야 낫겠지만 지나치게 차분함을 선호해 모든 실이 너무 주저앉는 도배를 한다.

② 도배는 스토리다. 그러므로 어느 부분 클라이막스는 필요하다. 감성이 그렇더라도 은근한 강조는 음식으로 치면 감칠맛이다. 비법은 강조 아닌듯한 강조, 바로 조율의 능력이다.

③ 오랜 세월이 흘러도 질리지 않는 도배로 유지된다.

④ 동색의 강조, 동일 패턴의 강조라면 실패하지 않는다.

⑤ 색상의 속성과 패턴의 근원은 알고 선택하는 최소한의 지각은 필수!

(7) 리듬

① 도배의 기법 중 가장 난이도가 높다.

② 현재 우리나라의 도배기법은 리듬의 요소를 시도하는 단계에는 못 미치지만 아주 드물게 시도하는 케이스이다. 음악과 시에 리듬이 있듯이 색상과 패턴에도 리듬이 있다.

③ 리듬을 가미한 도배는 소리 없는 음악이며 눈으로 감상하는 시이다.

④ 한남동이나 이태원의 외국인가정을 가보면 그들의 도배문화에 충격을 받을 때가 많다.

⑤ 거실과 주방에 열 가지 이상의 도배지를 시공하였는데 전혀 거부감이 없이 아주 흥미롭다.

⑥ 각 방과 베란다, 심지어 화장실까지.

⑦ 그들은 눈으로 즐기는 도배, 데코레이션이며 아직 우리는 콘크리트벽을 가리는 커버링개념이다.

⑧ 기법으로는 재질의 강약 반복과 패턴의 율동성, 맞춤 도배인 데코레이션과 테마도배가 있다.

(8) 교육(education)

① 수입벽지 중에는 알파벳과 단어, 여러 가지 식물디자인, 지도(map), 유명 애니메이션 그래픽 등의 도배지가 있다. 물론 교육용 도배지라고 명명하진 않았지만 그런 의미가 내포되어 있는 점에서는 과연 색상과 디자인이 발달된 벽지산업의 선진국임을 인정한다.

② 미래적인 기법이지만 우리나라 벽지 생산업체에서 시도해 볼 만한 아이템이다.

③ 예로 세종대왕 벽지, 이순신 장군 벽지, 국보와 보물 벽지, 역사 유적지 등을 벽지디자인으로 선택한다면 낙후된 도배산업과 도배문화에 상당한 효과가 있을 것이다.

④ 매일 보고 자라면서 무의식 중에 배워가고 닮아가는 교육용 벽지, 기대할 만하다.

NATION of DOBAE

25

도장

▲ 네덜란드 아이핑거(뮤럴)

톱의 노래

"질서는 아름다운 거야."
날카로운 상어 이빨을 드러내고
눈금을 긋고 재단을 한다.

"아름다움을 위하여 톱질하는 거야."
쓱싹쓱싹, 사각사각 노래를 한다.
잘라낸 흔적 아래 수북이 쌓인 톱밥
그것은 나무가 흘린 눈물이다

실컷 울고 난 후 앞을 보니
곁가지가 잘리고 진정한 나무가 된 사람
'톱스타'가
거기 웃으며 서 있다.

CHAPTER
25 │ 도장

01 도장의 목적

① 물체를 충격으로부터 보호하고 부패와 변형을 방지하여 내구성을 길게 한다.
  - 방습, 방청, 방화, 방식, 내약품성, 내충격성 등
② 물체에 미관을 부여하며 재질의 특성을 돋보이게 한다.
  - 색상, 광택, 무늬결 등
③ 물체의 용도를 식별하게 한다.
  - 위험물, 도로표지판, 차선, 소방시설, 반사판(야광) 등

02 도료의 구성

① **전색제** : 도장의 산화피막을 형성하는 주요소인 용해수지로 건성유와 반건성유가 있으며 식물성 기름으로 아마인유, 콩기름, 오동유 등을 사용한다.
② **건조제** : 공기와 결합하여 건조를 촉진시키는 성분으로 납(鉛), 망간, 염화코발트 등을 사용한다.
③ **희석제** : 기름의 점도를 조절하여 붓질, 롤러, 뿜칠 등 도장의 시공성을 좋게 하는 휘발성 용제를 말한다.
④ **안료** : 도료의 색상을 조합해내는 유색 분말과 용제형 제품을 말한다.

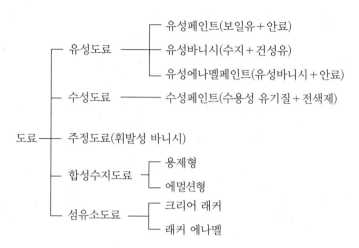

도료 ─┬─ 유성도료 ─┬─ 유성페인트(보일유＋안료)
     │   ├─ 유성바니시(수지＋건성유)
     │   └─ 유성에나멜페인트(유성바니시＋안료)
     ├─ 수성도료 ──── 수성페인트(수용성 유기질＋전색제)
     ├─ 주정도료(휘발성 바니시)
     ├─ 합성수지도료 ─┬─ 용제형
     │   └─ 에멀션형
     └─ 섬유소도료 ─┬─ 크리어 래커
                   └─ 래커 에나멜

1 유성도료

① **유성페인트** : 안료와 오일류를 혼합한 제품으로 내후성이 뛰어나지만 내알칼리성은 떨어진다.
② **유성에나멜페인트** : 유성바니시에 안료를 첨가한 제품으로 평활도, 경도, 광택, 내후성, 내수성이 우수하나 내알칼리성은 떨어진다.
③ **유성바니시** : 수질을 가열, 융합시켜 건조제와 용제를 희석한 제품으로 건조가 빠르나 내후성이 떨어진다.

2 수성도료

안료와 수용성 유기질과 경화제를 혼합한 제품으로 내구성, 내수성, 내약품석, 내오염성, 내습성이 떨어지나 친환경성, 시공성, 경제성 면에서는 우수하다.

3 주정도료

휘발성 용제에 수지를 녹인 휘발성 바니시이다.

4 합성수지도료

① **합성수지 에나멜페인트** : 염화비닐을 용제로 녹여 안료와 혼합한 유성제품으로 내수성, 내구성, 내알칼리성이 우수하다.

② **합성수지 에멀션페인트** : 염화비닐 미소 입자와 안료를 혼합한 수성제품으로 친환경성, 시공성
　이 우수하고 비교적 건조가 빠르다.
③ **방화, 내열도료** : 수지 바니시에 알루미늄 분말을 안료로 가공한 제품으로 내열성이 우수하다.

5 섬유소도료

　주성분이 셀룰로오스인 래커를 말한다. 내수성, 내후성, 내알칼리성, 내충격성, 고광택 등이
우수해 널리 사용한다.

04 시공

1 바탕정리

① **목재** : 충분히 건조되어야 하고 부패되지 않은 목질이어야 하며 표면 대패질과 사포로 다듬는다.
② **석고보드, MDF, 집성목, 합판** : 습기에 노출되지 않은 건조한 제품으로 이음 부위는 폴리퍼티,
　석고퍼티로 평활하게 하고 지정 바인더를 도포한다.
③ **시멘트 모르타르** : 충분히 건조되어야 하며 균열, 요철 부위는 보수하고 지정 바인더를 도포
　한다.
④ **철강재** : 녹, 먼지, 기름 등을 제거하고 표면 녹막이칠을 한다.
⑤ **아연도금판** : 표면의 오염물을 지정 용제로 제거한다.
⑥ **경금속재** : 먼지, 기름 등을 제거하고 지정 용제를 사용하여 닦는다.

2 도장의 공정

(1) 하도(下塗)작업

① 도장의 선작업으로 바탕정리작업을 말한다.
② 균열, 요철, 못, 오염 등을 제거하고 눈먹임, 퍼티를 도포, 샌딩하여 바탕면을 평활하게 만드
　는 밑작업이다.

(2) 중도(中塗)작업

　하도작업을 마친 바탕면에 도료의 부착성, 시공성을 좋게 하기 위해 지정 바인더를 도포하는
과정을 말한다. 도장작업의 조건에 따라 생략되기도 한다.

(3) 상도(上塗)작업

마감도료를 도포하는 작업으로 붓칠, 롤러칠, 뿜칠 등이 있으며 상도 1회, 2회, 3회, …는 도포횟수를 말한다. 작업조건에 따라 각 횟수 사이에 샌딩작업을 한다.

3 도장의 공법

(1) 붓칠

① 좁은 면적의 도장에 적합하고 바탕재질의 결과 구조의 방향으로 칠한다.
② 구석진 부분과 요철가공한 부분, 경계 부위에 유리하나, 붓자국이 남고 자칫 도료가 흐르며 속건성도료에는 붓이 잘 나가지 않고 붓자국이 심하게 나므로 가급적 삼간다.
③ 도장의 성격에 따라 칠 두께가 두텁고 붓자국이 많이 나는 점을 이용하여 오히려 사실적이고 자연적인 질감을 얻기 위해 붓칠을 선호하기도 한다.

(2) 롤러칠

천장과 벽의 넓은 면의 도장에 유리하나, 도막의 두께를 조절하기가 다소 어렵고 구석진 부위와 요철가공한 부위, 경계 부위는 별도로 붓칠을 하여야 한다.

(3) 뿜칠

① 에어 컴프레서를 이용하여 건(gun)의 노즐로 도료를 뿜어서 도장하는 공법이다.
② 작업성이 좋아 넓은 면적의 도장에 유리하며 붓, 롤러처럼 자국이 남지 않고 작업의 연속성이 좋아 도장의 횟수를 쉽게 늘릴 수 있다.
③ 광범위하게 분사된 도료가 작업장에 날려 작업환경이 저하되고, 타 공종과 중복시킬 수 없어 도장 단일 공종만 작업이 가능하며, 비산하는 소비량이 약 20%로 재료 소모가 많고 옥외 작업 시 바람의 저항을 받는다는 단점이 있다.

(4) 침지법

① 주로 작은 소품을 도료에 담가 꺼내서 건조시키는 방식으로, 붓자국이 없는 완벽한 표면과 두꺼운 도막층을 얻을 수 있다.
② 도료가 흘러 뭉치지 않도록 낮은 온도의 열풍기 앞에서 상하좌우로 돌리면서 초기 응고를 시키는 번거로움이 있다.

4 도장 하자의 원인과 대책

(1) 흐름

① **현상** : 도료의 일부가 흘러내려 굳어짐
② **원인** : 초벌칠이 미처 건조되기 전에 재벌칠을 하거나 점도가 낮고 너무 두껍게 도장하였을 때
③ **대책**
　㉠ 충분한 건조시간을 확보한 후 재벌칠에 들어가도록 한다.
　㉡ 실내온도를 조절한다.
　㉢ 규정의 도막두께를 유지한다.
　㉣ 도포량을 균등하게 한다.

(2) 기포

① **현상** : 표면의 작은 기포가 건조 후에도 그대로 남아있는 상태
② **원인**
　㉠ 점도가 알맞지 않을 때
　㉡ 작업속도가 지나치게 빠를 때
　㉢ 실내온도나 시공면의 표면온도가 높을 때
　㉣ 급속으로 가열, 건조시킬 때
③ **대책**
　㉠ 점도를 조절하고 실내온도를 낮춘다.
　㉡ 급속 가열, 건조를 피한다.

(3) 백화(白化)

① **현상** : 도막의 표면이 안개가 낀 것처럼 하얗게 되는 현상
② **원인**
　㉠ 실내가 포화습도상태일 때
　㉡ 도장 후 건조과정에서 기온 저하로 냉습기가 도장면에 흡착되어 발생될 때
　㉢ 비 오는 날 도장하였을 때
③ **대책**
　㉠ 난방을 하여 실내를 건조시킨다.
　㉡ 건조에 충분한 온도를 유지한다.

ⓒ 비 오는 날 도장을 피한다.

(4) 광택 감소, 부착 불량

① **현상** : 광택과 부착성이 현저히 떨어지는 상태

② **원인**

　ⓐ 경화제의 혼합비율이 맞지 않을 때

　ⓑ 도포속도가 지나치게 빠르면 부착성이 떨어지고, 도포속도와 횟수가 지나치게 늦으면 광택이 떨어짐

③ **대책**

　ⓐ 경화제의 혼합비율을 정확히 계측한다.

　ⓑ 규정된 도포방법대로 시공한다.

(5) 도막 균열

① **현상** : 도장면의 미세 크랙(crack) 발생

② **원인**

　ⓐ 도막두께가 너무 두꺼울 때

　ⓑ 도료성분의 혼합비율이 맞지 않을 때

③ **대책**

　ⓐ 규정된 도막두께를 준수하여 도포한다.

　ⓑ 도료성분의 혼합비율을 정확히 계측하고 저급, 불량도료로 시공하지 않는다.

(6) 얼룩, 전사

① **현상** : 건조 후 도막면에 얼룩, 전사가 나타나는 상태

② **원인**

　ⓐ 하·중도작업이 부실할 때

　ⓑ 바탕면의 습기, 오염물로 인해 발생될 때

③ **대책**

　ⓐ 하·중도작업을 철저히 시행한다.

　ⓑ 바탕면을 충분히 건조시키고 유성분, 낙서, 오염물 등을 깨끗이 제거한다.

(7) 무지개현상

① **현상** : 2중, 3중으로 색상이 고르지 않게 그라데이션(gradation)으로 나타나는 상태

② **원인**

　　㉠ 도포범위 내에서 도포량과 붓, 롤러에 작용하는 힘이 고르지 않을 때

　　㉡ 색상조합 후 오랜 시간이 경과되어 도료가 침전되었을 때

　　㉢ 안료가 충분히 희석되지 않았을 때

　　㉣ 붓, 롤러를 교체 사용하였거나 깨끗이 세척하지 않고 사용할 때

③ **대책**

　　㉠ 도포량과 작용하는 힘을 균일하게 한다.

　　㉡ 오랜 시간 경화된 도료를 재사용할 때는 충분히 교반한다.

　　㉢ 안료의 희석시간을 충분히 두고 확실하게 희석한다.

　　㉣ 1회 도장에 가급적 붓과 롤러의 교체를 삼가고 깨끗이 세척하여 재사용한다.

(8) 갈라짐

① **현상** : 도막면이 갈라져 터지는 상태

② **원인**

　　㉠ 바탕면의 석고보드, 목재의 시공 부실

　　㉡ 고열난방

　　㉢ 바탕 이음 부위의 보강, 면 처리작업 부실

③ **대책**

　　㉠ 바탕면의 내장목공작업을 확실하게 한다.

　　㉡ 실내온도를 조절한다.

　　㉢ 하도작업 중 바탕면의 각 부재이음 부위의 보강, 면 처리를 확실하게 한다.

(9) 들뜸

① **현상** : 도막이 건조하면서 누룽지처럼 들고일어나는 상태

② **원인**

　　㉠ 바탕면 처리 불량

　　㉡ 급속한 고열건조

　　㉢ 프라이머 도포 생략, 부실

③ **대책**

　　㉠ 기존 부착의 부실한 도료를 확실히 긁어 제거한다.

　　㉡ 중도작업의 프라이머 도포를 확실히 한다.

　　㉢ 실내온도를 낮춘다.

(10) 오렌지 필(orange peel)

① **현상** : 도장 후에 표면에 오렌지 껍질 모양으로 잔 요철이 생기는 현상

② **원인**

    ㉠ 뿜칠 중 스프레이건의 간격과 운행속도가 일정하지 않을 때

    ㉡ 스프레이건의 공기압이 너무 높거나 낮을 때

    ㉢ 실내의 고열난방과 물체의 표면온도가 높을 때

③ **대책**

    ㉠ 스프레이건의 간격과 운행속도를 일정하게 한다.

    ㉡ 스프레이건의 공기압을 조절한다.

    ㉢ 실내온도와 물체의 표면온도를 낮춘다.

5 주의사항

(1) 도료의 취급과 보관 중 주의사항

① 보관장소는 통풍이 좋은 곳으로 섭씨 5~20℃ 정도가 적당하다.

② 도료의 성분은 인화성, 폭발성이 높으므로 절대 금연이며, 화기와 멀리하고 반드시 소화기를 비치한다.

③ 바닥에 흘린 도료는 즉시 제거하여 발화를 예방한다.

④ 장기간 보관한 도료는 앙금이 침전되므로 사용하기 전에 뒤집어 놓아 용기 안에서 1차 희석되게 한다.

⑤ 중량물이므로 종류에 따라 분리하여 보관하는 것이 취급상 유리하다.

⑥ 근접 거리의 외부 물체가 낙하, 쓰러짐 등으로 파손되지 않게 주위를 정리한다.

(2) 도장작업 중 주의사항

① 도장작업장은 환기가 양호하고 절대 금연하며, 가급적 열기구 가동을 중지한다.

② 실내 도장공사의 적정한 조건은 섭씨 5~30℃, 습도 70% 이하이다.

③ 작업자는 작업조건에 따라 방진마스크와 보안경을 착용하고, 실내를 환기시킨다.

④ 작업자는 작업 중 자주 휴식을 취하며, 외부의 맑은 공기를 심호흡한다.

⑤ 고소작업조건에서는 추락의 안전사고에 철저히 대비하여 안전장비를 준비한다.

⑥ 가급적 타 공종의 작업과 중복되지 않도록 공사일정을 잡고, 타 공종의 작업으로 인한 분진, 작업 부산물 등에 의해 도장면의 품질에 지장을 초래한다면 즉시 중단하고 적절한 조치를 취한다.

⑦ 추운 날, 습도가 높거나 바람이 강한 날에는 외부 도장공사를 중지한다.

⑧ 외부 도장작업 시에는 뿜칠도료가 날리고 롤러도료가 튀기 때문에 비산반경 내의 차량과 물체를 이동시키고, 이동이 어려운 물체는 보양한다.

⑨ 겨울철은 야간의 온도 급강하로 도장면에 하자가 발생하므로 난방이 가동되지 않는다면 일조시간 내에 서둘러 작업을 마친다.

⑩ 작업을 마감하면 사용 중인 도료의 뚜껑을 닫고 분리하여 정리한다.

05 한국산업인력공단 건축도장기능사 시험정보

1 시험시간

6시간 정도

2 요구사항

① 주어진 재료 및 시설을 사용하여 아래의 과제 1~5를 공정별로 작업공정이 보이도록 완성하시오.

② 도면의 치수(가~아), [과제 3] 문자도안, [과제 4] 도형(형태)을 시험장에서(수험자교육이 끝난 후 시험 직전 알림) 지정하면 수험자가 도면에 표시하여 작업하시오.

㉠ [과제 1] : 합판 수성(합성수지 에멀션)페인트 도장

작업순서	공정	작업내용	비고
1	연마	① 바탕면 연마지로 연마	손연마
2	퍼티	② 퍼티제로 작업(수성페인트 사용 불가)	주걱으로 1회칠
3	연마	③ 퍼티면 연마지로 연마	손연마
4	중도	④ 에멀션수지(바인더) 1회 붓칠	붓칠
5	상도 1차	⑤ 수성페인트 1회 붓칠(지정색 조색)	붓칠
6	연마	⑤ 상도면 연마지로 연마	손연마
7	상도 2차	⑤ 수성페인트 1회 붓칠(지정색 조색)	붓칠

ⓛ [과제 2] : 각목 유색래커페인트 도장

작업순서	공정	작업내용	비고
1	연마	Ⓐ 바탕면 연마지로 연마	손연마
2	퍼티	Ⓑ 퍼티제로 작업(수성페인트 사용 불가)	주걱으로 1회칠
3	연마	Ⓒ 퍼티면 연마지로 연마	손연마
4	중도	Ⓓ 래커 서페이서 1회칠	붓칠
5	상도 1차	Ⓔ 유색래커 1회 붓칠(지정색 조색)	붓칠
6	연마	Ⓕ 상도면 연마지로 연마	손연마
7	상도 2차	Ⓖ 유색래커 1회 붓칠(지정색 조색)	붓칠

ⓒ [과제 3] : 수성(합성수지 에멀션)페인트 지정색(조색) 도장
- 상도작업 마무리 후 지정한 문자도안 도장
- 아래의 문자도안에서 시험장별로 1개를 선정하여 지정
  - 지정한 문자도안을 도면의 문자([건축])를 참고하여 도면의 크기에 맞게 작업(단, 문자는 지급된 모눈트레이싱지 등을 사용하여 범위(135mm×100mm) 안의 외곽으로 최대한 크게 문자도안의 모형으로 작업)
  - 감독위원은 모눈트레이싱 용지여백에 사인하여 지급
- 문자도안

번호	문자도안	번호	문자도안	번호	문자도안
1	서울	2	인천	3	울산
4	광주	5	충남	6	강원

ⓔ [과제 4] : 에나멜페인트 흑색 도장(트레이싱지를 보조재로 사용 불가)

상도작업 마무리 후, 아래의 그림에서 지정한 도형(형태)을 수험자가 공개문제 도면의 치수를 참고하여 도장

구분	1형	2형	3형	4형
도형			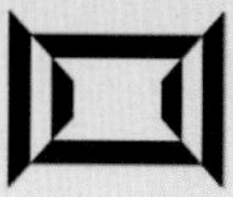	

    ⓜ [과제 5] : 수성(합성수지 에멀션)페인트 그라데이션 도장

      각재 하단 오른쪽 부분을 도면과 같이 수성페인트 그라데이션(gradation) 도색을 하시오(단, [과제 1]의 중도작업 후에 실시한다).

    ⓗ 과제에서 요구되지 않은 부분이 있을 경우 도면을 참고하여 과제의 성격과 관련된 일반 건축도장기법에 의하여 도면상의 형태와 크기를 적용하여 작업하시오.

3 수험자 유의사항

다음 유의사항을 고려하여 요구사항을 완성하시오.

① 지급받은 재료의 이상 유무를 확인하여 이상이 있는 재료는 감독위원의 조치를 받는다(단, 시험 중에는 재지급 및 교환하지 못함).

② [과제 1]의 연마작업이 끝나면 재료 합판의 ① 부분에 비번호를 기입 후 작업한다.

③ 도면에 주어진 요구사항에 맞게 각 공정별로 작업공정이 보이도록 작업한다.

④ 조색작업은 감독위원이 지정하는 조색견본(지급재료 중 3색 이상 임의배합)에 의거 색을 배합하여 작업한다.

⑤ 모든 도장작업은 재작업(잘못된 부분 복원작업)을 할 수 없다.

⑥ 지급된 재료 이외 또는 타인의 도료·공구 등을 사용할 수 없다.

⑦ 도면치수에 맞게 별도 제작한 지그나 공구 등을 사용할 수 없다.

⑧ 도장순서를 지키며 도장공정이 누락되지 않도록 작업을 해야 한다.

⑨ 재료의 경제성 평가가 있으니 도료는 손실(도료 등을 버리고 다시 조색한 경우 등)이 없도록 지급재료의 개인 필요량만 사용한다.

⑩ 도장은 일정한 도막두께, 평활도 등이 유지되도록 하며, 붓자국, 얼룩, 주름, 흐름 등의 도장 결함이 발생하지 않도록 작업한다.

⑪ 퍼티작업은 바닥판 면이 보이지 않을 정도의 두께로 작업한다.

⑫ 퍼티면 건조작업이 끝나면(건조 중에도 가능) 퍼티작업의 중간 채점을 받고 작업한다.

⑬ 퍼티작업을 제외한 전 공정은 마스킹테이프 등을 사용할 수 없다(단, [과제 3]의 모눈트레이싱지 고정작업에만 사용이 가능).

⑭ 작품 완성 시 문자도안 및 도형에는 보조선이 보이지 않도록 한다.

⑮ 작업진행 중에 작업장의 청결을 유지하고 폐기물은 지정된 곳에 폐기하도록 한다.

⑯ 모든 작업이 끝나면 작품과 모눈트레이싱지, 연마지 등을 지정장소에 제출한다.

⑰ 시험 중 시설의 손상 및 망실이 발생되지 않도록 유의하며, 사용 후에는 깨끗이 세정하여 두고, 주변을 정리 정돈해야 한다.

⑱ 모든 작업은 안전수칙에 따라 진행되어야 하며, 적합한 복장과 보호구를 착용하고 간단한

몸풀기(스트레칭) 운동 등을 실시한 후 작업한다.

⑲ 시험 중 작업내용을 감독위원이 채점을 실시하니 채점 시 협조하여야 하며, 실격이나 오작 사항이 발생할 경우 오작·실격 부분은 남겨두고 나머지 부분의 계속 작업 여부는 수험자가 판단하여 결정한다.

⑳ 다음 사항은 실격에 해당하여 채점대상에서 제외된다.

• 수험자 본인이 수험 도중 시험에 대한 포기(기권)의사를 표시한 경우

• 타인의 공구를 빌려 사용하거나 타인이 조색한 도료를 사용한 경우

• 요구한 도장횟수 미만으로 도장한 경우

• 퍼티작업 외에 테이프 등을 사용한 경우(단, [과제 3]의 모눈트레이싱지 고정작업은 제외)

• 작업 중 잘못된 부분에 대해 복원작업을 실시한 경우

• 공정별 작업이 완료된 후 누락된 부분에 도장을 실시한 경우

• 지급된 재료 이외의 재료를 사용한 경우

• 시험 중 이동, 조색작업 등의 붓칠작업이 아닌 사유로 도료 등의 흘린 부분 선의 크기가 $5mm \times 100mm$(굵기×길이) 이상이거나 10[$5mm \times 10mm$(굵기×길이) 이상 크기]군데 이상 또는 흘린 부분 총개수의 크기가 $5mm \times 100mm$(굵기×길이) 이상인 경우

• 시험 중 시설·장비의 조작 또는 재료의 취급이 미숙하여 자신 및 타인의 위해를 일으킬 것으로 감독위원이 합의하여 판단한 경우

• 시험시간 내에 요구사항을 완성하지 못한 경우

• 조색견본 또는 지정색과 현저하게 색상이 다르다고 모든 감독위원이 인정한 경우(예 바탕조색 또는 그라데이션 지정색 등)

• 문제의 도면치수(각 부분의 합계 치수도 포함)와 작품과의 오차가 ±5mm 이상인 경우
   ※ [과제 3] 문자의 배치, 크기($135mm \times 100mm$)에는 적용하되, 문자도안(글자체)에는 적용하지 않으며, 문자의 전반적인 배치 및 명확성 등을 평가
   ※ [과제 5] 그라데이션작업에는 적용 제외

• [과제 5] 수성페인트 그라데이션 도장작업 실격기준
   ※ 도색작업 시 페인트가 혼합되지 않는 경우
   ※ 도면상의 가로와 세로 1/3 등간격을(오차범위 적용 제외) 시각적으로 크게 벗어날 경우 감독위원 합의하에 채점대상에서 제외할 수 있음

• 주어진 도면(시험문제와)과 상이하게 작업한 경우

• 제출된 작품의 외관 및 기능도가 지극히 불량하여 건축도장작품으로서 활용할 수 없다고 감독위원이 인정한 경우

4 공개문제 도면

자격종목	건축도장기능사	과제명	수성페인트, 래커, 에나멜 도장, 그라데이션 도장	척도	N.S

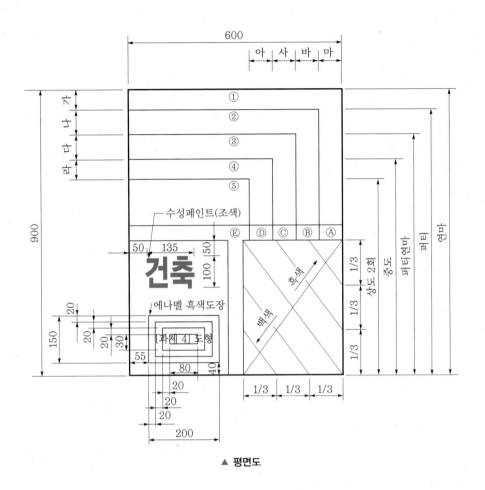

▲ 평면도

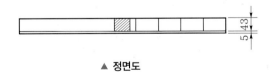

▲ 정면도

■ 도면의 '가~아' 치수현황(단위 : mm)

구분	가	나	다	라	소계	마	바	사	아	소계
1형 치수	55	60	75	65	255	60	70	65	55	250
2형 치수	60	70	80	50	260	55	60	75	65	255
3형 치수	60	75	70	65	270	60	70	65	55	250
4형 치수	55	70	75	60	260	65	80	55	60	260

※ 수험자는 시험장에서 지정한 1~4형 중의 치수를 문제지 도면에 기입 후 작업

5 지급재료목록

일련번호	재료명	규격	단위	수량	비고
1	일반 합판	900×600×5	장	1	−도면과 같이 제작 지급함 −각재는 초벌 대패질 마감 −합판, 미송각재 함수율 15% 이내
2	미송각재	45×45×600	개	1	
3	미송각재	45×45×450	개	1	
4	못	1인치	개	8	
5	연마지	#120, #220, #320	매	각 1/2	2인용
6	합성수지 에멀션페인트 (백색)	외부용 5L	통	1	10인 공용
7	수성착색제(적색, 흑색)	1L	통	각 1	35인 공용
8	수성착색제(황색)	1L	통	1	30인 공용
9	수성착색제(청색)	1L	통	1	60인 공용
10	에멀션수지(바인더)	1L	통	1	24인 공용
11	핸디코트	4kg	통	1	10인 공용
12	유색래커(적색, 황색)	1L	통	각 1	30인 공용
13	유색래커(녹색, 청색)	1L	통	각 1	60인 공용
14	백색래커	1L	통	1	10인 공용
15	래커 서페이서	1L	통	1	30인 공용
16	래커 신너	4L	통	1	40인 공용
17	에나멜페인트(유광흑색)	1L	통	1	40인 공용
18	에나멜페인트 신너	4L	통	1	40인 공용
19	모눈트레이싱지	A4	장	1	1인용
20	흰색 두꺼운 마분지	100mm×100mm, 400g/m²	장	3	1인용

실내건축

CHAPTER 25 도장 **531**

일련번호	재료명	규격	단위	수량	비고
21	흰색 두꺼운 마분지	100mm×100mm, 400g/m²	장	3	시험장당(조색견본 제작용)
22	평붓	폭 25mm 정도	개	3	〃
23	플라스틱 숟가락	일회용, 길이 150mm 이상	개	10	시험장당(수험자 지급재료 사용용)
24	※ 도장재료 및 희석제는 KS제품				

CHAPTER

26

바닥재

'그때의 박통 속에서 사람들이 나오는듸 석수(石手), 목수(木手), 와수(瓦手), 토수(土手), 각색장인(各色匠人) 수백 명이 각기 연장 질머지고 돌과 나무 지아돌을 수래에 실코 ….
그중에 목수들은 대짜기 든 놈, 소짜기 든 놈, 도끼 든 놈, 톱도 들고 낫도 든 놈 ….
흥보가 눈을 가만히 뜨고 바라보니 그 사람들도 간 곳 없고 초막집도 간 데 없고 기와집 수백 간을 대궐같이 지어놨는듸 강남 사람 재조들은 이렇듯 기이헌가? 벽 부친 그 진흙을 어느 겨를 다 말리워 도배·장판 반자까지 훤칠허게 허였것다.'

〈흥부가〉 중 고대광실(高臺廣室) 짓는 대목으로 픽션이지만 요즘으로 치면 공짜로 지어주는 '러브하우스'의 원조격이요, 최초의 외국인 건설노동자의 시공사례다. 도급방식으로는 건축주(흥보)가 열쇠만 건네받는 턴키(turn key)도급이며, 공사기간은 수시간만에(필자의 추측) 상량(上樑, 준공)과 입주까지 마치는 사상 초유의 돌관작업이다. 품질은 '훤칠허게 허였것다.' 우리네 특유의 해학이 엿보이는 부분이다. 판소리의 창법에는 맺고, 죄고, 풀고가 있는데 가사 역시 당연히 파격이 예견되는 부분임에도 은근한 절제와 익살로 비꺼가며 풀어버리는 대목이다. 품질이야 '훤칠'허거니. …
기실 바닥재 개론에 〈흥부전〉을 빌려 공사의 도급방식을 말하고 싶어서다.

… 중략 …

돈내기 방식(평떼기)

현재 바닥재 시공의 임금형태는 거의가 평당 단가의 '돈내기 방식'이다. 말이 좋아 돈내기 방식이지 '돈내기'에 돈이 없어 분통 터지는 실상이다.

마르크스·엥겔스는 《자본론》에서 자본 축적의 수단으로 '자기 노동에 기초를 둔 사유(私有)적 자급 자족에서 타인 노동의 착취로의 전화(轉化)'로 파악하고 있다. 타인 노동의 착취는 직접 수탈인 초기 노예제(奴隸制)에서 출발하여 산업의 분업화로 소경영(小經營)체제인 농노제(農奴制)로 발전된다. 노예제나 농노제나 소유의 주체와 종속관계는 같지만 노예제는 직접 노예주(奴隸主)의 채찍에 의해 지휘, 감독, 사역되는 반면, 농노제는 소규모 토지를 위임받아 공조(貢租)의무를 지되 얼마간의 자기 의지와 책임하에 독립적 노동을 하는 차이가 있다.

노예주 입장에서는 후자로 발전된 농노제가 훨씬 합리적, 기만적 수탈의 방식이다. 아무튼 두세 번을 읽어야 겨우 윤곽이 잡히는 《자본론》을 짧은 지면으로 관통시킬 수는 없고 여차 여차해서 노예제가 농노제로 결국 자본주의 경제의 임금 노동자로, 질료(수단)는 변함없고 형상(명칭)만 바뀐다는 설(設)이다. 필자의 선험적(先驗的) 추론이 온건(穩健)한 혹자의 시각에는 분명 일탈(逸脫)이 되겠지만 시공사의 입장에서는 규범(規範)이다. 현재 바닥재 시공의 임금형태인 평떼기의 근간은 농노제의 유사 변종이라고 확신한다.

거의 30여 년 전 '모노륨'이란 상품명으로 접착식 시트(sheet) 바닥재가 등장했다. A.P(Asbestos Pet)라는 제품이 주종이었는데 이면에 석면이 그대로 노출된 제품으로, 겨울에는 냉각 경화되어 자주 부러지는 하자가 발생했고, 여름에는 석면이 피부에 파고들어 작업이 끝나면 목욕탕으로 직행하여 온탕에 몸을 담그면서 피부 속 석면을 제거하였다. 지금 생각하면 어이없는 '그때 그 시절' 이야 기지만 제시한 평당 시공비가 상당했고, 당시에는 부잣집만 시공하는 첨단 고급 자재로 시공사들은 타 공종작업자들에 비해 긍지를 갖기도 했다. 도배사들이 다투어 바닥재 시공사로 몰렸으니 대기업 생산업체는 무난히 인력수급이 되면서 시장이 확장되고 간접광고효과까지 얻을 수가 있었다.

··· 후략 ···

2004년 7월, 〈데코저널〉 칼럼
'바닥재 개론 Ⅱ' 중에서

CHAPTER
26 | 바닥재

01 바닥재의 개요

1 바닥재 시공에 사용되는 공구

바닥재는 건축물의 마감재로서 바닥 구조재를 보호하여 건축물의 사용연한을 길게 하며, 사람의 안전한 보행, 쾌적한 환경, 아름다운 실내의장을 목적으로 시공하는 건축재료라고 정의할 수 있다.

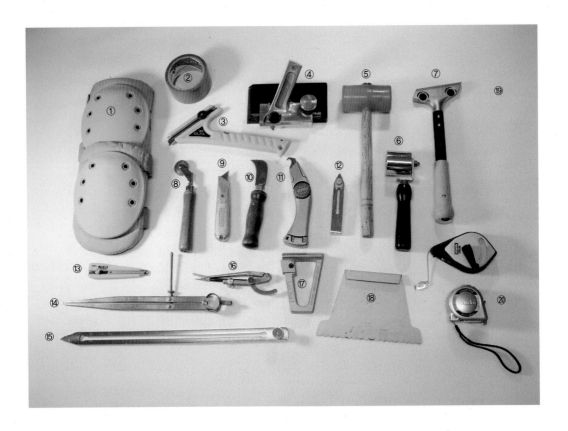

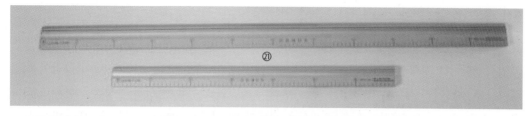

▲ ① 무릎보호대, ② 테이프, ③ 코너따기, ④ 코너따기(각도 조절 가능), ⑤ 고무망치, ⑥ 압착용 롤러, ⑦ 스크레이퍼, ⑧ 웰딩롤러, ⑨ 시공칼, ⑩ 주걱칼, ⑪ 갈고리칼, ⑫ 리세스 스크라이버, ⑬ 시공용 커터칼, ⑭ 컴퍼스, ⑮ 롱 스크라이버, ⑯ 컴퍼스(침 부착), ⑰ 에지트리머(바닥재 커팅기), ⑱ 도포주걱, ⑲ 분줄, ⑳ 줄자, ㉑ 재단자와 절단자

2 원목 바닥재 시공에 사용되는 공구

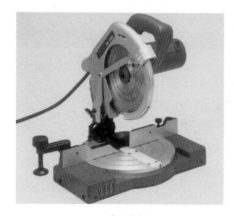

▲ 각도절단기

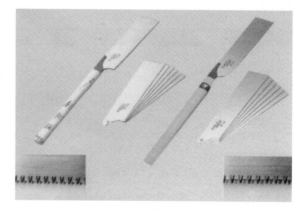

▲ 톱

▲ 대패

02 바닥재의 종류 및 특성

입식생활이나 좌식생활이나 바닥은 실내의장에 비중이 매우 크다. 벽지와 같이 사람이 직접 접촉하는 재료이기 때문에 내구성은 물론 보건 위생적인 기능과 정서적 안정감을 함께 고려하여야 한다. 벽지와 바닥재의 종류 및 색상을 선택할 때 천장은 고명도, 벽은 중명도, 바닥은 저명도로 굳이 짜맞추기식으로 고집할 필요는 없다. 이런 기준은 교과서일 뿐, 실(室)의 성격이 자유롭거나 가구가 중후하다면 밝은 톤의 색상이 오히려 적합할 수도 있다. 바닥재는 한번 시공을 마치면 PVC재질은 5년, 목재는 10년, 점토타일·석재는 건축물의 수명과 같이 한다. 그러므로 바닥재는 선택에서 시공·관리까지 철저하게 계획하는 것이 좋다.

참고 │ 바닥재의 분류도

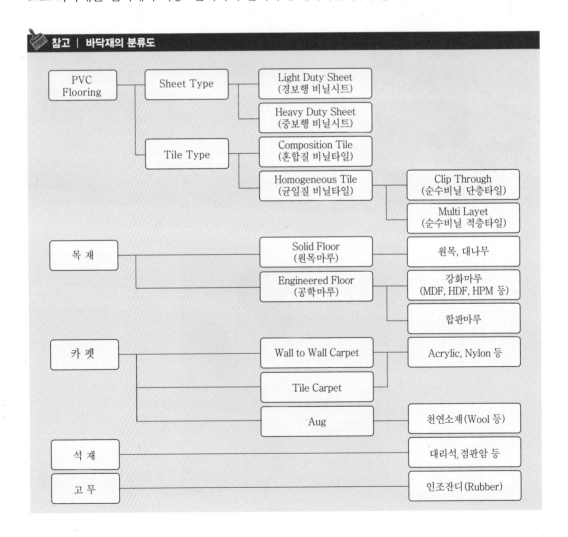

1 바닥재 시공에 사용되는 공구

① **내구성(耐久性)** : 내마모성, 내충격성, 내수성, 내약품성이 우수하며 사용연한이 길 것
② **시공성(施工性)** : 바닥의 조건에 따라 시공이 간편한 바닥재를 선택할 것
③ **사용성(使用性)** : 보행이 경쾌하고 방음, 방화, 내열, 열전도성 등이 좋을 것
④ **의장성(儀狀性)** : 질감, 색상, 디자인이 미려하고 품격이 있을 것
⑤ **위생성(衛生性)** : 친환경성, 내오염성, 항균성이 좋고 무독할 것
⑥ 경제성, 안전성, 내후성 등의 조건을 갖출 것

2 재질의 특성

(1) 목재

① **자연목질 바닥재** : 대표적인 자연소재의 바닥재로 환경 친화성이 우수하며 온도와 습도에 따른 수축, 변형을 방지하기 위해 방부, 특수 도료나 합성수지를 침투시켜 목질의 강도를 보강한 제품이 시중에 많이 출시되어 있다.

　㉠ 장점
- 자연소재로 친환경적이며 감촉이 좋다.
- 수종에 따라 각각의 외관이 다르며 우아하다.
- 겨울에는 따뜻하고, 여름에는 시원하며 흡음성이 우수하다.
- 밀도가 다공질이므로 보온성이 좋다.
- 비중에 비하여 강도, 인성 및 탄성이 크다.
- 산성·약품 및 염분에 대한 내화학성이 크다.
- 시공 바탕의 조건에 크게 구애를 받지 않는다.

　㉡ 단점
- 흡수성이 커서 신축, 변형이 크고, 습기에 의해 부패하기 쉬우며, 썩거나 충해를 받기도 한다.
- 착화점이 낮아 내화성이 작다.
- 다공질이므로 온돌 위에 시공 시 열전도율이 작다.
- 중첩 시공할 수 없고 보수가 어렵다.
- 타 바닥재에 비해 고가이며 시공성이 낮다.

② **인조목질 바닥재** : 톱밥, 대패밥 등 목재의 부스러기를 사용하여 고열 및 고압으로 성형하기 때문에 값이 저렴하며, 동일 제품을 대량으로 생산할 수 있다. 천연목재보다 강도가 크고 변형이 적다. 가공이 용이하며, 필요한 강도와 단면을 자유롭게 조절할 수 있다.

㉠ 원목마루 : 원목층이 두터워 목질의 특성을 잘 살려내고, 자연원목상태를 표면으로 하기에 촉감이 좋다. 목재의 널결과 무늿결의 단면을 켜서 원목무늬가 자연상태로 표출되어 외관이 미려하고 실내의 온습도조절작용을 하여 쾌적하다. 수목의 종류로는 참나무(oak), 단풍나무(maple), 자작나무(birch), 잣나무(pinus), 밤나무(chestnut), 벚나무(cherry) 등이 주로 쓰이며, 고급 수종으로는 마호가니(mahogany)와 자단(rad sandal) 등이 있다.

- 장점
  - 천연나무로 만들어져 온습도조절작용 등 쾌적함을 제공하며 인체에 무해하다.
  - 단판 원목이므로 자연질감이 매우 좋고 의장이 중후하다.
  - 단면이 전체 원목이므로 사용연한이 매우 길다.
  - 충격 및 진동을 흡수, 소음을 차단하는 기능으로 정숙성을 제공한다.
- 단점
  - 일반 마룻재에 비해 가격이 높고, 바닥재로 가공되지 않은 자연목재를 사용할 경우 시공성이 매우 낮다.
  - 관리, 유지에 상당한 주의가 요구된다.
  - 일반 마룻재에 비해 부패, 수축변형률이 크다.

㉡ 합판마루 : 슬라이스 베니어(sliced veneer) 단판 제법으로 널결과 무늿결을 종이처럼 얇게 켜서 8mm 정도의 엇교 합판 위에 표면강화 처리를 위하여 특수 코팅 열 처리를 하고, 그 위에 접착제로 원목무늬목을 고착시킨 제품으로 표면강도와 수축, 변형을 보강하기 위해 내마모재와 UV(ultraviolet) 합성수지가 첨가된 우레탄계통의 도장 처리를 한 제품이다. 원목마루의 단점을 보완한 제품으로 국내에서도 생산되지만 최근에는 저렴한 중국을 포함하여 인도네시아 등 동남아시아산 수입품이 주종을 이루고 있다.

- 장점
  - 수분이나 열에 의한 변형이 적고, 열전도가 뛰어나다.
  - 천연질감이 우수하고, PVC 바닥재에 비해 정전기가 발생하지 않아 청소가 쉽다.
  - 목재 마룻재 중 가장 가격이 저렴하다.
  - 관리·유지가 편리하다.
- 단점
  - 내마모성이 떨어지며, 습도에 약하다.
  - 원목에 비해 습도조절능력이 떨어진다.
  - 습기로 인한 신축·변형, 부패에 취약하다.

㉢ 강화마루(온돌마루) : 가장 널리 쓰이는 마룻재로 원목과 껍질을 통째로 곱게 갈아서 방수수지를 첨가하여 고온과 고압으로 압축시킨 내수성이 강한 HDF(High Density Fiber Board), MDF(Medium Density Board), Particle Board를 심재로 표면에 바닥재용 LPM(Low

Pressure Melamine), HPM(High Pressure Melamine)과 같은 멜라민수지를 라미네이트 코팅하여 습기를 차단하고 열에 의한 변형을 방지해주는 제품으로 표면의 내마모성이나 내구성이 좋아 표면 손상이 적고, 다양한 색상의 연출이 가능하며, 표면 위로 무거운 가구를 움직여도 될 정도로 제품의 표면강도가 우수하다.

- 장점
  - 내마모성, 내열성, 내화학성, 내수성 등 여러 면에서 우수하다.
  - 내구성이 좋아 무거운 가구, 의자바퀴에도 눌림자국이 남지 않는다.
  - PVC 바닥재에 비해 정전기가 발생하지 않아 청소가 쉽다.
  - 가격이 적당하며, 다양한 디자인을 적용할 수가 있다.
- 단점
  - 라미네이트 코팅으로 인하여 나무 자체의 자연스러움을 감소시키고, 피부에 닿는 느낌이 딱딱하다.
  - 합판마루에 비해 시공성이 낮다.

ⓔ 대나무 : 주로 동남아시아산 제품으로 수입품에 의존하고 있으며, 고온에서 탄화시키고, 교차결합하여 뒤틀림을 방지하며, 표면에 UV(ultraviolet) 합성수지를 코팅 처리하여 물기에 강하고, 변색을 차단하며, 시공성을 보강한 제품이다. 색상은 대나무의 자연색 그대로를 사용하며, 불가마에서 탄화시키는 과정에서 불가마와 가까운 곳은 진하고, 불가마에서 멀수록 연하므로 색상 또한 인위적으로 도포되지 않은 자연 그대로의 자연친화적 색상이다.

- 장점
  - 표면강도가 우수하며 부패, 수축변형률이 낮고 의장성이 우수하다.
  - 열전도율이 매우 빠르기 때문에 겨울엔 따뜻하고, 여름엔 시원하다.
  - 정전기를 발생하지 않아 먼지가 부착하지 않기 때문에 청결 유지나 손질이 쉽다.
  - 항균성질과 고온 건류가공의 방충, 방부 처리로 곰팡이, 진드기 등이 기생하지 않는다.
  - 물기에 강하고, 잘 부패하지 않아 수분 많은 세면대 및 주방에 사용이 가능하다.
- 단점
  - 가격이 다소 고가이며, 실(室)의 성격에 따라 선택의 제한을 받는다.
  - 합판마루, 강화마루에 비해 시공성이 좋지 않다.

참고 | 목재마루 기본 구조도

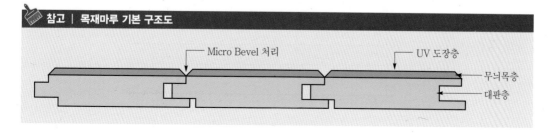

Micro Bevel 처리   UV 도장층   무늬목층   대판층

참고 | 목재 바닥재의 이음매 구조

기성품은 주로 '제혀쪽매'로 가공되어 있고, 근래에는 접착제의 유해 논란이 커지면서 접착제를 사용하지 않는 클립형이 있으며, 소량 가공품으로 제작할 때는 '맞댄쪽매'나 '반턱쪽매'로 가공하여 시공한다.

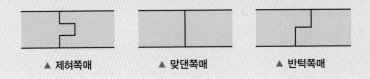

▲ 제혀쪽매   ▲ 맞댄쪽매   ▲ 반턱쪽매

참고 | 목재 바닥재의 시공순서

바탕 정리(청소, 고름질 등) → 프라이머 도포 → 시공계획 → 먹줄치기 및 하부 펠트(felt) 시공 → 접착제 도포 → 시공 → 왁스 먹임 및 보양

참고 | 목재 바닥재의 시공방법

① 접착식

    ㉠ 바닥면에 직접 접착제를 바른 후 그 위에 마루판을 직접 시공

    ㉡ 바닥의 평활도가 좋고, 이물질이 완전히 제거된 경우에 시공

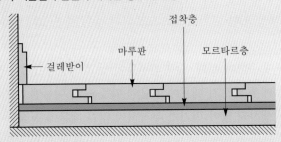

② 현가식

    ㉠ 바닥면에 필름을 깔아 습기를 차단하고, 쿠션을 깔아 흡음성을 더하며, 보행성을 높여주는 시공

    ㉡ 제혀쪽매 부분에만 접착제를 발라 시공

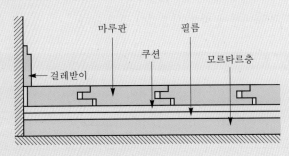

③ 장선식

   ⊙ 주로 체육관, 무대, 강당에 시공

   ⓛ 하부구조의 설치에 따라 여러 형태로 시공

   ⓒ 장선 하부구조에 배선이나 설비장치를 하여 외부로 노출되지 않는 장점이 있음

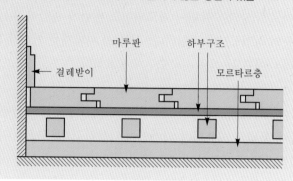

(2) PVC재

일반 폴리염화비닐(poly vinyl chloride) 바닥재제품으로 강도가 높고 가공성이 우수하나, 내열성이 낮다. 팽창, 수축률이 커서 쉽게 변형이 되나, 바닥재질로는 이러한 단점을 보강한 제품으로 생산된다.

PVC 바닥재는 저렴하면서도 실용적인 측면에서 대중화된 바닥재이며, PVC 바닥재의 종류에는 모노륨이라고 부르는 원조 륨류와 데코타일이라고 부르는 타일류로 나뉜다.

① 장점

   ⊙ 시공이 간편하며, 유지·보수가 쉽다.

   ⓛ 무늬패턴이 다양하고, 형태와 표면이 매끄럽다.

   ⓒ 경량이며, 가격이 저렴하다.

   ⓔ 경질제품은 목재보다 표면강도가 우수하다.

② 단점

   ⊙ 내구성이 짧으며, 쉽게 마모된다.

   ⓛ 내열, 내화성에 취약하다.

   ⓒ 온도에 의하여 수축 및 변형이 쉽고, 장기간 사용 시 물성이 저하된다.

   ⓔ 친환경적이지 못하다.

   ⓜ 통기성이 부족하여 습기로 인한 곰팡이의 번식에 취약하다.

③ 종류

   ⊙ 륨(leum) : 기존의 PVC재질에 황토, 참나무 숯, 은, 옥 등의 성분을 첨가하여 음이온, 원

적외선, 탈취의 기능성을 발휘하는 제품이다. 일반적으로 시공 후 사용연한은 최장 5년 정도이며 비교적 시공이 간편하고 가격이 저렴하다. 최근에는 5mm의 두께로 이면에 차음 시트(sheet)가 접착되어 아파트의 층간소음을 줄이는 고급 제품도 있다.

ⓛ 롱(rong) : 륨처럼 표면에 도안된 디자인패턴과 필름으로 가공되지 않고, 단면이 연속된 칩(chip)의 입자로 구성되어 표면이 마모되어도 패턴에 변함이 없는 제품이다. 접촉이 빈번한 백화점 등의 상업공간에 적합하다. 시공 시 바닥재용 커터칼 외에 에지트리머, 스크라이버, 갈구리 나이프 등 전용 시공도구가 필요하다.

ⓒ 타일(tile)

• 주로 우드패턴의 쪽마루제품과 데코타일, 디럭스타일 등의 제품명으로 가정, 영업장, 사무공간 등에 폭넓게 사용되며 디자인이 다양하고 내구성이 우수하다. 낱장제품이므로 일반 륨제품에 비해 시공성이 매우 낮다.

• '소프트타일'이라는 합성고무제품은 표면에 둥그런 볼록구조의 미끄럼 방지기능이 있어 계단이나 공공건물의 엔트런스 홀(entrance hall)에 사용된다.

ⓔ 매트(mat)

• 체육시설, 유아시설 등에 사용되는 두께 20~30mm의 쿠션(cushion)성이 매우 좋은 제품이다.

• 접착제를 필요한 부분만 사용하며 가장자리는 연결되는 각장과 끼워 맞출 수 있도록 가공되어 있다.

ⓜ 우레탄(uretane) 도료 : 내유성, 내화학성, 내수성이 우수한 바닥재용 도료로 주차장, 주유소, 작업장 등에 사용된다.

참고 | PVC 바닥재의 시공순서

바탕 정리(청소, 고름질 등) → 프라이머 도포 → 시공계획 → 먹줄치기 → 임시깔기(제품따라 생략 가능) → 접착제 도포 → 정 깔기 → 왁스 먹임 및 보양

참고 | PVC 바닥재의 시공방향

① 출입구에서 안으로

② 안에서 출입구로

③ 중앙(기준점)에서 사방으로

▲ PVC타일 깔기

▲ 토치로 가열

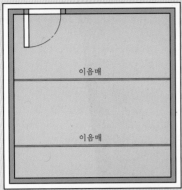

▲ 접면 접착

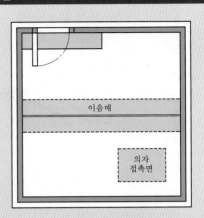

▲ 이음 및 부분 접착

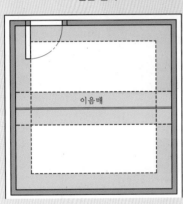

▲ 부분 접착

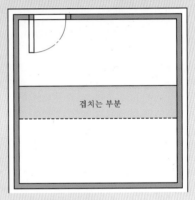

▲ 비접착

참고 | PVC(비닐)계 바닥재의 KS 규격(KS M 3802)

PVC계 바닥재는 모양에 따라 바닥타일, 바닥시트, 비닐장판(VS)으로 구분한다.

① 바닥타일의 종류

구분	종류	결합제[1], 함유율(%)	두께(mm)	기호
접착형[2]	단층 비닐 바닥타일	30 이상	–	ST
	복층 비닐 바닥타일	30 이상	–	MT
	혼합질 비닐 바닥타일	30 미만	–	CT
거치형[3]	거치형 비닐 바닥타일	–	4.0 이상	BFT
	박형 거치형 비닐 바닥타일	–	4.0 미만	SFT

[주] 1) 결합제 : 비닐수지, 가소제 및 안정제로 구성
2) 접착형 비닐 바닥타일 : 접착제를 소재에 도포하여 시공하는 바닥타일
3) 거치형 비닐 바닥타일 : 바탕에 접착제를 사용하여 시공하여 박리가 쉬운 바닥타일로 조립식 타일은 포함하지 않음

② 바닥시트의 종류

구분	종류	밀도(kg/m³)	기호
발포층 없음	단층 비닐 바닥시트	–	SS
	복층 비닐 바닥시트	–	MS
발포층 있음	발포복층 비닐 바닥시트	650 이상	FS
	쿠션 비닐 바닥시트	650 미만	CS

③ 겉모양

결점의 종류	판정기준	
	바닥타일	바닥시트
결손, 균열	없어야 한다.	–
갈라진 곳, 절단된 곳, 굽은 곳, 구멍	–	없어야 한다.
박리	없어야 한다.	
이상한 요철, 모양·광택 및 색조의 불균일, 오염, 흠, 이물의 혼입	눈에 띄는 것이 없어야 한다.	

비닐장판		
결점의 종류	결점내용	판정기준
면혹, 층 구멍	요철형 결점이 6m의 간격에서 3mm 이상이 1개 이상일 때	결점이 없어야 한다.
인쇄물 구멍	6m 간격에서 크기 5mm 이상이 1개 이상일 때	결점이 없어야 한다.
바람	수직으로 60cm 이내에서 보았을 때 식별이 될 때	결점이 없어야 한다.
칼줄, 잉크 얼룩, 인쇄 얼룩	수직으로 60cm 이내에서 보았을 때 식별이 될 때	결점이 없어야 한다.
가소제 자국, 얼룩	표면의 가소제 자국을 닦은 후 60cm 거리에서 식별되는 곳이 3m 간격에서 1곳 이상일 때	결점이 없어야 한다.
인쇄무늬 상태	무늬의 신축변화량을 원래 무늬크기로 나누어 7% 이상일 때	결점이 없어야 한다.
인쇄무늬 휨	너비방향 양 끝과 중앙 부분의 무늬 휨상태가 15mm 이상일 때	결점이 없어야 한다.

④ 바닥타일의 성능

성능항목	종류		단층 비닐 바닥타일	복층 비닐 바닥타일	혼합질 비닐 바닥타일	거치형 비닐 바닥타일	박형 거치형 비닐 바닥타일
	기호		ST	MT	CT	BFT	SFT
압입량 (mm)	시험온도	23℃	0.25 이상	0.25 이상	0.15 이상	0.40 이상	0.25 이상
		45℃	1.20 이하	1.20 이하	0.80 이하	2.00 이하	1.20 이하
잔류압입량(mm)[A법]			0.25 이하			0.45 이하	0.25 이하
가열에 의한 길이 및 폭의 변화율(%)			0.25 이하		0.20 이하	0.15 이하	
흡수에 의한 길이 및 폭의 변화율(%)			–		0.20 이하	–	
열 팽창률(℃⁻¹)			–			6.0×10^{-5} 이하	
휨/말림 (mm)	시험온도	5℃	–			0.5 이하	
		23℃				2.0(–)[1] 이하	
내오염성			현저한 색상의 변화 및 광택의 변화가 없어야 함				
미끄럼저항성[2]			표시값 이상				
내마모성(mg)			200 이하		–	200 이하	
방열성	잔염시간(s)		20 이하				
	탄화길이(mm)		100 이하				

[주] 1) 아랫방향 휨/말림의 경우 (–)를 붙여서 표시한다.
2) 건식(dry), 습식(wet) 두 가지 방법으로 진행하며, "DP1 WP2"와 같이 두 방법 모두의 분류를 기록한다.

⑤ 바닥시트의 성능

성능항목	종류		단층 비닐 바닥시트	복층 비닐 바닥시트	발포복층 바닥시트	쿠션 비닐 바닥시트
	기호		SS	MS	FS	CS
압입량 (mm)	시험 온도	23℃	0.30 이상			
		45℃	1.5 이하		–	
잔류압입량 (mm)	시험 방법	A법	0.75 이하		–	
잔류압입률 (%)		B법	–		20 이하	
가열에 의한 길이 및 폭의 변화율(%)			2.0 이하		0.5 이하	
내오염성			현저한 색상의 변화 및 광택의 변화가 없어야 함			
경량 충격음 저감량 (단일수치평가량, ΔL)[1]			–		참고값	
미끄럼저항성[2]			제조자 제시값 이상			
밀도(kg/m³)			–		650 이상	650 미만

[주] 1) 가중 바닥 충격음 레벨 감쇄량

2) 건식(dry), 습식(wet) 두 가지 방법으로 진행하며, "DP1 WP2"와 같이 두 방법 모두의 분류를 기록한다.

⑥ 비닐장판의 성능

성능항목	비닐장판	
인장강도(N/cm²)	너비	196 이상
	길이	236 이상
인열강도(N/cm)	너비	89 이상
	길이	196 이상

[출처 : 국가표준인증 통합정보시스템]

(3) 석재

바위와 돌을 통칭하여 암석(巖石)이라 하며, 건축공사에 쓰는 암석을 석재라 한다. 석재는 압축강도에 비해 휨강도가 매우 낮기 때문에 특별한 보강 없이는 구조재로 부적합하여 주로 수장재(치장재)로 사용된다.

① **대리석** : 변성암의 대표적인 석재로 백색과 유색이 주종이며 변성과정에서 생긴 마블의 문양이 아름답고 중국 운남성 대리부에서 많이 산출된다 하여 대리석이라는 명칭이 붙게 되었다. 바닥재로는 최고급자재로 공공장소, 고급 영업장, 가정에서는 현관 입구, 욕실 등에 사용하나, 취향에 따라 거실에 시공하는 경우도 있다. 백시멘트를 접착용 모르타르로 사용한다.

② **점판암** : 진흙이 침전하여 오랜 세월 응결된 암석으로 절편(切片)가공이 쉽다. 지붕, 벽의 재료로 쓰이며 천연 슬레이트라고도 하는데, 근래에는 전통찻집이나 한식당 바닥재, 가정에서는 정원의 보도(步道)용으로 사용된다.

③ **콩자갈** : 빙하기에 형성된 변성암이 잘게 깨어지고 다듬어진 콩(荳) 크기의 잔자갈로 모르타르와 배합하여 시공하며 가정의 현관이나 특별한 의장성이 요구되는 장소에 사용된다.

④ **점토타일(ceramic tile)** : 점토를 성형, 소성하여 만든 박판제품(두께 5~10mm 정도)으로 바닥용으로 바닥타일, 크링커타일, 모자이크타일이 있다. 내수성이 매우 좋고 사용연한이 긴 바닥재료이나 비용이 많이 들고 시공 후 양생기간(1~2일) 동안 보행이나 충격을 가하지 못한다. 표면경도가 높고 취성이 약해 낙하되는 물체와 타일 자체가 깨어지는 경우가 많다.

(4) 직물

바닥에서 온기를 접할 수 있는 우리나라의 주택 난방구조에는 통칭적인 카펫이 어울리지 않으나, 빌딩 난방구조에서 카펫의 시공은 고급스러우면서도 우아한 멋을 자아낸다. 타 바닥재에 비교하여 흡음성이 우수하고 보온성이 좋으며, 충격 흡수가 뛰어나고 보행 시 미끄러움이 없어 안전하며, 보행감도 좋다.

① **카펫** : 일명 카펫이라고 부르나, 바닥재로서의 카펫이라고 하면 우리가 일반적으로 카펫이라고 칭하는 러그(Rug)를 제외한다. 나일론(Nylon) 소재는 롤(Roll)카펫의 대표적인 소재였으나, 요즘에는 소재의 고급화가 이어지면서 폴리프로필렌(PP) 소재의 카펫이 인기를 누리고 있고 고급품으로 양모(羊毛)카펫, 실크(silk)카펫이 있다.

② **카펫타일** : 타일과 같은 정사각형 모양(일반적인 규격 : 50cm×50cm)의 카펫을 말한다. 롤카펫과는 달리 부분적인 시공과 보수가 가능하다. 일반적으로 파일의 형태에 따라 다음 4가지로 구분한다.

형태	Loop Type	High Low	Cut Type	Textured Type
모양				

03 바닥재의 시공

1 사전조치사항

(1) 자재의 보관방법

바닥재 중 원단처럼 말아서 포장하는 Roll Type은 제품을 직립으로 세워서 보관해야 시공 후에 안착이 잘 되고, 시공 시 이음부나 가장자리 부분의 컬링을 방지할 수 있다. 종이처럼 뉘어서 포장하는 Box Type은 Box의 상단을 위로 하여 포장Box의 변형 없이 적재하여 보관해야 생산된 상태의 제품품질을 유지할 수 있다. 또 제품의 동일한 생산로트번호가 동시에 시공될 수 있도록 재고관리를 해주는 것도 이색 등의 하자를 줄이는 방법이다.

(2) 환경 점검 및 조치법

바닥재의 특성상 시공 후에 나타나는 제품의 하자 또는 시공의 하자는 소비자에게 금전적,

시간적 출혈을 요구하기 때문에 소비자는 시공상의 완벽한 품질을 요구한다. 시공자는 자재의 보관에서부터 시공 전 바닥상태를 완벽하게 점검하여 시공 후 예상되는 하자에 대한 부분을 완벽히 조치를 취한 후에 완벽한 시공이 이루어질 수 있도록 최선을 다하여야 한다.

(3) 시공면의 정리

① 습기 제거

습기가 많은 곳에 시공을 하게 되면 바닥의 습기가 제품에 침투되어 제품의 치수 안전성을 떨어뜨려 부풀음현상이 발생되며, 습기로 인한 곰팡이가 쉽게 발생하여 바닥재를 변색시키고, 실내공기를 곰팡이균으로 오염시킬 수 있다. 따라서 시공 전에 상온상태를 유지하여 수분함유율이 4.5% 미만이 되도록 습기 제거를 해야 한다.

② 요철 제거

바닥의 돌출 부위나 요철, 또는 모르타르가루 등은 제품 표면전사, 바닥재의 변형, 들뜸, 수축 및 이음부 용착 불량 등의 문제점을 유발한다. 따라서 바닥보수제로 먼저 평활하게 해주고, 모르타르가루가 일어나는 바닥은 프라이머(바인더)로 도포해 주어야 한다는 등의 조치가 필요하다.

③ 바닥균열

신축 아파트의 경우에 콘크리트의 양생과정 및 난방에 의하여 바닥에 균열이 발생되며, 발생된 균열의 수축 팽창에 의한 변형력과 균열 부위로 가열 및 난방에 의한 열기가 집중되어 부풀어 오르는 하자(웨이브현상)가 발생된다. 이러한 웨이브현상을 방지하기 위해서는 제품의 시공 전에 난방을 가동하여 충분한 콘크리트의 양생기간을 가져야 크랙이 발생하지 않으며, 발생한 크랙은 보수제로 메꿈작업을 해야 한다.

④ 바닥오염

시공 전 바닥에 니스 등의 오염물질이 잔존해 있을 경우 오염물질의 착색성분이 제품의 표면으로 전이현상이 나타나 바닥재 표면을 오염시키게 된다. 이는 니스뿐이 아니라 페인트, 래커, 곰팡이, 토분 등도 동일한 현상을 발생시키는데, 일단 표면까지 전이된 상태에서는 오염 제거가 불가능하므로 오염물질을 사전에 반드시 제거한 후에 시공해야 한다. 오염물질의 제거는 오염방지테이프를 사용하여 제거하거나, 토치램프로 태운 후 스크래퍼로 긁어낸다. 소량이라도 바닥에 잔존할 경우 시간이 경과하면서 바닥재의 표면으로 오염될 수 있다. 이러한 현상은 난방 가동 시 더욱 빨리 진행되거나 확산될 수 있다.

⑤ 바닥청소

바닥장식재 시공에 있어서 시공 전의 점검이나 청소과정은 시공 후 제품의 하자 발생을 최소화할 수 있는 가장 중요한 과정이다. 따라서 하나의 거친 알맹이라도 완전히 제거해 주어야 하는데, 이를 위해 먼저 큰 쓰레기를 제거하고 톱밥에 물을 적셔 바닥면에 모아가며 비로 쓸어준다. 톱밥이 없을 경우에는 물에 적신 신문지 등을 찢어 놓으면 도움이 되며, 또한 진공청소기를 이용하면 바닥청소에 효과적이다.

(4) 실측작업

시공현장에서의 실측은 시공 후에 바닥재의 시공상태가 최상이 되도록 가상배치에 따른 소요량을 산출해야 하나, 제품의 로스를 최소화하기 위한 실측법도 있다. 실측 시에는 제품의 폭별 연결을 고려하여 사전에 시공하고자 하는 무늬의 단위크기와 시공방향으로의 시공 가능성을 먼저 확인 후 소요량의 실측작업을 실시하여야 한다.

Roll Type의 제품인 경우에는 가급적 첫 번째 시공되는 기준제품은 출입구에 이음매가 오지 않도록 배려해야 한다. 단, 카펫타일과 같은 Tile Type의 바닥재는 출입구가 기준이 아니라 주로 실내의 정중앙을 기준으로 시공하므로 벽과 맞닿는 제품의 규격이 정치수와 차이가 나는 것은 감안해야 한다. 이럴 때는 실내에 배치되는 가구 또는 구조물을 감안하여 출입구에 연결 부위가 발생하지 않도록 중심선을 옮기거나, 벽면과 마주하는 부분에 위치하는 제품의 크기가 1/2 이상 시공이 될 수 있도록 바닥면을 4등분 한다.

(5) 재단작업

시공할 제품에 대한 전체 소요량에 대한 실측이 완료되면 제품별로 계산된 수치대로 재단작업을 실시한다. 재단 전 주의사항으로는 단위무늬가 있는 패턴은 무늬 맞춤까지를 고려하여 재단하고, 벽면에 굽도리를 꺾어 올리는 경우에는 굽도리 높이를 감안하여 여유 있게 재단한다. 대개 Roll Type의 제품에는 뒷면에 재단선이 인쇄되어 있으며, 이 재단선에 따라 직선으로 잘라낼 수 있다. 이렇게 재단한 폭들은 원단과 바닥면에 친화력을 높이기 위한 숨죽임작업을 해야 한다.

제품의 특성을 감안하여 상온에서 시공하도록 해야 하고, 최대한 원단을 확보해 시공현장에서의 숨죽임작업이 선행되어야 한다. 제품에 따라 숨죽임방법이 각기 다르나, 주택의 경우에는 제품의 표면이 천장을 향하도록 펼쳐놓고 가장자리에는 무거운 물건을 올려놓아 제품이 가급적으로 평활할 수 있도록 해야 하고, 바닥면과 맞닿은 부분은 표면 보호를 위해 뒤집어서 펼쳐놓는다.

2 주택용 바닥재 시공

(1) 시공 부자재

접착제, 용착제, 바닥보수제 등

(2) 시공도구

줄자, 재단자, 재단칼, 접착제 도포용 헤라

(3) 시공순서

① **바닥 정리**

② **원단 확인**

생산일자, 생산로트번호를 확인하여 가급적이면 동일 생산로트번호 내에서 시공한다.

③ **시공방향**

정·역방향의 시공이 가능하면 역방향으로 시공한다.

④ **기준폭 시공**

㉠ 시공현장의 구조상 첫 번째로 시공하는 기준이 되는 제품에 가급적 출입구에 연결부가 없도록 하기 위해 출입구에 원단을 배치한다.

㉡ 시공할 제품을 시공장소의 길이보다 5~10cm 여유 있게 가재단해 바닥에 바르게 펼친 후 벽면에 들어간 부분, 즉 원단이 시공되어야 할 부분과 잘려 나갈 부분에 대한 1차 고정작업을 실시한다.

㉢ 벽면 및 가장자리 부분으로 올라온 원단은 손으로 충분히 밀착시키고, 모서리 부분부터 일자로 커팅시킨 다음 벽면의 모양에 따라 걸레받이 곡면이 커버할 수 있는 범위 이내 간격을 두고 재단한다.

⑤ **폭 연결**

먼저 시공된 원단 가장자리 위에 올려놓고 원단의 중앙과 양쪽 끝부분을 V자로 잘라내 무늬 맞춤을 확인하고 중앙을 기준으로 양쪽으로 확인해간다.

⑥ **접착제 도포**

기준폭의 고정작업과 가재단작업이 완료되면 무늬 맞춤이 움직이지 않도록 주의하면서 벽면과 이음매 부분에 가재단된 원단을 폭방향으로 절반가량 들어 본 후 접착제를 20cm 폭으로 골고루 도포한다.

주거용 바닥재를 상업용으로 사용 시에는 반드시 전면 접착을 하고, 주거용에도 바퀴 달린

의자를 사용하려면 접착제로 바닥재를 고정시켜야 원단이 밀리거나 웨이브현상을 방지할 수 있다.

⑦ 압착 및 정밀재단작업

시공할 면에 접착제 도포 후 약 10분간의 Open Time을 부여한 다음 중앙부터 양 끝으로 골고루 밀면서 압착해야 한다. 압착 후에는 가재단된 여유원단에 대하여 정밀재단을 한다. 정밀재단은 벽면의 선과 제품의 재단선이 반드시 일치해야 하고 문턱, 모서리, 벽면은 1mm 정도 약간 부족하게 재단해야 한다. 재단 시 여유간격을 확보하지 않고 꼭 맞춤 시공되었을 경우 제품의 수축, 팽창으로 인해 제품의 들뜸 또는 부풀음의 하자가 발생할 수 있다.

직선 부분에 대한 재단작업은 철자 등을 사용하여 재단선이 비뚤어지지 않도록 세심하게 작업해야 한다. 시공기술이 고도로 능숙해지거나 벽면 등이 고르지 못할 경우 철자를 쓰지 않고 손등을 벽면에 밀착시켜 나가면서 재단할 수 있으나, 잘려 나가는 원단과 칼이 맞닿는 강도나 압력을 시공자가 두 손의 감각으로 완전히 감지할 수 있어야 가능한 방법으로 초보자는 어렵다.

⑧ 이음부 시공

이미 고정된 무늬 맞춤선을 따라 철자를 대고 두 겹의 원단이 한꺼번에 잘려 나가도록 칼날의 끝이 바닥에 닿을 정도로 힘을 주어 가급적 정밀하게 천천히 잘라 나간다. 이 작업 시 칼날이 좌우로 기울어지지 않고 바닥면과 수직을 이루도록 유의해야 하고, 겹쳐진 부분에 대한 재단이 완료되면 이미 접착제가 묻어 있는 밑에 잘려진 부분을 제거하고, 이음 부위는 0.1mm 정도의 틈이 발생하도록 여유 있게 재단한다.

⑨ 굽도리(걸레받이)

바닥면 전체에 접착 및 정밀재단이 완성되면 바닥면 벽지와 만나는 부분에 대해 굽도리 처리를 하게 된다. 굽도리의 소재로는 PVC, 폴리에틸렌, 목재 등이 있으며 평상 시 벽면이 오염되는 것을 방지해주고 벽면과의 경계선을 깨끗하게 하는 목적이 있다.

⑩ 용착작업

모든 시공이 완료된 후 용착제를 10초가량 흔들어 기포를 완전히 제거하고, 용착 시공구에 주입하여 사용한다. 용착방법은 용기의 끝 가이드를 이음선에 삽입하여 용착액이 균일하게 나오도록 천천히 이동하면서 이음선 끝부분까지 한 번에 용착을 마무리한다. 용착속도는 1m에 5~6초 정도가 바람직하며, 용착 후 15초 후 표면에 묻은 용착제를 깨끗한 천으로 닦아낸다.

① open time : 도포된 접착제가 접착력을 발휘하는 시간(도포된 접착제가 투명하게 되는 시점)

② 가사시간 : 도포된 접착제가 환경조건에 의해 접착력을 잃어버리는 시간(도포 후 접착력 유지시간)

3 럭스트롱 시공

(1) 시공 부자재

접착제, 용착제, 바닥보수제 등

(2) 시공도구

줄자, 갈고리 나이프, 시공용 칼, 접착제 도포용 헤라, 리세스 스크라이버, 롱 스크라이버, 에지트리머, 컴퍼스, 핸드롤러, 50kg 롤러, 웰딩 시공구 등

① **리세스 스크라이버** : 제품의 이음부의 원단을 재단하기 위해 이음부의 끝선을 맞추기 위해 사용하는 공구

② **웰딩 시공구** : 상업용 시설의 시공 안정성을 위해 이음부의 용착 처리 대신 PVC 웰딩으로 처리

(3) 시공순서

① **바닥 정리**

② **원단 확인** : 생산일자, 생산로트번호를 확인하여 가급적이면 동일 생산로트번호 내에서 시공한다.

③ **시공방향** : 정·역방향의 시공이 가능하면 역방향으로 시공한다.

④ **기준폭 시공**

ㄱ 시공현장의 구조상 첫 번째로 시공하는 기준이 되는 제품에 가급적 출입구에 연결부가 없도록 하기 위해 출입구에 원단을 배치한다.

ㄴ 시공할 제품을 시공장소의 길이보다 5~10cm 여유 있게 가재단해 바닥에 바르게 펼친 후 벽면에 들어간 부분, 즉 원단이 시공되어야 할 부분과 잘려 나갈 부분에 대한 1차 고정작업을 실시한다.

ㄷ 벽면 및 가장자리 부분으로 올라온 원단은 롱 스크라이브를 사용하여 절단 부위를 표시한 다음 갈고리 나이프로 표면보다 이면이 많이 잘리도록 칼날을 비스듬히 눕혀 정확히 절단하여 벽면에 꼭 끼운다.

⑤ **폭 연결** : 먼저 시공된 원단 가장자리 위에 올려놓고 원단의 중앙과 양쪽 끝부분을 V자로 잘라내 무늬 맞춤은 중앙을 기준으로 양쪽으로 확인해간다.

⑥ **접착제 도포** : 상업용은 접착제를 전면 접착으로 시공하며, 가정용은 부분 접착으로 시공한다. 그러나 전면 접착 시공이 제품의 수명이 길어지며 시공이 완벽하다.

⑦ **이음부 절단 및 압착** : 원단이 겹쳐지는 부분을 리세스 스크라이브와 갈고리 칼을 사용하여 재단하여 제거한다.

⑧ **용착제 또는 웰딩** : 이음매 부분을 깨끗이 하여 용착제를 도포하거나, 웰딩 시공구를 사용하여 용착작업을 한다.

4 데코타일 시공

(1) 시공 부자재

접착제, 용착제, 바닥보수제 등

(2) 시공도구

줄자, 먹줄, 직각자, 접착제 도포용 헤라, 50kg 롤러 등

(3) 시공순서

① **바닥 정리**

② **제품 확인** : 생산일자, 생산로트번호를 확인하여 가급적이면 동일 생산로트번호 내에서 시공해야 이색에 대한 하자를 줄일 수 있다.

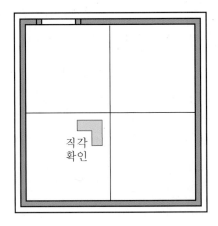

직각
확인

③ 중심선 설치

　㉠ 중심선의 설치는 시공면적에 소요되는 타일의 매수를 최소화하는 것과 가장자리의 타일이 크기를 1/2 이상이 유지되도록 하는 것이 목적이다.

> **참고 | 중심선 계산법**
>
> 한 폭에 사용되는 타일의 수(N)=시공할 장소의 한 변의 길이÷타일의 한 변의 길이
> ① N이 홀수일 때 : 중심에 설치
> ② N이 짝수일 때 : 중심±타일의 1/2 이동지점에 설치

　㉡ 먹줄과 직각자로 중심선을 설치하며, 중심선이 교차되는 지점은 직각을 유지하여야 한다.

④ **접착제 도포** : 중심선의 설치에 의한 4등분된 면적 중 시공방향을 결정하고, 한 면씩 시공한다. 접착제의 도포는 가사시간 및 시공속도를 감안하여 접착제용 헤라를 사용하여 도포하며, 양 가장자리 부분은 마무리 재단에 의한 소요시간을 감안하여야 하므로 접착제 도포를 별도로 하여 시공해야 한다.

⑤ **시공** : 접착제가 도포된 부분의 중심선에서 오픈 타임을 확인하며, 역피라미드형태로 시공을 진행한다. 그림에서

　㉠ ① → ② → ③ → ④ → ⑤ → ⑥ → ⑦ → …
　㉡ ① → ② → ③ → ⑥ → ⑤ → ④ → ⑦ → …

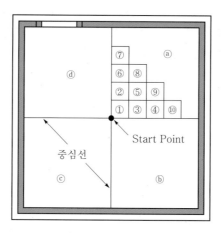

들뜸 방지를 위하여 충분한 압착을 실시한다.

⑥ **벽면 시공** : 타일을 벽면으로부터 1mm 정도 작게 재단하여 자연스럽게 안착이 되도록 한다. 들뜸 방지를 위하여 충분한 압착을 반복하여 완전한 접착 시공을 실시한다.

⑦ **마무리** : 전체적인 시공이 완료되면 50kg 이상의 롤러를 사용하여 전체적으로 압착해준다.

5 매트(mat) 시공

(1) 시공 부자재

접착제, 용착제, 바닥보수제, 표면오염보호용 Wax 등

(2) 시공도구

줄자, 철자, U자형 커터칼, 접착제 도포용 헤라, 웰딩 시공구 등

(3) 시공순서

① **바닥 정리**
② **제품 확인** : 생산일자, 생산로트번호를 확인하여 가급적이면 동일 생산로트번호 내에서 시공해야 이색에 대한 하자를 줄일 수 있다. 시공현장의 실내온도에 제품을 이동하여 충분히 적응시켜야 한다.
③ **접착제 도포** : 접착제의 도포는 가사시간 및 시공속도를 감안하여 접착제용 헤라를 사용하여 전면 접착되도록 도포한다. 시공 시에 압착 불량으로 인한 기포(air pocket)가 발생하지 않도록 충분한 압착을 실시한다.
④ **이음매 처리** : 겹쳐지는 이음부에는 철자를 사용하여 굴곡이 발생하지 않도록 절단하며, 충분한 힘으로 압착으로 이음부를 접착한다. 이음부를 중심으로 U자형 커터칼로 원단두께의 1/2~2/3 깊이로 홈을 내고 웰딩 처리한다.
⑤ **마무리** : 제품 표면의 오염을 방지하기 위해 왁스(wax) 처리를 한다. 습기가 많은 장소에는 제품과 벽면 사이를 실리콘 처리를 하여 습기가 침투하지 않도록 해 준다.

6 마모륨 시공

(1) 시공 부자재

접착제, 마모륨 웰딩 Rod, 바닥보수제 등

(2) 시공도구

줄자, 철자, 갈고리 나이프, 시공용 칼, U자형 커터칼, 핸드롤러, 50kg 롤러, 접착제 도포용 헤라, 리세스 스크라이버, 롱 스크라이버, 웰딩 시공구 등

(3) 시공순서

① **바닥 정리**

② **원단 확인** : 생산일자, 생산로트번호를 확인하여 가급적이면 동일 생산로트번호 내에서 시공한다.

③ **시공방향** : 길이방향 수축을 감안하여 여유 있게 가재단하고, 이색 하자를 방지하기 위해 반드시 교차 시공하며, 가재단 후 제품을 반대방향으로 2~3회 되감았다가 펼쳐 숨죽임 한다.

④ **제품 재단** : 럭스트롱 시공구를 사용하여 재단한다.

⑤ **접착제 도포** : 접착제를 사용하여 제품의 전면 접착을 한다.

⑥ **압착 시공** : 기포를 방지하기 위하여 오픈 타임을 충분히 가져야 하며, 핸드롤러 등으로 압착을 해야 한다. 시공 후에는 50kg 롤러를 사용하여 전면 재압착을 해준다. 만곡부에는 별도로 압착하여 들뜸을 방지해야 한다.

⑦ **이음부** : 이음부의 재단은 리세스 스크라이버를 사용하여 절단하고, 상업용에만 PVC 웰딩 처리를 한다.

⑧ **굽도리(걸레받이)** : 마모륨의 견고성으로 인해 동일한 원단을 사용해야만 굽도리 설치가 가능하다. 5~7cm 정도의 높이로 굽돌이 시공한다.

7 마루 시공

(1) 시공 부자재

에폭시접착제, PE폼, 방습용 필름, 메틸알코올, Removal Tape, 바닥보수제 등

(2) 시공도구

줄자, 제품 절단용 톱, 고무망치, 접착제 도포용 헤라, 8~10kg 모래주머니 등

(3) 시공 전 점검사항

① 모르타르면의 함수율을 측정하여 4.5% 이내가 되도록 실내온도를 조정한다.

② 모르타르면의 평활도를 측정하여 2mm/1.5m 이내로 조정한다.

③ 문틀의 높이를 측정하여 11mm로 만들어준다.

④ 베란다 확장 시공 시 결로현상의 발생으로 인한 하자 발생에 대한 대비가 필요하다.

(4) 시공순서

① 바닥을 정리한다.

② 방습용 필름과 PE폼을 우선 시공한다(생략 가능).

③ 문틀 케이싱 하부를 제품의 두께(11mm)만큼 절단하고, 문틀 앞에 모르타르면을 그라인딩하여 수평도를 맞춰준다.

④ 시공할 면적의 폭길이를 측정하여 마지막 시공자재의 폭이 5cm보다 작으면 첫 장과 마지막 자재의 폭이 같도록 절단한다.

⑤ **기준선** : 첫 장의 폭만큼 먹줄을 사용하여 기준선을 그려준다.

⑥ **가시공** : 기준선 위에 첫 장을 일치시키고, 다음 장을 가재단, 가시공하여 제품 위에 번호를 기입한다.

⑦ **제품가공** : 문틀 실의 모양에 따라 제품을 절단한다.

⑧ **접착제** : 접착제 혼합용 용기에 접착제와 경화제를 1 : 1의 비율로 혼합하여, 시공면에 가사시간 및 시공속도를 감안하여 접착제용 헤라를 사용하여 전면 접착되도록 도포한다.

⑨ 제품에 기입한 순서대로 고무망치를 사용하여 제품을 바닥에 시공한다.

⑩ 벽면과 연결 부위의 시공은 벽의 모양에 따라 절단가공하여 시공한다.

⑪ 시공 중에 Removal Tape를 사용하여 시공한 제품 간 틈이 벌어지는 것을 방지해야 하며, 시공 중에 제품 표면에 묻은 접착제는 물걸레 또는 메틸알코올로 즉시 제거해야 한다.

⑫ 굽도리(걸레받이) 시공한다.

⑬ 시공이 완료되면 마루 표면을 두드려 소리가 나는 곳은 모래주머니를 사용하여 눌러주어야 한다.

⑭ 접착제가 완전히 경화되면 모래주머니를 제거하고, 보양재로 제품의 표면을 보양한다.

8 바닥 깔기의 종류

(1) 블록 깔기

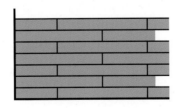 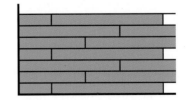

- **쪽마루형 마루 바닥재의 시공방법**
  - 시공이 상당히 쉽다.
  - 시공Loss가 약간 발생한다.
  - 무늬의 변화감이 없다. 2단 분할(위)보다는 3단 분할(하)하는 것이 원목무늬를 효과적으로 살릴 수 있다.

(2) 층단 깔기

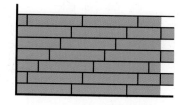

- ■ 쪽마루형 마루 바닥재의 시공방법
  - 시공이 약간 까다롭다.
  - 시공Loss가 다소 발생한다.

(3) 막 깔기(random)

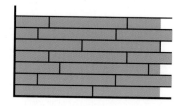

- ■ 쪽마루형 마루 바닥재의 시공방법
  - 시공에 제약이 없어 시공이 상당히 쉽다.
  - 시공Loss가 거의 없다시피 작은 조각이라도 활용할 수 있으며, 자연미를 살릴 수 있다.

(4) 짠마루 깔기

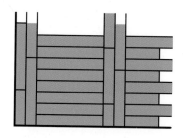

- ■ 쪽마루형 마루 바닥재의 시공방법
  - 시공면적이 넓은 곳에 적합하다.
  - 한식 인테리어에 적합하다.
  - 시공이 상당히 까다롭다.

(5) 걸침 깔기(herringbone pattern)

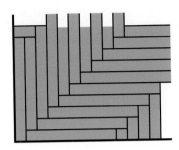

- **쪽마루형 마루 바닥재의 시공방법**
  - 시공면적이 넓은 곳에 적합하다.
  - 시공이 상당히 까다롭다.
  - 시공Loss가 많이 발생한다.
  - 무늬에 변화감이 있다.

(6) 보마루 깔기

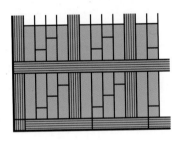

- **쪽마루형 마루 바닥재 시공방법**
  - 시공이 매우 까다롭다.
  - 무늬에 변화감이 있다.
  - 시공Loss가 많이 발생한다.

(7) 엇결 깔기

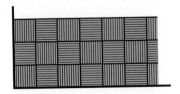

- **타일형 마루 바닥재 시공방법**
  - 시공이 쉽다.
  - 시공Loss가 약간 발생한다.
  - 무늬에 변화감이 있다.

(8) 빗깔기

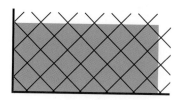

- **타일형 마루 바닥재 시공방법**
  - 시공공구가 다양해진다(벽과 맞닿는 부분의 절단).
  - 시공Loss가 많이 발생한다.

(9) 바둑판 깔기

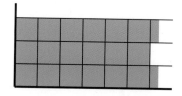

- **타일형 마루 바닥재 시공방법**
  - 시공이 가장 쉽다.
  - 시공Loss가 약간 발생한다.
  - 무늬에 변화감이 없다.
  - 타일과 타일 사이에 쫄대(연결봉, 메지)를 넣어서 조금 더 고급스럽게 시공할 수 있으나 시공 하자가 발생하기 쉽다.

(10) 장식 깔기(decoration)

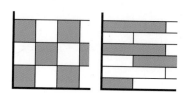

■ **타일형 마루 바닥재 시공방법**

- 시공이 매우 까다롭다.
- 무늬에 변화감이 있다.
- 기업체의 Logo나 소비자가 원하는 독특한 문양대로 Decoration 제품을 주문할 수 있다.
- 주문생산으로 가격이 높다.

(11) 돌림띠 깔기

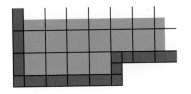

■ **타일형 마루 바닥재 시공방법**

- 시공이 매우 까다롭다.
- 무늬에 변화감이 있다.
- 시공Loss가 많이 발생한다.

9 바닥재 시공사례

▲ 카펫 시공 1

▲ 카펫 시공 2

▲ 원목마루 시공(층단 깔기) 1

▲ 원목마루 시공(층단 깔기) 2

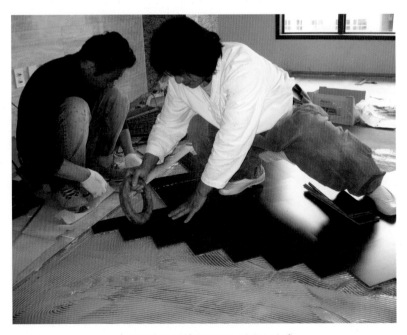

▲ 원목마루 시공(걸침 깔기, 헤링본 시공)

27

인테리어필름

NATION of DOBAE

家

'宀' 갓머리 아래에 '豕' 돼지 시를 복합시킨 집 '家'의 상형에는 두 가지의 어원이 있다.

초기 선사시대의 주거는 자연동굴에서 벗어나 움집을 지어 취락을 형성하기 시작했다. 움집은 지표면에서 아래로 약 1m 정도 터를 파고 나무 기둥의 골격에다 갈대나 띠풀을 지붕재로 사용했다. 그러나 움집은 독사와 맹수의 공격으로부터 방어기능이 부족하여 집터에 우리를 만들어 독사의 천적 돼지를 길렀고, 감당할 수 없는 맹수는 사람 대신 돼지를 물어가게 하는 지혜를 발휘했다. 물론 위로는 기둥을 세워 거처할 오두막집을 지었으니 '마루' 있는 집의 등장이며 집 '家'자의 건축사학적 해석이다. 근거로 제주도의 똥돼지우리는 아직까지 잔존하는 원시 집 '家'의 변종이라고 보면 맞다.

'家'의 또 다른 설(說)은 지붕 아래서 돼지를 제물로 바치는 제례학적 견해로 보는 해석이다. 본시 집(家)은 청(廳)의 모델이다. '廳'은 관청 청이며 대청 청이다. 초가든 기와집이든 웬만한 규모의 한옥에는 대청이 있고 찢어지게 가난한 초가삼간(방 2, 부엌 1 혹은 방 1, 부엌 1, 마루 1)에도 대청을 대신하는 마루가 있다. 대청(마루)은 집안의 관청이며 청사인 공공장소(public area)이자 성주신과 조상의 위패를 모시는 신성구역이며 뒤주와 귀한 곡식, 무명·광목 필륙을 보관하며 하다못해 담근 술·떡·홍시 등의 먹거리가 있는 재물 곳간이다.

각설하고 건축사학적 해석이든 제례학적 해석이든 양자의 진위를 담론할 필요는 없다. 다만 '마루'가 공통 핵심으로 나타나 있다는 것에 관심이 있을 뿐이다.

진서(晉書)의 사이전 숙신조(四夷傳 肅愼條)에서는 우리나라 사람에 대해 '하즉소거 동즉혈처(夏則巢居 冬則穴處)'라 하여 여름에는 새집 같은 데서 거하고, 겨울에는 구멍에서 거한다 했으니 새집이란 누각 같은 높은 마루며 구멍은 아궁이를 말한다.

… 후략 …

2004년 6월, 〈데코저널〉 칼럼
'바닥재 개론 I' 중에서

CHAPTER 27 | 인테리어필름

01 인테리어필름의 정의

인테리어필름(interior film)이란 '점착식 시트'의 상품명으로 천연 원목을 박판으로 가공하여 무늿결을 나타내는 기존 '무늿목' 마감재의 대체품으로 실내인테리어의 내부 마감, 치장재로 개발되었다.

무늿목에 비해 시공이 간편하고 2차로 투명 래커의 도장공정이 필요 없어 공사기간이 짧고, 시공 후 유지·보수가 쉽다는 장점이 있다. 그러나 천연 무늿목이 갖고 있는 질감, 내구성, 고급스러움을 극복할 수 없다는 단점을 갖고 있지만 꾸준한 제품의 개발로 다양한 패턴과 질감의 신제품이 출시되며, 무엇보다 저렴한 시공으로 소비가 빠르게 늘어 기존 무늿목시장을 잠식하고 있다.

1 인테리어필름의 장단점

(1) 장점

① 무늿목에 비해 공사기간이 단축되어 공사비가 저렴하다.
② 도장공정이 생략되어 타 공종의 병행작업이 가능하다.
③ 시공 부위의 재질, 구조에 구애를 받지 않는다.
④ 소방법에 해당되는 공공집회, 보호시설 등에 의한 방염기준을 갖는다.
⑤ 충격, 마찰, 긁힘에 대해 표면강도가 뛰어나며, 내약품성, 내화학성 및 온습도의 변화에 대한 치수 안정성이 우수하다.
⑥ 벽지, 페인트에 비해 내구성이 좋다.
⑦ 중첩 시공이 가능하다.
⑧ 하자 발생 시에 보수가 용이하다.

(2) 단점

① 무늿목에 비해 자연 질감, 내구성, 고급스러움이 떨어진다.

② 벽지와 다르게 피부 접촉에 거부감이 있다.

③ 벽지의 다양한 패턴과 페인트의 원하는 색상 조합을 얻을 수 없다.

④ 시공장소의 성격, 구조에 따라 시공 선택의 제한이 있다.

⑤ 고열, 압착가공하는 공장에서 시공되어 생산하는 기성제품의 품질과 현장 시공품질에 차이가 심하다.

⑥ 실내 마감재로써 주요 기능인 흡음, 보온성능이 거의 없다.

⑦ 제품구조상 천연재료를 첨가한 기능성 제품을 제조하기가 매우 어렵다.

⑧ 근본적으로 PVC재질이라 친환경소재가 될 수 없다.

⑨ 대체재의 한계가 있다.

2 타 마감재와의 제품 비교

조건＼소재	필름	무늬목	페인트	패브릭	벽지
용도	실의 성격, 구조에 따라 선택의 제한이 있다.	실의 성격, 구조에 따라 선택의 제한이 있다.	실의 성격, 구조에 따라 선택의 제한이 있다.	실의 성격, 구조에 따라 선택의 제한이 있다.	실의 성격, 구조에 따라 선택의 제한이 없다.
시공 부위	바탕 재질과 구조에 따라 비교적 구애를 받지 않는다.	바탕 재질과 구조에 따라 비교적 구애를 받는다.	바탕 재질과 구조에 따라 비교적 구애를 받지 않는다.	바탕 재질과 구조에 따라 비교적 구애를 받는다.	바탕 재질과 구조에 따라 비교적 구애를 받지 않는다.
시공성 (공사기간)	빠르다	매우 늦다	매우 빠르다	매우 늦다	매우 빠르다
내구성 (시공연한)	매우 좋다	매우 좋다	보통	좋다	좋다
공사비	저렴하다	비싸다	저렴하다	매우 비싸다	저렴하다
흡음, 보온성	불량	불량	불량	매우 우수	제품의 재질에 따라 성능의 차이가 있다.
기능성	없다	없다	제품의 성분에 따라 차이가 있다.	없다	제품의 재질에 따라 성능의 차이가 있다.
친환경성	불량	양호	제품의 성분에 따라 양호	제품의 성분에 따라 양호	제품의 성분에 따라 우수
방염성	방염·비방염제품이 있다.	방염도료작업을 별도로 해야 한다.	방염도료작업을 별도로 해야 한다.	방염·비방염제품이 있다.	방염·비방염제품이 있다.

3 시공공구

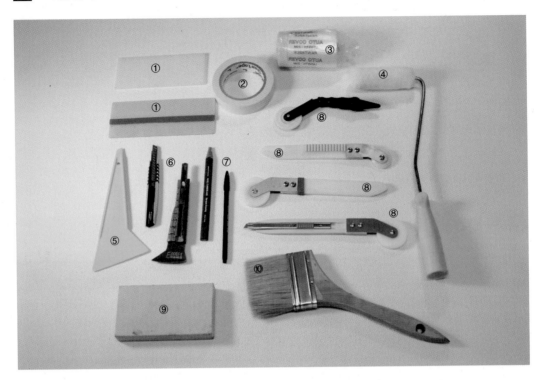

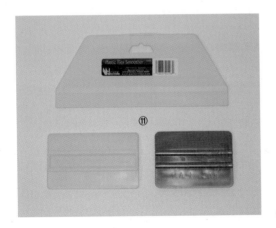

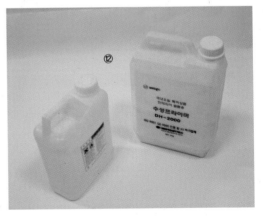

① **칼받이** : 문틀이나 반자틀, 걸레받이의 오버랩 커팅용으로 사용한다.

② **마스킹테이프**

③ **비닐 커버링**

④ **도포용 롤러** : 넓은 면의 프라이머 도포용으로 사용한다.

⑤ **삼각주걱**

⑥ **시공용 커터칼**

⑦ **필기구** : 기록용 노트와 시공면 표시용으로 연필과 유성사인펜(PVC면)을 사용한다.

⑧ **압입용 롤러** : 홈이나 패널의 이음부 시공에 적합하도록 개발된 롤러이다.

⑨ **펠트(felt)** : 넓은 평면을 부드럽게 압착하거나 모서리에 스크래치가 발생하지 않게 압착시키는 양모재질의 주걱 대용품이다.

⑩ **도포용 붓** : 프라이버 도포용으로 홈 도포용의 작은 붓과 보통 붓 2~3자루를 병용, 교체하며 사용한다.

⑪ **스퀴즈주걱(squeeze scoop)** : 필름을 강하게 압착하여 시공할 수 있는 매끄러운 PVC재질의 전용 주걱(헤라)이다.

⑫ **신너와 프라이머**

⑬ **재단자** : 80mm(W)×1,300mm(L)의 스틸자이다.

⑭ **기타 공구** : 망치, 니퍼, 드라이버, 그라인더, 조명등, 공업용 인두, 난방 열기구 등

4 시공 부자재

① **프라이머(primer)** : 작업조건(건조, 환기, 바탕면, 필름재질 등)에 따라 수성이나 유성을 선택하며, 필름제조사의 규격제품을 사용한다.

② **톨루엔 신너(toluene thinner)** : 프라이머 원액의 희석제로 작업조건에 따라 정확한 비율로 희석한다.

③ **퍼티(putty)** : 일반적으로 석고퍼티(gypsum putty)를 사용하지만, 상급 시공용으로 폴리퍼티(poly putty)를 사용하기도 한다.

④ **마스킹테이프(masking tape), 비닐 커버링(vinyl covering)** : 프라이머 오염 방지, 샌딩작업 시 보양용으로 사용한다.

⑤ **기타 부자재** : 순간접착제, 문서용 화이트수정액, 컬러 유성사인펜 등

02 인테리어필름의 시공

1 작업계획

① 작업의 개요를 검토한다(용도, 공기, 품질의 수준 등).
② 작업계획서를 숙지한다(시공도면, 시방서, 구두 설명 등).
③ 현장의 조건과 자재의 시공물량과 이상 유무를 확인한다(실내온도, 건조상태, 선행작업 등).
④ 시공인력 확보와 관리계획에 무리가 없는지 확인한다.
⑤ 주요 조건이 확보되지 않은 상태에서 작업을 개시해서는 안 된다.

2 준비작업

① **안전점검** : 전원, 환기, 작업대 등을 점검한다.
② **상온 유지** : 작업장 내 적정 온도를 유지하고 필름이 실내온도에 적응되도록 한다.
③ **부착물 해체** : 시공면의 못, 철물, 도어록 등을 해체한다.
④ **동선 확보** : 가구 및 불필요한 잡자재를 정리하여 최대한의 작업반경 내 동선을 확보한다.
⑤ **보양작업** : 프라이머 오염, 샌딩작업 시 비산먼지에 대해 보양작업을 한다.

3 바탕 정리

① **방청작업** : 현관, 방화문, 철제 프레임, 철판 등의 녹 발생 부위는 녹떨이 작업 후 적절한 녹막이 작업을 한다.
② **크랙(crack) 보수, 틈새 메꿈, 평탄작업** : 크랙은 보수용 모르타르나 크랙용 테이프를 사용하고, 틈새는 메시테이프(mesh tape) 후 퍼티로 처리하고, 돌출 부위는 그라인딩 및 샌딩작업, 함몰 부위는 퍼티작업으로 평활한 시공면을 얻어야 한다.
③ **건조작업** : 부분적으로 습한 부위는 공업용 드라이기, 난방 열기구를 사용하여 충분히 건조시킨다.
④ **샌딩작업** : 퍼티가 완전 건조된 후 1차 샌딩작업을 하고 프라이머 도포, 건조 후 2차 샌딩, 시공 중에 누락된 곳이나, 미흡한 곳을 3차 샌딩작업한다. 시공과정 중에 털이붓으로 표면의 미세먼지를 수시로 털어낸다. 대량 작업일 경우 에어 컴프레서를 사용하기도 한다.
⑤ **프라이머작업** : 필름 시공 외의 부위에 묻지 않도록 하고, 눈이나 예민한 피부에 접촉되지 않도록 주의하며, 특히 환기를 자주시킨다.

① 유성 프라이머 : 강한 접착을 필요로 하는 마무리면이나 좁은 면은 프라이머 도포를 2~3회 추가한다.

피접착면 소재	합판	MDF	서스 알루미늄	갈바 도장 강판	석고보드
준비작업	피스자국 처리 (석고퍼티)		기름, 녹 확인, 용접자국 처리		피스자국 처리
퍼티작업	일부 못자국 연결 부위(일부)		폴리퍼티 용접자국, 그라인더 사용 후 연결자국 처리(일부)		석고퍼티 (1~2mm)
표면연마 (샌딩)	샌딩, 페이퍼작업		전기 샌딩 및 그라인더작업		샌딩페이퍼작업
표면청소	래커와 신너		갈바, 서스 부위, 기름 부위 확실히 제거		래커와 신너
시라 처리 (생략 가능)	래커 투명 원액 : 신너=1 : 1		–		래커와 신너
프라이머 처리	원액 : 신너=1 : 1.5		원액 : 신너=1 : 3		원액 : 신너=1 : 2
	전면 도포와 부분 도포		부분 도포		전면 도포와 부분 도포

② 수성 프라이머
　㉠ 합판, MDF, 석고보드 : 원액 : 물=1 : 0.3 또는 원액을 그대로 사용
　㉡ 스틸판 : 원액 : 물=1 : 1
③ 도포횟수
　㉠ 접착이 확실한 면 : 1회 도포
　㉡ 접착이 불확실한 면 : MDF의 마구리면, 마감선의 표면이 부실할 경우, 이질재면은 2회 이상 도포

4 인테리어필름 부착

(1) 넓은 면 부착

① 필름 상단 부분의 이형지를 30cm 정도 벗긴 다음 시공 부위의 위치에 가볍게 접착시키고 스퀴즈주걱이나 양모펠트를 사용하여 균일하게 힘을 가하여 좌(우) → 우(좌), 상 → 하로 압착시킨다.

② 상단을 부착시킨 후 이형지를 30cm 정도 벗겨 나가면서 상 → 하, 좌(우) → 우(좌), 중앙 → 가장자리로 압착시켜 나간다.

③ 스퀴즈주걱이나 양모펠트를 양방향으로 왕복하면서 시공하면 기포 발생, 주름이 생기기 쉬우므로 가급적 일방향 시공을 원칙으로 한다.

④ 하단까지 압착 시공한 후 가장자리를 처리하고, 여유분을 정교하게 커팅한 후 마무리한다.

⑤ 1폭 이상의 시공면의 겹침은 약 2mm 겹침을 표준으로 한다. 1cm 겹쳐 시공 후 시공용 스틸

자를 사용하여 1mm 겹침으로 하지 필름이 잘리지 않도록 가볍게 커팅한 후 상지를 떼어내고 마무리하기도 한다.

⑥ 예민한 필름 원단은 빛의 입사각도에 따라 미세 기포가 나타나므로 매우 강하게 압착 시공하여야 하며, 시공 후 남은 기포는 바늘을 사용하여 구멍을 내고 스퀴즈주걱으로 기포를 제거하고 압착한다.

⑦ 기포 제거자국 및 미세 주름은 공업용 드라이기로 저온으로 송풍한 후 압착하며 자국을 해소시킨다.

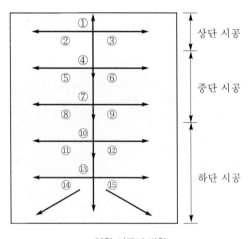

▲ 입착 시공의 방향

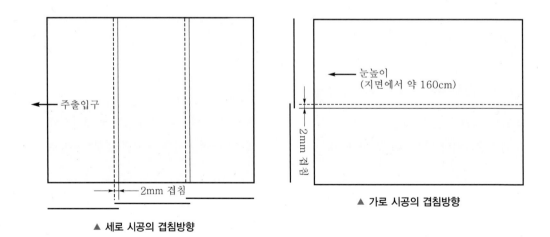

▲ 세로 시공의 겹침방향

▲ 가로 시공의 겹침방향

(2) 좁은 면 부착

① 약 60cm 미만의 좁은 면은 이형지를 한 번에 벗겨낸 후 압착 시공한다.

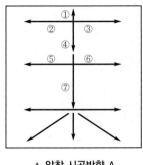

▲ 압착 시공방향 A

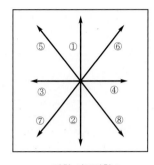

▲ 압착 시공방향 B

② 기타 시공방법은 넓은 면의 시공법과 동일하다.

(3) 곡선 굴절면 부착

① 굴절 부분에서는 한쪽의 필름을 강하게 당기거나 공업용 드라이기를 저온으로 송풍시킨 후 강하게 압착 시공한다.

② 굴절면에는 스퀴즈주걱을 사용하는 것보다 양모펠트가 필름의 표면을 손상시키지 않아 유리하며, 굴절면의 모양대로 길게 압착시켜 나간다.

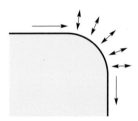

(4) 각진 굴절면 부착

① 굴절면은 왕복으로 여러 차례 나누면서 압착시킨다.
② 곡선 굴절면 부착과 유사하다.

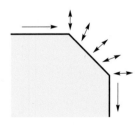

(5) 모서리(out corner) 부착

① 각진 모서리도 도형의 원리상 완만한 굴절면이라 생각하고, 양모펠트를 사용하여 여러 차례 각도를 줄이면서 압착, 마무리하면서 반대편으로 이어나간다.

② 모서리 부분의 필름 표면이 손상되지 않도록 너무 강하거나 빠르게 양모펠트를 사용하지 않는다.

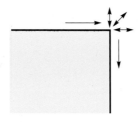

(6) 구석 부분(in corner) 부착

① 좁은 면의 구석은 꺾은 다음 이어나간다.

② 넓은 면의 구석은 별도로 덧대나가는 것을 원칙으로 한다. 구석 부분의 겹침은 1.5mm를 표준으로 한다.

▲ 좁은 면의 구석 시공   ▲ 넓은 면의 구석 시공

(7) 패널(panel) 부분 부착

① 상기된 인테리어필름의 시공법에 준하여 작업한다.

• 시공순서 : ① → ② → ③

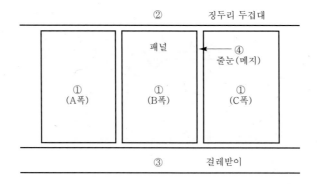

예 패널 부위 : 패널의 넓이에 따라 넓은 면의 시공법이나 좁은 면의 시공법을 적용하며, 굴절면이나 모서리 부분은 양모펠트와 스퀴즈주걱(스틸주걱)을 사용하여 여러 차례 각도를 줄이면서 압착, 마무리하면서 시공순서대로 작업한다.

② 징두리 두겁대를 시공한다(hand rail).

③ 걸레받이 시공을 한다(base board).

④ 줄눈을 별도 시공할 경우에는 맨 마지막에 시공한다.

(8) 패널(panel)만 시공된 구조의 부착

① 바탕을 선시공하고, 패널은 후시공한다.

② 바탕필름과 패널필름을 달리할 때는 매우 정교한 커팅을 해야 한다.

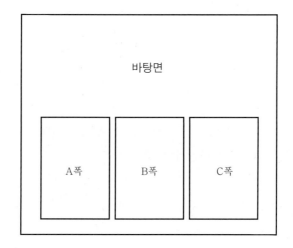

(9) 패널 홈의 부착

① 홈의 종류

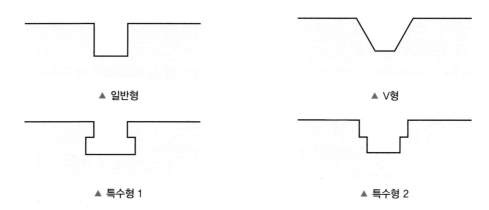

▲ 일반형   ▲ V형

▲ 특수형 1   ▲ 특수형 2

② 홈 시공의 예

㉠ 모서리(in corner)에서 1.5mm 겹침 시공

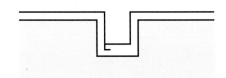

- 장점 : 가장 널리 시공하며, 정교한 시공이 된다. 줄눈의 간격이 패널판의 두께와 일치하면 패널홈의 턱에 필름을 걸친 채 절단할 수 있다.
- 단점 : 1.5mm 절단 부위의 칼선이 매우 정교해야 한다. 상지 절단 시 지나치게 힘을 주면 하지가 절단될 수 있다.

㉡ 줄눈 바탕면에서 홈의 넓이만큼 겹침 시공

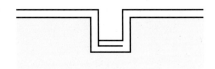

- 장점 : 프라이머가 완전 건조가 되지 않았을 때 부득이 선택할 수 있다. 줄눈의 바탕면이 거칠 때 거친 바탕면을 은폐할 수 있다.
- 단점 : 엠보가 있는 필름은 겹침 부위의 부착이 불확실하다. 모서리(in corner)의 겹침으로 직각이 아닌 둔각의 하자가 발생할 수 있다.

㉢ 줄눈 옆면에서 홈의 깊이 정도 겹침 시공

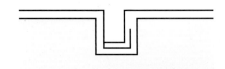

- 장점 : 커팅을 생략할 수 있기 때문에 시공성이 매우 빠르다. 하지의 절단과 시공 바탕의 노출 우려가 없다.
- 단점 : 고품질의 시공을 기대할 수 없다. 겹침 부위의 들뜸 하자가 발생하는 빈도가 높다.

㉣ 필름 한 폭으로 여러 장의 패널과 패널홈까지를 이어서 시공

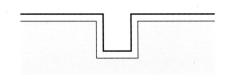

- 장점 : 한 폭으로 여러 장의 패널을 시공하여 겹침과 절단이 없다. 하자 발생 가능성이 적고 고품질의 시공에 적합하다.
- 단점 : 숙련된 기능과 2인 1조의 작업을 필요로 한다. 시공성이 매우 늦다. 필름의 원단을 상당히 여유 있게 재단하여야 한다(여러 장의 패널 중 한 장분의 필름을 버릴 수도 있기 때문에).

　ⓜ 줄눈을 별도의 필름으로 시공

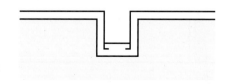

- 장점 : 의장성(장식효과)이 좋다. 패널과 줄눈의 각이 정교하지 않아도 시공이 가능하다.
- 단점 : 줄눈을 별도로 시공하므로 시공성이 늦다. 줄눈 부위의 들뜸 하자가 발생할 가능성이 있다. 기계를 사용하여 롤(roll) 커팅을 하지 않는다면 약 1cm 정도로 정밀한 수작업 재단을 하기 때문에 재단작업에 소요되는 시간이 길다.

③ 패널 시공 시 주의사항

　㉠ 줄눈 부위의 프라이머 도포를 2회 이상 확실하게 도포하고, MDF의 마구리면은 표면에 비해 건조가 상당히 늦다.

　㉡ 겹침 부위 절단 시 하지가 절단되지 않도록 한다.

　㉢ 모서리 부위(in, out corner)의 확실한 접착과 예각 시공을 하여야 한다.

　㉣ 모서리 부위에서 스퀴즈주걱과 양모펠트를 너무 강하게 사용하면 필름이 찢어지거나 훼손될 수 있다.

　㉤ 작업 후에도 다시 한 번 손보기 한다.

(10) 반자틀, 걸레받이, 문틀 부착

인테리어필름 시공 후에 이어서 도배, 바닥재 또는 페인트 시공하므로 후시공에 지장이 없도록 마무리한다.

① **반자틀** : 필름과 도배지와 겹치는 부분의 넓이는 3~5mm가 되도록 절단한다.

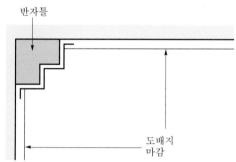

② **걸레받이** : 도배지와 겹치는 벽체는 3~5mm 여유를 두고 절단하고, 바닥면은 끝선에서 절단한다.

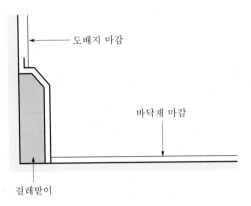

③ **문틀** : 도배지 및 유사 마감재 시공일 경우에는 3~5mm 여유 있게 절단하고, 페인트 시공일 경우에는 끝선에서 절단한다.

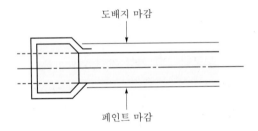

(11) 방화문 부착

① 상기된 인테리어필름의 시공법에 준하여 작업한다.

② 내부 A폭으로 방화문을 1차적으로 감싸고, 외부 B폭으로 덧대 감싸 시공한다.

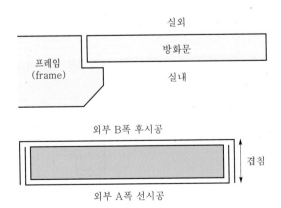

(12) 원기둥 부착

① 약 3m 정도의 원기둥(반원기둥)은 중심의 상단에서 하단까지 길게 부착한 후 좌우방향 또는 일방향으로 부착해 나간다.

② 그림의 중심 부착 시에는 일직선으로 바르게 부착하며, 스퀴즈주걱이나 양모펠트를 사용하여 다소 강하게 필름을 늘리듯 부착해 나간다(주름, 기포 방지를 위해).

③ 겹침선은 주출입구 반대편에 가도록 한다.

④ 3m 이상의 큰 기둥일 경우에는 2~3명의 작업자가 한 조가 되어 상단, 중단, 하단의 각 구역을 정해 상단 → 중단 → 하단 순으로 이어받아가며 부착해 나간다.

⑤ 난이도가 상당한 시공조건이므로 숙련공 시공을 원칙으로 한다.

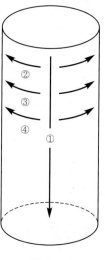

▲ 원기둥 시공

(13) 각기둥 부착

① 필름너비 1폭으로 시공 가능하면 정면에서 측면으로 부착해 나간다.

② 필름너비 1폭 이상일 경우에는 주출입구에서 볼 때 시선이 가려지는 측면에 겹침선을 둔다.

③ 패턴, 작업조건에 따라 면 → 모서리 혹은 모서리 → 면으로 부착해 나간다.

④ 모서리 각 부분의 주름이나 기포가 없도록 압착 시공한다.

⑤ 큰 기둥일 경우에는 원기둥 부착방법과 동일하게 2~3명의 작업자가 구역을 정해 부착해 나간다.

(14) 천장 가로보 부착

① 보가 짧으면 기본인 일방향 부착을 하며, 보가 매우 길거나 각도가 일정하지 않으면 중심에서 양방향으로 부착해 나감으로써 각도의 오차를 해소시킨다.

② 필름너비 1폭 이상일 경우에는 안 → 밖으로 부착해 나옴으로 겹침선이 시선에 가려지도록 시공한다.

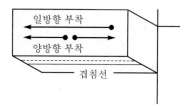

PART
06

실내건축

5 손보기

① 하부 습기에 노출되는 부위의 겹침과 결로가 발생하는 창문틀 부위, 기타 확실한 접착을 요하는 겹침 부위는 순간접착제를 칼끝이나 바늘 끝에 찍어 마무리한다.

② 백색의 필름 겹침 부위는 문서용 화이트수정액으로 완벽하게 마감한다(창문틀이나 프레임 부위).

③ 이물질이 표면에 나타나는 경우에는 쇠주걱으로 가볍게 누르거나, 고무망치로 가볍게 쳐서 해소시키고, 기포나 주름, 모서리 부위의 들뜸은 공업용 드라이기로 가열한 후 압착 마무리한다.

6 보양

① 타 공종으로 인해 시공면의 훼손이 되지 않도록 모서리 보호용 코너비드(corner bead)나 비닐 커버링으로 보양한다.

② 시공 후 48시간 동안 상온을 유지하여 양생시킨다.

▲ 필름 시공 1

▲ 필름 시공 2

▲ 필름 재단

▲ 프레임 시공

▲ 몰딩 시공

도배사 관련 자격증

NATION of DOBAE

28

한국산업인력공단 도배기능사 시험정보

만추(晚秋)가 지나고 시나브로 세모(歲暮) 앞에 섰다. 이제 세인들의 기억에서 사라져 가지만 문득, "산은 산이요, 물은 물이다."라는 법어(法語)를 남기고 홀연히 떠난 성철(性徹)한 스님이 떠오른다. 동구불출(洞口不出) 십 년, 장좌불와(長坐不臥) 이십 년, 초탈(超脫)한 고행의 무게를 버티면서도 생전의 사유물이라고는 고작 다 떨어진 가사장삼 한 벌, 햇빛을 가렸던 삿갓과 노구(老軀)를 지탱한 단장(短杖) 한 개, 역시 고무신 한 켤레가 전부였다. 무욕(無慾)한 '하나의 철학'을 무념무상(無念無想)으로 실천한 그분의 초인적인 삶의 족적(足跡)이 올해도 어김없이 부끄럽게 세모를 맞는 필자에게 가슴 저리도록 신선한 도전을 갖게 한다.

노블리스 오블리제(Noblesse Oblige, 가진 자의 의무)를 무색케 하는 무소유(無所有)의 경지를 우리 같은 속인들이 흉내라도 내는 신명나는 살판을 꿈꿔본다.

… 중략 …

39. 도배사 임금, 배보다 배꼽이 더 크다.

보릿고개를 넘어야 했던 시절, 신문이나 달력을 틈틈이 모아 두었거나 읍내 장터에서 사온 신 컬러 벽지면 최고급이었다. 날을 잡아 도배를 한다고 동네방네 소문을 낸다. 도배사는 품앗이로 동네 사람을 불렀고 빗자루를 준비하고 미국 구호 밀가루로 풀을 쑤었다. 좁은 방에 대여섯 명씩 들어가 작업을 했으니 사공이 많았다. 당시에는 직업적인 도배사가 드물었던 시절이라 일반인들이 형편상 원조 DIY 도배를 할 수밖에 없었다. 지금도 흔히 도배를 '되배', '되비'라고 하는 이유가 '되게 일한다.', '되게 비로 쓸다.'에서 그 연유를 짐작할 수 있다. 아무튼 주름투성이에 겨우 도배를 끝내면 품삯 대신 술판이 벌어졌다. 그 시절에는 그렇게 도배했다.

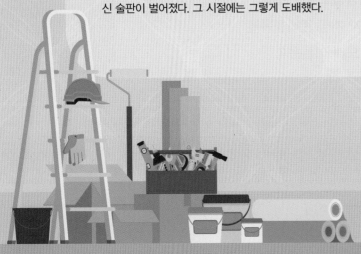

고릿적 이야기라 지금은 고인이 됐을 선배들에게 들은 이야기다. 이런 전통적인 도배의 유래 때문인지 의뢰하는 사람들은 아직도 뿌리 깊은 공짜 도배의 인식을 갖고 있다. 화장실 개조에 600~700만 원, 시스템 창호에는 1,500만 원, 토털 리모델링에는 5,000만 원도 비싸다 생각하지 않으면서, 유독 도배만큼은 200만 원만 해도 깜짝 놀란다. 그러면서 배보다 배꼽이 더 크다고 한다.

··· 후략 ···

2005년 1월, 〈데코저널〉 칼럼
'도배의 편견 Ⅲ – 현장·임금에 관한 편견' 중에서

CHAPTER 28 | 한국산업인력공단 도배기능사 시험정보

01 출제기준

직무분야	건설	중직무분야	건축	자격종목	도배기능사	적용기간	2020.1.1.~2023.12.31.

- 직무내용 : 건축물의 내부 마무리 공정 중의 하나로 자, 칼, 솔 등의 공구를 사용하여 건축구조물의 천장, 내부 벽, 바닥, 창호의 치수에 맞게 도배지 및 창호지를 재단하여 풀 및 접착제를 사용하여 부착하는 등의 직무이다.
- 수행준거 : 1. 일반 도배지 및 특수 도배지 바탕 처리를 할 수 있다.
    2. 각종 도배지 재단을 할 수 있다.
    3. 보수 초배, 밀착 초배, 공간 초배 등 각종 초배작업을 할 수 있다.
    4. 천장 바르기, 벽면 바르기, 창문 주위 바르기 등 각종 정배작업을 할 수 있다.

실기검정방법	작업형	시험시간	3시간 정도

과목명	주요 항목	세부항목	세세항목
도배 작업	1. 수장 시공도면 파악	(1) 도면 기본지식 파악하기	① 도면의 기능과 용도를 파악할 수 있다. ② 도면에서 지시하는 내용을 파악할 수 있다. ③ 도면에 표기된 각종 기호의 의미를 파악할 수 있다.
		(2) 기본도면 파악하기	① 도면을 보고 구조물의 배치도, 평면도, 입면도, 단면도, 상세도를 구분할 수 있다. ② 도면을 보고 재료의 종류를 구분하고 가공위치 및 가공방법을 파악할 수 있다. ③ 도면을 보고 재료의 종류별로 시공해야 할 부분을 파악할 수 있다.
		(3) 현황 파악하기	① 도면을 보고 현장의 위치를 파악할 수 있다. ② 도면을 보고 현장의 형태를 파악할 수 있다. ③ 도면을 보고 구조물의 배치를 파악할 수 있다. ④ 도면을 보고 구조물의 형상을 파악할 수 있다.
	2. 수장 시공현장 안전	(1) 안전보호구 착용하기	① 현장 안전수칙에 따라 안전보호구를 올바르게 사용할 수 있다. ② 현장 여건과 신체조건에 맞는 보호구를 선택 착용할 수 있다.

과목명	주요 항목	세부항목	세세항목
도배 작업	2. 수장 시공현장 안전	(1) 안전보호구 착용하기	③ 현장 안전을 위하여 안전에 부합하는 작업도구와 장비를 휴대할 수 있다. ④ 현장 안전을 위하여 작업안전보호구의 종류별 특징을 파악할 수 있다. ⑤ 현장 안전을 위하여 안전시설물들을 파악할 수 있다.
		(2) 안전시설물 설치하기	① 산업안전보건법에서 정한 시설물설치기준을 준수하여 안전시설물을 설치할 수 있다. ② 안전보호구를 유용하게 사용할 수 있는 필요장치를 설치할 수 있다. ③ 현장 안전을 위하여 안전시설물의 종류별 설치위치, 설치기준을 파악할 수 있다. ④ 현장 안전을 위하여 안전시설물 설치계획도를 숙지할 수 있다. ⑤ 현장 안전을 위하여 구조물 시공계획서를 숙지할 수 있다. ⑥ 현장 안전을 위하여 시설물 안전점검 체크리스트를 작성할 수 있다.
		(3) 불안전시설물 개선하기	① 현장 안전을 위하여 기설치된 시설을 정기점검을 통해 개선할 수 있다. ② 측정장비를 사용하여 안전시설물이 제대로 유지되고 있는지를 확인하고, 유지되고 있지 않을 시 교체할 수 있다. ③ 현장 안전을 위하여 불안전한 시설물을 조기 발견 및 조치할 수 있다. ④ 현장 안전을 위하여 불안전한 행동을 줄일 수 있는 방법을 강구할 수 있다. ⑤ 현장 안전을 위하여 안전관리요원의 교육을 실시할 수 있다.
	3. 도배 시공 준비	(1) 도배 시공상세도 확인하기	① 현장 여건을 반영하여 시공상세도를 해독할 수 있다. ② 마감작업이 바닥, 벽체 및 천장 마감선에 맞추어 시공 가능한지를 확인할 수 있다. ③ 시공상세도를 확인하여 바닥, 벽체 및 천장 매설물의 여부를 파악할 수 있다. ④ 시공상세도를 확인하여 줄눈 및 이질 바닥이음부를 파악할 수 있다.
		(2) 도배 작업방법 검토하기	① 공정에 따른 작업순서에 맞춰 자재반입일정을 수립할 수 있다. ② 자재의 종류와 특성을 고려하여 작업방법을 선정할 수 있다. ③ 시공성을 고려하여 작업방법을 검토하고 책임자와 협의할 수 있다. ④ 공사의 진척사항을 파악하여 다른 공정과의 간섭을 방지할 수 있다.

과목명	주요 항목	세부항목	세세항목
도배 작업	3. 도배 시공 준비	(3) 도배 세부공정 계획 하기	① 공사특성, 작업조건을 고려하여 세부공정계획을 수립할 수 있다. ② 세부공정표를 고려하여 인력, 자재, 장비수급계획을 수립할 수 있다. ③ 타 공종과의 간섭사항을 파악할 수 있다. ④ 공사지연에 따른 대비책을 수립할 수 있다.
		(4) 도배 마감기준선 설정하기	① 설정된 기준점을 확인하여 바닥, 벽체 및 천장공사의 마감기준점과 높이를 표시할 수 있다. ② 먹매김을 통해 마감자재 나누기 점을 표시할 수 있다. ③ 마감기준점을 확인하여 잘못 설정되었을 경우 수정할 수 있다.
		(5) 가설물 설치하기	① 공사규모와 방법에 따라 필요한 가설물을 파악할 수 있다. ② 가설물 설치에 필요한 가설재의 소요량을 산출할 수 있다. ③ 가설물 설치에 따른 안전성을 검토할 수 있다. ④ 작업이 완료될 때까지 가설물의 이전이 최소화되도록 최적 위치를 선정할 수 있다. ⑤ 가설물 해체에 대비해서 해체방안을 마련할 수 있다.
	4. 도배 바탕 처리	(1) 콘크리트면 바탕 처리하기	① 쇠주걱, 정, 망치를 사용하여 콘크리트면 바탕을 면 고르기 할 수 있다. ② 바탕면을 확인하여 오염물을 제거할 수 있다. ③ 바탕면을 확인하여 균열, 구멍을 퍼티로 메울 수 있다. ④ 건조된 퍼티의 자국을 일직선, 또는 타원형 방향으로 연마하여 표면 처리할 수 있다.
		(2) 미장면 바탕 처리하기	① 그라인더를 사용하여 미장면바탕을 면 고르기 할 수 있다. ② 바탕면을 확인하여 균열을 퍼티로 메울 수 있다. ③ 건조된 퍼티의 자국을 일직선 또는 타원형 방향으로 연마하여 표면 처리를 할 수 있다.
		(3) 석고보드 합판면 바탕 처리하기	① 석고보드·합판의 돌출된 타커핀을 보수하여, 바탕면을 처리할 수 있다. ② 석고보드·합판의 이음 부분을 보수 초배할 수 있다. ③ 합판면을 밀착 초배 또는 바인더를 도포할 수 있다.
	5. 도배지 재단	(1) 무늬 확인하기	① 정배지를 확인하여 무늬의 종류를 파악할 수 있다. ② 정배지의 재단을 위해 무늬간격을 파악할 수 있다. ③ 설계서와 현장 여건과 비교하여 무늬조합을 파악할 수 있다.
		(2) 치수재기	① 현장 여건을 고려하여 정배지의 무늬를 조합할 수 있다. ② 측정도구를 사용하여 시공면의 길이와 폭을 측정할 수 있다. ③ 실측한 시공면치수를 기준으로 필요한 도배지의 소요량을 결정할 수 있다.

과목명	주요 항목	세부항목	세세항목
도배 작업	5. 도배지 재단	(3) 재단하기	① 현장 여건을 고려하여 작업공간을 선정하고 기계도구를 배치할 수 있다. ② 현장 여건과 자재특성을 고려하여 재단작업을 할 수 있다. ③ 받침대가 일직선을 유지하도록 고정할 수 있다. ④ 도배 풀기계를 활용하여 도배지를 재단할 수 있다. ⑤ 천장, 벽, 바닥의 순서로 치수에 맞춰 재단할 수 있다.
	6. 초배	(1) 보수 초배 바르기	① 천장, 벽을 확인하여 틈이 난 곳은 틈을 메울 수 있다. ② 초배지를 벌어진 부분의 크기에 맞춰 재단할 수 있다. ③ 안지보다 겉지를 넓게 재단하여 전체 풀칠하고, 겉지 위에 안지를 바를 수 있다. ④ 공장에서 생산된 보수 초배지를 사용하여 시공할 수 있다.
		(2) 밀착 초배 바르기	① 도배할 바탕에 좌우 또는 원을 그리며 골고루 풀칠할 수 있다. ② 초배지를 마무리솔로 골고루 솔질하여 주름과 기포가 발생하는 것을 방지 할 수 있다. ③ 초배지를 일정 부분 겹치도록 조절하여 바를 수 있다. ④ 도배 풀기계로 재단하여 밀착 초배 바르기를 할 수 있다. ⑤ 이질재 바탕면은 바인더를 칠하여 바탕에서 배어 나옴을 방지할 수 있다. ⑥ 수축, 팽창에 대비하여 보강 밀착 초배 바르기를 할 수 있다.
		(3) 공간 초배 바르기	① 초배지의 외곽 부분에 일정한 간격으로 풀칠할 수 있다. ② 첫 번째 초배지를 일정 거리를 두고, 마무리솔로 솔질하여 바를 수 있다. ③ 초배지를 일정 부분 겹치도록 조절하여 바를 수 있다. ④ 돌출코너높이에서 하단 부분은 초배지를 일정 부분 보강해서 바를 수 있다.
		(4) 부직포 바르기	① 부직포 시공면의 양쪽 가장자리와 상단에 접착제를 도포할 수 있다. ② 첫 번째 부직포를 하단부터 수평으로 바르고, 상단을 바를 수 있다. ③ 상·하부직포의 겹친 부분은 접착제로 시공할 수 있다.

과목명	주요 항목	세부항목	세세항목
도배 작업	7. 정배	(1) 천장 바르기	① 재단된 도배지에 수작업으로 풀칠 및 치마주름접기 작업을 할 수 있다. ② 도배 풀기계를 사용하여 도배지 재단, 풀칠 및 치마주름접기 작업을 할 수 있다. ③ 도배지 특성에 따라 일정 시간 경과 후 도배작업을 할 수 있다. ④ 마무리 칼을 사용하여 간섭 부분을 마무리 처리할 수 있다. ⑤ 주름과 기포가 발생하는 것을 방지하기 위해 정배솔을 사용하여 골고루 솔질하고, 무늬를 정확하게 맞출 수 있다. ⑥ 도배지의 이음방향은 출입구에서 겹침선이 보이지 않도록 바를 수 있다.
		(2) 벽면 바르기	① 재단된 도배지에 수작업으로 풀칠 및 치마주름접기 작업을 할 수 있다. ② 도배 풀기계를 사용하여 도배지 재단, 풀칠 및 치마주름접기 작업을 할 수 있다. ③ 도배지를 풀칠한 순서대로 무늬를 맞춰 바를 수 있다. ④ 도배지의 이음방향은 출입구에서 겹침선이 보이지 않도록 바를 수 있다. ⑤ 마무리 칼을 사용하여 벽면 구석 부분을 마무리 처리할 수 있다. ⑥ 정배솔을 사용하여 도배지 표면을 물바름방식으로 바를 수 있다.
		(3) 바닥 바르기	① 장판지를 동일한 규격으로 나누고, 첫 장의 위치를 올바르게 설정하여 바를 수 있다. ② 바르기 적합하게 장판지를 물에 불릴 수 있다. ③ 장판지를 바르기에 적합한 풀을 배합하여 보관할 수 있다. ④ 장판지를 따내기하여 일정한 간격으로 겹쳐 바를 수 있다. ⑤ 벽지와 장판지작업이 완료되면 걸레받이를 바를 수 있다.
		(4) 장애물 특정 부위 바르기	① 장애물을 고려하여 재단한 도배지에 풀칠할 수 있다. ② 풀칠한 도배지를 장애물 주위에 순서대로 바를 수 있다. ③ 장애물 주위의 도배지를 주름 없이 무늬를 맞춰 바를 수 있다. ④ 특정 부위에 맞는 접착제를 사용하여 도배지를 바를 수 있다.

과목명	주요 항목	세부항목	세세항목
도배 작업	8. 검사 마무리	(1) 도배지 검사하기	① 도배지의 시공품질을 확인하기 위하여 검사 체크리스트를 작성할 수 있다. ② 육안검사를 통하여 기포, 주름 및 처짐이 없는지, 무늬가 맞는지를 검사할 수 있다. ③ 도배지의 이음방향 및 이음 처리를 검사할 수 있다. ④ 타 공종 및 장애물과의 간섭 부위에 대한 마감 처리를 검사할 수 있다.
		(2) 보수하기	① 보수유형별 발생원인을 분석하고 보수방법을 결정할 수 있다. ② 보수방법에 따른 자재, 인력, 장비의 투입시기를 파악하고 보수할 수 있다. ③ 주위의 마감재가 손상 및 오염되지 않도록 보양하고 보수할 수 있다. ④ 보수작업 시 타 공종에 이차적인 피해를 끼칠 수 있는지를 파악하고 보수할 수 있다. ⑤ 보수작업 후 선행작업 부위와 미관상 부조화 여부를 파악할 수 있다. ⑥ 보수가 완료되면 마무리작업을 할 수 있다.
	9. 보양 청소	(1) 보양재 준비하기	① 바닥재의 오염 및 보양기간을 고려하여 보양재를 준비할 수 있다. ② 바닥재를 보호하기 위하여 자재특성에 맞는 보양재를 준비할 수 있다. ③ 기후변화에 따른 보양재와 방법을 준비할 수 있다. ④ 해체 및 청소가 용이하고 친환경적인 보양재를 준비할 수 있다. ⑤ 외부 바닥재의 경우 직사광선, 우천에 대비하여 시트 등을 추가로 준비할 수 있다.
		(2) 보양재 설치하기	① 작업여건을 고려하여 보양방법을 선택할 수 있다. ② 기후변화에 따른 조치작업을 할 수 있다. ③ 보행용 부직포, 스티로폼, 합판 등의 바닥보호재를 설치할 수 있다. ④ 바닥재 특성에 따라 일정 기간 보양재를 설치하고 유지관리할 수 있다. ⑤ 보양재로 인한 바닥재의 오염·훼손 방지대책을 수립할 수 있다. ⑥ 타 공정의 간섭관계를 고려하여 안전관리대책을 수립할 수 있다.
		(3) 해체 청소하기	① 바닥재가 오염 및 훼손되지 않도록 보양재를 해체할 수 있다. ② 현장 청소를 위하여 안전보호구 및 청소도구를 준비할 수 있다. ③ 바닥재가 오염·훼손되지 않도록 청소할 수 있다. ④ 관련 법규에 의거하여 해체된 보양재를 처리하여 현장을 정리 정돈할 수 있다.

02 요구사항

- 과제명 : 침실 정배
- 시험시간 : 3시간 20분
- 실제 출제되는 시험문제의 내용은 공개한 문제에서 일부 변형될 수 있음

주어진 가설물에 지급된 재료를 사용하여 다음 조건에 따라 도면과 같이 도배작업을 하시오.

(1) 공통사항

① A벽과 B벽의 합판이음 부분과 보의 모서리(C벽), 출입문 부근의 모서리에 각 초배지를 재단하여 보수 초배하시오. 이때 보수 초배는 속지(안지)끼리 10mm 겹침하여 연결하시오.
   ※ 천장 등 지정하지 않은 부분은 보수 초배하지 않음

② B벽의 실크벽지와 C벽(보 제외)의 종이벽지(광폭) 이음 부분에는 운용지를 재단하여 폭 300mm를 표준으로 심(단지) 바르기를 하시오(단, 벽지의 이음 부분이 심(단지)의 중앙에 위치하도록 하고, 부직포 공간 초배 부분은 부직포 위에 심(단지) 바르기를 하시오).

③ 심(단지) 바르기의 각 장의 겹침은 50mm로 하시오.

④ 초배는 끝선에서 마감하시오.

⑤ 정배작업은 천장과 벽체의 종이벽지를 모두 시공한 후 실크벽지를 시공하시오.

⑥ 종이벽지는 겹침 시공, 실크벽지는 맞댐 시공하며, 무늬벽지인 경우 벽지의 이음 부분의 무늬를 맞추어 작업하시오(단, 벽체에서 종이벽지 이음 부분의 겹침폭은 겹침을 위해 제작된 폭을 기준으로 하며, 천장에서 종이벽지 이음 부분의 겹침폭은 10mm로 하시오).

⑦ 정배 시 지정된 장소(C벽의 보 하부) 외에는 길이방향으로 중간에 이음 및 겹침 없이 작업하시오.

⑧ C벽에서 보 하부와 접하는 벽체 부분에 벽지의 겹침을 두어야 하며 겹침폭은 10mm로 하시오. 이때 무늬를 맞춰서 작업하되 겹침폭을 고려하시오.

⑨ 벽체의 인코너 부분에는 벽지의 겹침을 두어야 하며 겹침폭은 10mm로 하시오.

⑩ 벽체의 무늬벽지 정배 시 벽체(C벽은 보) 상단의 벽지무늬를 살려서 도배하시오.

⑪ 벽체(C벽은 보)와 연결되는 커튼박스 부분 정배 시 쪽(벽지조각)을 사용하지 않고 벽체(C벽은 보)와 한 장으로 작업하시오.

⑫ 정배작업 시 천장의 반자돌림대, 바닥의 걸레받이 부분, 창틀과 문틀은 칼질마감하시오(단, 커튼박스 내부는 제외).

⑬ 풀농도는 다음과 같이 구분하여 사용하시오.

용도	밀착 초배	종이벽지, 힘받이 보수 초배, 단지(심) 바름		실크벽지	공간 초배 부직포
구분	묽은 풀	보통 풀		된풀	아주 된풀

⑭ 도배작업 후 반자돌림대, 걸레받이 및 창과 문틀에 묻은 풀은 깨끗이 제거하시오.

(2) 공간 초배(천장)

① 공간 초배 시 천장의 4방 모서리에서 100mm 까지는 밀착 초배로 하고(힘받이), 힘받이와 힘받이 연결 시 겹침폭은 10mm로 하시오.
② 2등분 한 각 초배지(30매 이상)를 이용하여 공간 초배작업을 하시오.
③ 공간 초배는 바깥쪽에서 붙이기 시작하여 가장 안쪽에서 최종 마무리하시오.
④ 공간 초배 시 가장자리 풀칠의 폭은 10mm로 하고, 공간층에는 풀이 묻지 않도록 하시오.
⑤ 공간 초배지의 겹침폭은 100mm 이상으로 하시오.
⑥ 전등 및 화재감지기 가장자리 풀칠의 폭은 100mm로 하시오.

(3) 밀착 초배(A벽)

① 밀착 초배지의 겹침폭은 10mm로 하시오.
② 밀착 초배는 안쪽에서 붙이기 시작하여 가장 바깥쪽에서 최종 마무리하시오.
③ 주름과 기포 없이 시공하시오.
④ 커튼박스 내부 벽면은 밀착 초배하지 않음

(4) 부직포 공간 초배면(C벽)

① 보 부분을 제외하고 벽면 부분만 부직포 공간 초배를 하시오.
② 부직포 초배지를 횡(수평)방향으로 바르되, 하단(온장)을 먼저 바른 후 상단(온장)을 바르시오.
③ 부직포 초배지는 마감 끝선까지 바르며 가장자리 풀칠의 폭은 100mm로 하시오.
④ 공간층에는 풀이 묻지 않도록 하시오.
⑤ 콘센트 가장자리 풀칠의 폭은 100mm로 하시오.

(5) 천장면(정배)

① 정배지(종이벽지)는 B벽과 평행(정면에서 볼 때 가로방향)하게 붙이되, 안쪽부터 붙이기 시작하여 가장 바깥쪽에서 최종 마무리하시오.
※ 안쪽과 중간 부분의 벽지는 온장을 사용하되, 안쪽의 벽지는 50mm 이상 잘라내지 않도록 하시오.

② 커튼박스 내부는 종이벽지(소폭)를 사용하며, 인코너 부분은 10mm 겹침을 주어 붙이시오.

  ※ 커튼박스 내부의 정배는 몰딩 상단의 내부 벽체 끝선에서 마감하시오.

03 수험자 유의사항

① 지급된 재료에 이상(파손 및 부패)이 있을 때는 시험위원의 승인을 얻어 교환할 수 있으나, 수험자의 실수로 인한 것은 추가 지급받지 못한다.

② 도면에서 지시한 사항 및 가설물의 치수를 반드시 실측한 후 작업한다.

③ 무늬가 있는 벽지의 경우 시험위원이 사전에 무늬의 상·하단을 지정하여야 하며, 수험자는 지정된 내용에 따라 작업해야 한다.

④ 한 벽면에 합판의 이음 부분이 2개소 이상인 경우 시험위원이 지정한 가장 긴 수직이음 부분 1개소만 보수 초배한다.

⑤ 화재감지기, 스위치, 콘센트는 덮개만을 분리하여 작업하며, 정배 후 제자리에 부착하여야 한다.

⑥ 시험위원의 채점이 끝나면 수험자는 가설물의 도배지를 깨끗이 제거하여야 하며 도배지를 제거하지 않을 경우 감점된다.

⑦ 시험 중 수험자는 반드시 안전수칙을 준수해야 하며, 안전수칙을 준수하지 않았을 경우 감점된다.

⑧ 다음 사항은 실격에 해당하여 채점대상에서 제외된다.

  ㉠ 지급된 재료 이외의 재료를 사용한 경우

  ㉡ 시험 중 시설·장비의 조작 또는 재료의 취급이 미숙하여 위해를 일으킬 것으로 시험위원 전원이 합의하여 판단한 경우

  ㉢ 슬리퍼나 샌들류를 착용하고 시험에 응시하는 경우(응시 불가)

  ㉣ 시험시간 내에 요구사항을 완성하지 못한 경우

  ㉤ 완성된 작품에 화재감지기, 스위치, 콘센트, 전등의 덮개가 일부라도 제자리에 부착되어 있지 않은 경우

  ㉥ 시험시간 내에 제출된 작품이라도 다음과 같은 경우

    ⓐ 각각의 벽체, 천장에 대해 주어진 요구사항의 작업요소가 누락되거나 상이한 경우

    ⓑ 도면 및 요구사항의 치수내용에 대해 치수오차 ±20mm 이상인 경우(실크벽지의 이음 부분은 치수오차 ±2mm 이상인 경우)

    ※ 무늬맞추기의 치수오차 ±20mm 이상인 경우

    ※ 벽지의 이음 부분이 심(단지)의 중앙에서 50mm 이상 벗어난 경우

ⓒ 초배지, 종이벽지, 실크벽지가 50mm 이상 파손된 경우

ⓓ 도배 시 아래 기본원칙을 지키지 않은 경우

- 풀농도 구분을 못할 경우
- 도배지의 상·하단이 바뀐 경우
- 요구사항 중 공통사항 ⑫의 칼질마감 부분을 칼질 없이 마감한 경우
- 종이벽지 겹침이음 시 겹쳐지는 두 벽지의 끝단형태가 동일한 경우
- 천장면 정배 시 가장 안쪽의 벽지를 50mm 넘게 잘라낸 경우

ⓔ 완성된 작품이 출제내용과 다른 경우

04 공개문제 도면

자격종목	도배기능사	과제명	침실 정배	척도	N.S

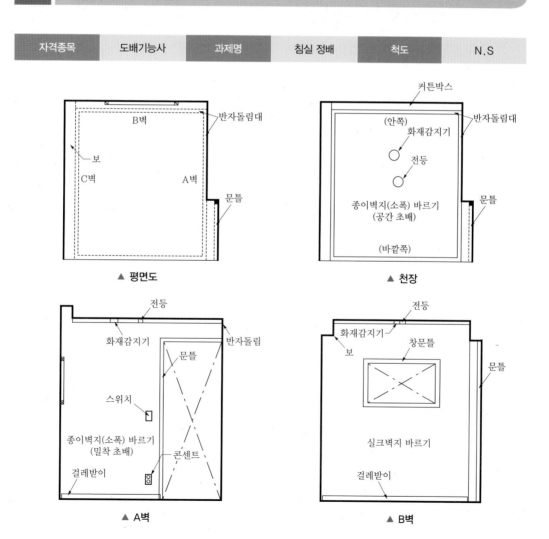

▲ 평면도   ▲ 천장

▲ A벽   ▲ B벽

PART 07

도배사 관련 자격증

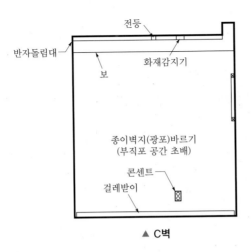

▲ C벽

(1) 가설물 도면(2020년 기능사 제1회부터 적용)

※ 실제 시험장에 설치되어 있는 가설물의 크기는 일부 상이할 수 있음

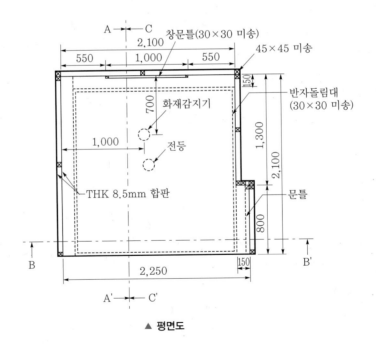

▲ 평면도

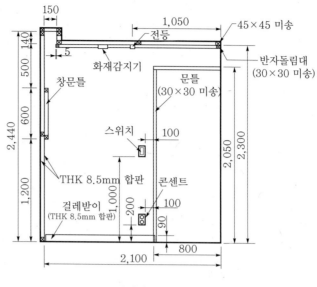

▲ A-A′ 단면도

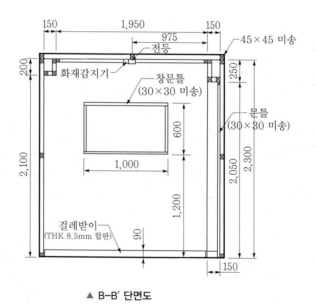

▲ B-B′ 단면도

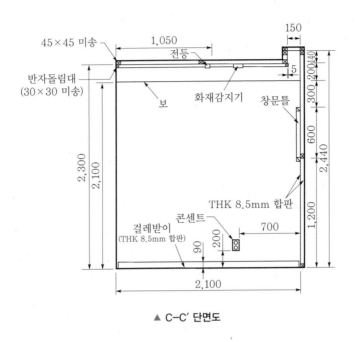

▲ C–C′ 단면도

(2) 가설물 사진(2020년 기능사 제1회부터 적용)

① 전등은 리셉터클(원형 φ53.5mm, 높이 45mm 정도)만 설치

② 화재감지기(원형 φ110mm, 높이 40mm 정도), 스위치(76mm×123mm×7mm 정도), 콘센트(매입형, 76mm×123mm×9mm 정도) 설치

　• 화재감지기, 스위치, 콘센트는 덮개를 분리하여 작업할 수 있도록 설치

③ 합판이음개소는 벽면당 1개소가 되도록 제작

05 지급재료목록

일련번호	재료명	규격	단위	수량	비고
1	종이벽지(광폭)	폭 930mm	m	8.85	0.5롤(무늬 있음)
2	종이벽지(소폭)	폭 530mm	m	25	2롤(무늬 없음)
3	실크벽지	폭 1,030mm	m	7.8	0.5롤(무늬 있음)
4	운용지	700mm×1,000mm	장	4	
5	각 초배지	450mm×860mm	장	40	
6	부직포 초배지	폭 1,100mm	m	4.5	
7	풀	1kg	봉	6	

06 검정장소 시설목록

구분	일련번호	시설 및 장비명	규격	단위	수량	비고
수험용	1	도배용 발판	• W : 200mm • H : 300~450mm • L : 1,600~1,800mm	개	1	
	2	풀그릇	4L	개	2	
	3	물통	20L	개	1	
채점위원용	4	다림추	소형	개	1	실 5m 포함
	5	줄자	2,000mm	개	1	

07 수험자 지참 준비물목록

일련번호	재료명	규격	단위	수량	비고
1	풀솔	도배용	EA	2	
2	정배솔	도배용	EA	1	마감솔
3	거품기	수동	EA	1	
4	도배용 칼	도배용	EA	2	
5	줄자	3m 이상	EA	1	
6	쇠헤라	도배용	EA	1	쇠헤라
7	풀판	도배용	EA	1	임의 개수
8	연필	사무용	EA	1	
9	롤러	도배용	EA	1	
10	칼받이	도배용	EA	2	3/5t, 7/10t
11	걸레	도배용	EA	1	
12	목장갑	도배용	EA	1	
13	작업화(실내화)	도배용	EA	1	슬리퍼, 샌들류 착용 시 응시 불가
14	밑자	도배용	EA	1	칼판
15	기타 도배작업에 필요한 공구 일체	임의	기타	1	기타 도배작업에 필요한 공구 일체 (전동공구 제외)

도배기능사 자격시험에서 필기시험이 사라진 지 오래다. 도배사들의 이론체계가 부족한 현실에서 필기시험이 복귀되기를 바라며 저자가 출제했던 과거 필기시험문제를 수록한다.

1. 종이의 최초 발명자(계량)는 어느 나라 누구인가?
   ⇨ 중국 후한의 채륜

2. 일본에 제지기술을 전한 고구려의 승려는 누구인가?
   ⇨ 담징

3. 우리나라 종이는 한지, 중국의 종이는 당지라 한다. 일본의 종이는 무엇이라 하는가?
   ⇨ 화지

4. 목재펄프가 주원료이며 종이벽지 및 인쇄용지로 주로 사용되는 종이는?
   ⇨ 양지

5. 고대 이집트 나일강변의 야생식물이며 당시 문서기록용으로 사용하였고, 오늘날 종이(paper)의 어원이 되는 갈대과의 식물은?
   ⇨ 파피루스(papyrus)

6. 한지를 꼬고 엮어서 각종 기물을 만든 후 채색을 하고 기름을 먹이는 종이공예는?
   ⇨ 지승공예

7. 고구려의 담징이 일본에 전한 4대 발명품은 종이, 먹, 맷돌 외에 나머지 하나는 무엇인가?
   ⇨ 채색

8. 한지의 주원료 2가지는?
   ⇨ 닥나무, 닥풀

9. 쇄목펄프 제조법으로 근대에 양지를 최초로 개발한 나라는?
   ⇨ 독일

10. 고려 시대 누에고치를 원료로 하여 만든 고려지를 무엇이라 하는가?
    ⇨ 견지

11. 조선시대 종이의 급격한 수요 증대를 위해 설치한 국영기관은?
    ⇨ 조지소(조지서)

12. 일본에 수신사로 파견되었다가 양지제조기술을 처음 도입한 사람은?
    ⇨ 김옥균

13. 대표적인 전통 한지 중 주로 도배지로 사용하는 한지는?

　⇨ 백지

14. 대표적인 전통 한지 중 주로 장판지로 사용하는 한지는?

　⇨ 장지

15. 기계한지로 주로 초배지로 사용하는 한지는?

　⇨ 각지

16. '견(絹) 오백 지(紙) 천 년'이라는 말처럼 한지는 질기다. 한지가 천 년 동안 열화되지 않고 본래의 지질을 유지하는 것은 산성, 중성, 알칼리성 중 어떤 성질이 있기 때문인가?

　⇨ 중성

17. 편지나 문서 등을 기록할 목적으로 만든 두루마리형태의 종이는?

　⇨ 서간지

18. 순수한 닥을 사용하여 전통 초지방법으로 생산하는 종이는?

　⇨ 수초지

19. 기계지로 닥섬유와 쇄석펄프를 섞어 만든 초배지용 한지는?

　⇨ 운용지

20. 장판지는 배접층에 따라 4배지, 6배지, 8배지 등으로 구분한다. 이 3가지보다 최상급의 장판지는?

　⇨ 특각

21. 1종 창호지로 닥이 주원료가 되는 창호지는?

　⇨ 수초지

22. 닥나무 껍질 또는 재생종이를 주원료로 하는 저급 초배지는?

　⇨ 황초배지(흑초배지)

23. 한지의 제조법 중 약간 덜 마른 한지를 방망이로 두드려 닥섬유의 밀도를 높이는 과정을 무엇이라 하는가?

　⇨ 도침법, 도침술, 추지법

24. 시멘트 모르타르는 산성, 중성, 알칼리성 중 어떤 성분인가?

　⇨ 알칼리성

25. 겨울철 실내외의 온도차에 의해 주로 외벽측에 습기가 발생하는 현상은?

　⇨ 결로현상

26. 건축공정상 본 작업의 사전, 사후작업을 무엇이라 하는가?

　⇨ 사전 : 선행작업, 사후 : 후속작업

27. 현장에서 작업이 원활하게 진행되고 각 공종 간의 중복을 피하기 위해 작업일정을 계획한 도표는?

⇨ 공정표

28. 다음 괄호 안에 들어갈 말은?

> 방음은 2가지로 나눌 수 있다. 음을 흡수하는 흡음과 음을 차단하는 (　)이다.

⇨ 차음

29. 물체를 잡아당길 때 견디는 내력을 무엇이라 하는가?

⇨ 인장력(인장강도)

30. 척관법과 미터법의 길이단위는 각각 무엇인가?

⇨ 척관법 : 자, 미터법 : m

31. 도급업체가 공사를 수주하기 위해 참여하는 것은?

⇨ 입찰

32. 경쟁입찰을 생략하고 공사를 수주하는 것은?

⇨ 수의계약(특명입찰)

33. 도면으로 충분히 설명할 수 없는 재료, 공법, 주의사항 등을 기재하여 시공자에게 전달하는 문서는?

⇨ 시방서

34. 물체에 작용하는 외력의 총칭은?

⇨ 응력

35. 중력에 의해 받는 무게의 힘을 무엇이라 하는가?

⇨ 하중

36. 벽돌쌓기 중 가장 튼튼한 쌓기법은?

⇨ 영국식 쌓기

37. 색채의 3요소는?

⇨ 색상, 명도, 채도

38. 벽지를 선택할 때 천장은 밝게, 벽은 약간 어둡게 바르고자 한다면 색채의 3요소 중 어디에 속하는가?

⇨ 명도

39. 거실의 바탕을 벽지는 옅은 색으로, 포인트는 진한 색으로 바르고자 한다면 색채의 3요소 중 어디에 속하는가?

⇨ 채도

40. 흙을 고열에 구워 만든 벽돌은?
⇨ 점토벽돌

41. 난방설비의 방식으로는 전도난방, 복사난방, 대류난방 3가지로 구분한다. 한옥의 구들장은 3가지 중 어느 방식에 해당되는가?
⇨ 복사난방

42. 르네상스시대에 3대 화가로 원근법을 최초로 시도한 화가는?
⇨ 미켈란젤로

43. 실내천장에 장치되어 화재 시 자동으로 열감지를 하여 자동으로 물을 분사하는 소화설비는?
⇨ 스프링클러

44. 시공이 설계에 맞게 진행되는지 확인하고 잘못된 공사를 교정하도록 지도·감독하는 건축사는?
⇨ 감리자(감리사)

45. 공사의 전부 또는 일부를 도급받아서 시공하는 업자는?
⇨ 하도급자

46. 건축주가 직접 재료를 구입하고 작업자를 고용하여 시공하는 작업방식은?
⇨ 직영방식

47. 현재 건설사에서 가장 많이 시공하는 방식이며 여러 도급자가 참여하여 한두 개의 업체에 낙찰하는 방식은?
⇨ 경쟁입찰

48. 도장공사 시 도장공법으로 솔을 사용하는 솔칠, 롤러를 사용하는 롤러칠, 재료를 천에 싸서 문지르는 문지름칠이 있다. 스프레이건을 사용하여 압축공기의 압력으로 도료를 분무하는 공법은?
⇨ 뿜칠

49. 칠하는 방식으로는 솔칠, 롤러칠, 문지름칠, 뿜칠 등이 있다. 전통방식의 한지 장판에 시공하는 콩댐의 칠방식은?
⇨ 문지름칠

50. 공사 착수 시 행하는 의식은?
⇨ 기공식(착공식)

51. 공사 완성 시 행하는 의식은?
⇨ 준공식(낙성식)

52. 여러 도급자 중 가장 적은 공사비의 견적으로 입찰하는 도급자를 낙찰하는 방식으로 시공자에게는 불리한 방식은?

⇨ 최저입찰제

53. 낙찰 전 여러 도급자를 현장에 소집한 후 현장조건, 샘플 공개, 기타 특이사항 등을 설명하는 것은?

⇨ 현장설명

54. 공사비를 공사진척도에 따라 여러 차례 나누어 지불하는 것을 무엇이라 하는가?

⇨ 기성

55. 석회암으로 조직이 치밀, 견고하며 색채와 무늬가 아름다워 장식용으로 주로 쓰이는 고급 석재는?

⇨ 대리석

56. 유럽식 척도단위인 1야드(yard)는 몇 cm인가?

⇨ 91.14cm

57. 도면의 표시기호 중 L, H, W, T 중 길이를 뜻하는 것은?

⇨ L(length)

58. 도면의 표시기호 중 L, H, W, T 중 높이를 뜻하는 것은?

⇨ H(height)

59. 도면의 표시기호 중 L, H, W, T 중 두께를 뜻하는 것은?

⇨ T(thickness)

60. 도면의 표시기호 중 L, H, W, T 중 너비를 뜻하는 것은?

⇨ W(width)

61. 도면의 종류 중 현재 도배기능사 실기시험의 도면 중 바닥도면의 명칭은?

⇨ 평면도

62. 도면의 종류 중 현재 도배기능사 실기시험의 도면 중 벽체도면의 명칭은?

⇨ 입면도

63. 도면의 종류 중 현재 도배기능사 실기시험의 도면 중 천장도면의 명칭은?

⇨ 천장도

64. 도면의 종류 중 입체적으로 작도하여 건축주, 공사 관계자는 물론 일반인들에게도 충분히 이해가 가능한 도면은?

⇨ 투시도

65. 두 물체가 서로 달라붙는 힘을 무엇이라 하는가?

⇨ 접착력

66. 공사 시공계약조건에 맞추어 자재, 인원, 장비 등 소요되는 총공사비를 산출하는 것을 무엇이라 하는가?

⇨ 견적

67. 견적을 내기 위해 자재, 인원, 장비 등의 수량, 단가 등을 계산하는 것을 무엇이라 하는가?

⇨ 적산

68. 일정한 표준 작업량을 정하고 출력된 인원과 작업시간에 상관없이 약정한 공사비나 임금을 지급하는 방식은?

⇨ 돈내기 방식

69. 천장지를 연두색, 벽지를 녹색으로 도배하였더니 벽지의 녹색이 진녹색으로 느껴지는 것은 색의 대비 중 무슨 대비인가?

⇨ 채도대비

70. 벽지를 선택할 때 겨울철에는 따뜻한 색상을, 여름철에는 시원한 색상을 선택한다. 주황, 노랑, 회색, 하늘색 중 여름철에 피해야 할 색상은?

⇨ 주황

71. 색채는 유채색과 무채색으로 나눈다. 무채색은 흰색, 검은색, 그리고 나머지 한 가지의 색은 무엇인가?

⇨ 회색

72. 색의 밝고 어두운 정도를 무엇이라 하는가?

⇨ 명도

73. 빨간색과 녹색을 혼합하면 어떤 색이 되는가?

⇨ 노란색

74. 색료(물감)의 3원색은?

⇨ 빨강, 노랑, 파랑

75. 색광(빛)의 3원색은?

⇨ 빨강, 파랑, 녹색

76. 공동주택에서 상층의 충격이 하층으로 전달되는 소음은?

⇨ 층간소음

77. PVC 바닥재의 종류(상품명) 4가지만 쓰시오.

⇨ 륨, 데코타일, 우드타일, 럭스트롱, 페트

78. PVC 바닥재는 표면의 강도와 두께에 따라 용도를 구별한다. 구별하는 용어는?

⇨ 경보행용, 중보행용

79. 목질 바닥재의 연결홈을 우리말로 무엇이라 하는가?

⇨ 쪽매

80. 고대 그리스의 건축, 미술에서부터 시작된 가장 이상적인 비율은?

⇨ 황금비율

81. 도료의 원료 중 색상을 만드는 원료는?

⇨ 안료

82. 수성페인트, 유성페인트, 에나멜페인트, 래커 중 건조가 가장 빠른 도료는?

⇨ 래커

83. 래커 도장에서 일반적인 신너와의 혼합비는?

⇨ 1 : 1

84. 도장작업을 중지해야 할 온도와 습도는?

⇨ 온도 5℃ 이하, 습도 80% 이상

85. 논슬립타일, 보더타일, 모자이크타일, 클링커타일 중 바닥용 타일이 아닌 것은?

⇨ 보더타일

86. 다음 ( ) 안에 들어갈 적당한 말은?

> 타일 시공에서 접착공법으로는 지정 접착제를 사용하는 접착제공법과 모르타르반죽을 사용하는 ( ) 공법이 있다.

⇨ 떠붙임

87. 직접조명, 간접조명, 국부조명, 전반조명방식 중 빛의 효율이 가장 떨어지는 조명방식은?

⇨ 간접조명

88. 벽면에 부착하는 조명등은?

⇨ 브래킷

89. 물체의 보이지 않는 부분을 표시하는 선은?

⇨ 파선(점선)

90. 건축물의 창틀높이에서 자른 수평투상도는?

⇨ 평면도

91. 건축물의 입면투상도는?

⇨ 입면도

92. 직접 눈으로 보는 듯이 입체적으로 작성한 도면은?

⇨ 투시도

93. 길이의 축척을 잴 때 사용하는 자는?

⇨ 스케일자(삼각스케일자)

94. 물체의 테두리를 표시하는 선은?

⇨ 굵은 실선

95. 대지 안의 건물과 부대시설의 위치를 나타내는 도면은?

⇨ 배치도

96. 합성수지 섬유이며 인장력에 강하고 주로 공간 초배지로 사용되는 부자재는?

⇨ 부직포

97. 도배용 접착제로는 초산비닐 에멀션본드, 실란트, 아크졸, 바인더 등이 쓰인다. 이 중 목공용 본드로 흔히 도배풀의 배합하여 사용하는 접착제는?

⇨ 초산비닐 에멀션본드

98. 도배의 바탕을 평활하게 하거나 균열 부위를 충전시켜 주기 위해 사용하는 부자재는?

⇨ 퍼티(putty)

99. 유성페인트 바탕면에 도배할 때 접착력을 보강하기 위해 주로 사용하는 부자재는?

⇨ 아크졸

100. 밀가루풀의 최대 단점은?

⇨ 곰팡이 발생

101. 밀가루풀은 유기물로 곰팡이가 발생한다. 곰팡이 발생을 억제하기 위해 제조과정 또는 작업 시 첨가하는 약품은?

⇨ 방부제

102. 스티로폼을 얇게 종이처럼 가공하여 결로 부위나 습한 곳에 시공하는 부자재는?

⇨ 방습지(방습 초배지)

103. 초산비닐 에멀션본드, 실란트, 바인더, 포리졸 등의 접착제의 계통은?

⇨ 합성수지계(합성수지접착제)

104. 돼지털이며 털길이가 길고 부드러운 솔은?

⇨ 초배솔(풀솔)

105. 주로 화학섬유제품이며 모가 두꺼운 솔은?

⇨ 정배솔

106. 도배작업을 하면서 문틀 주위에 칠해진 페인트의 바탕 처리용 접착제로 적당한 것은?

⇨ 아크졸

107. 주거공간의 바닥재에 사용하는 본드는?

⇨ 경보행용 본드

108. 상업공간의 바닥재에 사용하는 본드는?

⇨ 중보행용 본드

109. PVC타일 바닥재에 사용하는 내수성이 우수한 본드는?

⇨ 에폭시본드

110. 굽도리를 장판으로 치켜올리며 겹쳐서 시공하는, 일명 스펀지 장판이라 불리는 장판지의 상품명은?

⇨ 하이패트(high pet)

111. 석고가 주원료이며 양면에 두꺼운 종이를 대고 압축 경화시킨 건축 내장재는?

⇨ 석고보드

112. 목재를 얇게 켜서 섬유방향과 교차되게 3, 5, 7, 9 등 홀수겹으로 붙여 만든 내장재는?

⇨ 베니어합판

113. 재질은 염화비닐이며 이면은 점착식으로 가공되었으며 주로 나무 무늬이고 실내 마감재로 쓰이는 비닐시트지의 상품명은?

⇨ 인테리어필름

114. 작업자 개인이 착용하는 안전장비 중 두 가지만 쓰시오.

⇨ 안전모, 안전화, 안전벨트, 방진마스크

115. 본드, 바인더, 아크졸, 포리졸, 실리콘 중 침투성 프라이머용으로 우수한 제품은?

⇨ 바인더

116. 바닥재 시공 중 유성본드(에폭시본드)나 용착제가 오염되었을 때 제거하는 용제 하나만 쓰시오.

⇨ 아세톤, 신너

117. 바탕 정리작업으로 벽면이나 바닥을 평활하게 하기 위해 가장 많이 쓰이는 공구는?

⇨ 주걱

118. 흙으로 만들어 주로 내부 치장용으로 쓰이며 내화성이 커서 패치카를 쌓기에 적당한 벽돌은?

⇨ 내화벽돌

119. 점착식으로 시공이 간편한 PVC 재질인 걸레받이의 상품명은?

⇨ 노본

120. 갈라진 틈을 막거나 초벌퍼티에 사용하며 질긴 섬유가 직교되게 짜여진 부자재는?

⇨ 메시테이프, 망사테이프

121. 노출된 전선을 감을 때 사용하는 테이프는?

⇨ 절연테이프

122. 틈막이 초배지(네바리)의 겉지와 속지 폭의 최소 치수는 각각 몇 cm인가?

⇨ 겉지 9cm, 속지 6cm

123. 창호지를 바를 때 겹침을 어디에 두는가?

⇨ 간살

124. 종이벽지를 바를 때 사용하는 보통 풀의 배합비는?

⇨ 물 : 풀 = 1 : 1

125. 한지를 겹쳐 붙여 합지로 만들거나 직물에 한지를 붙여 도배용으로 사용하는 작업을 무엇이라 하는가?

⇨ 배접

126. 한지를 각지로 하여 장판지로 사용할 때 내수, 내구성을 키우기 위한 칠작업으로 콩을 원료로 사용하는 전통방식은?

⇨ 콩댐

127. 철판면에 도배할 때 녹이 베어 나오는 것을 방지하기 위해 하는 작업은?

⇨ 방청작업

128. 혹한기에 미장작업을 하였거나 시멘트 모르타르가 노후되어 바탕상태가 부실할 경우에 바탕면에 도포하여 접착력을 보강하는 작업은?

⇨ 프라이머(primer)작업

129. 석고보드 위에 도배 후 벽지가 누렇게 변색하는 현상은?

⇨ 황화현상

130. 시공면의 건조상태를 알아보기 위한 계측기는?

⇨ 수분계

131. 도배작업 시 주로 사용하는 밀가루풀의 계통은?

⇨ 전분계

132. 장마철에 가급적 도배를 피하는 이유는?

⇨ 곰팡이 발생

133. 프라이머를 도포할 때 사용하는 공구 2가지만 쓰시오.

⇨ 붓, 롤러, 분무기

134. 도배 시 수직, 수평의 정확도를 높이기 위해 사용하는 공구 세 가지는?

⇨ 디지털레벨기, 분줄, 추

135. '데마찌'란 외래어는 우리말로 무엇인가?

⇨ 작업 대기(작업 중단)

136. '후꾸로'란 외래어는 우리말로 무엇인가?

⇨ 띄움 시공(공간 초배, 봉투바름)

137. '데모도'란 외래어는 우리말로 무엇인가?

⇨ 조공(조력공, 보조공, 초보자)

138. '데나오시'란 외래어는 우리말로 무엇인가?

⇨ 보수작업(손보기, 하자 보수, 마무리)

139. '오야지', '세와'란 외래어는 우리말로 무엇인가?

⇨ 책임자(반장)

140. '함바'란 외래어는 우리말로 무엇인가?

⇨ 현장식당

141. '고야'란 외래어는 우리말로 무엇인가?

⇨ 창고

142. 밀가루풀의 최대 장점 두 가지 이상을 쓰시오.

⇨ • 구입이 용이하다.
　• 가격이 저렴하다.
　• 사용이 간편하다.
　• 타 접착제와의 배합성이 좋다.

143. 밀가루풀의 최대 단점 두 가지 이상을 쓰시오.

⇨ • 곰팡이가 발생된다.
　• 부패된다.

- 중량이 무겁다.

- 부피가 크다.

144. 도배작업 후 벽면의 낙서나 바닥의 페인트, 니스 등이 시공 마감재의 표면에 서서히 베어 나오는 현상은?

⇨ 전사현상

145. 박물관, 미술관 등 곰팡이 발생을 극히 우려하는 작업장에서 방부제와 프라이머를 배합하여 바탕면에 도포함으로써 일반적인 지류 초배지를 대신한다. 이러한 초배방식은 무엇이라 하는가?

⇨ 도막 초배

146. 초배지를 재료별로 구분하면 지류 초배, 직물류 초배, 도막 초배가 있다. 이 중 곰팡이 방지에 가장 효과적인 초배방식은?

⇨ 도막 초배

147. 초배를 시공하는 공법으로 구분하면 밀착 초배(온통바름, 찰붙임)와 공간 초배(봉투바름, 띄움 시공)로 나눌 수 있다. 이 중 시공 후 하자 보수가 까다로운 초배방식은?

⇨ 공간 초배(봉투바름, 띄움 시공)

148. 전통방식의 한지 도배, 비단 도배, 한지공예품 등에 사용했던 최고급 풀은?

⇨ 찹쌀풀

149. 초배지는 세워 바르기(직결, 세로)와 뉘어 바르기(엇결, 가로)가 있다. 강도상 유리한 방식은?

⇨ 뉘어 바르기(엇결, 가로)

150. 황초배지를 사용하여 간단한 공간 초배를 하고자 한다. 주로 몇 등분하여 사용하는가?

⇨ 2등분

151. 수초지를 사용하여 상급 공간 초배를 수회 반복하고자 한다. 초배지의 겹침과 결이 교차되게 하는 주된 이유는?

⇨ 강도상 유리하도록

152. 밀착 초배작업 시 접착력을 높이기 위해 초배풀에 주로 첨가하는 접착제는?

⇨ 바인더

153. 풀칠한 벽지를 접는 방식으로는 반접기, 반반접기(이불접기), 치마주름접기 등이 있다. 이 중 긴 천장지를 접는 방식으로 유리한 것은?

⇨ 치마주름접기

154. 풀칠한 벽지를 접는 방식으로는 반접기, 반반접기(이불접기), 치마주름접기 등이 있다. 이 중 짧은 벽지를 손풀칠하여 접는 방식으로 유리한 것은?

⇨ 반반접기(이불접기)

155. 풀칠을 할 때 특히 벽지의 가장자리를 2~3회 반복하여 칠하는 이유는?

⇨ 가장자리에 풀이 충분히 도포(흡수)되기 위해

156. 풀판용(깔판) 종이는 정배지 밖으로 최소 몇 cm 이상 넓게 배치되어야 하는가?

⇨ 20cm 이상

157. 벽지는 풀 도포 후 재질과 두께, 바탕상태, 온도, 작업자의 기능도 등에 따라 적당한 시간이 경과 후 바르는 것이 접착력이 좋아지고 이음매가 정교하게 시공된다. 이러한 대기시간을 무엇이라 하는가?

⇨ 숨죽임(불림)시간

158. 소폭 종이벽지는 주로 1롤에 2평 기준으로 생산된다. 1롤의 벽지 폭과 길이는?

⇨ 폭 : 53cm±1cm, 길이 : 12.5m

159. 주방의 조리대 위에 시공하기에 적당한 벽지는?

⇨ 타일벽지(케미컬벽지)

160. 시공면의 정확한 치수를 무엇이라 하는가?

⇨ 정미치수(실치수)

161. 다음 괄호 안에 들어갈 적당한 말은?

작업량 = (   ) + (   )

⇨ 정미량 + 손실률(여유분)

162. 16m×7m의 면적을 정미량으로 구하시오.

⇨ 112m^2

163. 1평은 몇 m^{2}인가?

⇨ 3.3058m^2

164. 종이벽지의 장점 중 2가지만 간단히 기술하시오.

⇨ • 가격이 저렴하다.
  • 시공이 간편하다.
  • 통기성이 좋다.
  • 친환경적이다.
  • 보수가 용이하다.

165. 비닐벽지의 단점 중 2가지만 간단히 기술하시오.

⇨ • 가격이 비싸다.

• 시공이 어렵다.

• 통기성이 없다.

• 보수가 어렵다.

• 화재 시 유독가스를 배출한다.

• 친환경적이지 못하다.

166. 직물벽지의 장점 중 2가지만 간단히 기술하시오.

⇨ • 고급스럽다.

• 보온성이 좋다.

• 흡음성이 좋다.

• 통기성이 좋다.

167. 염화비닐을 원료로 하는 벽지의 종류 2가지만 기술하시오.

⇨ 발포벽지, 실크벽지, 케미컬벽지, 레자벽지

168. 초경벽지의 종류 2가지만 기술하시오.

⇨ 갈포벽지, 완포벽지, 해초벽지, 아바카벽지, 떡갈잎벽지, 황마벽지

169. 화원(불)을 제거하며 불이 번지지 않고 꺼지며 유독가스 발생을 억제시키는 벽지는?

⇨ 방염벽지

170. 무기질 벽지 2가지만 기술하시오.

⇨ 질석벽지, 금속박벽지, 유리섬유벽지, 비즈벽지(유리알벽지)

171. 공간 초배를 다른 말로 무엇이라 하는가?

⇨ 띄움 시공, 봉투바름

172. 벽지의 이음매 시공의 2가지 종류는?

⇨ 겹침 시공, 맞물림 시공

173. 도배의 하자를 원인별로 분류하면 시공 미숙, 타 공종으로 인한 하자, 재료 불량, 건축물의 노후(변형), 거주자의 관리 부실 등으로 분류할 수 있다. 배관의 누수로 인해 벽지에 하자가 발생하였다면 위의 하자 중 어디에 속하는가?

⇨ 타 공종으로 인한 하자

174. 특수한 용도 및 성능을 갖춘 벽지를 통칭하여 무슨 벽지라 하는가?

⇨ 기능성 벽지

175. 초배지의 결은 직결, 엇결, 무결이 있다. 강도상 가장 유리한 결은?

⇨ 엇결

176. 바닥재를 시공할 때 겹쳐따기 한 후 맞물림 틈새에 수분이나 이물질이 들어가지 않도록 마무리 단계에서 이음매를 처리하는 작업은?

⇨ 용착작업

177. 바닥재를 시공할 때 두꺼운 비닐계열의 바닥재는 여유 있게 가재단한 후 수시간 또는 하루를 깔아놓는 공정은?

⇨ 임시깔기

178. 벽지의 곰팡이를 토치로 태워 곰팡이균을 소각시키는 방식은?

⇨ 탄화법

179. 한지나 비단 도배 시 사용했던 전통 도배방식에서 쓰이는 최고급 직물 초배는?

⇨ 광목 초배

180. 초배지로서 갖추어야 할 조건을 세 가지만 쓰시오.

⇨ • 부착력이 클 것

• 잡티, 주름, 구멍, 얼룩 등이 없이 균질할 것

• 규격이 일정할 것

• 구입이 용이하고 값이 저렴할 것

• 시공성이 좋고 강도가 클 것

181. 도배용 풀이 갖추어야 할 조건을 세 가지만 쓰시오.

⇨ 접착성, 밀림성, 도포성, 배합성, 경제성, 보관성, 운반성, 친환경성

182. 벽지는 일반 시판용과 특판용(현장용)으로 구분하여 생산하는데 각각 몇 평 단위로 생산되는가?

⇨ 일반 시판용 : 5평, 특판용 : 10평

183. 무늬 없는 벽지의 손실률은 약 몇 %인가?

⇨ 15%

184. 걸레받이는 다른 말로 무엇이라 하는가?

⇨ 굽돌이

185. 일반 실크벽지의 시판용 1롤의 규격은?

⇨ 106cm×15.6m

186. 각기 다른 도배지를 시공하고 그 경계 부위에 내구성, 의장성을 위해 덧대는 부자재는?

⇨ 재료분리대

187. 도배의 바탕작업에서 아웃코너 부위의 직각을 얻기 위해 시공하는 부자재는?

⇨ 코너비드

188. 종이벽지의 규격으로 폭의 너비에 따른 명칭은?

⇨ 소폭과 광폭

189. 식물을 재료로 하는 초경류 벽지의 종류 중 4가지를 쓰시오.

⇨ 갈포벽지, 갈대벽지, 완포벽지, 황마벽지, 아바카벽지, 해초벽지

190. 목질계 벽지의 종류 3가지만 쓰시오.

⇨ 코르크벽지, 무늬목벽지, 목포벽지, 낙엽벽지, 목피벽지

191. 직물류(섬유) 벽지의 종류 3가지만 쓰시오.

⇨ 스트링벽지, 부직포벽지, 마직벽지, 비닐플로킹벽지, 비단벽지, 벨벳벽지

192. 무지벽지(자유무늬)의 제품라벨기호를 표시하시오.

⇨ →|0

193. 정무늬의 제품라벨기호를 표시하시오.

⇨ →|←

194. 엇무늬의 제품라벨기호를 표시하시오.

⇨ →|←

195. '벽지를 쉽게 제거할 수 있다.'의 제품라벨기호를 표시하시오.

⇨

196. 제품라벨의 표시기호 중 ≋가 뜻하는 것은?

⇨ 물을 많이 묻혀 힘주어 닦을 수 있다.

197. 제품라벨의 표시기호 중 ～가 뜻하는 것은?

⇨ 물을 묻혀 가볍게 닦을 수 있다.

198. '일광 견뢰도가 우수하다.'의 제품라벨기호를 쓰시오.

⇨

199. 교차 시공의 제품라벨기호를 표시하시오.

⇨ ↑↓

200. 도배작업 전 바닥재와 가구 등의 훼손을 막기 위한 작업을 무엇이라 하는가?

⇨ 보양작업

201. 도배의 바탕작업 중 부실한 부분에 ㄷ자의 철심을 박는 수동공구는?

⇨ 수동타커

202. 무늬의 상하를 구별하는 조건 3가지만 쓰시오.

⇨ 실상, 크기, 다수, 색채(명도), 주제, 겹침선 우선

203. 풀을 닦기 위해 사용하는 용구(소재) 중 3가지만 쓰시오.

⇨ 스펀지, 수건, 목욕타월, 극세사타월, 융

204. 도배공구 중 롤러재질의 종류 2가지를 쓰시오.

⇨ 우레탄롤러, 스틸롤러

205. 다음 괄호 안에 들어갈 적당한 말은?

> 합지벽지의 이음매는 (　　)이다.

⇨ 겹침 시공(overlap)

206. 다음 괄호 안에 들어갈 적당한 말은?

> 매우 얇은 한지는 풀칠 후 손으로 들 수가 없음으로 대나무 살대를 이용한 (　　)법으로 시공한다.

⇨ 댓살걸침

207. 다음 괄호 안에 들어갈 적당한 말은?

> 정배 시 이음매를 마무리하는 공구로 롤러와 (　　)을 사용한다.

⇨ 주걱

208. 기름을 먹인 한지를 무엇이라 하는가?

⇨ 유지

209. 한지 장판 시공에서 조각 시공이 없이 시공하는 시공법은?

⇨ 각장판, 거북장판

210. 전통 한지 장판 시공에서 4장이 한 곳에 겹치는 부분을 대각선으로 칼질하여 겹침두께를 낮추는 것을 무엇이라 하는가?

⇨ 각따기

211. 전통 한지 장판의 칠방식 중 사용연한이 매우 길고 충과 좀이 기생하지 못하는 최고급 칠은?

⇨ 옻칠

212. 전통 한지문에서 문을 문틀에 고정시키는 철물을 무엇이라 하는가?

⇨ 쩌귀

213. 다음 (   ) 안에 들어갈 적당한 말은?

큰 무늬벽지나 벽화벽지는 좌·우의 무늬가 균등하도록 벽의 (   )에서부터 시공한다.

⇨ 중심, 중앙

214. 도배지가 쉽게 붙지 않는 이질재면 4가지를 쓰시오.

⇨ 유리, 석재, 타일, 철판, 하이그로시, 도장면, 필름

215. 도배 하자 중 도포한 풀이 뭉쳐서 건조 후 도배지 표면에 나타나는 하자는?

⇨ 풀주름, 풀꽃

216. 곰팡이 하자 보수에서 곰팡이균을 제거(차단)하는 공법 중 2가지를 쓰시오.

⇨ 탄화법, 약품 세척법, 도막법

217. 교차 시공을 하지 않아 발생하는 하자는?

⇨ 이색

218. 다음 (   ) 안에 들어갈 적당한 말은?

풀 도포 후 숨죽임을 하지 않고 바로 시공하였더니 건조 후 도배지 표면에 (   )이 발생했다.

⇨ 주름

219. 도배지의 이음매에 스크래치 하자가 발생했다. 롤러와 주걱 중 스크래치 하자가 발생하는 가능성이 높은 공구는?

⇨ 주걱

220. 도배 시공 후 바탕면의 요철로 인해 하자가 발생했다. 무슨 작업을 생략(부실)했기 때문인가?

⇨ 퍼티작업

221. 다음 (   ) 안에 들어갈 적당한 말은?

도배공구 중 추와 분줄은 (   ), (   )을 맞추기 위해 사용한다.

⇨ 수직, 수평

222. 다음 ( ) 안에 들어갈 적당한 말은?

> ( ) 도포를 생략하였더니 단열재 부위에서 들뜸 하자가 발생했다.

⇨ 프라이머, 바인더

223. 무지벽지를 재단할 때는 실치수에 최소 몇 cm 이상을 더해야 하는가?

⇨ 5cm

224. '노바시'란 외래어를 우리말로 고치시오.

⇨ 숨죽임

225. '메지'란 외래어를 우리말로 고치시오.

⇨ 줄눈

226. '히로시'란 외래어를 우리말로 고치시오.

⇨ 표시, 눈금

227. '기레바시'란 외래어를 우리말로 고치시오.

⇨ 조각, 자투리

228. '가베'란 외래어를 우리말로 고치시오.

⇨ 벽, 벽체

229. '덴조오'란 외래어를 우리말로 고치시오.

⇨ 천장

230. '베다'란 외래어를 우리말로 고치시오.

⇨ 찰붙임, 밀착바름

231. 바닥재 시공에서 접착제를 도포하고 어느 정도 건조되기를 기다리는 시간은?

⇨ 오픈타임(open time)

232. 다음 ( ) 안에 들어갈 적당한 말은?

> 데코타일 시공에서 가장자리의 데코타일은 가급적 온장의 ( ) 이상이 되도록 한다.

⇨ 1/2

233. 바닥재 시공에서 바닥재가 일직선으로 시공되도록 사전에 취하는 작업은?

⇨ 먹줄치기

234. 접착식 시트(필름) 시공 시 적당한 겹침치수는?

⇨ 1.5mm

235. 겨울철 굴곡진 부분에 필름을 시공하면서 필름을 부드럽게 하기 위해 사용하는 공구는?

⇨ 작업용 드라이기

236. 다음 (   ) 안에 들어갈 적당한 말은?

> 필름 시공에서 필름의 이음매는 (   ) 시공이다.

⇨ 겹침

237. 필름 시공 시 상급 시공용으로 사용하는 퍼티는?

⇨ 폴리퍼티(poly putty)

238. 도배작업에서 유성페인트, 철판 등에 도포하는 유성성분의 접착제는?

⇨ 아크졸(ark zoll)

239. 도배 하자의 원인 중 가장 많이 발생하는 원인은?

⇨ 시공 미숙

240. 일반적으로 실크벽지의 적당한 숨죽임시간은?

⇨ 10분

241. 도장, 타일, 철판, 스티로폼, 필름 중에 아크졸을 도포할 수 없는 재질은?

⇨ 스티로폼

242. 도배작업에서 시공벽면에 눈금과 치수 등을 표시할 수 없는 필기구는?

⇨ 수성펜

243. 질석벽지, 메탈벽지, 비즈벽지 등에 주로 사용하는 롤러는?

⇨ 우레탄 롤러

244. 가장자리 한 뼘 정도만 풀칠하고 나머지 부분은 물칠을 하여 시공하는 도배공법은?

⇨ 물바름방식

NATION of DOBAE

도배 역사와 공구

NATION of DOBAE

29

'지편전(紙片傳)'의
도배박물관

▲ 영국 피티(메탈릭)

삼각에 오르니

삼각(三角)에 오르니
북풍은 매서운데
마음은 춘풍이로고
저문 공산(空山)에 홀로 남아도
넉넉한 마음이 하산을 미루네

이쯤 선인(仙人)을 만나
머무르자 하여도
산 아래 잡일 많아
후일을 기약하네

필경 일을 접고
산중에 묻힌들
뉘라서 나를 찾으리

CHAPTER 29 | '지편전(紙片傳)'의 도배박물관

• 소개의 말

도배는 우리나라 전통의 건물 내부 마감(치장)방식으로, 타 문화권의 도장, 회벽, 석·목재, 벽돌, 초경 등의 마감방식에 비해 보건·위생성, 친환경성, 심미성, 경제성, 시공성 등에서 뛰어난 장점을 갖고 있다.

우리 조상들이 도배를 시작한 시기는 문헌상 기록으로만 봐도 조선 초기로 약 600년의 역사가 있다. 삼국시대부터 발전한 한지 생산이 고려시대에 인쇄술 발달과 함께 했고, 조선시대에 와서는 각 지방마다 특색 있는 한지 생산이 활발하여 널리 민간에까지 도배의 대중화가 이루어졌다. 우리나라는 자체 생산한 우수한 한지를 이용해 일찍부터 선진 도배문화가 발달해 왔으니 세계 으뜸의 도배 종주국임을 자부할 수 있다. 이렇듯 도배는 우리나라의 유구한 역사와 함께한 전통 방 안 치장풍속으로 민속(民俗)에 뿌리를 내리고 있다.

그러나 현재 유수한 벽지생산기업과 전국의 2만여 곳의 지물포(동종 인테리어업체 포함)와 4만여 명의 직업도배사, 5,100만 전 국민의 수요라는 탄탄한 인프라에도 불구하고 전문 기술연구소나 박물관은 단 한 곳도 없다는 것이 참으로 안타까운 현실이다. 그래서 20여 년 전부터 틈나고, 돈 생기는 대로 옛날 도배공구와 근·현대의 벽지를 수집해 이제 어림잡아 수백여 점의 자료를 모았다.

실물을 전시할 공간이 있으면 좋으련만 형편이 따르지 못해 '지편전(紙片傳)'의 '사이버 도배박물관'으로 소개함을 그나마 다행으로 생각한다.

교육은 국가의 '백년지대계(百年之大計)'라 하고, 모든 학술연구는 '박물관'에서 출발한다. 미흡하지만 이 '사이버 도배박물관'이 우리나라의 도배산업과 도배기술의 발전, 그리고 도배에 대한 재인식과 도배사들의 정체성 확립에 디딤돌이 되기를 바란다.

① 1945년 해방 이후 설립된 대동벽지의 초창기 벽지이다.

수입양지를 사용하였고 오프셋 인쇄(유성잉크)를 하였다. 두루마리 벽지가 아닌 전지를 그대로 인쇄한 평판지 벽지이다. 지질이 매우 약해 지금처럼 벽지에 풀칠하여 접어두었다가 숨죽임 후 바를 수 없어 창호지 바르듯이 풀칠 후 곧바로 한 장씩 붙이거나 다소 주름이 생기더라도 시공면인 벽에 풀칠하여 도배하였던 벽지였다. 그래도 신문지, 달력, 비료종이를 발랐던 시절에 벽지를 바르는 것은 그런대로 경제적 여유가 있었던 집이었다.

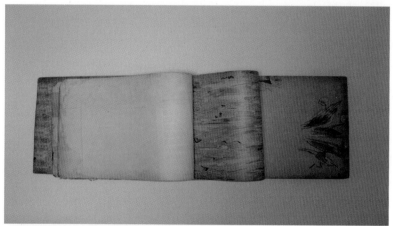

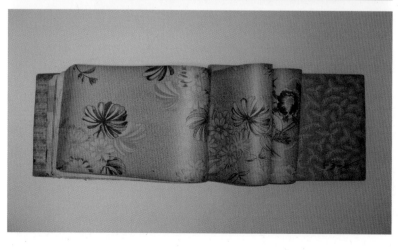

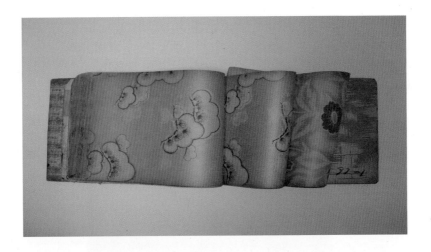

② 1950년대 수입벽지이다. 국내 벽지디자인 참고용으로 사용했던 것 같다.

　각 장마다 베이스 벽지와 띠벽지가 한 세트로 구성되어 있고 오프셋 인쇄로 당시 수입벽지의 아름다운 패턴이 놀랍다.

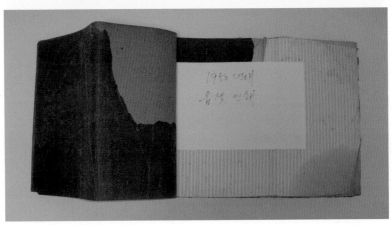

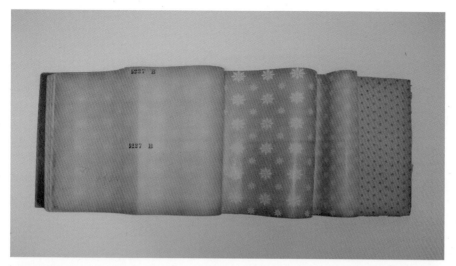

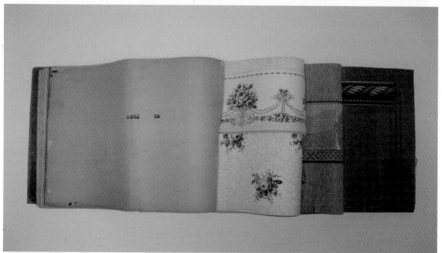

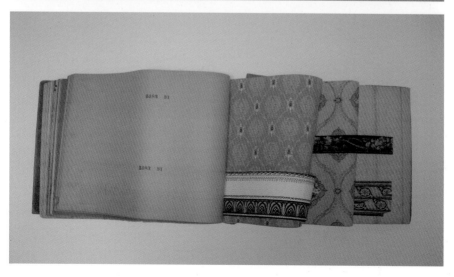

③ 1960년대 후렉소 인쇄(고무도장) 벽지이다.

낱장 평판지 벽지에서 두루마리 벽지로 변화되었고 평판지 벽지와 두루마리 벽지가 공존했던 시기이다. 지질은 다소 나아져 풀칠 후 접어두었다가 바를 수도 있지만 직업도배사가 드물어 일반 소비자가 직접 마름질하여 풀칠 후 곧바로 발랐기 때문에 주름투성이 도배가 많았다.

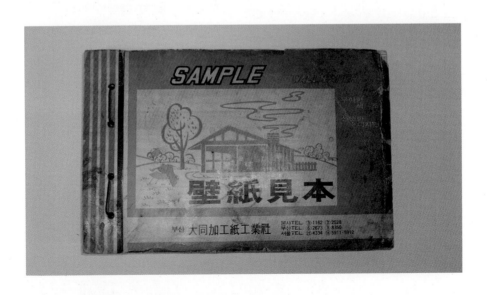

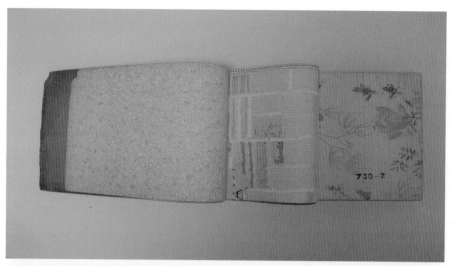

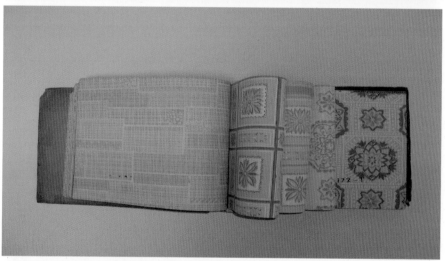

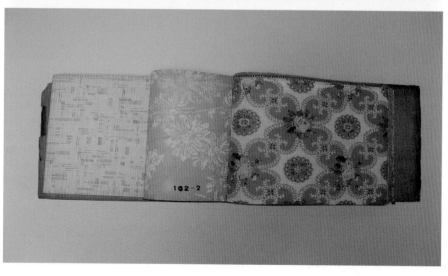

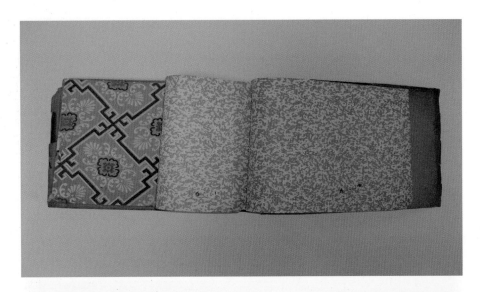

▲ 유명 미용사들이 사용하는 가위세트와 일식요리 명품 회칼세트가 기본이 수백만 원이라고 한다. 도배는 명품 공구가 없으니 자존심이 상해 직접 최고의 명품 도배공구를 만들기로 했다. 허리에 차는 공구집이 그럴듯할 것 같아 미제 최고급 작업용 안전벨트를 20만 원에 구입했다. 골동품가게에서 앤티크 통가죽 권총집을 무려 40만 원에 사서 불필요한 부속물은 떼어내고 약간 개조해 칼집으로, 매치가 되는 앤티크 통가죽집을 30만 원에 사서 솔집으로 장착했다. 몰딩 칼받이집은 수입공구상에서 5만 원에 구입해 벨트에 끼우니 드디어 수제 명품 도배공구집이 완성되었다. 내가 직접 만들었으니 공임 빼고, 각기 매치된 제품을 찾아다닌 다리품 빼고, 딱 95만 원이 들었다. 여기에 애지중지 아끼는 소장공구를 챙겨 넣으니 200만 원을 호가하는 도배공구집이 되었다. 매끄럽게 왁스를 바르고 드디어 허리에 차 보니 큰 칼을 옆에 찬 충무공처럼 각오가 새롭다. 이렇게 공들여 만든 공구집을 찬 채로 빈 방에 촛불 하나 켜놓고 혼자서 양주 한 병을 비웠다. 관객 없는 팬터마임처럼 고독했다.

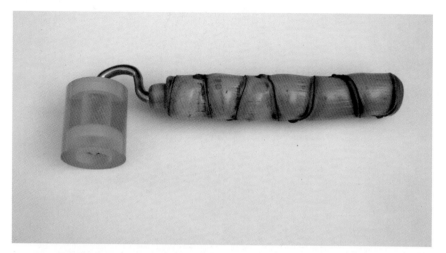

▲ 일제 우레탄롤러의 미끄러운 손잡이를 떼어내고 마디가 기형으로 자란 구갑죽(龜甲竹)이란 귀한 대나무로 바꿔 끼웠다. 오래전 남도여행 중 강진에서 다산(茶山)을, 해남에서 고산(孤山)에 이어 담양의 송강(松江)을 뵈러 갔다가 담양 대나무박물관에서 송강의 영감으로 얻은 구갑죽이다. 좋은 붓자루와 합죽선에 쓰이는 대나무는 마디수가 많을수록 상품으로 친다. 붓자루와 합죽선에 대나무를 사용하는 이유는 변형이 없고 잡았을 때 손맛이 좋기 때문이다. 아주 오래 묵은 명주(名酒) 한 모금을 입안에서만 굴릴 뿐 차마 목구멍으로 넘기지 못하는 그런 손맛의 극치이다.

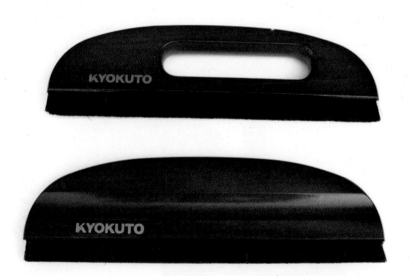

▲ 'Made in Japan' 날렵하고 정교한 정배솔이다. 우리나라 산업이 일본제품에서 배워야 할 것 중에 작업자가 공구를 가지고 놀 수 있도록 장난감처럼 예쁘게 만든다는 것이다. 통원목에 합성수지모가 2cm 길이로 짧게 제작되어 벽지에 기포가 생기지 않도록 압착 시공에 유리하며 손잡이 부분에 홈을 파서 작업 중 솔을 놓치지 않도록 하였다. 자동풀바름기계를 생산하는 우수한 전통의 교쿠토社 제품이다. 일본에 한지를 전한 것은 우리나라인데 현재 일본 도배공구가 우리나라 제품을 앞서간다는 것은 대한 도배사로서 자존심이 상하는 일이다.

▲ 잘 만들어진 공구를 나는 예술품으로 감상한다. 오동나무 밑판에 작은 서랍이 내장되어 있고 숫돌은 석질이 좋은 상품이다. 아주 오래전에 내 손에 들어와서 구입경로는 기억나지 않지만 커터칼이 대중화되기 전까지 고급 도배에 지참하여 아끼며 사용했던 물건이다. 이 숫돌에 하이스 쇠톱날 칼을 갈면서 청년 도배사의 마음도 갈았던 시절이 있었다.

▲ 친구와 장맛은 오래 묵을수록 좋다는 데 너무 오래 묵었나 보다. 그래도 한때는 부잣집 한지 도배에 사용했던 풀솔과 도배솔이고 동고동락했던 연장이라 지금까지 보관해왔다. 초창기 기성제품으로 풀솔은 말털이고, 정배솔은 돼지털에 양면 목재를 대고 녹이 슬지 않도록 구리철사로 엮어서 만든 수제품이다.

▲ 이음매 마무리용 롤러가 기성제품으로 시중에 나오기 전에 롤러의 필요성을 깨달은 극소수 공구 마니아들이 손수 제작하여 사용했던 100% 수제 자가제품이다. 무게는 거의 아령에 버금하고 요 즘처럼 날렵한 모양은 아니지만 들여다볼수록 장인의 숨결이 느껴진다. 벽지공장 테스트작업실 한 모퉁이에서 발견하여 즉석에서 고급제품 롤러와 바꾼 것이다. 과거 어느 이름 모를 도배사가 만들었겠지만 삼가 머리 숙여 경의를 표하고 싶다.

▲ 쉬는 날 황학동 풍물시장에 갔다가 두 눈이 번쩍 뜨였다. 허름한 좌판에서 110V 전동드릴을 발견 한 것이다. 옛날 '럭키금성'제품인데 희소가치가 가히 박물관에 들어갈 골동품 수준이다. 옛날에 전동드릴을 가지고 다니는 작업자는 선망의 대상이었다. 요즘은 현장에서 발에 차이는 것이 외제 전동드릴인데 기계는 있고, 기술은 없는 건축현장 '풍요 속의 빈곤'이다.

▲ 쇠톱칼은 위험하기도 하지만 커터칼처럼 문구점에서 쉽게 살 수 없었기 때문에 귀하게 보관해 가
지고 다녔다. 지금처럼 기성품 공구집이 없던 때라 주로 군용 탄창집이나 통가죽집을 만들어 보
관했었다. 숫돌에 쇠톱칼을 갈아 썼느냐, 아니면 커터칼을 사용했느냐는 단순하지만 대단한 의미
를 지닌다.

- 기술적으로는 한지와 직물 배접 도배가 물러나고 다양한 PVC류의 서구형 벽지가 등장하는, 전
통 도배와 현대 도배의 분기점이 되었고,

- 경제적으로는 도배가 품앗이나 부업에서 주업으로, 경제활동의 성격이 명확해졌고,

- 사회적으로는 도배사가 공식 직업군으로 등록되는 시기였고,

- 산업적으로는 주거 개념이 기존 단독주택 주거형태에서 대단위 아파트 공동주택으로 변화하는
시기였다.

- 시공주체는 소규모 개별적 지물포 시공에서 도배 전문 건설업체로 인한 대규모 조직화된 시공
사가 주도를 하게 되었다.

- 이보다 특히 중요한 것은 둥근 쇠톱칼날을 갈고 또 갈아 썼던 인내와 여유, 의리의 도배풍토가
커터칼날이 하나씩 부러지듯, 단절, 개체, 타산의 예리한 각도로 바뀌었다는 것이 안타깝다. 얻
은 만큼 잃어버린 세월이다.

▲ 전통 한지 뜨는 발인데, 맨 앞에 촘촘한 것은 화선지를 뜨는 발이고, 중간에 작은 발은 소발 한지, 큰 것은 대발 한지용이다. 전주 송광사 옆 동네는 전통 한지를 가내수공업으로 생산했던 마을인데, 몇 년 전 여행길에 들렀더니 한두 집에서 한지 생산의 명맥이 겨우 이어지고 있었다. 한창때는 온 동네가 하얗게 한지 말리는 풍경이 대단했는데 이제는 저렴한 중국 한지에 밀려 수요가 없다고 한다. 30여 년 전 도배용 한지를 납품했던 집을 기억을 더듬어 찾아갔더니 한지를 만들었던 집 주인이 광에 들어가 젊었을 때부터 떠왔던 오래된 한지 발만 내보이기에 넉넉히 값을 치루고 가져온 것이다.

▲ 아끼는 골동품공구 중 손가락 안에 드는 오래된 미제 알루미늄 접이자다. 접어지는 부분의 신주 덧판은 접고 펼 때 제대로 걸릴 수 있도록 스냅장치가 되어 있다. 매일 자로 치수를 재면서 살아왔는데 단 한 번도 나를 재본 적이 없다. 나를 작업할 수 없었기 때문이었을까….

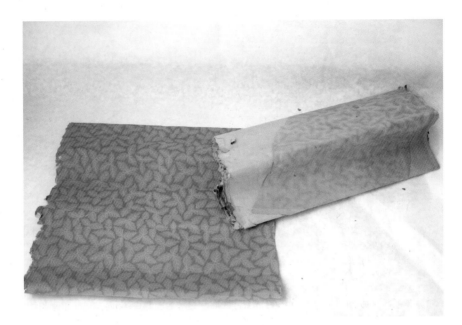

▲ 원조 평판지 벽지이다. 지금의 두루마리 롤벽지가 아니라 낱장으로 장수를 세어 판매했던 평판지 벽지이다. 일제강점기에서부터 해방 이후, 1960년대까지 생산되었다. 보통 방 한 칸 도배에 약 50장 정도가 필요하며 가로ㆍ세로 겹침 시공이며 지질은 저급 양지 마분지다. 지금 보면 볼품없는 제품이지만 그래도 옛날 시골에서 평판지 벽지를 바를 정도면 밥술이나 먹고사는 집안이었다.

▲ 겹침선(미미선)에 영문으로 'YUNG HWA PRINTING PICTURE INDUSTRY'라고 적혀 있다. 어릴 적 외갓집에 이런 벽지가 발라졌던 기억이 있다. 낱장 평판지 벽지 후속으로 등장한 두루마리 롤벽지인데 마분지 지질에 벽에 기대면 옷에 염료가 묻는 그런 벽지였다. 생산연대가 대략 1950년에서 1970년대쯤으로 추정되는데 기특하게도 패턴이 럭셔리하여 요즘 수입벽지와 별 차이가 없다.

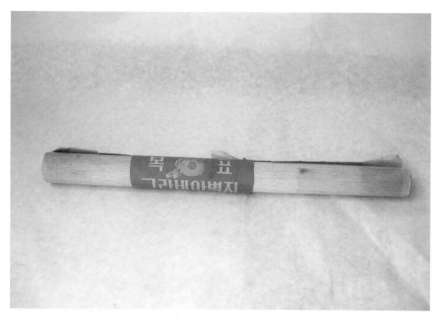

▲ 1980년대 생산제품으로 당시로서는 꽤 인기 있었던 서구형 패턴 가로줄 점박이 무늬가 있는데 무지벽지로 시공을 했다. 단지(單紙) 그라비아 인쇄벽지로 풀칠 후 곧바로 지질이 풀어져 칼질이 어려웠지만 쇠톱날 칼을 숫돌에 갈아 잘도 발라냈던 벽지이다. 필자가 도배에 입문했을 초기에 자주 접했던 벽지이다.

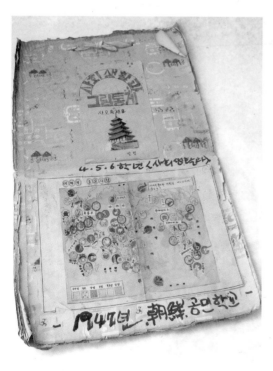

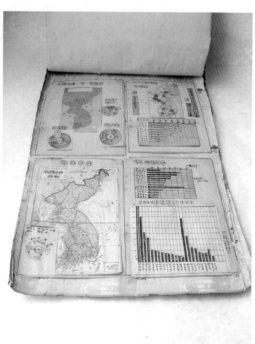

▲ 평판지 벽지를 이용해 만든 당시 공민학교 교육자료이다. '1942년 조선 공민학교 사회생활과 4·
5·6학년용'이라고 적혀 있고, 목차는 '조선에서 본 동아와 태평양', '우리나라의 공장과 직공수',
'옛 조선의 국토', '세계의 큰 강과 섬' 등 29개 단원으로 매우 정성들인 내용과 자료로 스크랩되
어 있다. 당시에는 평판지 벽지가 가장 좋은 종이였나 보다. 박물관에서 구입하려고 관계자가 보
고 갔던 것인데, 내가 연락을 받고 선수친 물건이다. 10일이 넘는 도배일당이 지불됐지만 전혀 아
깝지 않은 자료이다. 덕분에 한 달간 술값을 절약하는 고초를 겪었다.

N A T I O N of D O B A E

부록
·
세계의 벽지

▲ CASADECO NAUTIC2

▲ 프랑스 홈(스티커)

▲ 네덜란드 아이핑거(뮤럴)

세계의 벽지 **653**

▲ 미국 요크(뮤럴)

▲ 미국 웰퀘스트(뮤럴)

▲ 네덜란드 아이핑거(키즈 뮤럴)

▲ 독일 라쉬(비닐벽지)

▲ 미국 링크루스타(입체 석고벽지)

▲ 영국 피티(메탈릭)

▲ 스웨덴 피오나

세계의 벽지 **657**

▲ 영국 앤드류 마틴 큐레이터

▲ 영국 피티(홀로그램)

▲ 영국 피티

▲ 프랑스 까셀리오

▲ 프랑스 까셀리오

▲ 프랑스 까사망스

▲ Design Spire사의 뮤럴

▲ Design Spire사의 뮤럴

▲ Design Spire사의 뮤럴

▲ Design Spire사의 뮤럴

▲ Design Spire사의 뮤럴

▲ Design Spire사의 뮤럴

▲ Design Spire사의 뮤럴

참고도서

1. 건축용어대사전, 김평탁, 기문당, 2007.

2. 공동주택 공사감독 핸드북, 대한주택공사 건설관리처, 건설도서, 2005.

3. 실내건축 시공학, 임긍환 외 5인, 도서출판 서우, 2002.

4. 실내건축 재료학, 임긍환 외 3인, 도서출판 서우, 2012.

　마흔여덟 해를 새밝질로 보내고 책 한 권 남기니 인생이 참으로 무상하다.

　종이만 바르다가 종이에 종이 바르는 기술을 적으니 뿌린 대로 거두었다.

　미처 몰랐고 남기지 못한 내용들은 후학들의 몫으로 남긴다.

　이로 족하다.

2023년 봄

우수 협력업체 소개

▶ 개나리벽지

▶ 유진엠씨

▶ 에덴바이오

▶ 서노상사

개나리벽지

서울특별시 서초구 서초중앙로 8길 123 GNI 개나리벽지

대표번호 : 02-3473-0056

팩스 : 02-3473-3605

개나리벽지는
가장 안전한 공간을 위한
제품을 만듭니다.

흡착벽지에 대한 특허 기술 보유

· 추가 연구 개발을 통해 2021년 안정적인 흡착·분해성능 확보!

· 국토부 기준 흡착율 65% > **개나리벽지 흡착율 87.1%** ↗

안티코로나바이러스 & 안티바이러스벽지 개발

· 코로나바이러스(필라인바이러스/FCoV) 사멸율 **99.985%**

· 인플루엔자 A바이러스 사멸율 **99.999%**

항균 · 항곰팡이 성능 인증 획득

· KCL 한국건설 생활환경시험연구원 시행

· 항균력 **99.999%** / 유해 곰팡이균 실험 결과치 **0등급** (곰팡이가 자라지못함)

www.gniwallpaper.com
www.instagram.com/gniwallpaper_official
blog.naver.com/gni_wallpaper

GAENARI Wallpaper

머물고 싶은 새로운 공간
New space you want to stay

GNI 개나리

국내 유일 5년 연속
UL그린가드 골드
기준 획득!

미국 환경청이 인정한 환경인증기준 통과

* 미국 환경청(EPA)과 미국 친환경건축물인증제도(LEED)가
인정하는 대표적인 환경인증제도, UL 그린가드의 골드 기준을
5년 연속 통과한 가장 친환경적인 제품입니다.

아토피 걱정없는 친환경 제품

* 아토피 안심 마크를 획득하여 아이들도 안심하고 생활 할 수 있는
보다 건강한 친환경 공간을 만들어 나가는데 힘쓰고 있습니다.

성적서 번호: PQ21-00679K

8대 중금속 없는 건강한 벽지
한국건설생활환경시험연구원(KCL) 안정성 테스트 통과

* GNI개나리의 전 제품은 안전 기준을 강화하여 벽지에서
검출되는 중금속을 완벽하게 차단하고 있습니다.

GNI개나리의 친환경 품질 및 저탄소 인증

* GNI개나리는 실내 공기오염 저감 및 동종제품의 평균 탄소배출량
이하의 기준으로 저탄소 기술을 적용하여 탄소감축률 기준을 인증
받은 제품을 생산하고 있습니다.

www.gniwallpaper.com
www.instagram.com/gniwallpaper_official
blog.naver.com/gni_wallpaper

유진엠씨

경기도 고양시 일산동구 성현로 532-9(사리현동)

대표번호 : 031-905-3436

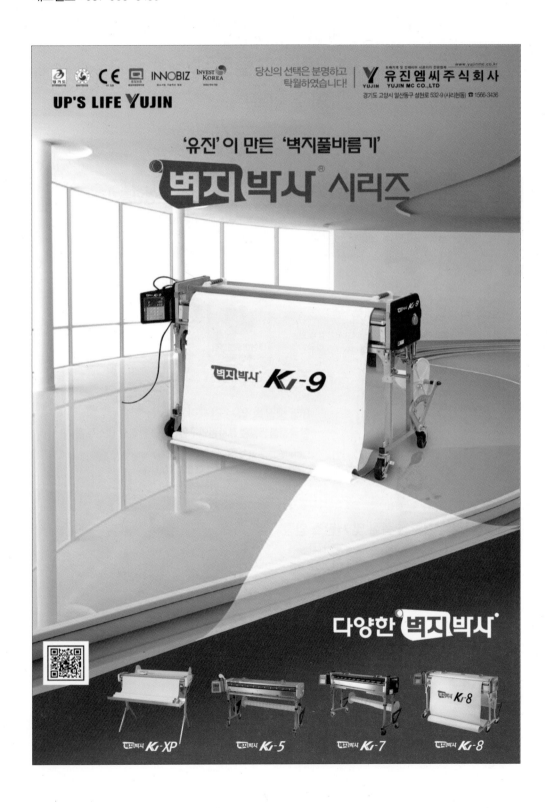

특징

1 기계 폭의 혁신

기존 기계폭 1330 CM - KV-8 : 1266 CM

2 디자인 혁신

기존의 강인한 이미지에 부드러운 곡선 형상

3 편리성 혁신

청소와 유지보수를 위한 로라 탈부착 기능을 추가

4 내구성 혁신

초강력 다이케스팅 프레임과 강화프라스틱 카바, 올 스텐레스
다리를 채용한 튼튼한 내구성으로 이동시나 충격에 강한 전문 장비

5 중량 혁신

6 정밀도 혁신

벽지박사 시리즈 중 최고의 정밀도

초강성 재료와 내구성을 확보 하고도 중량 한계에 도전 ★첨단 기술과 기능

1. 2가지 작업 모드

일반 모드와 프로그램 모드를 선택하여 매수와 길이를 99건
까지 기억하여 연속 작업 할 수 있습니다.

2. 벽지 잔량 표시 및 자동 멈춤 기능

벽지가 모자라는 경우에 알람이 울리고 작동을 멈추게 할
수 있어 불필요한 작업을 방지하고 벽지를 절약 합니다.

3. 풀공급 자동 수동 선택 기능

풀이 부족하면 풀 센서와 펌프가 연동하여 풀을 자동으로 공급
하는 기능과 풀을 수동으로 공급하는 기능을 채택 하였습니다.

4. 벽지 길이 보정 기능

벽지의 종류에 따라 발생하는 길이 오차를 0.5% 단위로 정밀
하게 보정 할 수 있어 언제나 정밀한 재단 작업이 가능합니다.

5. 토탈 카운트 기능

작업한 벽지 총량을 표시 하여 총 작업량을 확인 할 수 있습니다.

6. 스로우스타트 스로우스톱 기능

벽지의 정확한 길이 측정과 풀바름을 위하여 시작시와 종료
시에 속도를 낮추어 작업의 정밀도를 높혀 줍니다.

7. 수장기 연동 기능

전용 수장기(옵션)와 자동으로 연동하여 벽지의 물바름 작업을
수행 할 수 있습니다.

8. 벽지 무늬 맞춤 기능

반복되는 벽지 무늬를 계산하여, 항상 일정하게 무늬의 시작점
에서 작업을 시작 할 수 있습니다. (KF만 해당)

9. 분리형 로라 채택

고무로라, 나라시로라, 풀바름 로라등을 탈 부착 할 수 있어, 청소
및 유지 보수가 간편합니다.

10. 원터치 다리 접힘, 원터치 모니터 탈 부착 기능

원터치로 다리를 접고 펼 수 있으며, 모니터도 간편하게 원터치로
탈부착하여 사용이 간편합니다.

11. 최고 수준의 전기 및 신체 안전 장치

고전압 차단 장치, 과부하 방지 장치, 누전차단 장치, 노이즈차단
장치등을 채택하여 안전 합니다.
로라 손끼임 방지 기능, 원터치 다리 접힘으로 신체의 부상을
최대한 방지, 안전한 작업이 가능합니다.

검정색 칼라

보라색 칼라

자동벽지풀바름기의 역사
유진엠씨 주식회사
YUJIN

10259 경기도 고양시 일산동구 성현로 532-9 (사리현동 478-33)
대표전화. 1566-3436   Fax. 031-905-3437
E-mail. master@yujinmc.co.kr   http://www.yujinmc.co.kr

에덴바이오

경기도 안양시 만안구 안양 6동 493-19 에덴빌딩 1층

대표번호 : 1588-9227, 031-445-3106

에덴바이오 벽지 제조공정

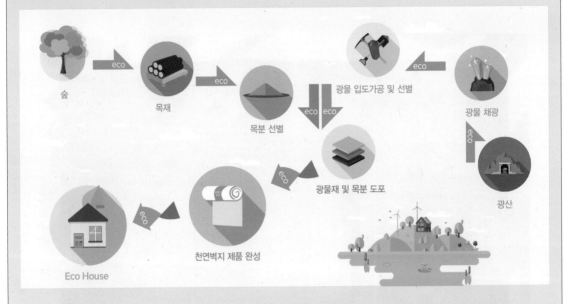

숲

목재

목분 선별

광물 입도가공 및 선별

광물 채광

광물재 및 목분 도포

광산

천연벽지 제품 완성

Eco House

에덴바이오벽지는 병든 집을 회복시키는 **No.1 건강벽지**입니다.

0%

화학물질 ZERO

에덴바이오 천연벽지에는 인체에 유해한 화학물질이 전혀 들어가지 않습니다.
자연원료만을 사용한 에덴바이오벽지는 오히려 탁월한 화학물질 제거 효과로
오염된 공간을 깨끗한 자연 상태로 회복시켜줍니다.

아토피 등 환경성질환 개선

에덴바이오벽지를 선택하면 아토피, 비염 등이 사라집니다.
각종 연구 및 임상시험 결과, 에덴바이오 천연벽지 시공이 실내공기질 개선과
아토피 치유에 도움이 된다는 사실이 의학적으로 검증되었습니다.

최고의 정통 친환경벽지

에덴바이오벽지는 각종 기관 및 정부, 그리고 소비자단체에서 인정받은 최고의
친환경벽지입니다. 순수 자연재료로 정직하게 제조하는 진정한 녹색인증자재는
오직 에덴바이오벽지 뿐입니다.

가정에서 만나는 자연

편백나무와 소나무 등 우수한 국내 침엽수와 천연광물 그리고 쑥, 허브,
라벤더, 녹차 등 각종 자연재료로 만들어진 에덴바이오 천연벽지는 마치
집 안에 숲을 옮겨다 놓은 듯 맑은 공기를 선사해 줍니다.

에덴바이오벽지는

건강을 주는 벽지	자연의 색상과 디자인	과학이 담겨있는 벽지의 원료
벽지를 구성하는 원재료 모두가 자연소재이므로 항균, 탈취, 공기정화, 습도조절, 원적외선 방사, 아로마테라피 등 기능성을 발휘하여 화학 소재로 인해 병든 집을 건강한 자연의 집으로 회복시킵니다.	자연 그대로의 색상이 가장 아름답고 보편적이며 세련된 색상이므로 가구나 소품의 색상과 관계없이 모두 잘 어울릴 뿐만 아니라 시공 후에 더욱 깊은 품격을 느낄 수 있도록 설계한 최고급 벽지입니다.	에덴바이오벽지의 모든 원료는 국책연구기관, 대학교 등과 다양한 산학연 공동연구를 통해 발굴, 선정하여 학문적으로 검증된 값비싼 소재들을 친환경 제조기술을 적용하여 제작합니다.

에덴바이오 천연벽지는 건강에 얼마나 좋을까요?

일반벽지에서 나오는 유해물질은 석고보드의 약 1000배입니다. 이 유해 물질은 실내를 독 가스실로 만들어 우리 몸에 극히 해롭게 작용 한다는 사실이 각종 언론 보도와 연구결과로 속속 밝혀지고 있습니다.

건축 내장재 유해 VOCs 방출량 비교.

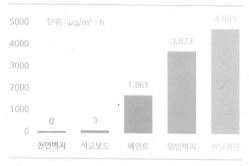

2000년 환경부 실내 VOCs 발표 토론자료 (삼성기술연구소)

벽지 종류별 유해 VOCs 방출량

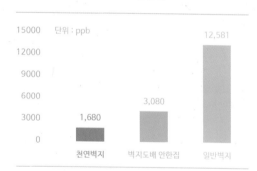

2004년 국제환경올림피아드 대상 수상 논문 (한동열 박사)

사람이 섭취하는 물질의 비율

일본 와세다대 다나베교수 연구 논문

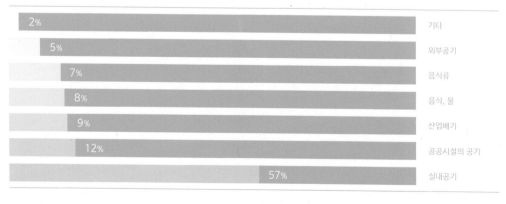

일반벽지와 천연벽지는 어떻게 다를까요?

일반벽지와 천연벽지의 차이점

일반벽지

화학 인쇄층

PVC 코팅층

화학 접착층

배면체 (종이)

천연벽지

천연미네랄 층

2차 기능성 물질

자연재료층

1차 기능성물질

배면체 (종이)

일반벽지로 인해 발생하는 유해성

새집증후군의 주요 원인
환경성 질환 (아토피, 비염 등) 유발
VOCs, 폼알데하이드 방출
환경호르몬, 다이옥신 방출
폐기 시 환경오염 유발

천연벽지의 유익성

새집증후군 물질 흡착제거
환경성 질환 (아토피, 비염 등) 개선
항균, 탈취, 습도조절 기능
피톤치드 (삼림욕물질) 방사
바이오 원적외선 방사

구분	일반벽지(합지, 실크벽지)	천연벽지
제조방법	합지 : 두겁 종이를 공업용 접착제로 접착하여 표면에 유기용매로 인쇄 실크(플라스틱 비닐벽지) : 가소제, 금속안정제 등 유해물질로 PVC를 가공하여 종이 위에 코팅	편백나무, 소나무 등 침엽수 목분 등 자연재료에 황토 일라이트(illite) 등의 기능성 무기소재를 혼합 후 종이 위에 층상 구조로 도포
환경문제	휘발성유기화합물, 폼알데하이드 방출 환경호르몬 방출, 발암성 물질 배출 오염물질 농도 증가로 실내공기 악화	피톤치드(Phytoncide 삼림욕물질) 방사 바이오 원적외선 방사 유해물질 탈취로 쾌적한 실내공기
인체영향	시공 후 안구자극, 두통, 악취 유발 아토피, 비염, 천식 등 환경성 질환 유발 화재 시 다이옥신과 유독가스 발생	항균 및 습도조절, 삼림욕 효과 아토피, 비염, 천식 등 환경질환 개선 화재 지연효과 등 대응력 우수
폐기단계	소각하면 다이옥신 방출로 대기오염 매립하면 분해되지 않아서 토양오염 자원소모성 원료로서 재활용 불가능	소각하면 목재소각과 비슷한 수준 매립하면 생분해되어 자연 회귀 순환자원 사용, 다양한 재활용, 업싸이클링 (up-cycling) 가능

서노상사

경기도 남양주시 호평로 46번길 8 (호평동, 홍조프라자)

대표번호 : 1800-6779

서노상사는 도배 부자재 판매 체인점을 모집하고 있으며 전국의 수많은 도배사님들의 성공을 위해 노력합니다.

코오롱 부직포

삼중지(거성산업)

마가 수성 실리콘

Enjoy your life!
SEONO Trade

서노상사 물류창고

왜? 서노상사일까요?

1. 가격이 저렴해요

2. 서울, 경기 배송 가능해요

3. 전국으로 택배 배송까지 해요

4. 부자재 판매대리점도 오픈 가능해요

본사 : 경기도 남양주시 호평로 46번길 8(호평동, 홍조프라자)
물류 : 경기도 남양주시 다산지금로 202(현대테라타워 DIMC)
사업자등록번호 : 595-46-00807
대표번호 : 1800-6779
홈페이지 : https://seonotrade.wixsite.com/dobae

NATION of DOBAE

도배의 민족

2023. 5. 3. 초 판 1쇄 인쇄
2023. 5. 10. 초 판 1쇄 발행

지은이 │ 신호현
펴낸이 │ 이종춘
펴낸곳 │ [BM] ㈜도서출판 **성안당**

주소 │ 04032 서울시 마포구 양화로 127 첨단빌딩 3층(출판기획 R&D _ _)
     │ 10881 경기도 파주시 문발로 112 파주 출판 문화도시(제작 및 물류)
전화 │ 02) 3142-0036
     │ 031) 950-6300
팩스 │ 031) 955-0510
등록 │ 1973. 2. 1. 제406-2005-000046호
출판사 홈페이지 │ www.cyber.co.kr
ISBN │ 978-89-315-6348-1 (93540)
정가 │ 55,000원

이 책을 만든 사람들

책임 │ 최옥현
진행 │ 이희영
교정·교열 │ 문황
본문 디자인 │ 유선영
표지 디자인 │ 유선영
홍보 │ 김계향, 유미나, 이준영, 정단비
국제부 │ 이선민, 조혜란
마케팅 │ 구본철, 차정욱, 오영일, 나진호, 강호묵
마케팅 지원 │ 장상범
제작 │ 김유석

www.cyber.co.kr
성안당 Web 사이트